全国高等医药院校药学类专业第六轮规划教材

生物技术制药概论

第5版

（供药学类、中药学、生物制药等专业用）

主　编　姚文兵

副主编　谭树华　夏焕章　胡昌华　田　泓

编　者　（以姓氏笔画为序）

尹国平（西南大学药学院）

尹登科（安徽中医药大学）

田　泓（中国药科大学）

严　萍（广州中医药大学）

张　纯（四川大学华西药学院）

赵广荣（天津大学合成生物与生物制造学院）

胡昌华（西南大学药学院）

姚文兵（中国药科大学）

夏焕章（沈阳药科大学）

倪现朴（沈阳药科大学）

谭树华（中国药科大学）

中国健康传媒集团

中国医药科技出版社 ·北京

内 容 提 要

本教材是"全国高等医药院校药学类专业第六轮规划教材"之一，根据本课程教学大纲的基本要求和课程特点编写而成，内容上涵盖了生物制药技术和生物技术药物两部分内容。全书概括地介绍了生物技术制药及生物制药产业的基本概念、现状与发展趋势，并对基因工程、蛋白质工程、抗体工程、发酵工程、细胞工程以及生物制药新技术进行了介绍。同时，对天然来源的生物药物、重组蛋白质多肽药物、抗体药物、细胞治疗药物、核酸药物、疫苗类药物以及溶瘤病毒和活菌制剂等代表性的生物药物进行了介绍。本教材为书网融合教材，即纸质教材与数字资源有机融合，包括PPT、微课、习题等内容，满足学生线上线下学习需求，便教易学。

本教材具有系统完整、内容全面的特点，既强调了生物技术制药的基础知识，又通过代表性生物药物体现了具体临床应用和前沿发展，主要供高等医药院校药学类、中药学、生物制药等专业师生教学使用，也可供相关专业科技人员参考。

图书在版编目（CIP）数据

生物技术制药概论／姚文兵主编. -- 5 版. -- 北京：中国医药科技出版社，2025. 6. -- ISBN 978-7-5214-5395-9

Ⅰ. TQ464

中国国家版本馆 CIP 数据核字第 2025TX2229 号

美术编辑 陈君杞

版式设计 友全图文

出版　**中国健康传媒集团**｜中国医药科技出版社

地址　北京市海淀区文慧园北路甲 22 号

邮编　100082

电话　发行：010 - 62227427　邮购：010 - 62236938

网址　www.cmstp.com

规格　889mm×1194mm $\frac{1}{16}$

印张　15 $\frac{1}{2}$

字数　452 千字

初版　2003 年 1 月第 1 版

版次　2025 年 7 月第 5 版

印次　2025 年 7 月第 1 次印刷

印刷　北京印刷集团有限责任公司

经销　全国各地新华书店

书号　ISBN 978-7-5214-5395-9

定价　**55.00 元**

获取新书信息、投稿、为图书纠错，请扫码联系我们。

  "全国高等医药院校药学类规划教材"于20世纪90年代启动建设。教材坚持"紧密结合药学类专业培养目标以及行业对人才的需求，借鉴国内外药学教育、教学经验和成果"的编写思路，30余年来历经五轮修订编写，逐渐完善，形成一套行业特色鲜明、课程门类齐全、学科系统优化、内容衔接合理的高质量精品教材，深受广大师生的欢迎。其中多品种教材入选普通高等教育"十一五""十二五"国家级规划教材，为药学本科教育和药学人才培养作出了积极贡献。

  为深入贯彻落实党的二十大精神和全国教育大会精神，进一步提升教材质量，紧跟学科发展，建设更好服务于院校教学的教材，在教育部、国家药品监督管理局的领导下，中国医药科技出版社组织中国药科大学、沈阳药科大学、北京大学药学院、复旦大学药学院、华中科技大学同济医学院、四川大学华西药学院等20余所院校和医疗单位的领导和权威专家共同规划，于2024年对第四轮和第五轮规划教材的品种进行整合修订，启动了"全国高等医药院校药学类专业第六轮规划教材"的修订编写工作。本套教材共72个品种，主要供全国高等院校药学类、中药学类专业教学使用。

  本套教材定位清晰、特色鲜明，主要体现在以下方面。

  1.融入课程思政，坚持立德树人 深度挖掘提炼专业知识体系中所蕴含的思想价值和精神内涵，把立德树人贯穿、落实到教材建设全过程的各方面、各环节。

  2.契合人才需求，体现行业要求 契合新时代对创新型、应用型药学人才的需求，吸收行业发展的最新成果，及时体现2025年版《中国药典》等国家标准以及新版《国家执业药师职业资格考试考试大纲》等行业最新要求。

  3.充实完善内容，打造精品教材 坚持"三基五性三特定"，进一步优化、精炼和充实教材内容，体现学科发展前沿，注重整套教材的系统科学性、学科的衔接性，强调理论与实际需求相结合，进一步提升教材质量。

  4.优化编写模式，便于学生学习 设置"学习目标""知识拓展""重点小结""思考题"模块，以增强教材的可读性及学生学习的主动性，提升学习效率。

  5.配套增值服务，丰富学习体验 本套教材为书网融合教材，即纸质教材有机融合数字教材，配套教学资源、题库系统、数字化教学服务等，使教学资源更加多样化、立体化，满足信息化教学需求，丰富学生学习体验。

"全国高等医药院校药学类专业第六轮规划教材"的修订出版得到了全国知名药学专家的精心指导，以及各有关院校领导和编者的大力支持，在此一并表示衷心感谢。希望本套教材的出版，能受到广大师生的欢迎，为促进我国药学类专业教育教学改革和人才培养作出积极贡献。希望广大师生在教学中积极使用本套教材，并提出宝贵意见，以便修订完善，共同打造精品教材。

中国医药科技出版社

2025 年 1 月

数字化教材编委会

主　编　姚文兵
副主编　谭树华　夏焕章　胡昌华　田　泓
编　者　（以姓氏笔画为序）
　　　　尹国平（西南大学药学院）
　　　　尹登科（安徽中医药大学）
　　　　田　泓（中国药科大学）
　　　　严　萍（广州中医药大学）
　　　　张　纯（四川大学华西药学院）
　　　　赵广荣（天津大学合成生物与生物制造学院）
　　　　胡昌华（西南大学药学院）
　　　　姚文兵（中国药科大学）
　　　　夏焕章（沈阳药科大学）
　　　　倪现朴（沈阳药科大学）
　　　　谭树华（中国药科大学）

前　言

　　生物技术制药作为现代药学领域的重要分支，已成为推动医药科技进步和产业发展的关键力量。它不仅融合了分子生物学、细胞生物学、遗传学等多学科的前沿成果，还为疾病的诊断、治疗和预防提供了全新的思路和方法。在药学及相关专业的教育体系中，生物技术制药概论是对现代生物技术制药的理论体系进行系统性、基础性介绍的教材，在药学相关专业的课程中具有重要地位。

　　本版教材是在前4版基础上修订编写而成，与上一版教材相比，本版教材在内容上进行了全面更新和优化。首先，结合近年来生物技术制药领域的最新进展，增加了合成生物学、基因编辑技术、细胞治疗药物、溶瘤病毒和活菌制剂等前沿内容，使教材更具时代性和前瞻性。其次，对原有章节进行了深度修订，强化了教材的实用性和指导性。希望本教材能够为药学及相关专业的学生提供一个系统、全面的学习平台，帮助他们更好地掌握生物技术制药的基本知识和前沿动态，为未来从事生物技术制药领域的研究、开发和管理工作奠定坚实的基础。同时，对天然来源的生物药物、重组蛋白质多肽药物、抗体药物、细胞治疗药物、核酸药物、疫苗类药物以及溶瘤病毒和活菌制剂等代表性的生物药物进行了介绍。同时，本教材为书网融合教材，即纸质教材与数字资源有机融合，包括PPT、微课、习题等内容，满足学生线上线下学习需求，便教易学。

　　本教材共14章，其中第一章和第八章由姚文兵编写，第二章由胡昌华编写，第三章和第四章由张纯编写，第五章由夏焕章编写，第六章由严萍编写，第七章由赵广荣编写，第九由胡昌华和尹国平共同编写，第十章和第十四章由田浤编写，第十一章由谭树华编写，第十二章由尹登科编写，第十三章由倪现朴编写，最终，由主编进行统稿。本教材主要供药学类、中药学、生物制药等专业师生教学使用，也可作为相关专业工作人员参考用书。

　　在教材编写过程中，编者付出了辛勤的劳动，并得到了各参编院校及领导的大力支持。在此，我们对参与编写和审阅的各位专家、教授表示衷心的感谢。尽管我们在编写过程中力求严谨，但由于生物技术制药领域的快速发展，书中仍可能存在不足之处。我们真诚欢迎广大读者和同行提出宝贵意见和建议，以便在后续修订工作中不断完善。

编　者

2025 年 3 月

第一章 绪 论

PPT

学习目标

1. 通过本章的学习，掌握现代生物技术以及现代生物药物的概念、分类以及特性；熟悉生物技术药物的临床用途及研究发展趋势；了解生物技术制药产业链的上中下游分工以及生物制药工业的发展。

2. 具备对生物技术制药相关知识的理解和应用能力，理解生物技术药物在临床应用中的优势与挑战，并了解生物制药产业链各环节的状况。

3. 树立严谨的科学态度和创新意识，培养对生物技术制药领域的兴趣和责任感，增强对医药行业发展趋势的敏锐洞察力。

第一节 生物技术与生物技术制药

一、生物技术的概念与发展历程

生物技术（biotechnology）一词最早是在 1919 年由匈牙利农业经济学家艾里基（K. Ereky）提出的，随着分子生物学、DNA 重组技术、基因工程产品等面世，目前比较公认的生物技术的定义是：生物技术是利用生物有机体（这些生物有机体包括微生物至高等动、植物）或其组成部分（包括器官、组织、细胞或细胞器等）发展新产品或新工艺的一种技术体系。随着生命科学理论的不断丰富和发展，生物技术的内涵和定义也在不断扩展。尽管生物技术这个概念出现得比较晚，但是人类对生物体的利用、操作和改造的历史可追溯到史前时代。

（一）生物技术的萌芽

异养型的生命形态促使人类去认识和利用周围的生物体，进而对它们进行改造。回顾历史，我们会发现和食品相关的种植和畜牧技术是目前所知人类最早掌握的生物技术。公元前 12000 年前，地中海东岸的黎凡特人开始种植小麦，确立了农业生物技术的开端。从公元前 6000 年开始，人类开始利用发酵技术不断获得新的食物，包括酿造啤酒、制造奶酪和酸奶。公元 1796 年，英国医生 Edward Jenner 通过接种牛痘来预防天花，这标志着疫苗技术的诞生。1875 年法国科学家 Louis Pasteur 发现发酵是由微生物引起的，酵母可以将糖转化为乙醇，从而奠定了工业微生物学和医学微生物学的基础。初级阶段的"生物技术"需要生物学的知识基础促进其继续深入和发展。

（二）生物学知识的累积

从 19 世纪起至 20 世纪上半叶，生命科学知识的积累和应用，使初级阶段的"生物技术"获得了很大的发展。1919 年，K. Ereky 首次使用"biotechnology"这个词来描述对物质原料进行加工以生产产品的技术。1928 年，苏格兰科学家 Alexander Fleming 在微生物青霉素菌的分泌物中发现了青霉素。1857 年，法国生物学家 Pasteur 证明发酵是由于微生物的作用，科学地揭示出发酵原理。1865 年，Mendel 发表了《植物杂交试验》一文，提出了遗传因子的分离规律和自由组合规律，奠定了经典遗传学的基础。这个时期，经典遗传学、微生物学和细菌学都逐渐建立和发展起来，扩大了人类对生命世界的认识领域。

（三）现代生物技术的诞生

现代生物技术与以往技术的最大不同之处在于，人类可以在分子或细胞水平上定向利用和操纵生命体。1944 年，Colin MacLeod 和 Maclyn McCarty 通过细菌转化实验证明了 DNA 是遗传物质。1953 年，James Watson 和 Francis Crick 发现了遗传物质 DNA（脱氧核糖核酸）的双螺旋结构，在分子水平上解释了遗传信息的传递机制，更加深入地揭示了生命的本质和规律性，奠定了分子生物学基础。1961 年，Francois Jacob 和 Jacques Monod 提出"乳糖操纵子学说"，首次在基因水平上阐明了原核生物体生物化学反应过程中的调控原理。1965 年，我国科技工作者在世界上首次人工合成结晶牛胰岛素。1970 年，Howard Temin 和 David Baltimore 发现反转录酶，对"中心法则"作出重大修正。生物学领域的创新成果意味着人类在微观水平上改造生命体已经成为可能。1973 年，美国科学家 Stanley N. Cohen 等创建了体外重组 DNA 技术。这项技术使得在分子水平上通过改变遗传信息从而影响生物体性状的设想成为现实。1975 年，英国学者 César Milstein 等人发明了单克隆技术，并产生了单克隆抗体（monoclonal antibody）。人们常把这两个科学事件作为现代生物技术诞生的标志。

二、现代生物技术体系

近 50 年来，现代生物技术已经成为一个与微生物学、生物化学、化学工程等多个学科紧密相关的综合性边缘学科技术。这一领域可以细分为基因工程、细胞工程、蛋白质工程、抗体工程和发酵工程等子领域，涉及的技术包括遗传技术、基因技术、细胞技术、发酵技术和蛋白质技术等。现代生物技术的主要应用领域包括食品、医药、农业、环境和工业等。现代生物技术与古代、近现代的发酵技术在发展上存在连续性，但它们之间也存在着本质的差异。古代的酿造技艺和近现代的发酵技术主要是利用自然界已有的生物及其功能来满足人类的需求。相比之下，现代生物技术则是基于人类的特定需求和意愿，创造全新的生物种类和功能，或者对现有的生物种类和功能进行改造，包括改造人类自身，从而造福人类。现代生物技术的持续探索和广泛应用是继计算机技术革命之后的又一重大技术飞跃，深刻地影响着人类生活的各个领域。

生物技术的主要内容包括基因工程、蛋白质工程、抗体工程、发酵工程和细胞工程等（图 1-1）。

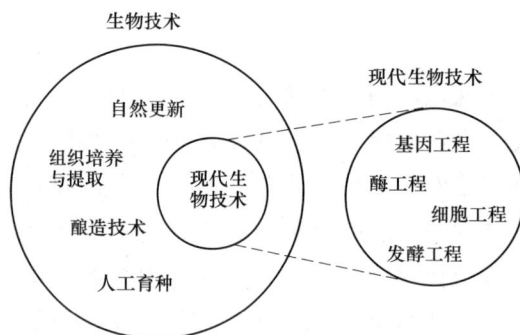

图 1-1 生物技术与现代生物技术

（一）基因工程

基因工程是指在分子水平上，通过体外操作技术，对生物基因进行剪切、拼接和重组，以实现特定基因产物的获取。该技术的核心步骤包括目的基因的提取、体外重组以及目的基因在宿主细胞中的复制和表达（图 1-2）。

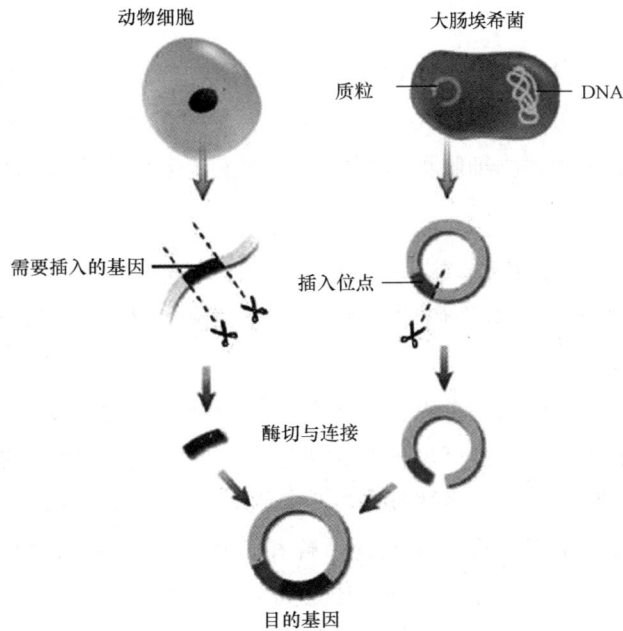

图 1-2 DNA 重组技术示意图

(二)蛋白质工程

生物技术领域中的蛋白质工程,是指在基因工程的基础上,运用生物信息学、分子生物学和化学生物学手段,对蛋白质的三维结构进行有针对性的设计和优化的技术。蛋白质工程旨在创造出具有特定功能的新型蛋白质,以满足科研和工业应用的需求。伴随着诸如 CRISPR-Cas9 基因编辑等新技术的出现,蛋白质工程在生物医药、农业、环保等多个领域的应用也愈发丰富。

(三)抗体工程

抗体工程是结合生物工程、免疫学和细胞生物学等学科的交叉领域,它通过理解和改造抗体的结构,利用基因工程技术对抗体基因进行合成、修饰和表达,以开发出具有更高特异性、亲和力和治疗效果的抗体分子,广泛应用于生物药物、疾病诊断和治疗等领域(图 1-3)。

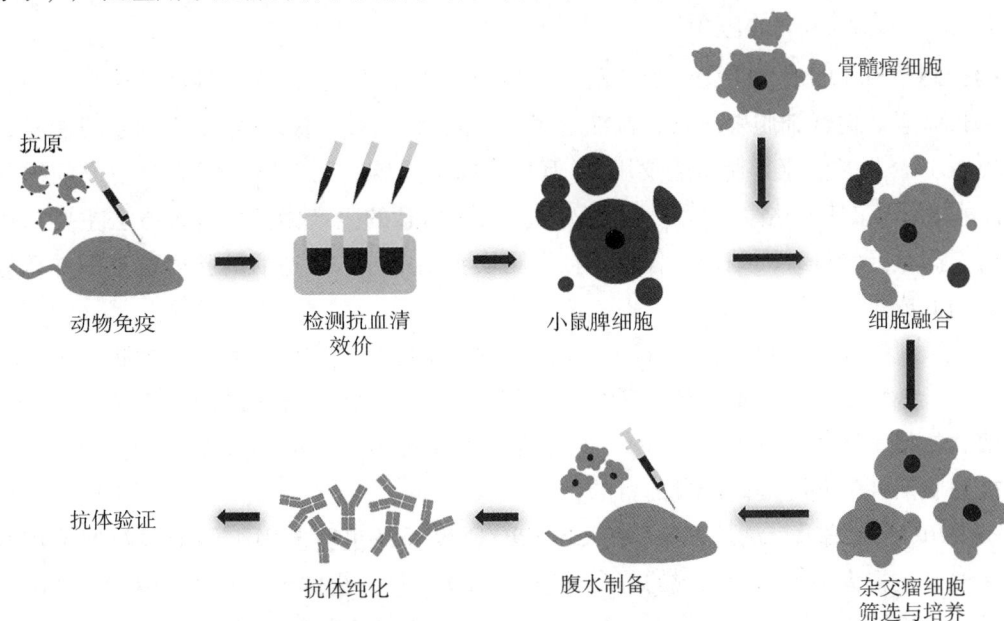

图 1-3 单克隆抗体制备一般流程

（四）发酵工程

发酵工程也称为微生物工程，即给微生物提供最适宜的发酵条件生产特定产品的一种技术，包括菌种的筛选、培养基的配制、灭菌处理、扩大培养和接种、发酵过程控制以及产品的分离和纯化等环节。现代发酵工程能使用酶、植物和动物细胞等多种原料，并采用多种反应器进行发酵。

（五）细胞工程

细胞工程包括一切生物类型的基本单位——细胞（有时也包括器官和组织）的离体培养、繁殖、再生、融合以及细胞核、细胞质乃至染色体与细胞器（如线粒体、叶绿体等）的移植与改建等操作技术。

生物技术的这五大组成部分虽然均可以自成体系，构成独立的完整技术，但在许多情况下又是高度互相渗透和密切相关的，事实上如果没有这种互相渗透和彼此依赖，或许生物技术根本就形成不了像现在这样的一种既深且广的影响与声势。生物技术的依据和出发点是生物有机体本身的种种功能，是各种生物在生长、发育与繁殖过程中进行物质合成、降解和转化的能力（也就是利用其新陈代谢的能力）。各种生物，不管是低等的细菌、真菌等微生物，还是高等的动物、植物、人，其新陈代谢的过程就像是一座反应器，而且是效率极高的反应器。所以从某种意义上说，基因工程和细胞工程可以被看作是生物技术的核心基础，因为通过基因工程和细胞工程可以创造出许多具有特殊功能或多样功能的"工程菌株"或"工程细胞株"，这些"工程菌株"或"工程细胞株"往往可以通过发酵工程生产出更多、更好的产品，发挥出更大的经济效益。而发酵工程往往又是生物技术产业化，特别是发展大规模生产的最关键环节。蛋白质工程和抗体工程是在基因工程的基础上，有目的地定向改造蛋白质或抗体基因，从而达到优化蛋白质功能或抗体功能的目的。因此，生物技术的五大组成部分应当是一个完整的整体。

三、生物技术制药

生物技术发展的一大目的就是战胜疾病，延长人类寿命，提高生存质量。四十多年来，生物技术制药已成为现代制药工业的新的经济增长点，并成为新药开发的重要发展方向。

生物技术主要应用于制药领域的以下几个方面。

（一）基因工程在制药中的应用

基因工程在制药行业的应用主要体现在新型药物的生产和研究上。内源性活性成分一般含量少，不易获得，如生长激素、促红细胞生成素、粒细胞集落刺激因子等，通过基因工程的手段制备，其成本显著降低。如提取1mg生长激素抑制素需要用10万只羊的下丘脑；而基因工程方法生产同样的激素只需10L大肠埃希菌培养液，其价格大约为每毫克2元。以胰岛素的生产为例，传统方法主要依赖从动物胰腺中提取，成本高且产量低；而基因工程技术在大肠埃希菌中导入改造后的胰岛素基因并诱导表达，大幅提高产量，降低成本。

相较于传统微生物发酵或化学合成方法，基因工程技术在合成抗生素和活性多肽类药物方面展现出显著优势，其生产效率更高且成本较低，适合于大规模生产。例如，利用基因工程技术生产抗菌肽时，可以根据抗菌肽的特性选择合适的宿主系统（包括大肠埃希菌、乳酸菌以及基因工程菌）进行生产，以达到保持抗菌肽活性的同时提高产量的目的。

此外，CRISPR基因编辑疗法是一种利用CRISPR/Cas9系统进行基因组编辑的新型治疗方法，因其精确性和灵活性而被视为基因治疗领域的革命性技术。2023年，全球首款基于CRISPR技术的基因编辑疗法获得有条件上市许可，可用于治疗12岁及以上伴有复发性血管闭塞危象的镰形细胞贫血患者。这一进展不仅展示了基因工程技术在制药领域的最新成就，也彰显了该技术在治疗遗传性疾病和提高药物研发效率方面的潜力。

除以上几种基因工程药物外，还有血液代用品、疫苗和核酸药物等多种基因工程药物，用于肿瘤和病毒感染等多种疾病的治疗。

（二）蛋白质工程在制药中的应用

天然内源性活性蛋白质通常在成药性方面存在缺陷，需要通过蛋白质工程技术进行改造，以获得性质更好的多肽、蛋白质类药物，如天然形式的胰岛素在临床使用中存在作用时间短、进入血液慢、长期使用时产生抗性且稳定性差、无法长期保存及生产规模不能满足需求等缺点。研究人员通过蛋白质工程技术对胰岛素分子进行了多种突变，获得了速效、中效、长效等多种胰岛素类似物。1996 年速效胰岛素类似物在欧洲和美国批准上市，它与天然胰岛素不同之处是 B 链 28 位的 Pro 和 29 位的 Lys 调换了位置，结果其自身聚集的倾向大大降低，静脉推注后 15 分钟起效，而原型人胰岛素要 45 分钟起效。

融合蛋白类药物是通过将两个或多个不同的蛋白质或其片段拼接，以提升其生物效能或稳定性。这类疗法的设计旨在结合不同蛋白质的功能优势，发挥协同效应。例如，ⅡA 型激活素受体（ActR ⅡA）融合蛋白的改造使细胞外域与抗体的 Fc 片段相结合，有效阻断了激活素与其膜上受体的相互作用，降低了激活素介导的信号转导，使其在治疗肺动脉高压方面展现出潜力。

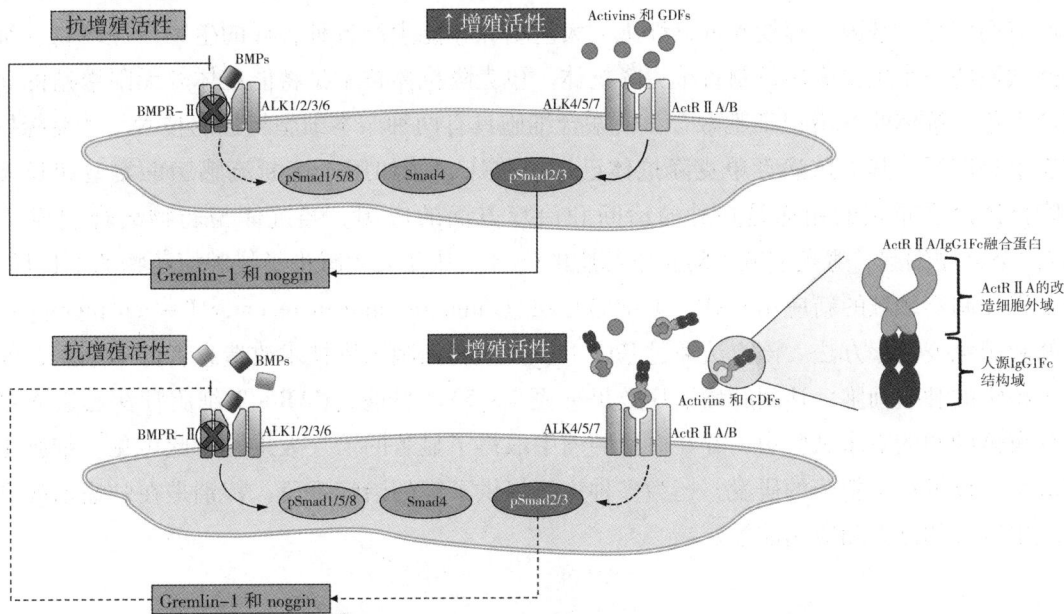

图 1－4 融合蛋白类药物示例

除此之外，重组激素、重组酶以及单克隆抗体等多种蛋白质工程类药物的开发和应用是现代生物技术领域的重要成果，为多种疾病提供了新的治疗选择。

（三）抗体工程在制药中的应用

抗体工程在制药领域的应用极为广泛，尤其在肿瘤治疗、自身免疫疾病和感染性疾病的治疗中扮演着重要角色。在肿瘤治疗方面，抗体药物能够特异性识别肿瘤细胞，减少对正常细胞的损害，降低副作用。例如，PD－1 抗体和 HER2 抗体等，它们通过不同的机制抑制肿瘤生长和转移。自身免疫疾病治疗中，抗体药物通过调节异常的免疫反应，减轻症状，如用于治疗类风湿关节炎的 TNF－α 抗体。在感染性疾病领域，抗体药物提供了一种新的治疗手段，尤其是在传统抗生素无效的情况下。

随着抗体药物的需求不断加大，抗体工程的发展也在飞速进步。例如，为提高药物靶向性并减少药物毒性，研发人员尝试将小分子细胞毒药物与抗体药物结合，形成抗体药物偶联物（antibody drug conjugates，ADC），目前已有多种 ADC 经获批上市，为特定类型的肿瘤患者提供了新的治疗选择。但 ADC 的发展存在生物活性低，修饰抗体的亲和力或特异性低导致的脱靶效应，连接子过早断裂导致的外周毒性等挑战。而研究人员发现，通过抗体工程技术引入半胱氨酸修饰、将稀有氨基酸或非天然氨基酸等在一定程度上能改善以上问题。

（四）发酵工程在制药中的应用

发酵工程也称为微生物工程，它在原有发酵技术的基础上又采用了新技术使工艺水平大大提高。所采用的新技术主要应用于三方面：菌种改造、工艺改进和新药研制。菌种改造主要利用基因工程原理及技术；工艺改进主要依赖于计算机制论及技术的发展。正是由于采用其他学科的理论和新技术成果，使得发酵工程成为高新技术，反映出当今各学科之间相互渗透、相互支持，促进科学技术加速发展的趋势。目前氨基酸的工业生产基本上都是利用发酵工程技术，通过菌种改造、工艺优化等显著提高了氨基酸的生产水平。

（五）细胞工程在制药中的应用

细胞工程是改变细胞的某些遗传特性，达到改良或产生新品种的目的，以及使细胞增加或重新获得产生某种特定产物的能力，从而在离体条件下进行大量培养、增殖并提取对人类有用的产品。细胞工程在制药领域应用广泛，基因工程技术依赖细胞的大量培养才能生产各种各样的生物活性产物。细胞工程技术在制药领域的一个主要应用是制备单克隆抗体。单克隆抗体技术是将能在体外无限繁殖的恶性肿瘤细胞与能产生单一抗体的 B 淋巴细胞融合，使融合细胞具有两种亲本细胞特性的技术。单克隆抗体在医学上的用途十分广泛，其中抗病毒单克隆抗体已用于临床，例如用于诊断流感病毒类型和狂犬病的治疗。单克隆抗体最受重视的用途是在肿瘤诊断和治疗方面的应用。经抗体与药物结合制成"生物导弹"，能定位杀灭瘤细胞，避免或减少对正常细胞的伤害，从而大大减少了抗肿瘤药物的不良反应。

细胞工程在制药领域的新应用 CAR‑T 细胞疗法（chimeric antigen receptor T‑cell therapy）也是一种革命性的肿瘤免疫治疗方法。该方法通过基因工程技术和细胞工程技术改造患者的 T 细胞，使其能够识别并攻击特定的肿瘤细胞，达到肿瘤治疗效果（图 1‑5）。目前，CAR‑T 细胞疗法已进入多种血液肿瘤和部分实体肿瘤的临床试验中，并在血液肿瘤中取得了显著的治疗效果。由此可见，细胞工程在制药领域的应用不仅推动了新药的研发，还为多种疾病提供了新的治疗手段，特别是在肿瘤治疗和免疫治疗领域展现出巨大的潜力和应用前景。

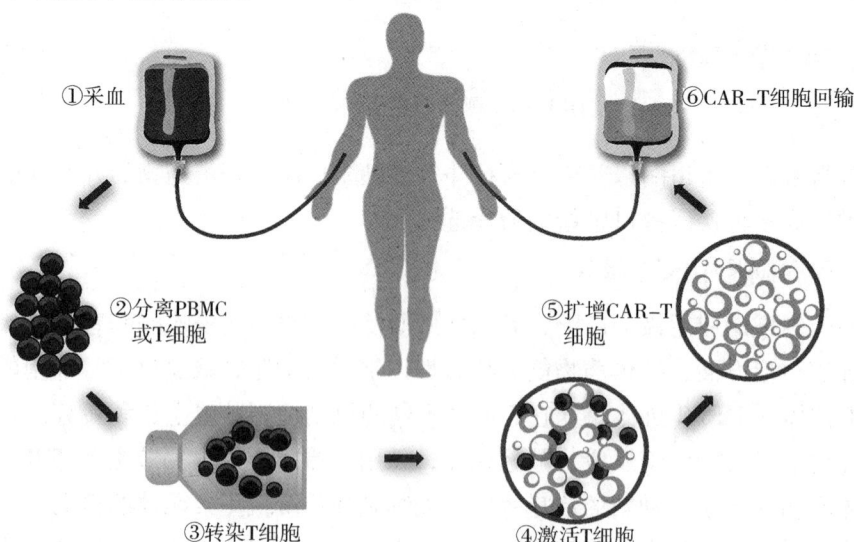

图 1‑5 CAR‑T 疗法的一般流程

（六）现代生物技术在新药研发中的作用

现代生物技术的发展以及人类对疾病的分子机制认识的不断深化，使越来越多的生物技术药物及治疗手段应用于疾病的防治，如重组疫苗、治疗性抗体、反义核酸药物和基因治疗、干细胞治疗等。除此之外，生物技术在新药研发中也起着很重要的作用，主要表现在：①发现新的药物靶点及建立新的筛选模型。随着现代生物技术的发展，疾病中起重要作用的受体、酶、离子通道、细胞因子、核酸与基因位点的分子生物学特征逐步被阐明，药物分子大多通过与人体内靶标分子的相互作用而发挥药效，通过现代分子生物学手段建立分子水平的药物筛选模型，利用高通量筛选的新技术，可以大大加快活性分子的发现速率。②基于生物信息学的药物分子设计。利用生物信息学技术的发展，针对药物作用靶点，采用分子模拟软件分析结合部位的结构性质，如静电引力、疏水作用、氢键作用位点等信息，通过数据库搜寻或全新药物设计技术，识别得到分子形状和理化性质与受体作用位点相匹配的分子，合并并测试这些分子的生物活性，可发现新的先导化合物。③从分子水平阐明药物作用机制。通过现代生物学技术的运用，可以从蛋白质和基因的结构和功能方面，在分子水平阐明药物的作用机制及毒性产生机制。

第二节　生物技术药物 🅔 微课

一、生物技术药物的概念与分类

（一）生物技术药物的概念

生物技术药物（biopharmaceutics）是利用生物体、生物组织、细胞或其成分，综合应用生物学与医学、生物化学与分子生物学、微生物学与免疫学、物理化学与工程学和药学的原理与方法加工制造而成的一大类用于预防、诊断、治疗和康复保健的制品。广义的生物技术药物包括以动物、植物、微生物和海洋生物为原料制取的各种天然生物活性物质及其人工合成或部分合成的天然物质类似物，也包括应用生物工程技术（基因工程、蛋白质工程、抗体工程、细胞工程、发酵工程）制造生产的新生物技术药物。随着基因工程药物、基因药物和单克隆抗体的快速发展，生物技术药物已获得极大的扩充。利用现代生物技术，人们可以将动物细胞、植物细胞、细菌细胞等改造成为药物的生产车间。

（二）生物技术药物的分类

生物技术药物通常按其化学特性、制造方法与临床用途进行综合分类。现代生物技术药物可分为五大类。

1. 天然生物技术药物　从动物、植物、微生物和海洋生物中发现、研究和生产天然药物，是生物制药工业的重要领域，也是提供创制生物新药有效先导物的重要途径。

2. 基因工程药物　应用基因工程和蛋白质工程技术制造的重组活性多肽、蛋白质及其修饰物，如治疗性多肽、蛋白质、激素、酶、抗体、细胞因子、疫苗、连接蛋白、融合蛋白、可溶性受体等。

3. 基因药物（核酸药物）　这类药物是以基因物质（RNA 或 DNA 及其衍生物）作为治疗的物质基础，包括基因治疗用的重组目的 DNA 片段、重组疫苗、反义药物与干涉小 RNA（siRNA）和核酶等。基因治疗除用于遗传病治疗外，已扩展到用于治疗肿瘤、艾滋病、囊性纤维变性、糖尿病和心血管疾病等。

4. 细胞治疗药物　通常指用于治疗人类疾病的活细胞产品，这些细胞经过体外处理后回输到患者体内，以替代受损细胞或增强免疫功能，诸如 CAR‐T、CAR‐NK、TCR‐T 等。目前细胞治疗已经被用于自身免疫性疾病或者肿瘤的治疗中，如传奇生物与强生联合主导研发的上市药物西达基奥仑赛注射液（Carvykti），是全球首个获批用于靶向多发性骨髓瘤患者二线治疗的细胞治疗药物。

5. 活体生物药物（live biotherapeutic）　是一类含有具有活性的生物体（如细菌）并可用于预防、治疗或治愈人类疾病或适应证的生物制品，不包括疫苗。

二、生物技术药物的特点

（一）生物技术药物的特性

1. 药理学特性

（1）药理活性高　生物技术药物是将体内原先存在的生理活性物质，通过生物分离工程技术从大量生物材料中精制而成，因此具有高效的药理活性。如干扰素 α 纯品的比活 $> 10^8 U/mg$，而临床使用一次剂量一般为 $3 \times 10^6 \sim 5 \times 10^6 U$，相当于 $30 \sim 50 \mu g$ 蛋白量。

（2）治疗的针对性强　生物技术药物的治疗生理、生化机制合理，疗效可靠，如细胞色素 c 为呼吸链的一个重要成员，用它治疗因组织缺氧引起的一系列疾病效果显著。

（3）毒副作用较少，营养价值高　生物技术药物的组成单元多为机体的重要营养素，如氨基酸、核苷酸、单糖、脂肪酸及微量元素和维生素等，其化学组成更接近人体的正常生理物质，进入体内后更易被机体吸收和利用，能够更高效地参与人体的正常代谢与调节。因此，生物技术药物被认为对人体的毒副作用一般较少，而且还具有一定的营养作用。

（4）生理副作用常有发生　生物技术药物来自生物材料，不同生物或相同生物的不同个体，所含的生物活性物质结构上常有很大差异，尤其是分子量较大的蛋白质类药物更为突出，这种差异在临床使用时常会表现出免疫原性反应和变态反应等。另外，生物技术药物在机体内的原有生理活性一般受到机体的调控平衡，当用这些活性物质作为治疗药物时，常使用超过正常生理浓度的剂量，致使其超过了体内的生理平衡调节以致发生副作用，如注射高剂量干扰素 α，常会引起发热症状等。

2. 理化特性与生物学特性

（1）生物材料中的有效物质含量低，杂质种类多且含量相对较高　以青霉素的生产菌产黄青霉为例，其发酵液中含有大量的杂质，包括产黄青霉的菌丝体、未被利用的培养基成分（如糖类、氮源等），而青霉素（有效物质）的含量较低。菌丝体是微生物自身的结构成分，在发酵结束后会残留在发酵液中，这些杂质如果不经过复杂的分离纯化过程，会影响青霉素的质量和纯度。

（2）生物活性物质组成结构复杂、稳定性差　生物技术药物多数为生物大分子，如酶类药物的分子量为 $10000 \sim 50000$ 道尔顿（Dalton，Da），抗体分子量为 $50000 \sim 950000Da$，多糖类药物的分子量小则几万道尔顿，大则可达几千万道尔顿。它们的组成结构复杂，并且有严格空间构象和特定活性中心，以维持其特定的生理功能，一旦遭到破坏，就失去生物活性。引起活性破坏的因素有生物性因素，如被自身酶的水解；理化因素，如温度、压力、pH、重金属、光照及强烈机械搅拌等。

（3）生物材料易染菌、腐败　生物原料及产品均为高营养物质，极易染菌、腐败、使有效物质分解破坏，产生有毒物质、热原或致敏物质和降压物质等。因此生物材料需要新鲜无污染，并对其及时低温冻存。生物技术药物生产操作过程，对于低温、无菌操作要求严格，为确保产品的质量，就要从原料制造、工艺过程、制剂、贮存、运输和使用多个环节严加控制。

（4）生物技术药物制剂的特殊要求　生物技术药物易受消化道的酸碱环境和水解酶的破坏；由于该类药物常以注射给药，因此对制剂的均一性、安全性和有效性都有严格要求。除按一般药物制剂的质控要求外，常附有其他检测项目，如安全性检查、热原检测与过敏试验、降压物质检测、免疫毒性试验、残留 DNA 检测和宿主蛋白质检测等。为保证制品的质量，必须遵守严格的制造过程管理要求，即《药品生产质量管理规范》（good manufacturing practice，GMP），并对制品的有效期、贮存期、贮存条件和使用方法做出明确规定。

生物技术药物是具有特殊生理功能的生物活性物质，因此对其有效成分的检测，不仅要有理化检验指标，而且要根据制品的特异生理效应或专一生化反应拟定生物活性检测方法。通常统一采用国际上法定的标准品或按严格方法制备的参照品作为测定时的参考标准。生物技术药物标准品在国际上有统一的制法与规格，依照统一法人制法和规定，各国药品检定机构就可以复制出相应的副品，供有关生产单位使用。

（二）生物技术药物的成药性

生物技术药物的成药性是指生物大分子在具有特定生物学活性的基础上，进行了初步药效学研究、药代动力学特性和安全性的早期评价后，被认为具有开发为药物潜能的特性。生物技术药物具有药理活性高、作用靶点明确、特异性强的优点，同时又因其分子量大、结构复杂、稳定性差以及受常规分析手段的限制，使得生物技术药物在早期成药性评价方面落后于化学小分子药物，所以早期的成药性评价对于生物技术药物研发意义重大。

1. 基于药代动力学特征的早期成药性评价 生物技术药物（蛋白质、肽类和寡核苷酸类药物）与传统小分子药物不同。例如，通过胃肠道给药通常没有治疗作用，这主要由于胃肠道含有多种活性酶以及胃肠道黏膜对生物技术药物的低通透性。所以，大多数生物技术药物的给药途径是注射给药，如静脉给药、皮下给药、输注给药等。静脉给药和输注给药没有吸收过程，直接进入血液；皮下注射给药，蛋白质或多肽类药物可通过毛细血管或淋巴管进入体循环。通常分子量 >16000Da 的大分子大部分被吸收进入淋巴系统，而分子量 <1000Da 的小分子主要被吸收进入血液循环系统。进入血液循环的蛋白质或多肽药物在分布上也不同于小分子药物，小分子药物的分布主要受到药物的理化性质，如分子量大小、化学结构和构型、pK_a、脂溶性以及血浆蛋白结合率的影响；蛋白质或多肽类药物主要取决于其理化性质（如电荷、亲脂性）、血浆蛋白结合率以及对其特定的主动运输途径。另外，蛋白质类药物不存在蓄积问题，其分解代谢产物为氨基酸，可在内源性的氨基酸库中被循环再利用，所以对蛋白质和多肽类药物的体内分布研究主要是评价其对特异组织的靶向性。

生物技术药物体内消除是影响其成药性的重要因素，一些具有良好生物活性的药物，在代谢系统疾病治疗中极具潜力，其分子结构简单、作用机制明确，但是在体内极易被消除，至今尚未能应用于临床。通常蛋白质和多肽药物全部通过与内源性蛋白质一样的分解代谢途径被消除，除了酶解作用外，生物技术药物非代谢消除途径主要包括肾排泄和胆汁排泄途径，但是这些不是蛋白质和多肽类药物的主要消除途径。通过对生物技术药物进行结构改造可改变其消除速度，如常规胰岛素以及速效胰岛素（赖脯胰岛素），通过对常规胰岛素 B 链进行氨基酸取代获得的速效胰岛素可在 5 分钟内起效，但是疗效持续时间不超过 6 小时；而常规胰岛素 30~60 分钟起效，效应持续时间长达 8~10 小时。目前研究表明，分子量大小、亲脂性，以及其结构、电荷等特点导致的调理作用、吞噬作用和受体介导的内吞作用是影响其体内消除的重要因素。

2. 基于药代动力学与药效动力学（PK/PD）模型的早期成药性评价 药物按照一定剂量或给药方案给药后，在身体不同房室和体液中达到特定的药物浓度，进而对机体产生预期效应和非预期效应，这些共同构成了药物的有效性和安全性。因此对于生物技术药物治疗应用的基础与小分子药物类似——就是明确疗效与机体内药物浓度的关系。给药剂量、体液中药物浓度与产生的疗效之间的关系可能是简单的，也可能是复杂的关系。剂量 - 浓度 - 效应关系是根据药代动力学（PK）和药效动力学（PD）特征确定的，药代动力学研究影响体液（通常指全血或者血浆）中药物浓度时间进程的所有过程，也就是影响药物吸收、分布、代谢和排泄的所有过程。相反，药效动力学研究的是特定药物浓度在相关效应部位产生的疗效和/或毒性。简单地说，药代动力学是研究"机体对药物的作用"，而药效动力学是研究

"药物对机体的作用"。通过整合 PK/PD 模型，将这两种药理学原理结合在一起，就可以连续描述特定给药剂量下直接产生的效应 – 时间过程。

生物技术药物（如蛋白质、肽类和寡核苷酸类药物）通常与体内内源性物质相同或相似，所以在体内药代动力学与药效动力学特征更接近于内源性大分子，而显著区别于小分子药物，主要表现在如下方面。

（1）代谢机制存在明显差异　小分子药物主要通过肝脏代谢，而蛋白质和多肽类药物主要通过非特异性的蛋白质水解途径进行代谢，所以生物技术药物通常不需要进行细胞色素 P450 酶的转化研究。

（2）结构上的类似决定了体内过程的相似性　蛋白质和多肽类药物在结构上具有相似性，而不同的哺乳动物对肽类的处理相对保守，所以对于这类生物技术药物，更容易预测其在体内的分布、代谢和消除，同时以动物身上获得的药代动力学数据来推测其在人类体内的过程具有较好的可行度。

（3）靶向药物处置的 PK 特征　生物技术药物通常都是和特定的靶点结合发挥药理学活性，其中有些药物与特定的靶点之间的结合是不可逆的，当药物 – 受体复合物进入细胞后，通过细胞酶解作用来消除药物，这就将药代动力学和药效动力学过程变成了相互依赖的双向过程，而小分子药物药代动力学和药效动力学过程是独立的过程。当靶点数和药物分子数接近或远远大于时，药物通过与靶点作用进而消除是主要消除途径。靶向药物处置通常与受影响的非线性药代动力学相关，原因是当靶标饱和时，其介导的消除途径也出现饱和，结果导致血药浓度迅速上升。

3. 基于安全性的早期成药性评价　安全是成为一个药物的前提条件，生物技术药物与小分子化学药物在理化性质、免疫学和毒理学性质等都存在很大差异，所以对于生物技术药物来说安全性不仅仅是产品毒性问题，还包括免疫学特性、微生物学安全性、药理学安全性、致癌性、一般安全性等。生物技术药物的潜在安全风险主要包括三个方面：一为药理作用的放大和延伸；二为免疫原性、免疫抑制和刺激反应及过敏反应；三为杂质或污染物所致的相关毒性。潜在安全风险主要是指生物制品本身和杂质，前者一般包括活性成分和产品相关蛋白质，杂质主要包括与工艺相关的杂质和产品相关杂质以及环境污染杂质。工艺相关杂质是指生产过程中产生的杂质，如宿主细胞蛋白质、DNA，培养物（诱导剂、抗生素或其他培养基成分等），纯化等工艺产生的杂质（酶、化学试剂、无机盐、溶剂、载体、抗体等）；产品相关杂质是指产品肽链的截短或延长形式、修饰形式（去酰胺化、异构体、二硫键错配、糖基化、磷酸化等）、聚合体、多聚体等；环境污染杂质包括细胞内毒素、可能携带的病毒和有害微生物等；宿主细胞（如细菌、酵母、昆虫、植物和哺乳动物细胞）的污染也存在潜在的危险性，这些均应严格控制。若理化性质和生物活性与产品相似，变异体可作为产品相关蛋白质而不是杂质来对待。总之，对具体产品的潜在安全风险的性质和来源的分析与判断，可以有针对性确定非临床安全性研究的试验项目和具体设计，以最大限度地为人体临床研究提供有价值的安全性信息。

三、生物技术药物发展趋势

自从第一个现代生物技术药物——重组人胰岛素于 1982 年经美国食品药品管理局（FDA）批准上市以来，生物技术制药进入了一个新纪元，它向世人展示，以基因工程技术为核心的现代生物技术药物具有无限的发展应用前景和生命力。20 世纪 90 年代以来，现代生命科学基础研究和现代生物技术研究所取得的重大研究进展和技术突破，更为重要的是，伴随着 2024 年人工智能领域的 5 位科学家斩获了两项诺贝尔奖，以人工智能为核心所构建的药物研发平台也势必会引领新一轮的现代生物技术药物研究与开发的迅猛发展，其具体表现主要有以下方面。

（一）治疗性抗体药物发展迅猛

治疗性抗体目前已成为种类最多和销售额最大的一类生物技术药物，是继重组蛋白质药物之后引领世界生物制药第二次高潮的生物技术药物。2023 年在全球销售排名前十位的处方药中治疗性抗体占了 5 个，每个品种年销售额均超过 100 亿美元。抗体药物目前也拓展至多个领域，法瑞西单抗由罗氏旗下公司基因泰克研发，用于治疗眼底疾病，是全球首款眼内注射双特异性抗体，可在更长的治疗间隔内起到持续的作用，从而改善患者视力，实现长效疾病控制。由于抗体类药物具有巨大的经济和社会效益，已成为 21 世纪生物技术制药领域中最重要的关注焦点之一。

（二）反义寡核苷酸药物及基因治疗药物重要性日益凸显

反义核酸是根据碱基互补原理，利用特异互补的 DNA 或 RNA 片段与目的序列核酸结合，通过空间位阻效应或诱导的 RNase 活性的降解作用，抑制或封闭目的基因的表达。如已上市的反义寡核苷酸药物 Tofersen，2023 年 4 月 25 日，美国 FDA 批准了 Toferson 上市，用于治疗 SOD1 基因突变的肌萎缩侧索硬化（ALS，俗称渐冻症）成年患者。基因治疗是指将外源正常基因导入靶细胞，以纠正或补偿因基因缺陷或异常导致的疾病，从而达到治疗的目的。国家药品监督管理局（National Medical Products Administration，NMPA）目前批准的基因药物有五种，包括：靶向 B 细胞成熟抗原（BCMA）的自体 CAR - T 细胞产品泽沃基奥仑赛注射液以及同时靶向血管内皮生长因子（VEGF）、血管生成素 - 2（ANG - 2）双靶点注射液 XMVA09 等重组人 p53 腺病毒注射液和重组人 5 型腺病毒。

（三）RNA 干扰类治疗药物前景良好

RNA 干扰（RNA interference，RNAi）是由双链 RNA 介导的序列特性转录后基因沉默过程，是通过双链 DNA 在 mRNA 水平上关闭相应基因的表达，对引发 RNAi 现象的小片段 RNA 双链分子即为小干扰 RNA（siRNA）。如在抗肿瘤治疗中，siRNA 可通过抑制癌基因达到治疗目的，在抗病毒方面，可以设计针对病毒基因组 RNA 或宿主细胞病毒受体的 siRNA 来达到抗病毒的目的。目前有用于治疗可导致失明的老年黄斑变性症（AMD）、由呼吸道合胞病毒（RSV）所引起的小儿疾病的 RNAi 药物，以及用于肿瘤治疗的 CALAAOI 和 ALN - VSPO2 都已进入临床试验，其中 ALN - VSPO2 的 I 期临床试验已完成，显示出了良好的耐受性和抗肿瘤活性。

（四）疫苗类药物研发由预防性疫苗向治疗性疫苗发展

治疗性疫苗是一类用于治疗疾病而非用于预防疾病的，通过打破慢性感染者体内免疫耐受，重建成增强免疫应答的新型疫苗。世界上第一个肿瘤治疗疫苗——表皮生长因子（EGF）肿瘤治疗性疫苗已于 2008 年上市。截至 2024 年，全球有超过 350 种肿瘤疫苗正在进行临床研究，肿瘤疫苗的研究和发展被认为具有广阔前景。

（五）人干细胞体外培养和定向分化技术推动了干细胞治疗的发展

干细胞是一种具有自我复制和多向增殖分化潜能的未分化细胞、能培养成肌肉、骨骼和神经等人体组织和器官，可用于治疗白血病、先天性代谢疾病、糖尿病、心脏病和脑瘫等多种疾病。据 Mordor Intelligence 报告，2024 年全球干细胞医疗市场规模约为 124.0 亿美元，预计到 2029 年将达到 185 亿美元，2024—2029 年期间的复合年增长率为 10.20%。异体人源脂肪间充质祖细胞注射液 AlloJoin，是首个获得 NMPA 临床试验默示许可的通用型干细胞产品，药品类型为治疗用生物制品 I 类新药，用于治疗膝骨关节炎。

（六）人类基因组结构和功能基因组的深入研究促进了药物靶点的发现

药物大多通过与人体内"靶标"分子的相互作用而产生疗效；药物作用新靶点的寻找已成为当今创新药物研究所面临的主要任务。随着 2001 年人类基因组图谱的建立以及功能基因组、蛋白质组计划的深入研究，在总数估计为 25 万种的人类基因中，可以发现有相当数量的基因与疾病的发生和防治有关。这些疾病相关基因的发现及其结构和功能的研究，将大大推动药物作用新靶标的发现。

（七）生物芯片技术应用于临床疾病检测

生物芯片技术是融微电子学、生物学、物理学、化学、计算机科学为一体的高度交叉技术，主要包括 cDNA 微阵列、寡核苷酸微阵列、蛋白质微阵列和小分子化合物微阵列。生物芯片技术在疾病诊断方面的价值得到越来越广泛的重视，诊断药物代谢缺乏症的细胞色素 P450 基因检测系统是第一个获 FDA 批准上市的 DNA 微阵列检测产品。此外，HRS-1893 片于 2023 年获批开展临床试验，其体外筛选工作使用了东南大学苏州医疗器械研究院开发的心脏器官芯片数据。器官芯片技术通过模拟人体器官的生理、病理活动，为药物的体外活性和选择性筛选提供了新方法。

（八）人工智能成为未来药物研发的核心

通过下一代人工智能系统连接生物学、化学和临床试验分析，利用深度生成模型、强化学习、转换模型等现代机器学习技术，构建强大且高效的人工智能药物研发平台，识别全新靶点并生成具有特定属性分子结构的候选药物。以 AlphaFold 为代表的人工智能预测平台可以预测包括蛋白质、DNA、RNA 在内的以及一系列配体、离子和化学修饰等更多生物分子结构，在不输入任何结构信息的情况下，AlphaFold 预测准确度比原有方法提高了 50%，对于部分相互作用类别甚至提高了 1 倍。结合人工智能的药物开发平台，目前已有药物进入Ⅱ期临床试验阶段，例如用于治疗转移性黑色素瘤的基于肽的个性化肿瘤免疫疗法，以及用于治疗实体瘤的抗凝集素单克隆抗体等，相信随着人工智能技术的进一步开发，会有越来越多的药物惠及临床。

第三节　生物技术制药产业链

生物技术制药产业是指应用重组 DNA 技术、单克隆抗体技术、细胞培养技术、生物反应器、蛋白质工程、克隆技术、干细胞技术、生物信息学技术、高通量筛选等技术所生产的药品或试剂、医疗诊断手段、医疗器械及相关产品所形成的产业。

生物技术制药产业链是一个涵盖原材料供应、技术研发、生产制造、市场销售以及终端消费等多环节的复杂体系，具备技术密集、附加值高、市场潜力大等显著特点。在产业链上游，基因工程、酶工程、发酵工程以及抗体工程等关键技术占据核心地位，其发展趋势呈现为创新药研发的加速推进、个性化医疗的兴起以及智能制造的广泛应用。产业链中游则聚焦于细胞培养基、生物反应器和过滤技术等关键技术，随着市场需求的持续攀升，技术创新不断推进，国产替代进程也在加速展开。产业链下游由医药流通与终端销售构成其主要框架，其未来走向包括多元化渠道的拓展、精准营销的深化以及健康管理服务的拓展，线上线下融合的销售模式愈发普及，大数据与人工智能技术的运用助力精准营销的实现，同时更多健康管理服务的提供致力于提升患者的整体健康水平。

整个生物技术制药产业链高度依赖先进的生物技术，研发和生产过程复杂，技术门槛高，市场上的价格相对较高。国家和地方政府出台了一系列政策支持生物制药行业的发展，包括研发补贴、税收优惠、市场准入等，推动了行业的快速发展。随着全球人口老龄化、慢性病增加以及人们对健康需求的提升，生物制药市场具有巨大的潜力，未来市场规模将持续增长。

一、生物技术制药产业链的上游——研发与创新

生物技术制药产业链上游的研发与创新是整个产业链中至关重要的一环，它涉及从基础研究到新药发现、开发和临床前研究的全过程。基础研究是新药研发的起点，涉及对疾病机制的深入理解和新药物靶点的发现。这通常需要跨学科的合作，包括生物学、化学、药理学、分子生物学等多个领域。通过基础研究能够更好地了解药物的药效、毒性、药代动力学以及与机体的相互作用。

当前，我国生物技术药研究与发展形势呈现"三期叠加"，一是机遇窗口期，全球干细胞、基因技

术等新兴生物技术的发展有望重塑世界医药产业竞争格局。国家层面和各省市都出台了大量支持生物制药行业发展与创新的政策。如国家发展和改革委员会印发的《"十四五"生物经济发展规划》，明确了生物技术和生物产业加快发展的目标和方向，为我国生物技术药的发展注入了强劲动力。二是重大需求期，在重大疾病、新发突发传染病、罕见病治疗等人民健康保障领域，都更加需要生命科学技术解决方案。例如，生物药凭借靶向性高、安全性好、疗效确切等优势，成为药物开发的主攻方向，常年占据全球前十畅销药物半壁江山。我国面临着诸多重大疾病的治疗挑战，需要更多的生物技术药来满足临床需求。三是安全挑战期，全球生物安全风险和不安定因素抬头，生物安全已成为当今世界面临的重大生存和发展问题。与国外的贸易摩擦和技术打压，也给我国生物技术药的国际合作和发展带来了诸多不确定性。

二、生物技术制药产业链的中游——生产与制造

生物技术制药产业链的中游是生产与制造的过程，是指从生物技术制药的研发阶段过渡到最终产品上市之前的一系列生产活动。这一阶段是将实验室阶段的创新研究成果转化为规模化生产的商业产品的过程。其主要过程包括：目标选择、基因克隆和表达、培养条件优化、细胞收获和提取、纯化和制备、质量控制和分析、药物的制剂研发和生产、临床试验等。在生物技术制药产业链中游，产品主要包括单克隆抗体、疫苗、重组蛋白、血液制品、诊断试剂等。

发展趋势方面，生物技术制药产业链中游呈现出技术创新与研发投入增加、市场规模持续扩大、产业集中化与专业化等特点。此外，行业内兼并重组增加，以提高资源利用效率和形成规模效应，加速整个生物技术制药产业链发展。生物技术制药产业链的中游环节与上游的原材料供应、设备供给及技术支持紧密相连。目前，我国在生物制药设备的中高端市场存在显著的供应缺口，整体行业创新能力尚需增强。中游与下游的关系则主要通过市场需求的拉动和反馈机制来体现。下游市场涵盖了医院、健康管理机构、第三方诊断机构、科研单位、疾控中心、体检中心以及个人消费者等多元化的应用终端。下游市场对高质量生物药产品的持续增长需求，不断激励中游企业加大研发投入和提升生产效能。同时，下游市场提供的需求反馈和临床数据，为中游企业的产品优化和质量提升提供了宝贵的参考依据。

三、生物技术制药产业链的下游——市场准入与销售

生物医药产业是关系到国计民生和国家安全的战略性新兴产业。因此，针对生物技术药品的研发、生产、流通和使用的各个环节，世界各国都制定了严格的监管准入政策。

数据显示，全球生物制药市场销售规模从2018年的2511亿美元增长到2023年的4068亿美元。我国人口众多，人口结构老龄化趋势也越发严重，为全面保障人民健康，且促进生物医药产业发展，近年来，中国医药市场准入政策频繁调整更新。2018年国家医保局组织开展集中带量采购，以及国家医保目录的动态调整，使得医药的市场准入都经历了巨大变革，医药市场的竞争也逐步聚焦为准入的竞争。市场准入管理和规则的变化，彻底改变了整个行业的生态，对我国医药产业乃至整个医疗健康行业均将产生深远影响。此外，生物制药的产品具有高价值和易损性，需要遵循严格的质量控制和物流配送标准。这些问题使得生物制药行业的销售供应链管理面临着许多挑战。

近年来，在销售流通领域，生物技术药品的销售模式与渠道正处于持续的变革与创新进程中。以往，传统的销售途径主要涵盖医院销售以及药店销售等。然而，伴随着互联网技术的迅猛发展，线上销售、电子商务等新兴渠道如雨后春笋般兴起。诸多企业敏锐地捕捉到这一趋势，纷纷通过搭建线上平台，进一步拓展销售渠道，以此提升产品在市场中的覆盖率，增强产品对于消费者的可及性。

四、生物技术制药产业发展趋势

生物技术制药产业正处于快速发展期，技术创新、政策支持和市场需求是推动这一行业发展的主要

因素。技术创新层面，国家通过国家自然科学基金与国家重点研发计划对科研经费的补贴扶植、鼓励高校科研活动的进行，促进科研整体发展与项目的数量增加。另外，随着国家大力鼓励创新药，尤其是生物创新药的研发，生物制药产业蓬勃发展。政策扶持层面，国家层面出台了多项政策以支持和规范生物制药行业的发展，包括发展方向、研发生产规范和新技术应用等。《"十四五"医药工业发展规划》和《"十四五"生物经济发展规划》都强调了生物制药产业的重要性，并提出了相应的发展目标。市场需求层面，预计到2029年，生物医药产品广泛应用于慢性疾病和传染疾病，中国生物制药行业市场规模也将超过1万亿元，市场需求十分广阔。这些趋势表明，生物技术制药产业未来必将成为医药行业的支柱性产业，为提升人民健康提供坚实的基础。

思考题

答案解析

1. 现代生物技术主要可以分为几大类？它们的概念是什么？
2. 举例说明现代生物技术药物在制药领域中的应用。
3. 人工智能对未来生物技术药物发展的影响有哪些？
4. 生物技术药物产业链尚需解决的问题有哪些？

书网融合……

本章小结   微课   习题

第二章　基因工程技术 🅔微课

📖 学习目标

　　1. 通过本章的学习，掌握基因工程的概念及基本原理，载体的概念以及常用载体，基因工程制药的基本过程，基因工程制药的关键技术；熟悉目的基因分离制备、与载体连接的常用方法，基因工程菌的稳定性考察及各种工程菌的构建；了解基因工程技术发展简史，基因工程研究与发展的意义。

　　2. 具备基因工程药物相关资料的收集能力，并能够从事该类药物相关的药学服务工作。

　　3. 树立科学的世界观、人生观、价值观，能深刻理解药学工作者的责任，热爱祖国，愿为祖国医药卫生事业和人类健康奋斗终身。

第一节　概　述

一、基因工程的概念

　　基因工程又叫遗传工程（genetic engineering），是对携带遗传信息的分子进行设计和施工的分子工程，包括基因重组、克隆和表达。具体指在基因水平上，按照人类的需要进行设计，在体外将核酸分子插入质粒、病毒或其他载体中，构成遗传物质的新组合（即重组载体分子），并将这种重组分子转移到原先没有这类分子的宿主细胞中去扩增和表达，从而使宿主或宿主细胞获得新的遗传特性，创建出具有某种新的性状的生物新品系，或形成新的基因产物。

　　基因工程开辟了生物学研究的新纪元，带动了现代生物技术及产业的不断突破和迅猛发展，制药、化工、食品、农业和医疗保健业无不得益于基因工程技术的应用。基因工程帮助人类认识和改造生命世界，也帮助人类认识自己。

二、基因工程的原理

　　基因工程的原理是，通过体外 DNA 重组技术，将一种生物的基因提取出来，进行修饰改造后，再放到另一种生物的细胞里，定向地改造生物的遗传性状。具体来说，基因工程是通过限制性核酸内切酶识别并切割 DNA 分子中的特定序列，然后将切割后的 DNA 片段通过 DNA 连接酶连接起来，形成重组 DNA 分子。最后，将这个重组 DNA 分子导入受体细胞中，使其在细胞内稳定存在并表达。主要包括以下步骤。

　　1. 目的基因的获取与制备　从供体生物中分离出具有特定功能或特征的基因序列。

　　2. 克隆基因载体的选择与改造　选择合适的质粒或病毒载体，设计克隆方案并对载体进行改造，使载体具备复制、选择和表达外源基因的功能。

　　3. 目的基因与载体的连接　利用限制性内切酶和连接酶将目的基因与载体连接，构建重组 DNA 分子。

4. 重组 DNA 导入受体细胞 将构建的重组 DNA 分子导入受体细胞，如细菌、酵母菌、植物或动物细胞。

5. 筛选出重组 DNA 转化细胞 通过筛选或检测手段，筛选出成功整合重组 DNA 分子的受体细胞，这些细胞被称为转化细胞或转基因生物。

6. 表达外源基因 导入受体细胞后，外源基因在大肠埃希菌中会表现出相应功能，用于生产蛋白质或调节细胞功能。

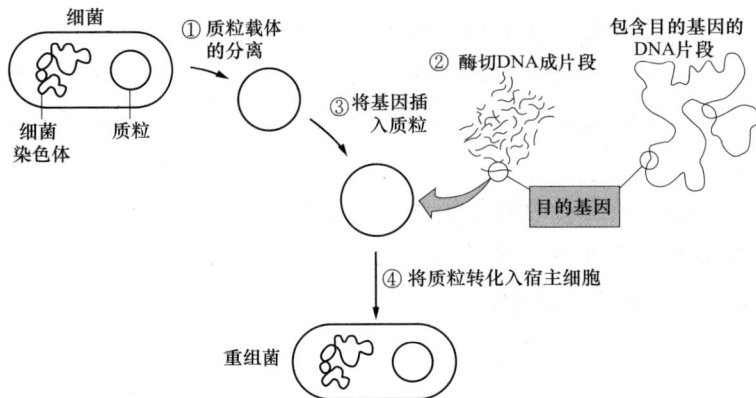

图 2-1 基因工程流程示意图

三、基因工程技术发展简史

基因工程兴起于 20 世纪 70 年代初，其迅速发展得益于现代遗传学和生物化学成果的积累和运用。从 20 世纪 40 年代开始，科学家从理论和技术两方面为基因工程的产生奠定了坚实的基础，分子生物学领域理论上的三大发现及技术上的三大发明对基因工程的诞生起到了决定性作用。

（一）三大理论发现

1. 20 世纪 40 年代证明生物的遗传物质是 DNA 1934 年 Avesry 首次报道了肺炎球菌（diplococcus pneumonas）的转化，他不仅证明 DNA 是遗传物质，还证明了 DNA 可以把一个细菌的性状传给另一个细菌。Avesry 的工作是现代生物科学的革命开端，也可以说是基因工程的先导。

2. 20 世纪 50 年代明确了 DNA 的双螺旋结构和半保留复制机制 1953 年 Watson 和 Crick 提出 DNA 结构的双螺旋模型，这对生命科学的意义足以和达尔文学说、孟德尔定律相提并论。

3. 20 世纪 60 年代明确了遗传信息的传递方式 科学家们经过艰苦的努力，确定遗传信息是以密码子方式传递的，每三个核苷酸组成一个密码子，代表一个氨基酸。1965 年 64 个密码子全部被破译，从而确立了中心法则，提出遗传信息是 DNA→RNA→蛋白质的传递方式。

（二）三大技术发明

1. 限制性内切核酸酶和 DNA 连接酶的发现 20 世纪 40 年代酶学知识已有相当的发展，但科学家们面对庞大的双链 DNA（dsDNA）仍然束手无策，没有任何一种酶能对 DNA 进行有效切割。60 年代后期，限制性内切核酸酶 *Hind* Ⅲ 的发现，打破了基因工程的禁锢，随后又相继发现了 *EcoR* Ⅰ 等限制性内切核酸酶，使研究者可以获得所需的 DNA 特殊片段，为基因工程的诞生奠定了最为重要的技术基础。对基因工程技术突破的另一发现是 DNA 连接酶，1967 年世界上有五个实验室几乎同时发现了 DNA 连接酶，这种酶能够参与 DNA 裂口的修复。1970 年，美国 Khorana 实验室发现了 T4 DNA 连接酶，具有更高的连接活性。

2. 载体的发现　科学家有了对 DNA 切割与连接的工具（酶），还不能完成 DNA 重组工作，因为大多数 DNA 片段不具备自我复制的能力，因此还需要一个能运送重组的 DNA 分子到细胞中去的"车子"，这就是载体（vector）。载体是一种特定的、能自我复制的 DNA 分子。1973 年 Cohen 首次将质粒作为基因工程的载体使用。这是基因工程诞生的第二个技术准备。

3. 反转录酶的发现　1970 年，Baltimore 等和 Temin 等同时各自发现了反转录酶，打破了中心法则，使真核基因的制备成为可能。

具备了上述理论与技术的支撑，1972 年美国斯坦福大学的 Bery 和 Jackson 等人将猿猴病毒基因组 SY40 DNA 和噬菌体基因以及大肠埃希菌半乳糖操纵子在体外重组获得成功。次年，美国斯坦福大学的 Cohen 和 Boyer 等人在体外构建出含有四环素和链霉素两个抗性基因的重组质粒分子，将其导入大肠埃希菌后，该重组质粒得以稳定复制，并赋予宿主细胞相应的抗生素抗性，由此宣告基因工程的诞生。Cohen 和 Boyer 创立了基因工程的基本模型，被誉为基因工程之父，并于 1982 年获得诺贝尔生理医学奖。

（三）基因工程研究与发展的意义

1. 大规模生产生物分子　利用细菌（如大肠埃希菌和酵母等）基因表达调控机制简单和生长速度快等特点，令其超量合成其他生物体内含量极微但具有重要价值的生化物质，基因工程药物就是这样产生的。自 1982 年第一个基因工程药品人胰岛素正式进入市场来，短短二十多年，基因工程药物研究已走向辉煌的发展时代，基因工程为现代医药带来了崭新的内涵和经济效益，也为未来的医疗手段带来新的契机和希望。

2. 设计构建新物种　借助于基因重组、基因定向诱变以及基因人工合成技术，可创造出自然界中不存在的生物新性状乃至全新物种。

3. 寻找、分离和鉴定生物体尤其是人体内的遗传信息资源　目前，日趋成熟的 DNA 重组技术已能使人们获得全部生物的基因组，并迅速确定其相应的生物功能。"人类基因组计划"是生物学历史上最巨大的科学工程。

第二节　基因工程制药的基本过程

一、基因工程制药的一般流程

基因工程药物的生产涉及 DNA 重组技术的产业化设计与应用，包括上游技术和下游技术两大部分。上游技术指的是外源基因重组、克隆后表达的设计与构建（狭义基因工程）；下游技术则包括含有重组外源基因的生物细胞（基因工程菌或细胞）的大规模培养以及外源基因表达产物的分离纯化、产品质量控制等过程。广义的基因工程是一个高度统一的整体，上游 DNA 重组的设计必须以简化下游操作工艺和装备为指导思想，而下游过程则是基因工程蓝图的体现和保证，这是基因工程产业化的基本原则。

基因工程制药主要包括以下步骤（图 2-2）。

1. 从供体细胞中分离基因组 DNA，用限制性内切核酸酶分别将外源目的 DNA 和载体分子切开（简称"切"）。

2. 用 DNA 连接酶将含有目的基因的 DNA 片段接到载体分子上，形

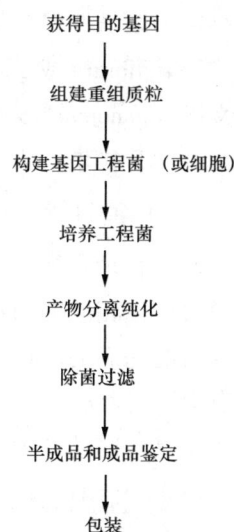

获得目的基因
↓
组建重组质粒
↓
构建基因工程菌（或细胞）
↓
培养工程菌
↓
产物分离纯化
↓
除菌过滤
↓
半成品和成品鉴定
↓
包装

图 2-2　基因工程制药流程图

成 DNA 重组分子（简称"接"）。

3. 将人工重组的 DNA 分子导入它们能够正常复制的受体（宿主）细胞中（简称"转"）。

4. 短时间培养转化细胞，以扩增（amplification）DNA 重组分子或使其整合到宿主细胞的基因族中（简称"增"）。

5. 筛选和鉴定转化细胞，获得使外源基因高效稳定表达的基因工程菌或细胞（简称"检"）。

6. 基因工程菌发酵，收获有目的蛋白质的发酵液，采用一系列分离纯化手段从发酵液中获得高纯度的目的产物。

7. 对目的蛋白质进行过滤除菌，对某些要求严格的药物而言，还需要除热原等处理。

8. 对目的蛋白质进行制剂研究，并进行半成品或成品检测，检测合格后进行包装。

由上述可知，一个完整的基因工程药物的制备包括上游的基因分离、重组、转移、基因在宿主细胞中的保持、转录、翻译，以及下游的分离纯化、除菌检测等多个步骤，其中切、接、转、增、检为基因工程药物上游技术的主要操作过程，为了下游获得大量的目的蛋白质，必须对上游技术进行优化。

二、目的基因的选择与制备

基因工程的目的就是外源基因的克隆与表达，目的基因的成功分离是基因工程操作的关键。由于每种基因（尤其是单拷贝基因）占整个生物基因组很少部分，且 DNA 的化学结构和理化性质相似，要从数以万计的核苷酸序列中挑选出非常小的目的基因是一个难题。因此欲获得某个目的基因，必须对其有所了解，然后根据目的基因的性质制定分离或克隆基因的方案。目前主要通过以下方法分离制备目的基因。

（一）从基因组中直接分离

采用物理化学及酶法从基因组中分离基因的方法主要有：①密度梯度离心法；②单链酶法；③分子杂交；④限制性内切核酸酶降解法。这些方法均是从不同的方面利用核酸 DNA 双螺旋之间存在着碱基 G 和 C 及 A 和 T 配对的这一特性，以达到从生物基因组分离目的基因的目的。

（二）限制性内切核酸酶降解法

一般多采用"鸟枪法"，即应用限制性内切核酸酶将染色体 DNA 切割成许多长短不一的片段，然后将这些片段混合物随机地重组入适当的载体，转化后在宿主菌中进行扩增，再筛选出需要的基因，将其贮存在可以长期保存的稳定的重组体中备用，这种保存某种生物基因组遗传信息组的材料，称为基因文库（gene library 或 gene bank）。建立基因文库是从大分子 DNA 上分离基因的有效方法之一，分为基因组文库（genomic library）和 cDNA 文库（complementary DNA library）两种。有了基因文库就可以应用杂交、PCR 扩增等方法，从中筛选出所需的基因片段。

（三）通过 RNA 合成 DNA

通过转录和加工，每个基因转录出相应的一个 mRNA 分子，借助于反转录酶，以 mRNA 为模板逆转录可产生相应的 cDNA。通过此方法可以构建 cDNA 文库，再通过分子杂交等方法从 cDNA 文库中钓出含目的基因的菌株。构建一个完整的 cDNA 文库的关键是在提取 mRNA 时，必须尽可能完整，同时不能有 DNA 污染。另外，由于在生物体中，某种基因转录的 mRNA 在不同的组织和不同发育时期的细胞内含量是不同的，为了获得某种目的基因，应选用含这种目的基因的 mRNA 量多的组织来提取。

（四）基因的化学合成

以 5′ 或 3′-脱氧核苷酸或 5′-磷酰基寡核苷酸片段为原料，采用化学方法将其逐个缩合成基因的方法称为化学合成法。随着核酸的化学合成技术不断完善，DNA 的人工合成已能够在 DNA 合成仪上自动化完成，从而使基因化学合成变得更经济、容易和准确。化学合成基因对那些用其他技术方法不易分离的基因尤为重要。DNA 合成仪不仅可以进行克隆的连接子、测序引物、杂交探针等寡核苷酸片段的合成，有些已知序列的基因，也可以化学人工合成后直接克隆，或分段合成各片段，随后再连接组装成完整的基因进行克隆。目前在核酸的合成方法中，最为常用的是固相合成法，其原理是将寡核苷酸链 3′ 端的第一个核苷酸先固定在一定不溶性的高分子（如硅胶微粒）上，然后从此末端核苷开始逐一加上脱氧核苷酸，以延长 DNA 链，每延长 1 个核苷酸需经历 1 个循环，合成至所需长度后，将寡核苷酸链从固相载体上洗脱，经分离纯化后得到所需的最后产物。

但是，采用纯粹化学合成法反应专一性不强，副反应多，合成片段越长，分离纯化越困难，产率越低。自从 DNA 连接酶发现之后，通常采用化学与酶促相结合的合成法，此方法的特点是不需要合成组成完整基因的所有寡核苷酸片段，而是合成其中一些片段，相邻的 3′ 端有一短的顺序相互补，在适当的条件下通过退火形成模板 – 引物复合体（template – primer complex），然后在四种脱氧核苷三磷酸（dNTP）存在的条件下，用大肠埃希菌的 DNA 聚合酶 I 大片段（Kle – now 片段）去填补互补片段之间的缺口，最后用 T4 DNA 连接酶连接及适当的限制性内切核酸酶切割后重组入载体。本法优点是具有随意性，可通过人工设计及合成和组装非天然基因，为实施蛋白质工程提供了强有力的手段。

（五）聚合酶链反应

在四种 dNTP 存在下，以寡聚核苷酸为引物，单链 DNA 为模板，经 DNA 聚合酶催化合成 DNA 上互补链的过程，称为聚合酶链反应（polymerase chain reaction，PCR）技术。PCR 技术反应周期包括三个步骤。①高温变性：待复制的双链 DNA 在 90 ~ 95℃下变性成为单链。②低温退火：人工合成的两个寡核苷酸引物在 37 ~ 60℃条件下分别与目的 DNA 片段两侧单链模板互补结合。③适温延伸：在四种 dNTP 存在下，经 DNA 聚合酶催化（70 ~ 75℃），单核苷酸自引物 3′ 端开始渗入，沿模板 3′ 端向 5′ 端延伸合成新的 DNA 片段。所合成的 DNA 双链经热变性解离后，又可作为模板与引物结合再合成目的 DNA 片段，如此经高温变性、低温退火、适温延伸步骤反复循环，则目的 DNA 片段呈指数扩增（图 2 – 3）。从理论上讲，经 n 次循环后，DNA 分子数目可达 2^n。一般经 25 ~ 30 次循环，DNA 量从皮克（pg）甚至纳克（ng）扩增至微克（μg），足以有效地进行 DNA 重组和分析。鉴于此技术具有重大的科学和广泛应用价值，PCR 的发明者 Kary Mullis 于 1993 年获得诺贝尔化学奖。

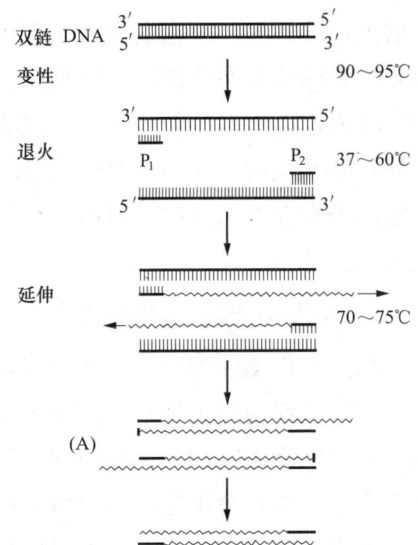

图 2 – 3　PCR 过程示意图

三、载体的选择与表达系统的建立

（一）载体的概念

要把一个外源基因通过基因工程手段送进生物细胞中，需要运载工具。一般地，把这种能承载外源 DNA 片段（基因）带入宿主细胞的传递者称为基因载体（gene vector）。载体的作用是把外源 DNA 带入宿主细胞，使之在细胞内建立稳定的遗传性状，并能传代或进行表达。可以说，基因工程载体决定了外源基因的复制扩增、传代乃至表达，因此一个好的载体起码应满足以下条件：①能自我复制，并能带动插入的外源基因一起复制；②载体分子的合适位置上必须有外源 DNA 插入的位点，即克隆位点，这些位点也就是限制性内切核酸酶的切点，在载体上单一的限制性内切核酸酶位点越多越好，这样可以将不同限制性内切核酸酶切割后的外源 DNA 方便地插入载体；③具有合适的筛选标记，如抗药性基因等，以便进行重组体筛选和鉴定；④在细胞内稳定性高且多拷贝，这样可以保证重组体稳定且高效传代而不易丢失。

以上这些条件是人们设计建造载体的原则，载体的设计和应用是 DNA 体外重组的重要环节。在基因工程初期阶段，多利用天然质粒和 λ 噬菌体作为载体，但它们存在许多缺陷，目前世界各地的实验室改造构建了许多载体，这些载体主要有质粒、噬菌体、考斯质粒、其他病毒载体以及酵母人工染色体、细菌人工染色体载体等。

（二）常用载体

质粒是目前常用载体。质粒（plasmid）是染色体外能独立自主复制并遗传的环状双链 DNA 分子，大小不定，一般为 1~5kb。每个质粒都有一段 DNA 复制起始位点的序列，以帮助质粒 DNA 在宿主细胞中复制。不同质粒在细胞中的复制量不同，于是质粒又有高拷贝的松弛型质粒（relaxed plasmid）和低拷贝的严紧型质粒（stringent plasmid）之分。另外，有些质粒复制起点较特异，只能在一种特定宿主细胞中复制，称为窄宿主范围质粒；还有一些质粒的复制起点不太特异，可以在许多种细菌细胞中复制，称为广宿主范围质粒（也称为宿主之间复制的穿梭质粒）。在一个细菌细胞中，质粒最多可以占细菌总 DNA 的 1%~5%，在自然条件下，许多质粒可通过类似于细菌结合（bacterial conjugation）的方式从一个宿主转移到另一个宿主中。正是由于质粒具有遗传传递和交换的能力，因此它具有携带外源 DNA 成为克隆载体的潜在可能性，但是没有经过修饰的自然状态的质粒，通常缺乏高质量的克隆载体的必需特性，故人们以天然质粒为基础，改造和构建了许多人工质粒作为基因工程的运载工具。人工质粒的 DNA 一般在 4kb 左右，含一个 DNA 复制起始区或称复制点、两个遗传标记和一些限制性内切核酸酶切点，一般用于克隆 10kb 以下的 DNA 片段。目前常用的质粒有 pET 系列质粒、pPIC9K 质粒、λ 噬菌体、病毒载体等。

（三）宿主细胞与表达系统

基因工程发展到今天，从原核到真核细胞，从简单的真核如酵母菌到高等的动物、植物细胞都可以作为基因工程的宿主细胞，选择适当的宿主细胞是重组基因高效表达的前提。

原核生物细胞作为宿主细胞，具有容易摄取外界的 DNA、增殖快、基因组简单、便于培养和基因操作等优点，普遍被用作构建 cDNA 文库和基因组文库的文库菌体，或者用作生产目的基因的工程菌，或者作为克隆载体的宿主。目前用作基因克隆的原核宿主细胞主要是大肠埃希菌，真核宿主细胞主要是酵母和哺乳动物细胞以及昆虫细胞。

所谓表达系统是由目的基因、表达载体与宿主细胞组成的完整体系。目前基因工程的表达系统有真核与原核两大类，其中原核表达系统中以大肠埃希菌体系较常用，而真核表达系统常用的有酵母系统、哺乳动物细胞系统及昆虫的表达系统。

四、重组工程菌的构建、筛选与鉴定

（一）目的基因与载体 DNA 的连接

在得到了目的基因并选择了合适的载体后，就要将基因片段与载体加以连接，常用的连接方法有以下几种。

1. 同种限制性内切核酸酶产物之间的连接　同一种限制性内切核酸酶酶切产物之间的末端是互补的，因此可以是正方向，也可以是反方向插入载体，为防止载体自身的环化，常常还对载体进行去磷酸化操作。相同的两种限制性内切核酸酶酶切处理的载体与目的 DNA 的连接是定向的，因此也叫定向连接。

2. 产生相同末端结构的不同限制酶切产物之间的连接　在载体与目的基因连接中还存在同尾酶现象，即两种不同限制性内切核酸酶的识别序列不同而其切割产生的黏性末端相同，用同尾酶切割得到的载体与目的基因之间也可以连接，但连接后由于切口两端得到的识别序列不同，原来的两种酶切位点都丧失。

3. 不同末端结构的片段之间的连接　不同的末端结构的 DNA 片段之间不能直接连接，但可以对其进行适当的加工修饰后再进行连接。加工修饰的方法有：①利用人工合成的寡核苷酸片段接头（linker）进行连接；②利用 S1 核酸酶削平载体的黏性末端再连接；③利用大肠埃希菌 DNA 聚合酶大片段（Klenow）将目的基因和载体的黏性末端补平再连接；④利用末端转移酶在载体与目的基因的 3′端分别接上相互配对的同聚碱基进行连接。

4. 平末端的片段之间的连接　具有 3′–羟基和 5′–磷酰基齐平末端的 DNA 片段之间，在 T4 DNA 连接酶作用下，形成共价结合过程，称为平接法。该法是 DNA 重组实验中最简单的，任何齐平末端外源的 DNA 片段及载体之间均可进行重组，在基因工程中用途较大，尤其对于不具有交错切割限制酶位点的外源性 DNA 片段的重组具有重要意义。

5. PCR 产物的连接　克隆 PCR 为基因定向重组和构建外源基因高效表达质粒提供了一个通用方法。在进行 PCR 时，可根据载体上的克隆位点设计 PCR 引物，使引物上带有与载体克隆位点相应匹配的限制性内切核酸酶识别序列，通过 PCR 或 RT – PCR 直接产生可用重组的外源基因片段，克隆 PCR 扩增产物的常用方法是黏性克隆法和平端克隆法。黏端克隆法是借助一定的方法在扩增产物的引物上造成黏端而进行连接，最常用的是在合成的引物上直接引入限制性内切核酸酶切点，扩增完成后再用限制性内切核酸酶进行酶切而获得黏性末端。

（二）重组基因导入宿主

体外重组的 DNA 必须经过一定的方式导入细胞中进行复制或表达目的蛋白质产物，DNA 重组克隆的意义才能得以体现。外源基因的高效稳定表达是载体、基因、宿主细胞以及外部条件等相匹配的结果，目前人们根据自然界中遗传物质在生物细胞间传递原理和方式，已研究出多种重组体 DNA 导入宿主细胞的转移技术，如转化、转导、转染、杂交、细胞融合及脂质体介导转移等。

（三）重组子的筛选与鉴定

宿主细胞经转化、转染或转导处理后，必须从大量的菌落和细胞中筛选出含重组 DNA 的重组菌落或细胞克隆。到目前为止，已建立起重组体的各种不同特征的筛选方法，大体可以把它们分为三大类，即根据重组子遗传重组表型改变的筛选法、根据重组子结构特征的筛选法和根据目的基因表达产物特征建立的免疫化学方法筛选法。

1. 根据重组子遗传重组表型改变的筛选法　由于外源 DNA 插入载体 DNA 中有特定功能的区域，导致其特定遗传表型的丧失或改变，这种改变往往以直接的方式表现出来。一是利用抗生素抗性基因进行筛选；二是通过 α 互补使菌产生颜色来筛选；三是利用报道基因筛选克隆子。

2. 根据重组子结构特征的筛选法　一是琼脂糖凝胶电泳比较重组 DNA 的大小；二是限制性内切核酸酶分析；三是印迹杂交方法；四是原位杂交筛选；五是点杂交和 Southern 杂交点杂交；六是 Northern 杂交；七是蛋白质印迹法；八是 PCR 法；九是 DNA 的序列分析。

3. 根据目的基因表达产物的免疫化学筛选法　利用特异抗体与目的基因表达产物相互作用进行筛选，免疫学方法特异性强，灵敏度高，此方法的优点是能检测出不同宿主提供任何可选择标记的克隆基因。但使用这种方法的前提条件是需制备目的蛋白质的抗体以及所克隆的基因能在细胞中忠实地转录与翻译。免疫测定法有放射性抗体测定法和酶联免疫法等。

综上所述，介绍了多种基因重组体筛选及鉴定所克隆基因序列正确性的方法，在应用时需要根据具体情况选择适当的方法，本着先粗后精的原则，对重组体进行逐步的分析。

（四）目的基因在宿主细胞中的表达

基因工程研究的主要目的之一是使外源基因获得表达，产生出相应的编码蛋白质。如何使外源基因在宿主细胞中高效表达，成为基因工程中的关键问题。基因表达包括转录、翻译、加工等过程，这些过程必须在调节元件控制下进行。外源基因首先要转录出 RNA，然后在核糖体上进行蛋白质合成，以获得酶、结构蛋白、激素、抗体等各种各样的功能蛋白。在多数情况下，表达产物需经过翻译后加工，如糖基化、磷酸化等才能成为有功能的蛋白质。因此，基因的表达、合成功能都依赖于基因的有效转录和 mRNA 正确的翻译和翻译后加工，任何一个环节不能正确地进行，均可导致基因表达的失败。

五、基因工程菌的稳定性考察

基因工程菌在传代过程中经常出现质粒不稳定的现象，有分裂不稳定和结构不稳定两种。分裂不稳定是指工程菌分裂时出现一定比例不含质粒子代菌的现象；结构不稳定是指外源基因从质粒上丢失或碱基重排、缺失所致工程菌性能的改变。由于质粒不稳定导致的质粒丢失菌与含有质粒的菌种之间生产速率不一致，导致可能的生长优势，进而能在培养基中逐渐取代含质粒的菌成为优势菌群，从而减少基因表达的产率，导致基因工程菌在生产过程中出现不稳定现象。基因工程菌产业化应用的最大障碍在于工程菌在保存与培养过程中表现出这种遗传不稳定性。因此加强基因工程菌的稳定性考察很有必要。

（一）质粒不稳定的原因

重组质粒在传代过程中会出现不稳定的情况，常见的是分裂不稳定，与两个因素有关：①含质粒菌产生不含质粒子代菌的频率；②这两种菌的生长速率差异的大小。含低拷贝质粒的工程菌产生不含质粒子代菌的频率较大，增加工程菌中的质粒拷贝数能提高质粒的稳定性。含高拷贝质粒的工程菌产生不含质粒子代菌的频率较低，但是大量外源质粒的存在使含质粒菌的生长速率明显低于不含质粒菌，而不含质粒菌一旦产生，能较快地取代含质粒菌而成为优势菌，因而对这类菌进一步提高质粒拷贝数反而会增加含质粒菌的生长负势。

（二）质粒稳定性的分析方法

将工程菌培养液样品适当稀释，均匀涂布于不含抗性标记抗生素的平板培养基上，培养 10～12 小时，然后随机挑出 100 个菌落接种到含抗性标记抗生素的平板上，培养 10～12 小时，统计长出的菌落数，每一样品重复 3 次，计算比值，该比值反映了质粒的稳定性。

（三）提高质粒稳定性的方法

为了提高工程菌中质粒的稳定性，工程菌一般采用两阶段法，第一阶段先使菌体生长至一定密度，第二阶段诱导外源基因的表达。由于第一阶段外源基因未表达，从而减小了重组菌与质粒丢失菌的比生长速率的差别，增加了质粒的稳定性。在培养基中加入选择性压力如抗生素等，可以抑制质粒丢失菌的生长。另外，适当的操作方式也可使工程菌生长速率具有优势，控制外源基因的过度表达、调控培养温度、pH、培养基组分、溶解氧等策略都可以提高质粒的稳定性。

第三节　基因工程制药的关键技术

一、基因工程菌的上游构建技术

基因工程是 DNA 重组技术的产业化设计与应用，包括上游技术和下游技术两大部分。上游技术指的是外源基因重组、克隆、表达的设计与构建，下游技术则是含有重组外源基因的生物工程菌或细胞的大规模培养及其表达产物的分离纯化过程。上游 DNA 重组的设计必须以简化下游操作工艺和装备为指导思想，而下游过程则是上游基因重组蓝图的体现与保证。

应用基因工程技术生产新型药物，首先必须构建一个特定的目的基因无性繁殖体系，即产生各种新药的基因工程菌株。上游构建的好坏直接影响目的基因表达产量、表达产物稳定性、生物学活性、分离纯化等。构建最佳的上游基因表达体系是研发必不可少的基础。

（一）大肠埃希菌基因工程菌的构建

大肠埃希菌作为一种成熟的基因克隆表达受体，广泛用于分子生物学研究的各个领域。利用 DNA 重组技术构建大肠埃希菌工程菌，以规模化生产真核生物基因尤其是人类基因的表达产物，具有重大的经济价值。在众多异源表达系统里，大肠埃希菌表达系统是应用最广泛的一种，其突出的优点有：①遗传背景清晰；②能以廉价培养基高速生产和高密度发酵；③克隆载体和突变型宿主菌选择性范围广，但它保留原核表达系统的缺点，如缺乏翻译后修饰加工，使蛋白质表达信号肽不能切掉，不能分泌表达、不能糖基化等。

目前大肠埃希菌重组蛋白质的上游构建有两种形式：融合蛋白和非融合蛋白，现多采用融合蛋白方式表达。融合蛋白在大肠埃希菌中表达的优点是：融合蛋白 N 端由正常的大肠埃希菌本身序列控制，因而更易得到高效表达；融合蛋白往往不被大肠埃希菌视为异己蛋白质，更为稳定；融合蛋白表达是防止包涵体形成的另一胞内表达重要方式。虽然融合蛋白表达解决了外源基因表达的很多问题，但也有其缺点，如融合蛋白的两部分互相作用很容易受蛋白酶的水解，融合蛋白部分与基因表达产物间的断裂及效率和成本，分离纯化去除融合蛋白的成本等，使得融合表达有其局限性。

非融合蛋白表达是指所表达的外源蛋白质不含其他生物的多肽链，要求表达起始位点 ATG 必须位于所要表达的外源基因 5′端，其 3′端加终止密码子，在合适的原核启动子和 SD 序列下游构成表达系统时，就可以在原核生物中表达出外源蛋白质（表达的外源蛋白质 N 端多一个 Met）。鉴于外源基因在大肠埃希菌细胞非融合表达的现状，尤其是表达产物富含二硫键，利用大肠埃希菌细胞进行基因工程药物生产时，包涵体变性/复性的生物活性收率低，或为解决可溶性表达等引起生产成本提高等，甚至利用大肠埃希菌无法进行基因工程药物生产。基于上述现实问题，目前已有研究者尝试构建大肠埃希菌非融合可溶性表达质粒，利用某些因子的生理生化特性，促进外源基因在大肠埃希菌中以非融合的形式进行可溶性高效表达。

在大肠埃希菌中表达的重组蛋白质经常以聚集的形式表达，被称作包涵体（inclusion bodies），它们致密地聚集在细胞内，或被膜包裹形成无膜裸露结构。包涵体形成的主要原因是高水平表达的结果，在高水平表达时，新生肽链的速率一旦超过蛋白质正确折叠的速率就会导致包涵体的产生。活性蛋白质的产率取决于蛋白质合成的速率、蛋白质折叠的速率、蛋白质聚集的速率。大肠埃希菌缺乏一些蛋白质折叠过程中需要的酶和辅因子，如折叠酶和分子伴侣等，是包涵体形成的另一原因。

包涵体具有正确的氨基酸序列，但空间构象往往是错误的，因而无生物学活性。但在重组蛋白质生产中它也有独特优势：包涵体具有高密度，易于分离纯化；重组蛋白质以包涵体的形式存在，有效地降低了蛋白酶对目的蛋白质的降解；对于那些处于天然构象对宿主有毒害作用的蛋白质时，包涵体无疑是最佳选择。

包涵体的分离主要包括菌体破碎、离心收集和洗涤三大步骤。包涵体的溶解需要打断包涵体蛋白质分子内和分子间的各种化学键，使多肽链伸展，一般采用强变性剂如脲、盐酸胍、尿素等。一个理想的复性方法应该具备以下特点：活性蛋白质回收率高；正确复性产物易于与错误折叠蛋白质分离；复性后应得到浓度较高的蛋白质产品；复性方法易于放大；复性过程耗时较少。蛋白质复性过程必须根据目的蛋白质的不同而优化参数，如蛋白质的浓度、温度、pH 和离子强度等。一般采用的复性方法有：①稀释、透析复性；②凝胶过滤色谱复性；③封闭蛋白质的疏水作用促进的复性；④小分子添加剂促进的复性；⑤分子伴侣或折叠酶促进的复性；⑥人工分子伴侣促进的复性等。

（二）酵母基因工程菌的构建

酵母是低等的真核生物，除了具有细胞生长快、易于培养、遗传操作简单等原核生物的特点外，还具有如下特点：①细胞壁厚，转化实验需提取原生质球；②对多种抗生素不敏感，一般采用某些营养缺陷性遗传标志筛选重组体；③外源基因重组到穿梭质粒载体中，利于外源基因在酵母中的表达和操作；④具有对蛋白质进行正确加工、修饰、合理的空间折叠等功能，利于真核基因的表达，能有效克服大肠埃希菌表达系统缺乏蛋白质翻译后加工、修饰的不足。但是酵母表达系统也存在一些不足，如产物蛋白质可能出现不均一、信号肽加工不完全、内部降解、多聚体形成等，造成表达的蛋白质在结构上的不一致。

目前广泛用于外源基因表达的酵母有：酿酒酵母（Saccharomyces cerevisiae）、乳酸克鲁维酵母（Kluyveromyces lactis）、巴斯德毕赤酵母（Pichia pastoris）、粟酒裂殖酵母（Schizo - genesis pombe）以及多态汉逊酵母（Hansenula polymorpha）等，其中酿酒酵母的遗传学和分子生物学研究最为详尽。利用经典诱变剂术对野生型菌株进行多次改良，酿酒酵母表达系统已成为高效表达外源基因尤其是高等真核生物基因的优良宿主系统。

酵母中天然存在的自主复制型质粒并不多，而且相当一部分野生型质粒是隐蔽型的，因此目前用于外源基因克隆和表达的载体质粒都是由野生型质粒和宿主染色体 DNA 上的自主复制子结构（ARS）、中心粒序列（CEN）、端粒序列（TEL）以及用于转化子筛选鉴定的功能基因构建而成。质粒进入酵母细胞后，或与宿主基因进行同源重组，或借助 ARS 序列进行染色体外复制。尽管酵母的生长代谢特征与大肠埃希菌等原核细菌有许多相似之处，但在基因表达调控尤其是转录水平上与原核生物有着本质的区别。绝大多数的酵母基因在所有生理条件下均以基底水平转录，每个细胞或细胞核只产生 1~2 个mRNA分子。外源基因在酵母菌中高效表达的关键是高强度的启动子，改变受体细胞基因基底水平转录的控制系统。

（三）哺乳动物细胞工程细胞的构建

哺乳动物细胞是应用于生产的最高级的表达系统，具有许多优点：①具有准确的转录后修饰功能，表达的糖基化蛋白质在分子结构、理化特性和生物学功能方面最接近于天然蛋白质分子；②具有产物胞外分泌功能，便于下游产物分离纯化；③具有重组基因的高效扩增和表达能力；④具有贴壁生长特性，且有较高的耐剪切力和渗透压力，可以进行悬浮培养，表达水平较高。从发展看，以 CHO 细胞为主的动物细胞表达系统将可能成为产生基因工程药物的主要宿主细胞。还需在以下方面加强：①提高表达水平，如开发一些新的启动子、寻找合适的增强子、装配适合于 cDNA 高效表达的必要元件以及根据 CHO 细胞翻译的特点，调整外源基因密码子等；②利于分离纯化，如改变 DNA 中个别序列，使表达产物在不影响生物活性的前提下，携带有利于分离纯化的基因；③降低细胞培养成本，提高产量；④降低分离纯化成本，提高活性回收率；⑤建立大型化、自动化生产线。

为了将外源基因在动物细胞中高效表达，首先要将其构建在一个高效表达载体内。目前一般使用的载体有两类：病毒载体和质粒载体。病毒载体，如牛痘病毒、腺病毒和反转录病毒等。牛痘病毒已被广泛运用于构建多价疫苗，腺病毒和逆转录病毒正被试用于基因治疗中。当前被用以构建工程细胞的动物细胞有 BHK-21、C127、CHO-K1、COS、MDCK、Namalwa、Vero 和多种骨髓瘤细胞。

上述三种基因工程菌（细胞）的构建与产物最终表达形式和表达量有直接的关系。表 2-1 是几种表达形式的主要优缺点。

表 2 - 1 重组蛋白不同表达策略的优点和缺点

表达策略	优点	缺点
分泌表达至细胞外	①增强正确二硫键的形成 ②降低蛋白酶对表达蛋白的降解 ③可获得确定的 N 末端 ④显著减少杂蛋白水平,简化纯化 ⑤不需要细胞破碎	①表达水平低 ②多数蛋白不能进行分泌表达 ③表达蛋白需要进行浓缩
细胞周质空间表达	①增强正确二硫键的形成 ②可获得确定的 N 末端 ③显著减少杂蛋白水平,简化纯化	①一些蛋白不能分泌进入周质空间 ②没有大规模选择性的释放周质空间蛋白的技术 ③周质蛋白酶可引起重组蛋白酶解
胞内包涵体表达	①包涵体易于分离 ②保护蛋白质不被降解 ③蛋白质不具有活性对宿主细胞生长没有大的影响,通常可获得高的表达水平	①需要体外的折叠和溶解,得率较低 ②具有不确定 N 末端
胞内可溶性蛋白表达	①不需要体外溶解和折叠 ②一般具有正确的结构和功能	①高水平的表达常难以得到 ②需要复杂的纯化 ③可发生蛋白质的酶解 ④具有不确定的 N 末端

二、基因工程药物的中试技术

(一)基因工程药物中试的概念

生物技术药物与其他药物一样,从实验室研究到产业化必须经过中间放大试验的系列工艺研究和验证,这种中间放大试验简称中试。药物从实验室的微量制备到工厂的产业化制备,并不是简单的数量级的线性放大关系,而是各种研究技术的系统集成和放大优化。中试研究就是将基因工程药物从实验室阶段到生产阶段过渡的一个中间阶段,目的是建立一条完全模拟实际生产条件的小型生产流水线,是对中试规模的一系列参数和条件进行优化研究的过程。因此中试研究的理想状况是工艺稳定,工艺规模可同等条件放大,使设计的生产批量和成本符合使用要求。

(二)基因工程药物的中试放大技术

基因工程药物的中试研究需要达到以下目标:建立三级工程细胞和种子库,探索生产工艺的可行性,进行制剂研究和成品的初步稳定性研究,建立产品质量控制方法和标准,进行中试工艺验证,完善制造和检定记录和规程草案,制备和标定参比品,提供动物实验和临床研究的样品。按照基因重组蛋白质的生产过程将中试工艺分为几个阶段:细胞培养与发酵、分离纯化、原液配制、分装制剂(冻干)产品。基因重组蛋白质类产品的工艺研究已相对比较成熟,许多产品已被写入《中国药典》,因此在研究过程中可以参考。

1. 发酵工艺中试研究 发酵工艺研究主要包括发酵培养基的确定、发酵条件参数(pH、温度、补料、溶解氧、搅拌速度、诱导时机和剂量等指标)的确定。这些研究结果都应该保留原始记录备查,比如说对补料的研究,加多少碳源或氮源,什么时候加,对表达量和表达产物有什么影响,对每次发酵后菌体密度及细胞产物的收获点应该有明确规定。需要检测每一个参数的选择对表达量和产物活性的影响,一般采用电泳扫描法测定表达产物的表达量,细胞或酵母表达产物一般在上清液中则可以采用活性测定方法确定含量。综合以上各项条件得出最后各项工艺的技术路线,为产业化生产提供放大参考。

2. 分离纯化中试研究 根据蛋白质产物的不同表达形式确定合适的固液分离方法和细胞破碎方法,选择恰当的蛋白质纯化技术路线。如果大肠埃希菌表达产物是包涵体,需要经过复性工艺研究,选择稀释复性、超滤复性或者柱上复性,这些复性工艺帮助蛋白质分子恢复到天然有活性的构象,在建立活性测定方法的基础上对整个复性过程进行检测,以找到最佳的活性点。这些参数包括变性试剂的选择、复性速率的控制、温度、pH、缓冲系统等。

为了有效去除培养物中的杂质和复性纯化过程中引入的杂质和有害物质，需要对目的蛋白质进行纯化工艺研究，根据产品使用的目的和剂量确定蛋白质的最终纯度。纯化工艺每完成一步均应测定收获物纯度，计算提纯倍数、活性回收率、蛋白质回收率。同时，纯化方法的设计应该考虑到尽量去除污染的病毒、核酸、残留宿主蛋白质以及纯化过程中带入的杂质或有害物质。在整个过程中考虑检测方法的可信性，需对目的蛋白质建立特异性的分析方法。

三、基因工程药物的下游分离与纯化技术

依据重组蛋白质的性质，以合理的效率、收率和纯度从细胞或菌体的全部组分中分离纯化目的蛋白质是基因工程药物制备的关键。用于重组蛋白质分离纯化的相关技术应该满足以下要求：条件温和，能保持目的产物的生物活性；前后技术自然衔接，不需对物料做处理或调整；选择性好，能从复杂混合物中分离目的产物并达到较高纯化倍数；产物回收率高，得率高；整个分离纯化过程要快。

用基因重组技术得到的重组蛋白质药物，其产物浓度低、环境组分复杂（含有细胞、细胞碎片、蛋白质、核酸、脂类、糖类和无机盐等）、性质不稳定、在分离的过程中容易产生失活（如 pH 和温度的影响，蛋白水解酶的作用）等。因此在重组蛋白质的分离与纯化过程中，应尽量减少纯化工序，缩短分离纯化时间，避免目标产物与环境的接触，只有这样才能提高目标产物的纯度和收率。

（一）菌体的破碎

将细胞与液体物质分离后，若表达的蛋白质被分泌于胞外液体成分中，则可以实施重组蛋白质的分离与纯化，如表达的蛋白质位于细胞内则必须实行细胞破碎。实际上，重组蛋白质在工程细胞中表达很容易形成胞内可溶表达和包涵体形式，这就要求进行工程菌细胞的破碎。常用的细胞破碎方法有物理法和化学法。物理法包括机械磨碎法、加压破碎法、超声波破碎法、反复冻融法。化学法包括酶处理法、表面活性剂处理法、脂溶性溶剂处理法、低渗法等。

一般生产过程中采用较多的是珠磨机和高压均质机两种仪器，而实验室阶段较多使用超声波和酶法或化学法。细胞破碎的质量直接影响蛋白质纯化得率和纯度质量。

（二）常用分离技术

通过基因重组技术得到的培养液，无论目的蛋白质是位于胞内还是被分泌至胞外，首先都应该将细胞与液体物质分离。常用分离技术主要采用离心法和沉淀法。

（三）常用纯化技术

基因重组蛋白质的纯化主要采用色谱法（chromatography）。常见的有离子交换色谱、凝胶过滤色谱、反相色谱、亲和色谱和疏水色谱等。

（四）分离纯化遵循的基本原则

不同的蛋白质理化性质有很大的不同，这是能从复杂的混合物中纯化出目的蛋白的依据，应尽可能地利用蛋白质的不同物理化学特性选择所用的分离纯化技术，而不是利用相同的技术进行多次纯化；每一步纯化步骤应当充分利用目的蛋白和杂质成分物理化学性质的差异，在分离纯化的开始阶段，要尽可能地了解目的蛋白的特性，不仅如此，还要了解所存在杂质成分的性质，如大肠埃希菌的蛋白质大多是一些低分子量的蛋白质（<50000），而且酸性蛋白质较多；在纯化的早期阶段要尽量减少处理的体积，方便后续的纯化；在纯化的后期阶段，再使用造价高的纯化方法，这是因为处理的量和杂质的量都已减少，有利于昂贵纯化材料的重复使用，减少再生的复杂性。

四、基因工程药物的制剂研究

由于基因工程药物多为肽和蛋白质类，性能很不稳定，易受胃酸和消化酶的降解破坏，其生物半衰期较短，生物利用度也较低，且不易被亲脂性膜摄取，因此，如何将这类药物制成稳定、安全、有效的制剂，是摆在我们面前的一大难题。

（一）基因工程药物的原液、半成品、成品

基因工程药物一般没有原料药的说法，而是直接称为原液。原液是指经过最后一步纯化所得，并经除菌过滤的目的产物（分装、–70℃冻存）。半成品是指分装成成品前的溶液，组分与成品一样，但有赋形剂或保护剂等成分。成品则是完成剂型制备后用于临床的最终产品，是经过特有的剂型研究后得到的终产品。

一般说来，pH和离子强度对蛋白质的稳定性及溶解度都有很大影响，通常在蛋白质药物溶液中采用适当的缓冲系统是很必要的。盐类除了影响蛋白质的稳定性外，其浓度对蛋白质的溶解度与聚集均有很大影响。离子型表面活性剂常会引起蛋白质变性。用于稳定蛋白质溶液的添加剂可以阻止聚集，增加溶解度。

（二）基因工程药物的冻干制剂研究

蛋白质和多肽的化学结构决定其活性，影响活性的因素很多，主要有两方面：一是结构因素，包括分子量大小、氨基酸组成、氨基酸序列、有无二硫键、二硫键位置、空间结构；二是蛋白质分子周围的环境因素，蛋白质、多肽易受复杂的物理化学因素影响而产生凝聚、沉淀、水解、脱酰氨基等变化。国内已批准上市的基因工程药物和疫苗有20余种，大部分是冻干制剂，原因就是冻干制剂能长期保持蛋白质、多肽的活性，因此，在新药的研发过程中，蛋白质药物冻干制剂技术是重要的一个环节。

冷冻干燥是指将药品在低温下冻结，然后在真空条件下升华干燥，去除冰晶，再进行解吸干燥，除去部分结合水的干燥方法。基因工程技术纯化制备的蛋白质和多肽样品需要经过配制、过滤与分装，再进入冷冻干燥机，进行预冻、升华和干燥等过程，因此，蛋白质和多肽冻干制剂的生产过程包括药物准备、预冻、一次干燥（升华干燥）、二次干燥（解吸干燥）和密封保存等5个步骤。

对于一个新型重组蛋白质药物的冻干制剂的开发，主要考虑两个问题：一是选择适宜的辅料，优化蛋白质药物在干燥状态下的长期稳定性；二是考虑辅料对冷冻干燥过程一些参数的影响，如最高与最低干燥温度、干燥时间、产品外观等，因此，必须选择合适的冻干保护剂和赋形剂做处方研究，并通过实验来确定冻干的工艺条件。冷冻干燥时间一般较长，为保证产品质量和缩短生产周期，必须通过反复试验来确定冻干曲线，因为冻干效果是以冻干制剂与原药液的活性保存率来衡量，而活性保存率既与冻干曲线有关，亦与药液的组成与配比有关，因此需多次反复试验才能进行优化与确定。

（三）基因工程药物的长效制剂研究

由于多肽和蛋白质类药物稳定性差，在肠胃中易被降解，且存在生物利用度低的问题，故多采用注射剂。但是此类药物的生物半衰期短，临床应用时常需要多次注射给药。为减少频繁注射给患者带来的痛苦和负担，减少事故发生率和重复注射引起的副反应，近年来开发基因工程药物长效制剂技术已成为重要的研究方向。其优点是能保证药物充分发挥药效，维持血药浓度恒定，最大程度地减少药物对身体的毒副作用。"一次用药，长期有效"是用药者的愿望，对于肿瘤、心脏病、高血压的治疗及避孕等需要长期服药者而言，更具重要意义。

要延长蛋白质药物在体内血浆的半衰期，就需要改变蛋白质的体内药代动力学性质，可以对蛋白质的分子进行化学修饰，以抑制其药理清除，或控制其进入血液的释放速度。聚乙二醇修饰是蛋白质药物

进行长效制剂技术研究的主要方法，反应条件温和，修饰度高且能保持蛋白质［如粒细胞集落刺激因子（GCSF）］的天然活性。实验表明，修饰后的蛋白质药物在动物体内的循环时间显著延长，药效提高。

此外，可通过控制药物释放来延长药物在体内的作用时间，以达到提高疗效的目的，这方面的研究主要有控释微球制剂与脉冲式给药系统。控释微球制剂是以聚乳酸、壳聚糖为基质膜材包埋基因工程药物，应用 SPG 膜乳化技术制得粒径均一、药物生物活性保持良好、释药动力学稳定的生物可降解微球。首次经 FDA 批准的蛋白质类药物微球制剂是醋酸亮丙瑞林（leuprolide acetate）聚丙交酯－乙交酯微球。脉冲式药物释放系统是根据人体的生物节律变化特点，按照生理和治疗的需要而定时定量释放药物，以制剂手段在经过一个时滞之后，在疾病即将发作时快速并完全地释放药物，使其达到最佳疗效，特别适合于一些具有日内周期性发病节律的疾病，如哮喘、关节炎、神经症状和高血压。目前国内在这方面的研究尚处于起步阶段。

多肽和蛋白质类药物最常见的剂型是注射剂，除此之外还有很多非注射型给药系统，如口服给药制剂、鼻腔给药制剂、肺部给药制剂、透皮给药制剂、直肠给药制剂等。随着生物技术药物的发展，肽和蛋白质药物制剂的研究与开发，已成为医药工业中一个重要的领域，同时给药物制剂带来新的挑战。

思考题

答案解析

1. 基因工程制药的主要步骤有哪些？
2. 举例说明三种获取目的基因的方法。
3. 重组阳性克隆筛选与鉴定方法有哪些？
4. 重组蛋白质形成包涵体的原因有哪些？分离纯化蛋白质包涵体的策略有何特点？
5. 怎样在大肠埃希菌中获得真核基因的表达产物？
6. 设计实验鉴定外源基因在宿主细胞中的表达形式。
7. 举例说明三大表达系统生产生物技术药物时在上游构建、下游纯化以及产品质量控制等方面的优缺点。
8. 简要说明基因工程菌的不稳定性产生的原因和考察方法。

书网融合……

本章小结　　　微课　　　习题

第三章　蛋白质工程技术 <small>📱微课</small>

<small>PPT</small>

📖 学习目标

1. 通过本章的学习，掌握蛋白质工程的概念和原理、蛋白质分子设计的主要方法；熟悉蛋白质工程研究的主要技术和方法、蛋白质药物结构改造的主要方法；了解蛋白质工程的发展简史。

2. 具备蛋白质工程相关实验操作的基本技能，如蛋白质表达和纯化等，具备运用蛋白质工程技术进行蛋白质分子设计和改造的能力。

3. 树立科学的思维方法和严谨的工作作风，培养对蛋白质工程领域的兴趣和创新意识。增强社会责任感，关注蛋白质工程在人类健康、环境保护等方面的积极作用。

第一节　概　述

生命是物质运动的高级形式，这种运动方式主要是通过蛋白质来实现的。蛋白质不仅是一切生命的物质基础，还是生命活动的主要执行者和承担者，几乎参与了所有生命现象和生理过程，可以说，一切生命现象都是蛋白质功能的体现。对蛋白质的研究、开发和利用，不论过去、现代和将来，都是非常重要的研究课题。蛋白质类药物已成为继化学类药物后的第二大类药物，其发展速度迅猛、治疗效果突出，已成为疾病防治药物研发的首选策略。这一令人欣喜的成果主要得益于蛋白质工程技术与高通量药物筛选方法的快速发展。

一、蛋白质工程概念

蛋白质工程这一名称最早是 1981 年由美国 Gene 公司的 Ulmer 最先于 1983 年在《科学》杂志上发表了以 "protein engineering"（蛋白质工程）为题的专题论著中所提出的，标志着新一代基因工程——蛋白质工程的诞生。

蛋白质工程则是根据对蛋白质已知结构和功能的了解，借助计算机辅助设计，利用基因定点突变等技术对现有蛋白质结构进行改造，或直接设计全新的蛋白质序列，从而获得改良的蛋白质或自然界没有的全新蛋白质的技术过程。由于蛋白质工程是在基因工程的基础上发展起来的，其技术手段也大都相似，因而蛋白质工程也被称为"第二代基因工程"。

蛋白质工程整合基因工程、分子生物学、细胞学等众多学科的前沿技术，为生物制药行业提供了前所未有的机遇。通过 X 线、分光光度计、核磁共振、圆二色谱、电镜等技术获得蛋白结构信息，借助电子计算模拟三维图像对蛋白质进行能量和动力学研究，生物信息研究技术的应用为蛋白质工程的高效、理性和创造性奠定了更强有力的依据，创建了药物设计的新模式。蛋白工程技术为药物研发提供了新的有效技术平台，加快了蛋白类药物的开发进程。

二、基本原理

蛋白质工程是在对蛋白质结构与功能关系认识的基础上，按人类需要通过基因工程等途径人为地改造或创造出新的蛋白质的理论及实践。蛋白质工程是在基因重组技术、生物化学、分子生物学、分子遗传学等学科的基础之上，融合了蛋白质晶体学、蛋白质动力学、蛋白质化学和计算机辅助设计等多学科而发展起来的新兴研究领域。其内容主要有两个方面：①根据需要合成具有特定氨基酸序列和空间结构的蛋白质；②确定蛋白质化学组成、空间结构与生物功能之间的关系。在此基础之上，实现从氨基酸序列预测蛋白质的空间结构和生物功能，设计合成具有特定生物功能的全新的蛋白质。

蛋白质工程在改造天然蛋白质或设计创造新蛋白质目前的主要理论与方法如下。

（一）结构生物学的理论和技术

可利用圆二色谱、核磁共振、X 射线衍射技术及生物质谱等技术确定蛋白质的三维结构，还可通过人工智能预测技术获取蛋白结构信息，如利用 AlphaFold。

（二）生物信息学的理论和手段

借助电子计算机对蛋白质进行选择优化，从氨基酸一级结构着手，通过能量计算和动力学优化模拟目的蛋白的三维结构，也可通过已建立蛋白结构数据库进行同源建模对目的蛋白的三维空间结构进行模拟。

（三）分子生物学的理论和技术

通过改变编码蛋白质的核苷酸序列实现蛋白质结构的改变。这首先需对基因序列有所了解，然后通过定点突变技术（site directed mutagenesis）进行碱基替换，这就需要一整套的基因操作技术。

三、发展历程

20 世纪以来，随着生物学研究的深入以及现代物理、化学实验技术的应用，蛋白质化学及生物化学研究得到了长足的进步。20 世纪 30 ~ 40 年代，通过分离、提纯等手段对各类蛋白质的组成和性质有了较多的认识，并开始了对其空间结构的研究。20 世纪 50 ~ 60 年代分子生物学的创立，把生物大分子的结构和功能联系起来，使人们对蛋白质的生物学作用有了更深一步的了解，尤其是中心法则指明了蛋白质与 DNA 之间的关系，随后编码氨基酸的三联体密码得到破译，这些理论为蛋白质的生物合成奠定了基础。与此同时，蛋白质的人工合成和化学修饰也取得了初步成功。蛋白质氨基酸序列测定技术、蛋白质晶体结构检测技术的创建以及 DNA 重组技术的问世，是蛋白质工程诞生的三大理论基石（图3 – 1）。

1978 年美国 Hutchison 使用寡聚脱氧核糖核苷酸作为体外诱变剂，成功完成了定点突变实验，培育出了多种具有生物学特性的突变株。1981 年，美国 Gene 公司 Ulmer 则将此定点突变实验冠以"蛋白质工程"。随着分子生物学、晶体学及计算机技术的迅速发展，人们对蛋白质结构与功能之间关系的理解更加深入，蛋白质工程在最近几十年里取得了长足的进步，成为研究蛋白质结构和功能的重要手段，同时也被广泛运用于新药设计及其他领域中。

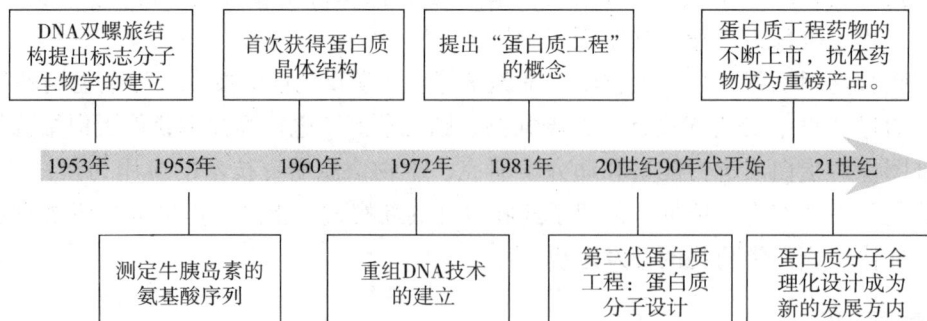

图 3 – 1 蛋白质工程发展历程

自从人类第一次采用定点突变技术对已知结构和机制的一种酶活性位点进行改造以来，蛋白质工程已经历了30年多的发展历程。自20世纪90年代以来，对天然蛋白质进行改造的技术越来越娴熟，从头设计合成新的蛋白质的方法也已取得突破性进展，为蛋白质工程树立了新的里程碑。目前，通过蛋白质工程技术已能够对蛋白质的活性、特异性、稳定性和折叠性进行预期的设计改造。工程化的蛋白质已成功应用于制药工业和许多重大疾病的治疗。蛋白质工程药物分子设计是第三代蛋白质工程药物的特征，研究蛋白质结构–功能–活性间的相互关系，并以蛋白质分子的结构规律及其与生物功能的关系为基础，通过可控的基因合成和/或基因修饰，对现有蛋白质加以定向改造、设计、构建，随后可通过高通量筛选技术等策略筛选出具有新药开发价值的生物分子。在此基础上进行设计包括疫苗、酶、抗体、治疗肽及其他一些生物分子等新型蛋白质、多肽或其他代谢分子，并最终生产出性能更优、更加符合人类社会需要的新型蛋白质。

随着蛋白质工程技术日新月异的发展，点突变技术、蛋白融合技术、DNA重组、定向进化、基因插入及基因打靶、展示技术、DNA或蛋白质芯片、药物生物信息学和计算机技术的运用，使得蛋白质工程药物研究的不断深入和完善，蛋白质工程药物在制药行业中占据着越来越重要的地位，并成为新型生物技术药物的快速发展前沿。当前，蛋白质工程药物品种迅速增加，蛋白质工程药物占据着越来越大的市场份额，已经成为新型生物技术药物的发展前沿。1999年，在FDA批准的40种新药中，蛋白质工程药物仅占12.5%；2002年，在被批准的26种新药中，蛋白质药物已占34.6%，目前蛋白质工程类药物已达百余种。在被批准的新药中，蛋白质工程药物所占比例却呈稳定趋势上升。据全球权威的医药管理咨询公司艾美仕市场研究公司（IMS Health）资料显示，2012年全球药品市场约9621亿美元，较前一年增长2.4%；在生物技术药品部分，2020年全球市场约2237亿美元，且其增长速率高于整体药品市场增长率，预计到2026年蛋白质药物市场将近3400亿美元。

第二节　蛋白质工程技术

蛋白质工程是在基因重组技术、生物化学、分子生物学、分子遗传学等学科的基础之上，融合了蛋白质晶体学、蛋白质动力学、蛋白质化学和计算机辅助设计等多学科而发展起来的新兴研究领域。蛋白质工程为合理药物设计提供了源泉和机遇。

蛋白质工程研究的内容十分广泛，大致可分为两方面。①氨基酸序列上的蛋白改造：氨基酸序列上的蛋白改造是从根本上实现蛋白质的结构与功能改造，不再是单纯的基因克隆和表达，需要进一步的基因水平上操作。②蛋白质修饰：蛋白质分子中氨基酸残基上活泼基团的化学修饰和生物修饰是目前蛋白质工程研究中的另一个重要领域。蛋白质工程最根本的目标是利用基因工程技术、化学修饰技术手段，包括基因的定点突变和基因表达对蛋白质进行改造，以期获得性质和功能更加完善的蛋白质分子。

蛋白质工程的基本内容和目的可以概括为：以蛋白质结构与功能为基础，通过化学和生物手段，对目标基因按预期设计进行修饰和改造，合成新的蛋白质；对现有的蛋白质加以定向改造、设计、构建和最终生产出比自然界存在的蛋白质功能更优良，更符合人类需求的功能蛋白。

一、蛋白质工程技术路线

蛋白质工程的主要研究手段是反向生物学技术，其基本思路为按期望的结构寻找最适合的氨基酸序列，通过计算机设计，进而模拟特定氨基酸序列在细胞内进行多肽折叠而成三维结构的全过程，并预测蛋白质的空间结构和表达出生物学功能的可能及其高低程度。由此可见，蛋白质工程的基本途径是从预期功能出发，设计期望的结构，合成目的基因且有效克隆表达或通过诱变、定向修饰和改造等一系列工序，合成新型优良蛋白质。

众所周知，蛋白质的合成是按照遗传中心法则进行的：基因→表达→多肽链→具有高级结构的蛋白质→行使生物功能。然而，蛋白质工程却与之相反，它的基本途径是：从预期的蛋白质功能出发→设计预期的蛋白质结构→推测应有的氨基酸序列→找到相对应的脱氧核糖核苷酸序列（DNA）即基因序列→采用基因工程技术获得所设计的新蛋白（图 3-2）。

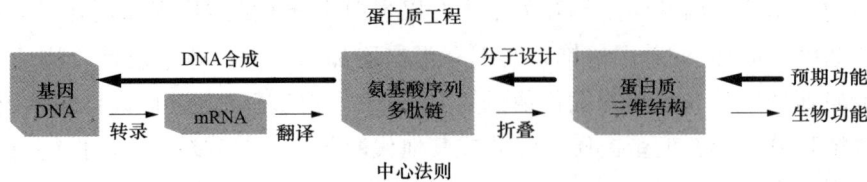

图 3-2 蛋白质工程技术路线示意图

蛋白质工程是在 DNA 水平上改变蛋白质的氨基酸序列，使之表达出比天然蛋白质性能更优的突变蛋白（Mutein），或者通过基因化学合成，设计制造自然界不存在崭新工程蛋白。近年来随着药物设计发展的需要，基于生物大分子结构知识的药物设计已成为药物发展中的重要领域。蛋白质工程主要涉及蛋白质空间结构解析、蛋白质分子设计和基因克隆与表达。蛋白质分子的空间结构主要是通过 X 射线衍射技术、多维核磁共振技术和电子衍射等电子晶体学技术等多种方法进行测定。得到蛋白质的空间结构之后，与其生物学功能相关联，对其结构与功能进行对应研究，以确定哪些特征结构决定了其生物功能，哪些结构可能与毒副作用有关，从而为定向改造提供依据。分子设计主要是基于在了解目标蛋白质的功能及其相应的结构基础之后，通过理论的方法提出蛋白质改性或从头设计的方案，这一方案将提供新的序列以及可导致怎样的空间结构和电子结构的变化，从而能赋予新蛋白质什么样的特性。当前的分子设计主要以计算机以及相应的设计软件为工具，采用基于物理学原理的各种模拟方法和基于蛋白质分子结构知识的模型构建方法对其进行设计。基因工程的操作是在得到了新的蛋白质改性设计方案之后，采用分子生物学技术，先合成相应的基因模板，再经过克隆与表达，得到新蛋白质的产物，最后通过分离、纯化，提取出足够纯的新蛋白质以研究其功能。蛋白质工程要经过多次的循环，不断改进设计方案进而发现更为理想的新的改性蛋白。因此蛋白质工程是一个多学科交叉的复杂领域。根据蛋白质工程的基本特征的含义，蛋白质工程实施的基本流程如图 3-3 所示。

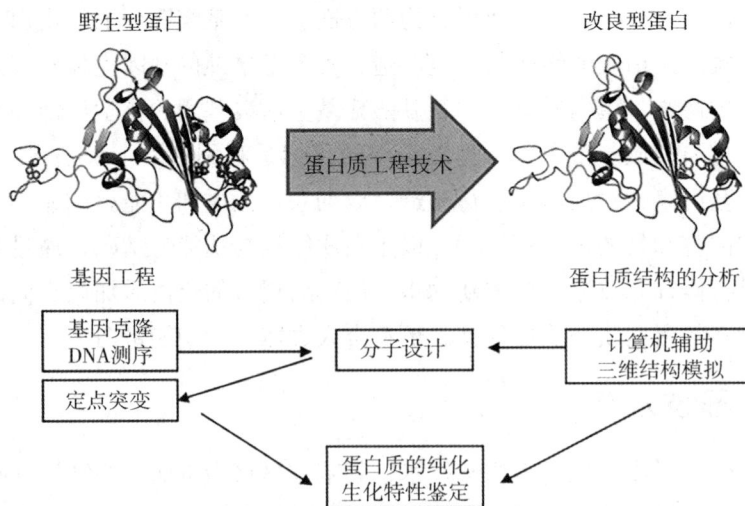

图 3-3 蛋白质工程的基本流程

二、蛋白质结构分析

蛋白质结构研究对医学、药学等领域有重要意义。蛋白质结构域预测和蛋白质折叠预测是蛋白质结构分析中非常重要的内容，蛋白质结构域预测是研究蛋白质相对静态的结构，蛋白质折叠预测是研究蛋白质结构的动态变化过程，它们本质上都是探讨蛋白质的一级序列与高级结构的关系。随着学科交叉的日益广泛，越来越多的计算机方法被用于蛋白质结构的预测与分析研究，例如信号处理、分布式计算、数据挖掘、机器学习、人工智能等，为蛋白质结构的研究带来新的活力。

认识蛋白质结构不仅有助于理解蛋白质发挥功能的机制，也是进行蛋白质分子改造及合理药物设计的基础，因此具有极重要的理论研究和实际应用价值。目前，可以通过核磁共振法（NMR）、X线晶体衍射法、冷冻电镜三维重构法等实验技术手段来分析蛋白质的结构，并建立了 PDB 等蛋白质结构数据库。然而，目前已经得到结构的蛋白质占所有已知序列蛋白质的比例不足 1%，这极大地限制了蛋白质结构相关研究的发展。为此，迫切需要通过非实验的手段来得到蛋白质结构信息。伴随生物信息学的飞速发展，利用计算手段预测蛋白质结构已成为获取蛋白质结构的最有潜力的方法之一。蛋白质三维结构预测需要预测出蛋白质中所有原子所在的空间位置。一般而言，蛋白质三级结构预测方法可以分为三类：从头预测、同源建模和折叠识别。

三、蛋白质结构预测

蛋白质功能的阐明是后基因组时代最主要的研究任务之一。蛋白质是生命活动的最主要的执行者，蛋白质功能的认识可用于了解蛋白质在生物过程中所起到的作用，从而有助于人们理解复杂的生命现象。但是在许多情况下，人们不仅要理解蛋白质发挥何种作用，更加需要回答为什么蛋白质会具有这种功能，也就是要解释蛋白质功能行使的机制。如一些酶被简单的化学修饰之后，其活性为何会发生巨大的改变；跨膜蛋白如何能控制跨膜区的开合实现细胞内外分子的转运；又比如，朊蛋白是发生怎么样的变化才会导致诸如疯牛病或者人类老年痴呆症等。要回答上述问题，需要深入了解蛋白质结构。

认识蛋白质结构不仅有助人们理解功能行使机制，也是进行蛋白质分子改造及合理药物设计的基础，因此具有极重要的理论研究和实际应用价值。然而，用目前的实验方法获得蛋白质结构数据十分困难，已经解析出晶体结构的蛋白质占所有已知序列蛋白质不足 1%。这极大地限制了蛋白质结构相关研究的发展。为此，迫切需要通过非实验的手段来得到蛋白质结构信息。伴随生物信息学的飞速发展，利用计算手段预测蛋白质结构已成为获取蛋白质结构的最有潜力的方法之一。目前蛋白质结构预测已取得一定得进展，但也面临很大的挑战。

蛋白质结构预测是计算方法与生物学问题结合的一个典型范例。实际上，在第一个蛋白质的空间结构通过 X 射线衍射方法检测出来之后，人们就开始试图通过计算原子间相互作用力和内部约束来预测蛋白质的结构。然而，这种从头进行预测的方法受到计算量巨大及内部相互作用关系不明确的限制，至今都没有取得实质的进展及实际应用。相反，预测蛋白质的局部结构（二级结构预测）及根据已有的结构模板预测未知结构蛋白质的方法却取得了较大的成功。可通过人工智能预测技术获取蛋白结构信息，如利用 AlphaFold 已经成功完成超过 35 万种蛋白质的预测结构，未来有希望囊括几乎地球所有生物物种的蛋白质结构预测。

四、蛋白质工程常用技术

目前蛋白质工程作为第三代基因工程，开创了按人类意愿设计创造蛋白的新时期，蛋白质工程技术作为先进的研发手段，它的不断发展大大加快了研究开发蛋白质药物的步伐，将使蛋白质工程药物更加显示出其诱人的前景，带来更大的经济效益和社会效益。下面主要介绍几种重要的蛋白质工程技术。

（一）外定向进化技术

蛋白质定向进化（directed evolution）指的是通过各种实验技术，在体外模拟自然进化机制（随机突变、重组和自然选择），通过突变和重组一个或多个亲本使基因发生变异，再通过对特定结构、功能或性质进行定向筛选，获取有价值的非天然蛋白分子或结构域。从本质上讲，蛋白质定向进化是达尔文进化论在蛋白质分子水平上的延伸。

体外定向进化是蛋白质工程的策略，它不依赖蛋白质的三维结构信息和构效作用机制，在体外模拟自然进化的过程（随机突变、重组和筛选），使基因发生大量突变，并定向筛选获得具有改进功能或全新功能的蛋白质分子或结构域，从而在极短的时间内完成自然界需数百万年才能发生的蛋白分子进化过程。体外定向进化属于非合理设计，通过随机突变和高通量筛选获得目的蛋白，适用于任何蛋白质分子，大大地拓宽了蛋白质工程学的研究和应用范围。目前发展出来的定向进化策略如下。

1. 随机进化 是利用各种 PCR 技术对蛋白质的基因序列进行随机突变或改组，构建序列突变库，对突变文库进行筛选，有效地获得有益突变体。常用的突变库构建方法包括易错 PCR（error prone PCR，epPCR）、DNA 改组技术（DNA shuffling）、交错延伸 PCR（staggered extension process，StEP）、随机引物体外重组法（random priming in vitro recombination，RPR）和非同源随机重组（non – homologous random recombination，NRP）等。除上述方法外，近年还相继出现了一些随机进化的新方法，如临时模板随机嵌合技术、串联重复插入、随机插入/缺失突变、渐增切割法、多元基因组工程技术和多元质粒工程等技术，极大地丰富了文库构建策略的选择性。

2. 半理性进化 针对随机进化策略存在突变文库大、阳性突变少、难以筛选等问题，半理性进化（semi – rational evolution）策略借助生物信息学方法，在分析大量的蛋白质序列比对信息，二级结构数据，或是在同源建模得到目的蛋白三维空间构象的基础上更有针对性地对蛋白质进行改造，不但提高了阳性突变率，而且大大缩小了突变文库容量，更易于筛选获得预期蛋白分子。半理性进化的关键是通过计算机模拟获得潜在的有益突变位点，再利用适当的饱和突变技术构建合适的突变文库，在已知蛋白质结构与功能间的关系信息的基础上，以计算机模拟的方式排除明显达不到预期的突变型，针对性地对蛋白质进行改造，不但提高了阳性突变率，而且大大缩小了突变文库容量，减少文库构建和后续筛选工作量，提高筛选效率。此外，对于结构较为复杂的蛋白质，可将其分为不同的结构单元，并在其内部独立进化，组合筛选最佳进化单元，得到完整蛋白质。

3. 理性进化 理性进化策略主要是通过计算机（in silico）对蛋白质进行合理设计与模拟筛选。通过计算机建模（computational modeling）预测蛋白质活性位点，考察某基因突变对目标蛋白稳定性、折叠以及与底物结合的影响，从而对蛋白质进化进行设计指导和模拟筛选实验，提高实验的成功率。

在代谢工程中，虽然反应能力对途径的影响十分重要，但随机进化和半理性进化策略均不能直接解决这一问题，从头设计则能够对这些因素加以侧重考虑。从头设计是理性进化常用的方法，是指基于大量的已知蛋白质序列与其结构及功能关系的基础上，设计一条全新的氨基酸序列来形成特定的结构，并具有预期的生物学功能，又称为蛋白质全新设计。从头设计首先根据量子力学建模得到目的催化反应，额外考虑某个具有高能垒的反应，推测其过渡态，定位所需的催化侧链并结合反应的优化过渡态。利用 QM/MM 模型分析得到包含过渡态和涉及结合、催化的蛋白质功能团的理论蛋白质突变文库，再利用 Rosetta、ORBIT、PyMol 等软件，在大量稳定的蛋白支架中搜索能够支持这些理想活性位点的蛋白质主链群，最终经过优化处理的基因序列即可进行实验验证。这种方法能够在数百个潜在的模板酶侧链中自动挑选合适的算法搜索催化侧链过渡态，并将其定位到合适位置，在一些研究中，单一蛋白质或最佳活性位点也可以进行手动选择。从头设计对于酶进化轨迹的分析有助于增强人们对蛋白质自然进化的理解，从实验中获得的反馈信息也可以更好地辅助完善理性设计。

（二）蛋白质分子的展示及筛选技术

利用各种重组方法得到的是包含有益突变体的群体，如何快捷有效地从中筛选得到目标蛋白还需行之有效的筛选系统。因此在蛋白质工程技术中最引人注目的是筛选技术，它已受到人们的广泛关注。目前建立的筛选系统中，常见的有噬菌体表面展示技术、酵母展示技术、大肠埃希菌展示技术、细胞表面展示技术、核糖体表面展示技术。

1. 噬菌体表面展示技术　噬菌体表面展示的基本原理为利用丝状噬菌体 M13 的表面衣壳蛋白 pⅢ 或 pⅧ 为支架，在不影响噬菌体正常生命周期的条件下，将外源蛋白与衣壳蛋白融合表达，使之以一定的立体结构展现在噬菌体的表面，通过与靶蛋白的亲和力对其进行筛选，得到所需的肽段。这种技术的一个显著优点是表型和基因型之间有直接的对应关系，可以简便地通过表型的筛选得到目的蛋白的基因，此外，通过噬菌体对大肠埃希菌的感染可以扩增足够容量的库，使人们从一个很大的群体中筛选出目的蛋白。经过十几年的发展，噬菌体展示技术已经有了很大的改进。体外筛选试验成功的一个重要因素是所构建的待筛选文库的质量，如今的噬菌体展示文库其库容量已经达到 10^{12}，是过去的 100 倍。外源蛋白展示的部位也更加多样化，分子质量范围也更加广泛。在噬菌体显示技术中，DNA 聚合酶通过一种活性选择系统转化为 RNA 聚合酶，而聚合酶及其底物都附着于邻近的噬菌体表层蛋白上。在该系统中，基因型－表型的联系是通过目的底物与基因文库的共价连接来维持的。这些基因被转录及翻译，然后根据连接反应产物的基因特性来进行选择。

现在噬菌体表面展示外源蛋白的技术已被广泛地应用于研究蛋白质的相互作用、药物筛选、抗体的优化筛选等多个方面，特别是通过筛选随机肽库获得的具有生物活性的模拟肽或药物设计的先导分子，应用十分广泛。近年来噬菌体表面展示技术的应用范围，从最初主要应用于抗体的筛选发展到已经广泛地应用于研究蛋白质相互作用表位分析筛选、蛋白质功能表位分析筛选、寻找靶蛋白的特异结合肽，可以应用于各种靶蛋白突变体库、抗体表位库、cDNA 文库等的筛选，而最受青睐的是随机肽库的筛选。根据靶蛋白的不同可以得到酶的抑制剂、底物，受体的配体，天然配体的拮抗肽，药物设计的先导分子结构。在蛋白质工程药物设计和寻找过程中，噬菌体肽库筛选是非常有应用前景的技术，它不仅提供了新的药理学导向来源，而且大大提高了筛选的工作效率。一般的随机肽库含 10^7 以上不同的多肽，大大超过传统医药工业筛选新药所用的数量，而且噬菌体肽库高效、方便的筛选技术使它在这一领域备受青睐，目前已经得到了许多具有天然配体活性的多肽。

2. 细菌表面展示技术　此技术通过把外源蛋白与细菌外膜蛋白分子融合而在细菌的外膜上展示外源蛋白质分子或多肽片段，这种展示技术虽然也可以代替噬菌体用于多肽文库的展示，但是由于噬菌体展示技术有操作简便的优势和广泛的适用性，细菌表面展示技术很少应用于文库的展示与筛选。这种技术的应用主要有：展示外源抗原表位，构建以活菌为载体的工程疫苗；在菌体表面展示外源抗体作为诊断试剂；将蛋白酶展示于菌体表面成为全细胞生物酶制剂。可以用于细菌表面展示的包括多种革兰阴性和阳性菌。

3. 酵母表面展示技术　无论是噬菌体展示技术还是细菌展示技术，外源蛋白的表达都由细菌完成，这时所展示的文库会存在偏性，由于细菌缺乏真核内质网上辅助折叠的酶和分子伴侣，那些含有复杂二硫键的真核蛋白很难在细菌中正确折叠，导致所展示的文库出现偏性。而真核生物——酵母表达的蛋白在正确折叠、翻译后的加工机制等方面更接近于哺乳动物细胞，有利于来源于哺乳动物蛋白的正确折叠、加工和活性的维持，更适用于对来源于哺乳动物细胞的蛋白进行有效的展现。而且这种单细胞真核生物易于培养，其相关的遗传背景详细，分子生物学操作技术也较成熟，相比起直接在哺乳动物细胞表面的展示技术更有可操作性，适于大规模文库的筛选工作。酵母表面的黏附受体被用来作为展示的支架，并且每个细胞表面可以展现多个拷贝的融合蛋白，可以方便地用流式细胞仪进行精确的定量筛选。

4. 体外展示技术　上述方法所建库和筛选过程都是基于对宿主细胞进行培养，因而库容量和筛选效果受到活细胞数量、转化效率的限制。为了实现对更大规模的文库进行高通量、高效的筛选，研究人员开发了体外展示技术，该技术得到的文库可包括高达 10^{14} 个个体，适合于需要反复进行多轮突变筛选的体外分子进化的过程，可以避免每一轮筛选之间的转化，简化了操作步骤，减少了活细胞操作中的失误性克隆丢失，以及转化率对筛选效率的影响。常用的体外展示技术之一是通过 mRNA 与新生肽链之间的物理联系，建立基因型和表型的对应关系。目前最主要的体外展示技术包括核糖体展示（ribosome display）和 mRNA 展示（mRNA display）。

第三节　蛋白质药物结构改造

改变一种典型内源性蛋白成为一种成功的治疗药物常须优化一系列参数，例如稳定性、溶解度、药代动力学、免疫原性，以保护甚至提高功效。已经出现的许多策略和方法去改变这些参数，优化的机制包括：一级结构的优化处理，化学和蛋白翻译后的修饰以及蛋白融合技术的应用等。经过改造后的第三代蛋白质工程药物在保留高活性的同时，理化性质（如溶解性、稳定性）、药代动力学性质、生物学性质（亲和力、底物特异性、免疫原性）等方面都有显著的改善。随着合理蛋白设计技术的发展和应用，必将明显地改善已有蛋白治疗剂的有效性和安全性，以及产生完全崭新的蛋白类别和作用模式。

用于蛋白质药物结构改造的主要技术包括定点突变技术、蛋白质融合技术、非天然氨基酸替代技术和蛋白质修饰技术。

一、蛋白质定点突变技术

定点突变（site - directed mutagenesis）技术是指在已知生物药物的结构和功能的基础上，有目的地改变其某一活性基团，或在已知 DNA 序列中取代、插入或删除特定长度的核苷酸片段，通过基因突变而改变生物大分子结构中的个别氨基酸残基，得到具有新性能的生物药物的方法，故又称理性分子设计。定点突变技术分三类：一类是通过寡核苷酸介导的基因突变；第二类是盒式突变或片段取代突变；第三类 PCR 介导的定点突变。

（一）寡核苷酸介导的定点突变

1982 年 Zoller 和 Smith 发表寡核苷酸介导的定点突变方法，该方法以 M13 噬菌体的 DNA 为载体，M13 噬菌体最重要的特点是含有一种单链环形 DNA，即正链 DNA，当其感染大肠埃希菌后，借助宿主的酶系统先把正链 DNA 转化成双链，然后进行 DNA 复制扩增。在操作时，首先利用转基因技术，将待诱变的目的基因插入 M13 噬菌体的正链 DNA 上，制备含有目的基因的单链 DNA，再使用化学合成的含有突变碱基的寡核苷酸片段作引物，启动单链 DNA 分子进行复制。这段寡核苷酸引物便成为新合成的 DNA 子链的一个组成部分，将其转入细胞后，经过不断复制，可获得突变的 DNA 分子，再经表达即可获得改造后的蛋白质。为了使目的基因的特定位点发生突变，所设计的寡核苷酸引物除所需的突变碱基外，其余的则与目的基因完全互补。此种方法保真度较高，但其缺点在于操作复杂，周期长，而且在克隆突变基因时会受到限制酶酶切位点的限制。

（二）盒式突变或片段取代突变

盒式突变是利用一段人工合成的含有突变序列的寡核苷酸片段，取代野生型基因中相应序列。这种突变的寡核苷酸是由两条寡核苷酸组成的，当其退火时，按设计要求产生克隆需要的黏性末端。由于不存在异源双链的中间体，因此重组质粒全部是突变体。如果将简并的突变寡核苷酸插入质粒载体分子上，在一次的实验中便可以获得数量众多的突变体，大大减少了突变需要的次数。这种方法适合研究蛋白质分子中不同位点的氨基酸作用。缺点是在靶 DNA 区段的两侧需存在一对限制酶单切点，限制了该方法的广泛应用。

（三）PCR 介导的定点突变

设计一对碱基完全互补、长度为 45bp 左右且中部含有突变碱基的引物，利用高保真的 Pfu DNA 聚合酶进行 PCR 反应，并用 *Dnp* I 酶处理 PCR 产物，可以实现基因的定点突变。在最初所建立的 PCR 方法中，只要引物带有错配碱基便可使 PCR 产物的末端引入突变。但是诱变部分并不总在 DNA 的中间部分进行诱变。采用重组 PCR 进行定位诱变，可以在 DNA 片段的任意部位产生定位突变。PCR 介导的定点突变一般需要 4 种引物。

目前，蛋白质工程发展至当代，利用"定点突变"专一改变基因中某个或某些特定核苷酸的技术，可以产生具有工业上和医药上所需性状的蛋白质。其主要是增强蛋白的稳定性、催化能力、延长半衰期、调节蛋白质间相互作用的亲和力和特异性、降低免疫原性等几个方面（表 3-1）。

表 3-1　定点突变技术引入特点氨基酸在蛋白质工程改造中的主要应用

氨基酸属性分类	代表性氨基酸种类	突变改造应用特性
亲水性氨基酸	Ser、Thr、Asn、Gln、Arg 等	提高蛋白整体水溶性 增强受体作用面亲水性
疏水性氨基酸	Val、Leu、Ile、Met、Phe 等	提高蛋白整体脂溶性 增强受体作用面疏水性
带负电荷氨基酸	Asp、Glu	提高蛋白整体水溶性 增强受体作用面亲水性 增加受体作用面负电荷性 降低蛋白等电点等
带正电荷氨基酸	Lys、Arg、His	提高蛋白整体水溶性 增强受体作用面亲水性 增加受体作用面正电荷性 提高蛋白等电点等
带活泼反应基团氨基酸	Cys、Lys 等	提高蛋白整体水溶性 增加蛋白表面可反应残基 提高定点偶联特异性 增加二硫键，提高稳定性
带惰性反应基团氨基酸	Ala、Ser、Gly、Met 等	减少蛋白可反应残基数 减少二硫键错配概率
大结构氨基酸（空间位阻大）	Phe、Pro、Trp、Tyr 等	提高蛋白整体脂溶性 增加受体作用空间位阻 增加蛋白肽链结构刚性
小结构氨基酸（空间位阻小）	Gly、Ala 等	增加蛋白肽链柔韧性 降低受体作用空间位阻

二、蛋白质融合技术

蛋白质融合技术（protein fusion technology）是指利用基团工程技术手段在 DNA 层面把两段或多段编码功能蛋白或结构域的基因连接在一起，从而表达出新的兼具多个功能区域的重组融合蛋白的方法。蛋白质融合技术是为了获得大量标准融合蛋白而进行的有目的的基因融合和蛋白表达的方法。蛋白质融合构建的原理：①各融合分子的目的 DNA 片段置于同一套调控序列（包括启动子、增强子、核糖体结合序列、终止子等）的控制之下。②融合分子间需以富含疏水性氨基酸的接头链接，同时也要考虑接头长度和氨基酸组成、排列顺序等因素。③为了保证融合蛋白的生物学活性，还需要考虑构成融合蛋白各成分本身的特性及其相互作用。其中蛋白质融合接头设计是基因融合技术能否成功的关键之一，对接头多肽的研究主要有两种，即螺旋形接头肽（如 EAAAK）和疏水性、低电荷效应的氨基酸组成的接头肽，而后者更为常用。

蛋白质融合技术广泛应用于分子生物学、生物化学及生物医药研究领域。在生物医药领域，根据其融合伴侣的不同，可主要划分为人 IgG 抗体 Fc 融合技术、人血清白蛋白融合技术、聚多肽融合技术以及其他非典型蛋白融合技术等。

（一）人 IgG Fc 片段的融合技术

IgG 体内半衰期长达 2~4 周，主要归因于"Fc 受体（FcRn）介导的再循环机制"，而这种机制是通过 IgG 的 Fc 片段与 FcRn 的结合来实现。因此将 IgG 中的 Fc 片段作为融合伴侣，通过 DNA 重组技术将其直接连接到另一个活性分子上所研制的药物，从而延长其体内半衰期（图 3-4）。目前已有数种 Fc 融合蛋白类药物上市，如 1998 年安进公司研发的 etanercept（Enbrel）融合 TNF-α 受体 2，用于治疗类风湿关节炎。2017 年全球销售额高达 78 亿美元，超过了利妥昔单抗、英夫利昔单抗等单抗类药物。2011 年 Regeneron 公司研发的 aflibercept（Eylea）融合 VEGF 受体，用于治疗湿型年龄相关性黄斑变性、视网膜中央静脉阻塞后黄斑水肿等。

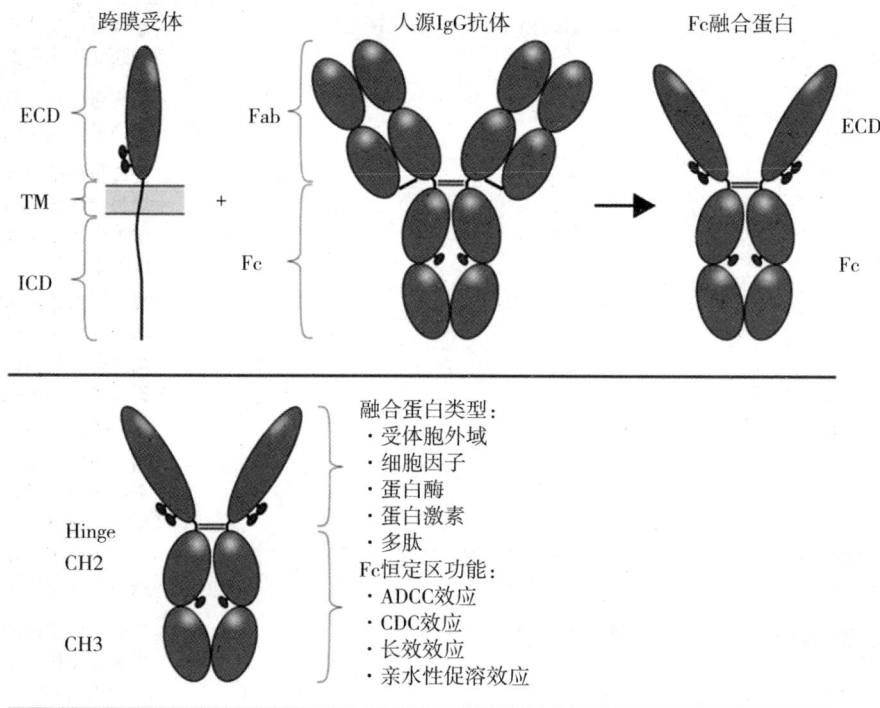

图 3-4   人 IgG 抗体 Fc 蛋白融合技术应用原理

（二）白蛋白融合蛋白

人血清白蛋白（human serum albumin，HSA）是一种能够在血浆中长时间滞留的血浆蛋白质，其体内半衰期长达 19 天。其长效机制同样是由 FcRn 介导的再循环所致，HSA 相对分子质量约为 66000，由 3 个同源结构域组成，是人体血浆的主要成分之一。由于其水溶性良好，无免疫原性，且本身在体内即作为多种生物分子的载体，因此是理想的长效蛋白药物载体。葛兰素史克公司（GSK）开发的抗糖尿病新药 albiglutide 即是将一种 GLP-1 突变体与 HSA 融合研制而成，与体内半衰期不足 2 分钟的 GLP-1 相比，albiglutide 的半衰期显著延长（6~8 天），每周仅需注射给药 1 次。美国 FDA 于 2014 年批准上市。

（三）聚多肽融合技术

肾小球滤过清除是蛋白类药物，特别是分子量相对较小的蛋白药物，在体内血液循环半衰期短的主要原因之一。因此，减少肾小球清除率可在一定程度上延长蛋白类药物的循环半衰期，肾小球滤过率主要受到蛋白药物的表观分子体积大小和带电荷性。由特定类型的氨基酸组成的聚多肽可呈现无规则卷曲构象，功能蛋白与之融合后，聚多肽融合蛋白呈现出较大的流体动力学体积，从而在一定程度上减少肾小球滤过。另外，部分聚多肽带大量负电荷，会与肾脏基底膜发生静电排斥进而减慢肾小球滤过，也能够实现长效的目的。聚多肽融合技术具有以下优点：①聚多肽具有生物可降解性，可避免在器官或细胞中蓄积；②可通过基因工程技术将聚多肽和蛋白质融合表达，避免体外化学偶联和修饰后纯化步骤；③可通过调整多肽链长度来调节融合蛋白半衰期；④使用范围广，原核和真核系统都可用于表达融合蛋白。常见的聚多肽融合技术包括 XTEN 聚多肽融合技术、PASylation 融合技术和聚阴离子聚多肽融合技术等。

（四）其他非典型蛋白融合技术

除了上述介绍的几种常见的蛋白质融合技术平台外，还有很多其他的具有特异性功能的蛋白融合伴侣，比如转铁蛋白、白蛋白结合肽、弹性蛋白样聚多肽及明胶样蛋白聚多肽等，极大地丰富了蛋白质融合技术的发展和促进了蛋白类药物的研究进程。

三、非天然氨基酸替代技术

生物体内所有蛋白质都是由三联密码子编码的 20 种天然氨基酸所组成的，这些天然的氨基酸只含有一些有限的功能基团如羟基、羧基、氨基、烷基和芳香基团等。因此无法满足化学、生物科学研究和应用中对蛋白质结构和功能的需求，虽然通过化学修饰、基因定点突变和计算机辅助蛋白质设计，对蛋白质的结构改造赋予了天然蛋白质新的功能，但这些方法都依赖于 20 种天然氨基酸本身功能化方式十分有限。必须寻求一种系统扩展遗传密码的方法使蛋白质乃至整个生物体得以进化，从而赋予蛋白质新的物理、化学或生物学特性，便于人们更好地操控蛋白质的结构与功能，由此提出了"非天然氨基酸（UAA）"替代技术。

这些非天然氨基酸（UAA）含有酮基、醛基、叠氮、炔基、烯基、酰胺基、硝基、磷酸根、磺酸根等多样性功能基团，可进行多种修饰反应，如点击化学、光化学、糖基化、荧光显色等反应。通过 UAA 对蛋白质进行修饰给其结构和功能的理论研究与应用带来了新的契机。

（一）非天然氨基酸替代技术的发展过程

2000 年美国 Scripps 研究所的 Peter Schultz 教授等首次开发出了遗传密码子扩展技术，建立了一种新的非天然氨基酸标记蛋白质的方法。

研究人员将古菌属詹氏甲烷球菌（Methanococcus jannaschii，M. jannaschii）转运酪氨酸的 tRNA 及对应的氨酰 tRNA 合成酶（tRNATyr/Tyrosyl‐tRNA synthetase，MjtRNATyr/TyrRS）的基因克隆到载体上，并将该载体与带有 TAG 突变的外源蛋白质表达载体共同转入宿主细胞中，细胞内表达的 Tyrosyl‐tRNA 合成酶将来自培养基的非天然氨基酸偶联到 $tRNA_{CUA}^{Tyr}$ 上，氨酰化的 $tRNA_{CUA}^{Tyr}$ 与 mRNA 上的位于突变位点的 UAG 识别，翻译出含有特异性非天然氨基酸的蛋白质。研究人员不断开发能够识别 UAG、四联密码子和五联密码子的 tRNA，和新的正交的 tRNA‐氨酰 tRNA 合成酶，扩展了该系统的应用范围。目前这套系统已可应用于大肠埃希菌、酵母、昆虫细胞、哺乳动物细胞，乃至线虫、果蝇和哺乳动物中。

1. 该技术的核心　①新 tRNA 只能被新合成酶识别，而不会被内源性合成酶所识别；②新合成酶可以特异性地将 UAA 酰化到新 tRNA 上，而不会催化天然氨基酸或内源胜 tRNA 的氨酰化反应；③新 tR-NA 所识别的密码子是宿主细胞中不使用或极少使用的（通常为终止密码子或四联密码子）。以确保这一分子对在宿主细胞中将 UAA 引入特定的位点而不影响其的正常生命活动。

2. 合成酶的发展　在过去的十多年的发展中，正交 tRNA/aaRS 对已在大肠埃希菌、酿酒酵母和哺乳动物中相继报道，其种类已超过 20 种。其中在大肠埃希菌和酵母中通过定向进化的方法改进外源 aaRS 对于非天然氨基酸的识别特性，已经得到了约 70 种具有不同生理功能的非天然氨基酸。但需要注意的是，许多以前在大肠埃希菌中开发的 aaRS 对哺乳动物细胞不兼容，或者能够适用于哺乳动物细胞的非天然氨基酸表达体系无法与大肠埃希菌兼容，从而无法在细菌中进行进化。总之建立一个可以在大肠埃希菌和哺乳动物细胞间自由穿梭的体系是十分必要的。从 2008 年起，一种基于毗咯赖氨酸的穿梭系统逐步发展、成熟起来，这一体系能够使大肠埃希菌中开发的 tRNA/aaRS 对可以直接导入哺乳动物细胞，并能够在原核、真核中同时编码非天然氨基酸。

3. 突变密码子发展　①三联体密码子：在蛋白质翻译中，UAG 终止密码子指导蛋白质合成的终止，但大肠埃希菌和酿酒酵母很少用其做终止密码子。基于这一现象，将校正 tRNA 的反义密码子突变为 CUA，再利用校正 tRNA/aaRS 对通读 UAG 密码子，完成 UAA 对蛋白质的修饰。②四联体密码子：和通过 UAG 密码子修饰蛋白质一样，Anderson 等从古细菌 Pyrococcus horikoshii 中得到一正交 PhttRNALys/LysRS 对，它能够识别四联体密码子 AGGA，优化校正 PhttRNA$_{CCU}^{Lys}$/LysRS 对，同时向培养基中添加 L - 高谷氨酸（L - homoglutamine），当核糖体读到含有 AGGA 的 mRNA 时，带有氨酰化 L - 高谷氨酸 PhttRNA$_{UCCU}^{Lys}$ 与之结合，翻译出含 L - 高谷氨酸的肌红蛋白。③五联体密码子：通过拓展遗传密码子来进行 UAA 对蛋白质的修饰是一个重要方法。Hohsaka 等的研究中，一个链霉亲和素 mRNA 在 Tyr54 处含有一个 CGGUA 密码子，一个被化学氨酰化上对硝基苯丙氨酸（p - Ni - trophenylalanine）的 tRNA$_{UACCG}^{Lys}$ 被添加到体外大肠埃希菌翻译系统中。蛋白免疫印迹显示 CGGUA 密码子被含有 UACCG 反义密码子的氨酰 tRNA 解码，同时 HPLC 分析转录产物的胰蛋白酶片段显示，对硝基苯丙氨酸在相应 tRNA$_{UACCG}^{Lys}$ 下完成对链霉亲和素的修饰。

（二）非天然氨基酸替代技术蛋白质中应用

1. 提高酶催化活性　在生物技术领域，酶经过化学修饰后能够在有机溶剂中高效地发挥催化作用，并表现出新颖的催化性能。现在研究者也引入许多催化基团到蛋白质中，细菌磷酸三酯酶（phosphotr - iesterase，PTE）以非常快的转化效率催化农药对氧磷水解，其活性已接近进化限制。Ugwumba 等人利用 tRNA$_{CUA}^{Tyr}$/TyrRS 对，用 L - (7 - 羟基香豆素 - 4 - 基)乙基甘氨酸或 L - (7 - 甲基香豆素 - 4 - 基)乙基甘氨酸对 PTE 进行修饰，其 PTE 的催化效率提高了 8 ~ 11 倍，为酶的分子改造提高其活性提供了一条新的思路。

2. 蛋白质间相互作用研究　具有光化学活性的非天然氨基酸可作为探针，用于在体内和体外的蛋白质功能研究。例如，利用具有"光笼"基团的非天然氨基酸标记的蛋白质，可以通过波长为 365nm 的紫外光脱去"光笼"基团，从而实现用光调控蛋白质的非活性和活性状态。

3. 蛋白交联反应　蛋白质交联在疫苗开发、药物递送、功能型水合胶方面发挥着重要作用。非天然氨基酸标记技术发展了多个基于无铜点击化学的生物正交反应，可以高效实现生物分子之间的特异性交联，这类交联反应对紫外光不敏感，为异源蛋白质间的交联提供有效的手段。同时，具有光催化的自由基反应的非天然氨基酸可以在相互作用的蛋白质之间形成共价交联，为研究蛋白质相互作用提供有力的工具，如研究人员利用光交联非天然氨基酸发现了大肠埃希菌蛋白质利用分子伴侣抵抗胃液低 pH 的机制。

4. 蛋白质定点化学修饰与偶联　遗传密码子扩展技术也被广泛应用于治疗性蛋白质的研究中。在特定位点引入非天然氨基酸，提高蛋白质化学修饰的收率和反应特异性。例如，位点特异性引入点击化学基团对（炔烃/叠氮），可实现 PEG 定点修饰。相比于定点突变引入半胱氨酸的方式，非天然氨基酸的化学修饰策略更加的高效和专一，还可以避免引入半胱氨酸所致的二硫键错配或聚集体形成等问题。此外，近年来非天然氨基酸插入技术还广泛应用于抗体偶联药物的开发中。通过在抗体恒定区域引入一定数量的非天然氨基酸，可实现小分子药物在抗体上的定点、定量偶联，极大限度地避免随机偶联引起的产物异质性和抗体－靶点结合亲和力下降等问题。

四、蛋白质修饰技术

蛋白质化学修饰指利用惰性化学分子与蛋白质表面的氨基酸残基共价结合的过程。惰性化学分子通常为含有多个重复化学单元的长链结构分子，如脂肪酸链、聚乙二醇链和糖链等。绝大多数的蛋白在临床使用过程中都面临着血液半衰期短的问题，外源性蛋白在药用过程中还存在着免疫原性等不足之处。蛋白质在体内的代谢途径繁多，主要包括血液内蛋白酶的水解，血液中各种免疫细胞的吞噬去除以及肾脏的滤过去除，此外还包括胆汁分泌清除、淋巴循环清除等途径。蛋白质化学修饰能够赋予蛋白质新的理化性质和生物学功能，如亲水性和空间屏蔽效应，使蛋白质不被免疫细胞识别、降低免疫反应的几率；同时遮蔽作用能够延缓蛋白质被蛋白酶降解；且修饰后分子量增加，不易被肾小球过滤，延长半衰期。

（一）根据修饰蛋白质中不同的基团进行分类

1. 氨基修饰反应 蛋白质中的氨基是最常被用于化学修饰的基团之一。蛋白质中存在着较多的游离氨基，包括赖氨酸残基上的 $\varepsilon - NH_2$ 以及蛋白质 $N -$ 末端 $\alpha - NH_2$。氨基自身的反应活性较高，因此针对氨基的化学修饰试剂最早被设计合成，并且品种繁多。氨基修饰反应类型很多，其中最常采用的修饰方式主要包括：①氨基与活化碳酸酯反应。蛋白质上的氨基与此类修饰试剂的连接方式为形成酰胺键，反应活性极高，产物中形成酰胺键结构极其稳定；不足之处在于活化碳酸酯在水相中易于被水解，修饰后蛋白的电荷性质被改变，此外活化碳酸酯与氨基反应的特异性较低，其还可与羟基、胍基等基团反应。②氨基与醛基反应。蛋白质上的氨基与醛基反应可在比较温和的反应条件进行，最终产物可生成稳定的仲胺结构。醛基衍生物修饰试剂在水相中稳定，与氨基的反应活性也比较高，反应过程分为两步骤，首先氨基与醛基生成不稳定的席夫碱结构，然后在还原剂（如氰基硼氢化锂）作用下转化为稳定的仲胺结构。

2. 巯基修饰反应 蛋白质中的游离半胱氨酸残基上的巯基同样被常用于蛋白化学修饰。很多蛋白质含有半胱氨酸，但含有游离半胱氨酸的相对较少。这是因为大多数的蛋白中的半胱氨酸以二硫键的形式存在，以维持蛋白特殊的刚性空间结构。针对巯的修饰反应类型主要包括：①巯基与马来酰亚胺基团反应。巯基与马来酰亚胺基团具有很强的反应活性以及很高的特异性，在修饰巯基的研究中应用得最为广泛。马来酰亚胺基团在水相中比较稳定，在 pH 6.5～7.5 条件下对巯基的选择性比对氨基的选择性高 1000 倍。②巯基与乙烯砜基团反应。与马来酰亚胺基团反应大体相近，但是由于其与巯基的反应活性和选择特异性较差，因此其应用相对较少。③巯基与吡啶二硫化物衍生物反应。吡啶二硫化物衍生物可以通过二硫键交换的方式与蛋白质中的巯基反应形成二硫键结构。这种二硫键结构在体内还原性的环境中是不稳定，易于与体内的含有游离半胱氨酸的物质如半胱氨酸、谷胱甘肽和人血清白蛋白等发生二硫键交换，致使蛋白修饰物部分脱落。④巯基与碘乙酰胺基团反应。巯基与碘乙酰胺基团反应相对以上三种应用较少，其自身不稳定且对巯基的选择性较差，并且其对光敏感，在修饰过程中需要避光进行。

3. 其他修饰反应 蛋白质中除了氨基和巯基之外，还含有其他活泼基团，如胍基（精氨酸）、羟基（丝氨酸、苏氨酸与酪氨酸）、羧基（天冬氨酸与谷氨酸）、叠氮/乙炔（非天然氨基酸残基）等。这些活泼基团由于反应活性或是对特定基团的反应特异性等方面问题在蛋白修饰中使用甚少。

（二）根据修饰蛋白质的策略进行分类

1. 随机修饰 指修饰试剂与蛋白质表面的活泼反应基团随机发生偶联反应的修饰过程。修饰试剂对特定基团的选择性较低或者蛋白质表面潜在被潜在修饰的基团过多的情况下，随机修饰就会发生。随机修饰过程通常难以精准控制，修饰反应可引起蛋白表面多个位置或是单个不同位置的基团与修饰剂共价偶联，产物中包含因修饰位点差异所致的位置异构体和因不同修饰程度的聚合物（PEGamer）。在早期的化学修饰蛋白药物开发中，常采用随机修饰，如早期成功开发并用于临床肿瘤治疗的 Adagen® Peg-adamase 和 Oncaspar® Pegaspargase 以及近来被 FDA 批准用于治疗难治性痛风的 Krystexxa®。随机修饰策略主要采用蛋白质表面的氨基反应类型，常用于催化小分子底物的药用酶类的化学修饰改造。随机修饰策略存在诸多缺陷，比如修饰产物异质性、活性下降、修饰反应重复性低等问题。

2. 定点修饰 为了克服随机修饰策略的不足，定点修饰策略已经成为当前蛋白质化学修饰的主要方式。通过修饰剂的设计、优化筛选或是通过对蛋白质结构上进行改变实现蛋白质定点化学修饰。定点修饰策略主要包括巯基定点修饰、氨基定点修饰、酶催化定点修饰等。

（三）根据化学修饰剂的类型进行分类

1. 聚乙二醇修饰 聚乙二醇（PEG）是一种直链亲水聚合物，其安全、抗蛋白酶降解、低免疫原性并获得临床普遍证实安全有效。PEG 以特定的功能化形式与蛋白质表面活泼基团通过共价键相连接，称之为蛋白的聚乙二醇修饰。早期 PEG 分子主要是线性结构，近年来发展出一系列的分支状 PEG 分子。蛋白质 PEG 修饰策略被广泛应用于蛋白药物的开发。因为蛋白质经 PEG 修饰后，与天然的蛋白质药物相比，PEG 修饰的蛋白质药物在基本维持蛋白质药物活性的情况下，显著减少肾脏的清除率、延长药物的半衰期，改善药物的动力学性质，减小血药浓度的波动，降低药物的毒性，增加蛋白质的可溶性等。此外，PEG 还能够干扰蛋白质被免疫细胞进行抗原提呈过程，致使其免疫原性和抗原性都下降。截至目前，已有超过 20 种 PEG 修饰蛋白制剂用于临床疾病治疗，如 2002 年上市的用于治疗化疗所致粒细胞减少症的 PEG 20k – G – CSF（Neulasta）。此外，而还有数十种 PEG 修饰蛋白处于临床试验阶段。

2. 脂肪酸修饰 主要是以肉豆蔻酸和棕榈酸等与蛋白质表面活性基团反应共价修饰。肉豆蔻酸又名十四烷酸，是一种不溶于水，易溶于乙醇和乙醚的饱和脂肪酸，由椰子油的脂肪酸经分馏而制得。棕榈酸又名十六烷酸、软脂酸，以甘油脂的形式广泛存在于动植物油脂中。脂肪酸在体内能与人血浆白蛋白（HSA）结合，HSA 在人体内的代谢半衰期长达 19 天，脂肪酸修饰蛋白进入血液后，迅速与 HSA 结合，因此脂肪酸修饰可显著延长蛋白质、多肽类药物在体内的代谢半衰期。例如，棕榈酸修饰的胰岛素或胰高血糖素样肽 – 1（GLP – 1），在人体内循环作用时间可达数天之久，而未修饰胰岛素或 GLP – 1 则在数分钟内被清除。此外，与其他修饰剂相比，脂肪酸是构成细胞膜磷脂及人体脂肪与类脂的重要成分，直接参与了细胞膜的组成以及蛋白质配体与膜受体的结合，因此脂肪酸修饰更有助于提高药物的脂溶性、肠道黏膜透过性及吸收效率，也因此用脂肪酸修饰在蛋白质、多肽类药物的口服制剂开发中也越来越受到关注。

3. 糖基化修饰 指将寡糖结构与蛋白质多肽分子中某些特殊功能团以共价键相连接，包括 N – 糖基化、O – 糖基化、C – 糖基化以及糖基磷脂酰肌醇修饰等。糖基化修饰可增加空间位阻、提高蛋白质水溶性和稳定性、减少肾小球滤过，从而影响蛋白质多肽类药物的药动学特性、生物学活性、免疫原性和凝聚性等。例如，促红细胞生成素（EPO）经过额外增加 2 个 N – 糖基化修饰后所得到的 Aranesp，半衰期延长了 3 倍，目前也被 FDA 批准用于慢性肾功能衰竭引起的贫血治疗。蛋白质糖基化的方式主要分为 N – 糖基化和 O – 糖基化。①N – 糖基化是通过糖链还原端的 N – 乙酰胺基葡萄糖（Glc – NAc）和肽链中某些 Asn 侧链酰氨基上的氮原子相连。能连接糖链的 Asn 必须处于 Asn – X – Ser/Thr 三残基构成的基序中，其中 X 可为除 Pro 之外的任意氨基酸残基。②O – 糖基化的结构比 N – 糖基化的结构简单，一般糖链较短，但是种类比 N-糖基化多很多。肽链中可以 O-糖基化的主要是 Ser 和 Thr，此外还有酪氨酸、羟赖氨酸和羟脯氨酸，连接的位点是这些氨基酸侧链上的羟基氧原子。

第四节　蛋白质工程技术制药实例

胰岛素（insulin）是一种多肽激素，在维持血糖恒定，增加糖原、脂肪、某些氨基酸和蛋白质的合成，细胞内多种代谢途径的调节与控制等方面都有重要作用。胰岛素是治疗糖尿病的首选药物。胰岛素是于 1921 年最初发现的一种具有激素作用的蛋白质，也是最先结晶、确定氨基酸残基序列、人工化学合成以及采用基因工程技术批量生产并投放市场供应临床应的第一种蛋白质。胰岛素在分离、提纯、结构和功能分析以及临床应用等方面所取得的成就，不但在蛋白质的研究史上树立了多个里程碑，挽救了数以百万计糖尿病等患者的生命，并且为当今通过基因工程技术改进其分子构型，以便生产生物活性更强、可非创伤性给药以及药效动力学模拟生理过程等研究奠定了基础。

胰岛素是胰岛 B 细胞合成和分泌、由 A 和 B 两条多肽链借助两个二硫键连接而成、含有 51 个氨基酸残基的蛋白质激素。A 链和 B 链的氨基酸残基数分别为 21 和 30，A 链中的 A6 和 A11 的 Cys 残基形成的链内二硫键。具有生物活性的人胰岛素单体的分子式和分子质量分别为 $C_{257}H_{383}N_{65}O_{77}S_6$ 和 5807.58Da，等电点 5.30~5.35（图 3-5）。

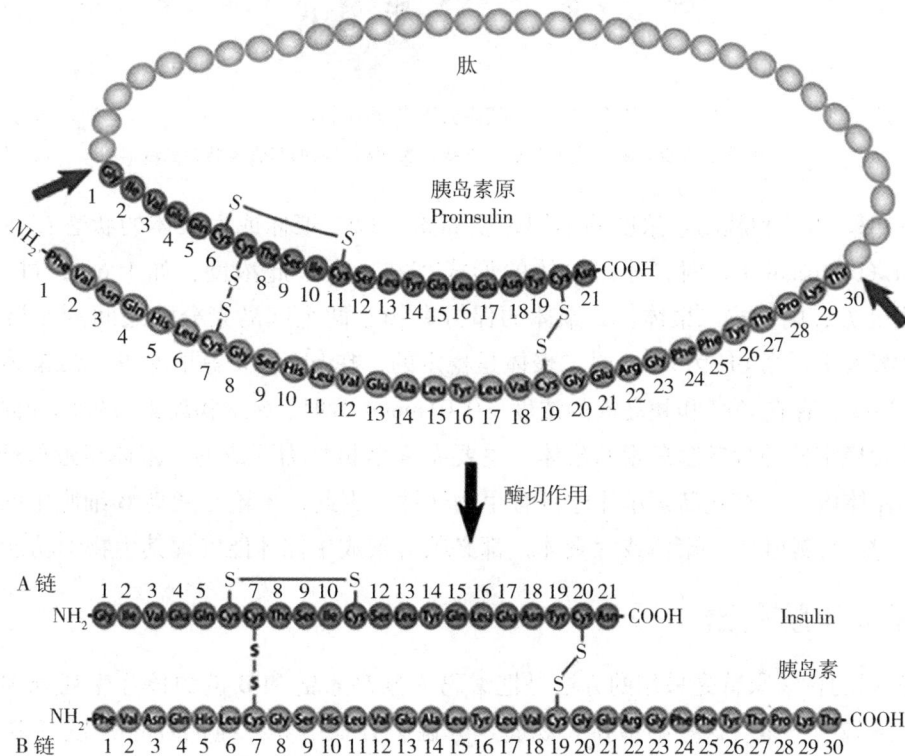

图 3-5　人胰岛素的共价结构

人胰岛素基因为单拷贝，位于第 11 号染色体的短臂上，由三个外显子和两个内含子组成，全长 1430bp。转录、加工后产生成熟的 mRNA，再经翻译得到前胰岛素原。前胰岛素原切去 N 端的 23 个氨基酸残基的信号肽，产生胰岛素原（proinsulin）。胰岛素原是胰岛素的前体，约有 10% 的胰岛素生物活性。胰岛素原包括三部分：N 端为 B 链，C 端为 A 链，中间是连接 B 链和 A 链的 C 肽。C 肽有助于形成分子的合适构型和正确的二硫键。胰岛素原在折叠过程中形成 3 个二硫键，使分子结构稳定。胰岛素原的 C 肽与 B 链连接的肽键和 C 肽与 A 链连接的肽键被切开，形成包括 A 链（21 个氨基酸残基）、B 链（30 个氨基酸残基）和 C 肽（35 个氨基酸残基）的胰岛素分子。由于胰岛素分子中没有糖链，易于由细菌宿主表达。重组人胰岛素的三维结构与内源胰岛素完全一样。X 射线衍射分析的结果表明，不同种属胰岛素虽然一级结构有所差异，但由两条肽链折叠而成的了维空间构象基本相同：两条肽链的氨基酸残基之间形成的诸多共价键以及分子内 A16、B11 和 B15 的 Leu，B18 的 Val，A2 的 ILe 和 A6 及 A11 的 Cys 等疏水残基是保持胰岛素三级结构稳定的重要因素。位于分子表面的 B23（Gly）、B24 和 B25 的 Phe 等氨基酸残基可能是胰岛素与其受体结合的关键部位；由 A1（Gly）、A5（Gln）、A19（Tyr）和 A21（Asn）等极性残基所形成的分子表面则可能是信息传递的关键部位（图 3 - 5，图 3 - 6）。

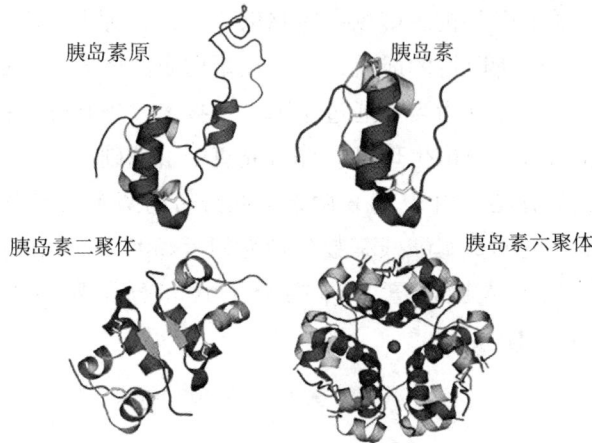

图 3 - 6　胰岛素的空间结构

黑色代表 A 链，灰色代表 B 链，虚线代表胰岛素表面与受体结合区域

　　在体外，因 pH、Zn^{2+} 和胰岛素浓度的不同，胰岛素可以二聚体或六聚体的状态存在。胰岛素在浓度低达 0.6μl/ml（0.1μmol/L）时，才以单体的形式存在，大于此浓度，如 1.6mg/ml（0.24mmol/L，40U/ml）的药用处方，则形成二聚体。二聚体的保持有赖于两个胰岛素分子之间的非极性力及 4 个氢键的作用。在水溶液中，当 pH 为 2 ~ 4 时二聚体是稳定的；在 pH > 10 等情况下，二聚体可完全解聚成单体。当 pH 为 4 ~ 8、存在 Zn^{2+} 和胰岛素的浓度 > 0.01mmol/L 时，3 个胰岛素二聚体即同 2 个 Zn^{2+} 进一步形成对酶有较大稳定性的含锌胰岛素六聚体，主要靠 A 链极性力形成的六聚体至近似球形的结构。其直径约为 5nm。在体内，只有胰岛素单体才具有生物活性。因此，不论是胰岛 B 细胞中的内源性六聚体或皮下和肌内注射的外源性的二聚体或六聚体，都必须解聚成单体才能发挥其生物学功能。

一、基因工程胰岛素

　　Genentech 公司的科学家首先采用的方法是把编码 A 胰岛素链和 B 链的核苷序列分别克隆到两个不同的大肠埃希菌细胞中，然后这些细胞在大规模发酵罐中分别培养，纯化后的 A 链和 B 链在适宜的氧化条件下共同保温，以促进链间二硫键的形成，最终生成人源化胰岛素。应用 DNA 重组技术制备的另一种方法是把编码人胰岛素原的核苷序列克隆到大肠埃希菌中，随后纯化处理表达出的胰岛素原，并用蛋白水解酶切除胰岛素原的 C 肽。因仅需一次发酵和随后的纯化，使得该方法更为流行。目前根据生产途径不同而有两种生物合成人源化胰岛素：一种为美国生产的，以大肠埃希菌为受体菌；另一为丹麦生产的，以酵母菌为受体菌。

　　DNA 重组技术不仅促进了人源化胰岛素在微生物体系中的生产，而且促进了胰岛胰岛素的结构改造。通过改造生物合成人胰岛素一级结构中的氨基酸序列、获得胰岛素类似物（insulin analogues），从而改变胰岛素的药物代谢动力学。这些胰岛素类似物与胰岛素受体具有更高的亲和力，从而减少了单位治疗剂量中胰岛素的用量，而且作用更快速。胰岛素与胰岛素受体相互作用氨基酸残基已经确定，如A1、A5、A19、A21、B10、B16、B23 –25，而且许多在这些位点上被不同的氨基酸残基所替代的类胰岛素似物已经被制备成功。例如，将 B10 位上的组氨酸转变为谷氨酸，在体外其生物活性高出胰岛素 5 倍，其他替代氨基酸所对应的胰岛素类似物具有更高的活性。B10 His 是胰岛素暴露最充分的一个残基。此外，它在与胰岛素受体的结合中也发挥作用。B10 His 如果被 Asp 取代，将会获得超强的活性。A1 – A8 序列具有低的固有螺旋倾向，但在此区进行优化机会也较少。任何 A1 – A3 残基的取代都将削弱其功能，推测是由于改变了胰岛素及其受体之间的空间互补。随后的残基不是具有高螺旋倾向（A4 Glu和 A5 Gln，非受体结合区域），就是重要的二硫键稳定结构（A6 Cys 和 A7 Cys），故残基的修饰主要集中在 A8 Thr。A 链 α – 螺旋 C – 末端的 A8 Thr 被 His 或 Arg 取代后，都被观察到同时提高了活性和稳定性。A8 位 Thr 被 His 取代后，该胰岛素类似物使 A 链 N – 末端 α – 螺旋紧固，A2 位 Ile 和 A3 位 Val 疏水侧链的暴露更为充分，使胰岛素结构倾向于与受体结合的状态。B24 Phe 替换为 Gly 也有类似作用（表 3 –2）。

表 3 –2 近年研究发现的胰岛素类似物结构与功能的关系归纳如下

修饰位点	效应
B25 Phe 缺失	不会形成天然胰岛素两单体间的反平行 β 片层
A8 His 或 Arg 代替 Thr	活性提高 3 倍。暴露出 A2 Ile 和 A3 Val 疏水侧链，与受体结合倾向增加
B24 Gly 代替 Phe	活性提高 3 倍。暴露出 A2 Ile 和 A3 Val 疏水侧链，与受体结合倾向增加
A8 Lys 代替 Thr	活性提高。Lys 具有正电荷，A8 位区附近的负电位轻微的喜好正电性的侧链
B10 Asp 代替 His	三聚体稳定性降低，活性明显增强
B12 Ala 代替 Val	具有突出的呈现单体的特性
B16 Glu 代替 Tyr	削弱二聚化和受体结合作用
B28 Asp、Lys 或 Ala 代替 Pro	胰岛素聚合能力降低
B28 – B30 去三肽胰岛素	聚合能力降低
Glargine：A21 Gly 代替 Asp，同时 B31、B32 加上 Arg	改变胰岛素的结合特性，六聚体更稳定；等电点变为 7.0
Lispro：B28 Lys 代替 Pro，B29 Pro 代替 Lys	阻止二聚体和六聚体的形成
Aspart：B28 Asp 代替 Pro	六聚体解聚成单体的速度明显加快

但是，研究表明高剂量的 B10 Asp 胰岛素改变了胰岛素 – 受体结合行为，使有丝分裂信号通过胰岛素受体，导致实验动物增加患乳腺瘤的危险性。而 Kurtzhals 等报道 glargine 胰岛素在人类骨肉瘤细胞中比天然胰岛素具有更高的有丝分裂潜力，尽管比 B10 Asp 胰岛素的有丝分裂潜力低。在胰岛素类似物的研究中也应注意上述问题。

二、速效胰岛素改造

重组天然人胰岛素是多肽类激素药物的代表，是目前治疗糖尿病的特效药，有重要的临床应用价值。天然形式的胰岛素在临床使用中存在的缺点包括：作用时效短，进入血流慢，长期使用时产生抗性，稳定性差、无法长期保存，生产规模不能满足需求等。目前，胰岛素的蛋白质工程改造开展十分广泛，目的就是要寻求性质得到改善的新型胰岛素。蛋白质工程的发展使通过修饰天然胰岛素来创造作用时间更长，或是迅速起效的胰岛素类似物成为可能。胰岛素结构 – 功能作用点主要在 B 链 C – 末端的β – STRAND、B 链中部螺旋的一些残基和 A 链 N – 末端的 α – 螺旋。所以，利用蛋白质工程改造胰岛素以获得高活性、快速起效或是长效胰岛素类似物主要是从这些方面进行研究。

通过对胰岛素分子结构的详细研究以及对家族性糖尿病胰岛素编码序列的 SNP 分析，研究人员对胰岛素分子进行了多种突变研究，获得了长效、速效、中效等多种活性的胰岛素类似物。1996 年第一个速效胰岛素类似物 Lispro 在欧洲和美国批准上市，它与天然胰岛素不同之处是，B 链 28 位的 Pro 和 29 位的 Lys 调换了位置，结果其自身聚集的倾向大大降低，静脉滴注后 15 分钟起效，1 小时达顶峰，原型人胰岛素要 45 分钟起效，且 Lispro 的血浆清除时间迅速（2 ~ 4 小时）引起低血糖的危险降低了许多。另一个速效突变体是 Aspert 胰岛素，通过将 B 链 28 位的 Pro 突变为 Asp 来减少自身聚集的倾向，其吸收时间是天然人胰岛素的 2 倍，有效活性也是天然胰岛素的 2 倍。而持续时间大大缩短，使产生低血糖的危险较天然胰岛素降低 50%。根据糖尿病的不同情况，临床上常采用的胰岛素制剂有速效、中效和长效之分。应用较多的是短期作用的胰岛素。目前使用的可溶性胰岛素制剂中胰岛素分子是以含锌六聚体分子形式存在的，而在体内发挥生物效应的胰岛素必须是单体。目前较有希望的速效胰岛素类似物有：① （B9 – Asp，B27 – Glu）–胰岛素，此种类似物在溶液中以单体存在；② （B28 – Asp）–胰岛素，在溶液中为单体和二聚体混合物；③ （B10 – Asp）–胰岛素，这种类似物在溶液中以二聚体形式存在；④ （B28 – Lys，B29 – Pro）–胰岛素，在溶液中以单体存在；⑤ （B26 – B30 缺失）–胰岛素，在溶液中以单体存在。这几种胰岛素类似物都比人胰岛素吸收快 2 ~ 3 倍。其中，（B28 – Lys，B29 – Pro）–胰岛素已用于临床，治疗效果显著。根据病程需要，还有长效胰岛素类，半衰期最长可达 35.3 小时。

胰岛素是以六聚体的形式合成和储存的，但要表现生理活性则需要单体形式。糖尿病患者要在餐前 30 分钟注射胰岛素以达到最大血药浓度，此法并不是很理想。虽然皮下注射胰岛素后吸收进血液循环是一个复杂的过程，但简单来说，这种吸收的速度是与胰岛素六聚体解聚成单体的速度相关联的。所以，研究可以加速解聚的胰岛素类似物就可以获得快速起效的胰岛素。

B25 位 Phe，其氨基酸残基是胰岛素和其受体作用的重要的位点。B25 Phe 缺失的胰岛素失去单体自身连接能力是因为 B 链 C – 末端区构象的变化，导致 B28 Pro 和 B 链 α – 螺旋的 B11 Leu – B15 Leu 疏水区域间的分子内疏水相互作用，妨碍了形成天然胰岛素二聚体所需的分子间疏水相互作用。

B12 Val 和 B16 Tyr 组成一个胰岛素的非极性表面与受体的非极性区域相结合，直接与胰岛素受体相接触。B12 – Ala – 胰岛素具有突出的呈现单体的特性。B16 – Glu – 胰岛素可同时削弱二聚化和受体结合作用。而且 B24 Phe 也极可能与这些位点中的一个相接触。

二聚体中两单体的相互作用是胰岛素解聚的主要因素。研究发现，B 链 C – 末端残基，尤其是 B28 Pro 对胰岛素聚合至关重要，如果被极性的 Asp、Lys 或中性的 Ala 替代，其聚合作用都会降低。删除了 B28 – B30 的去三肽，胰岛素的聚合能力明显降低，但仍能保持相当高的生理活性。位于二聚体中单体 – 单体相互作用面的 B 链 C – 末端残基，不但对于二聚体的形成很重要，同时影响二聚体聚合成六聚体。

成功的糖尿病治疗在于能够很好地控制血糖水平，但人们遇到了很大的挑战，因为皮下注射胰岛素制剂的作用与生理情况下胰腺分泌胰岛素不符。特别是需要提高胰岛素从注射部位到进入血液中的速度，延长其在作用部位的时间。但在实际观察中，皮下注射胰岛素后，其吸收有一段滞后期，而且高浓度的胰岛素制剂可以自我聚合形成二聚体和六聚体。需要降低胰岛素自我聚集才能加快其吸收。因为胰岛素是以单聚体的形式和其受体结合的，所以自我聚体形式对其是不必要的。胰岛素六聚体的形式已经从其晶体结构中确证。蛋白质工程已通过多种方式破坏其六聚体的形式，如将 B 链的 Pro 28 替换成 Asp，使它并列的负电荷产生排斥作用，还有是将 B28 Pro 和 B29 Lys 对调后，通过阻止 B 链 C – 末端的形式来破坏分子间 β – 片层的相互作用。这些速效的单聚体胰岛素能够保持很高的生物活性，目前已用于治疗糖尿病。近年研究较为成熟的快速起效胰岛素类似物主要有以下几种。

1. Aspart 胰岛素   即 B28 – Asp – 胰岛素。研究表明，该胰岛素皮下注射后 52 分钟达到血药浓度高峰，作用持续时间 2.7 小时。

2. Lispro 胰岛素　即（B28 - Lys，B29 - Pro）- 胰岛素。这种转换阻止了二聚体和六聚体的形成。研究显示，其皮下注射后 5 分钟就可吸收。

为了使快速作用胰岛索的血药浓度达峰时间更短，需解决在治疗剂量浓度下不形成二聚物或多聚物这一核心问题。胰岛素二聚体/寡聚体中单个胰岛索分子间的连接点有 B8、B9、B12、B13、B16 和 B23 - B28 位的氨基酸，因此又得到了在这些位点被不同氨基酸所替代的胰岛素类似物，为了增大胰岛素单体间的电子斥力和空间位阻，主要采用加入带电氨基酸或大分子氨基酸的方法。许多这些研究已经在随后的临床试验中经过评估，并取得了满意的结果。一些类似物比天然可溶（快速作用）胰岛素由注射处渗透至血液的速度快很多。因此，这些修饰后的胰岛素可以在吃饭时注射，而不必饭前 1 小时给药。

三、长效胰岛素改造

改变天然胰岛素的氨基酸序列可以促进胰岛素六聚体的分子间相互结合而使其更稳定。这样可以获得几乎稳定的吸收、稳定无峰值的作用、更慢的吸收率和更长的活性持续时间。

延长胰岛素类似物作用持续时间的一种常用的方法是通过替换 B 链 C - 末端的氨基酸改变人胰岛素的等电点到更中性。加入正电荷氨基酸使胰岛素类似物离子化，使其在注射介质的酸性 pH 中保持可溶但在生理组织的 pH 下可溶性降低。因此，当胰岛素类似物进入局部组织空间，其吸收减慢，作用持续时间延长。加入少量 Zn^{2+} 作为六聚体稳定剂可更加延长作用持续时间。

一种称为 glargine 的胰岛素类似物与天然人胰岛素结构上有 3 个氨基酸不同。其 A21 Asn 被 Gly 替代，并在 B 链 C - 末端加上了 B31 和 B32 Arg。这种类似物使分子的等电点从 pH 5.4 改变为更为中性的 7.0。使分子在酸性媒介中更可溶而在注射位点的中性 pH 下不可溶。因此，其从注射部位吸收进循环的速度减慢。商用 glargine 加入少量锌（30pg/ml），可以进一步增强其稳定性，延长吸收时间。此外，A21 Asn 替换成 Gly 后，改变了胰岛素的结合特性，使六聚体结构更稳定。它显示出更慢的起效、更长的持续时间和没有峰值的活性。据报道，在 2 型糖尿病患者体内试验中，放射性标记 glargine 胰岛素和鱼精蛋白胰岛素在 24 小时后残余放射活性分别为 54.4% 和 27.9%。注射后 24 小时内平均血糖水平轻微高于鱼精蛋白胰岛素（分别为 144.4mmol/L 和 129.2mmol/L）。有意义的是，它可轻微地减少血糖过低尤其是夜间血糖过低，使一天注射一次 glargine 胰岛素可以取得满意的疗效。Glargine 的特点：日夜一致性，无明显峰值，作用时间长，降低了低血糖发生频率（为胰岛素治疗的主要障碍），且控制傍晚血糖的能力比鱼精蛋白好。

根据胰岛素六聚体的立体结构（图 3 - 7）已经被设计出长效胰岛素，其 B 链 29 位赖氨酸 ε - 氨基已经被长链饱和脂肪酸酰化。

图 3 - 7　胰岛素丝带状简图

a 表示胰岛素的单体，b 表示 LysB29 - 十四烷酰 des - (B30)胰岛素六聚体的立体图示

为了符合胰岛素在循环中的基本水平，用 B29 Lys 的 γ - 氨基酸与长链饱和脂肪酸进行酰化反应，

这样的设计能够使胰岛素成为长效制剂。这些修饰使能胰岛素与脂肪酸结合蛋白连接起来。后者出现于皮下组织液中，这样能降低胰岛素被血液的速度延长其在血浆中的作用。长效作用的胰岛素在临床试验中已逐步完善。

目前长效胰岛素类似物的改造策略是通过改变氢基酸组成使其等电点从 pH 5.4 增高到中性，使其在注射部位形成沉淀，缓慢释放。Hoechst 公司开发的 HOE901 是一个长效胰岛素突变体，它在胰岛素 B 链 C - 末端引入两个 Gly，A 链的 21 位 Asp 也突变为 Gly，结果显示 HOE901 单次注射后可维持 24 小时的降低血糖的效果，与一天注射 4 次人胰岛素制剂相当，显示出更好的使用前景。

思考题

答案解析

1. 蛋白质工程技术的基本原理是什么？
2. 蛋白质结构功能研究的主要方法有哪些？
3. 蛋白质分子设计的主要方法有哪些？
4. 蛋白质药物结构改造的主要技术有哪几种？

书网融合……

本章小结　　　微课　　　习题

第四章 抗体工程技术

PPT

学习目标

1. 通过本章的学习，掌握抗体工程技术的基本概念与原理，包括抗体的结构、功能以及抗体工程的基本操作流程；熟悉抗体工程技术的主要技术类型，如单克隆抗体技术、基因工程抗体技术、人源化抗体技术等；了解抗体工程技术的发展简史。

2. 具备对抗体工程相关实验操作的基本技能，如细胞融合、基因克隆、抗体表达和纯化等。

3. 树立科学的思维方法和严谨的工作作风，增强社会责任感，关注抗体工程在人类健康、疾病治疗等方面的积极作用。

第一节 概 述 微课

抗体（antibody，Ab）是在机体免疫系统抵御外源性物质入侵的过程中产生的一种免疫物质，主要由 B 淋巴细胞转化的浆细胞合成并分泌。由于机体内并不只存在一种 B 淋巴细胞，因此当机体受到外源性抗原刺激时，这些并不完全一样的 B 细胞被激活形成不同的效应 B 细胞即浆细胞，大量的浆细胞再克隆合成和分泌大量不同种类的抗体分子并输出到血液、体液中，这些由不同抗体分子组成的混合物即是多克隆抗体，最早由 Behring 等人发现并用于白喉治疗的抗血清就属于这一类。然而，由于多克隆抗体在稳定性、重复性和可靠性上存在劣势，制药行业便将目光投向了单一种类的抗体，想要获得这样的抗体分子，一是设法从抗体混合物中逐一分离单一种类抗体分子，二是选出制造某一种专一抗体的细胞进行培养，经分裂增殖而形成单克隆细胞系，进而合成得到同种抗体。特别是近年来，随着抗体工程技术的不断革新，新式的抗体分子被不断设计与开发，并广泛应用于生物药物的生产，极大地丰富了抗体的概念和应用。

一、抗体工程的概念

抗体工程是指利用重组和蛋白质工程技术，对抗体基因进行加工改造和重新装配，经转染适当的受体细胞后，表达抗体分子，或用细胞融合、分子展示、化学偶联等方法改造抗体分子结构和生物学功能的工程技术。这些经抗体工程手段改造的抗体分子是按人类设计所重新组装的新型抗体分子，可保留（或增加）天然抗体的特异性和主要生物学活性，去除（或减少或替代）无关结构，因此比天然抗体更具有潜在的应用前景。

二、基本原理

（一）抗体分子的基本结构

IgG 抗体分子由两条重链（H）和两条轻链（L）组成，分子量约 150kDa。主要包括恒定区、可变区和铰链区等结构域（图 4-1）。抗体的可变区主要参与特异性识别成千上万种不同的外来抗原，恒定区可通过激活体内效应系统清除这些抗原，因此抗体分子的突出特点是其功能和分子结构的双重性：识别不同抗原，从而需要数量巨大的结构上的多样性；与体内效应系统相作用，从而需要结构的恒定性。这一特点使抗体分子成为体内最复杂的分子，长期以来，抗体分子的更高特异性、更强亲和力、更低免疫原性以及作用的更加多样性一直是抗体结构工程化改造技术追求的目标。

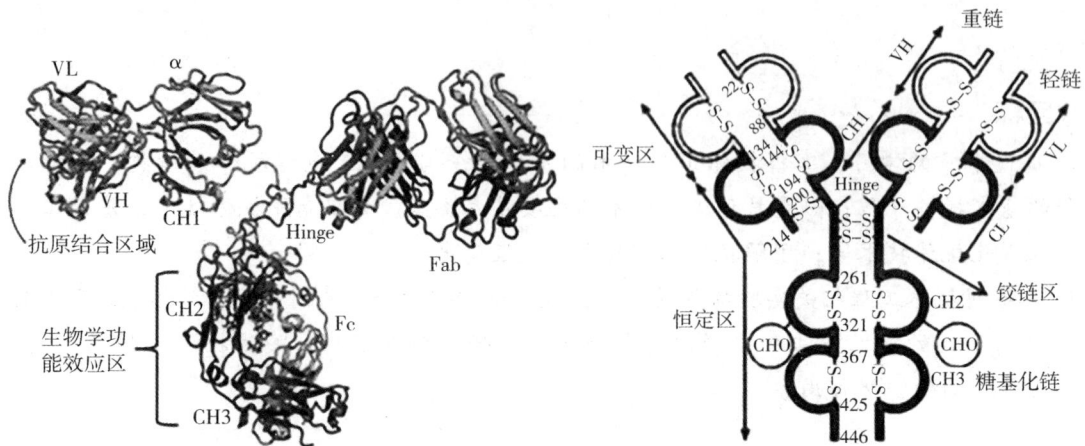

图 4 - 1　抗体分子结构域与功能域

（二）抗体分子的理化特性

抗体分子具有较好的稳定性，由于其分子内存在的多对轻重链链间和链内的二硫键，因此能够耐受 60℃以上温度的短时间孵育，同时也能够短时间耐受低于 pH 4.0 以下的溶剂体系。此外，抗体分子具有良好的溶解性，一方面是由于抗体分子自身序列中亲水性氨基酸组成比例较高，另一方面是由于抗体分子表面具有亲水性的糖基化修饰。

（三）抗体的生物活性

抗体分子的生物活性包括两个方面：一方面是抗体与抗原分子的结合活性。以 IgG 分子为例，抗体分子的可变区结构域是负责与抗原结合的主要结构域。抗体分子的结构域之间相对独立，由抗体的轻链和重链可变区氨基酸序列通过柔性连接肽串联组成的单链抗体可变区结构域（single chain antibody fragment，scFv），拥有抗体结合抗原分子的能力的最小结构域，这也是抗体筛选技术的重要理论基础之一。另一方面，抗体与抗原结合后，由 Fc 段介导引起效应功能，起到清除外来抗原、保护机体的目的，或造成靶细胞的杀伤，促进细胞吞噬作用，诱发生物活性物质的释放，引起炎症反应等一系列生物学效应。引起效应功能的机制可主要分为两类，一类是通过补体激活，另一类是通过抗体分子 Fc 段与各种细胞膜表面 Fc 受体（FcR）相互作用。抗体药物的生物学活性有时候仅依赖于抗原结合活性就足够发挥药物活性，但是更多的时候则需要依赖于 Fc 段介导的效应活性来发挥药学活性。

1. 抗原结合　能与数量众多的抗原发生特异性结合是抗体分子的主要特征，这是抗体分子上抗原结合部位（antigen binding site）和抗原决定簇（antigenic determinant 或 epitope，亦称表位）相互作用的结果。早在 20 世纪 60 年代末期，通过对氨基酸序列的分析，发现轻链和重链可变区内分别有 3～4 个高变区，并推测它们与抗体 - 抗原的特异性结合有关，这些高变区后又被称作互补决定区（complementarity determining region，CDR）。

2. 补体激活　补体系统是机体防御体系的重要组成部分，是体液免疫反应的效应和效应放大系统，可产生多种生物学效应。目前认为其最重要的功能是抗感染，尤其是抗细微感染。补体激活可通过经典激活途径或旁路激活途径，产生补体依赖的细胞毒性（complement dependent cytotoxicity，CDC）。经典途径由抗体 - 抗原复合物激活，常是机体通过特异免疫反应抵抗感染的重要机制；旁路激活途径则不涉及抗体－抗原反应，可由一些细菌成分、蛋白酶及多聚蛋白质等激活，目前认为在感染早期特异性免疫反应尚未形成时起保护作用。

3. Fc 受体介导的生物效应功能 ①抗体依赖性细胞介导的细胞毒作用（antibody dependent cell - mediated cytotoxicity，ADCC）：抗体分子与靶细胞表面抗原结合后，可通过其 Fc 段与杀伤细胞表面的 Fc 受体相结合，促进对靶细胞的杀伤作用，称为 ADCC，其介导的受体主要为 FcγRⅢ。②抗体依赖性细胞介导的吞噬作用（antibody - dependent cellular phagocytosis，ADCP）：Fc 受体介导的吞噬功能，即单核－巨噬细胞和中性粒细胞等吞噬细胞在 Fc 受体介导下对结合有抗体的抗原的吞噬能力大大增强，称作调理作用。FcγR 尤其是 FcγRⅠ（CD64），是介导这种效应功能的主要受体。③免疫调节 Fc 受体对免疫反应的调节作用：在 FcR 介导的 B 细胞反馈性抑制中得到了证实，B 细胞表面的 FcγRⅡB 可以介导抗体反馈性抑制，当 IgG 与抗原形成的免疫复合物通过其抗原部分与 B 细胞表面的抗原受体结合，并通过 IgG Fc 与 FcγRⅡB 结合后，形成 BCR 与 FcR 的交联，通过 FcγRⅡB 胞内部分酪氨酸的磷酸化引起 B 细胞的抑制。

4. Fc 受体介导的长效功能 新生儿 Fc 受体（neonatal Fc receptor，FcRn）是一种位于细胞膜表面的 IgG 抗体受体，母亲的 IgG 可通过胎盘和肠道转运到新生儿体内，对其提供保护作用。IgG 在人体内半衰期长达近 20 天，其在体内的超长半衰期主要归因于 FcRn 介导的再循环机制，而这种机制是通过 IgG 的 Fc 片段或血清白蛋白与 FcRn 的 pH 依赖性结合而实现。在酸性条件下（pH 6.0 ~ 6.5），FcRn 结合 IgG，在中性及弱碱性条件下（pH 7.0 ~ 7.5）发生解离。体内细胞通过形成内吞小泡，将 IgG 摄取后形成酸化内体。IgG 与 FcRn 结合形成 IgG - FcRn 复合物。IgG - FcRn 复合物通过再循环内体转运到细胞表面，由于细胞外血液的 pH 为微碱性（pH 7.4 左右），IgG - FcRn 复合物发生解离，IgG 重新释放至血液循环中，通过这种受体介导的再循环机制，FcRn 可有效保护 IgG 避免在溶酶体中降解，从而延长 IgG 的半衰期。因此，抗体的 Fc 的长效机制还常被用于其他蛋白药物的长效融合设计中，实现药物长效作用。

（四）抗体的免疫原性

抗体的异源性往往导致体内免疫原性的直接原因。不同种属的抗体在氨基酸序列上存在差异，因此，通过非人源抗体筛选技术得到的抗体分子，需要经过人源化改造，以降低异源性所致的免疫原性风险。此外，抗体的免疫原性还与抗体分子的形式有关，抗体聚集体通常会引起更强的免疫反应，而片段抗体则相对较低的免疫原性。此外，小型化的抗体在组织渗透效率方面也具有一定优势，因此抗体小型化工程技术在抗体药物开发中具有重要意义。

三、发展历程

抗体作为疾病预防、诊断和治疗的制剂，已有上百年的发展历史。早期制备抗体的方法是将某种天然抗原经各种途径免疫动物，成熟的 B 细胞克隆受到抗原刺激后，将抗体分泌到血清和体液中。实际上，血清中的抗体是多种单克隆抗体的混合物，因此称之为多克隆抗体。多克隆抗体是人类有目的地利用抗体的第一步。但多克隆抗体的不均一性，限制了其对抗体结构和功能的进一步研究和应用。1975 年 Kohler 和 Milstein 首次用 B 淋巴细胞杂交瘤技术制备出均一的单克隆抗体。杂交瘤单克隆抗体又称细胞工程抗体。杂交瘤技术的诞生被认为是抗体工程发展过程中第一次质的飞跃，也是现代生物技术发展的一个里程碑。利用这种技术制备的单克隆抗体，在疾病诊断、治疗和科学研究中得到广泛的应用。这种单克隆抗体多是由鼠 B 细胞与鼠骨髓瘤细胞经细胞融合形成的杂交瘤细胞分泌的，具有鼠源性，进入人体会引起机体的排异反应；完整抗体分子的分子量较大，在体内穿透血管的能力较差；且生产成本太高，不适合大规模工业化生产。在 20 世纪 80 年代初，抗体基因结构和功能的研究成果与重组 DNA 技术相结合，产生了基因工程抗体技术。基因工程抗体即将抗体的基因按不同需要进行加工、改造和重新装配，然后导入适当的受体细胞中进行表达的抗体分子。目前，抗体工程的研究热点主要集中在以下几种新型抗体药物的设计与开发：人源化抗体（humanized antibody）、双特异性抗体（bi - specific antibody）、多功能抗体（multiple - functional antibody）、结构域/片段抗体（domain/fragment antibody）、抗体偶联药物（antibody - drug conjugate，ADC）和 Fc 片段工程抗体（Fc engineered antibody）等。

第二节　单克隆抗体技术

1986 年，采用杂交瘤技术生产的"鼠源单抗"OKT3TM（Muromonab）成为首个上市的治疗性单抗。但由于鼠源单抗严重的免疫原性（人抗鼠抗）问题，抗体药物在上市的首个 10 年间临床应用并不广泛。此后，"嵌合抗体"技术保留鼠源 Fab，采用人源 Fc 段替代鼠源 Fc 端，部分减轻了鼠源抗体的免疫原性。"CDR 移植技术"又将可变区的部分序列更换为人源序列，进一步减轻嵌合抗体的免疫原性，以此技术得到新型抗体药物——人源化抗体（humanized antibody）。由于成功地降低了重组抗体的免疫原性，20 世纪 90 年代末上市的诸多嵌合抗体和人源化抗体得以在临床上广泛应用。"嵌合抗体"的人源程度可达 66%，"人源化抗体"可达 90% ~ 95%，但仍不是真正意义上的"人源抗体"。20 世纪 80 年代发展起来的"体外展示技术"，通过构建大容量人源抗体文库，实现了全人源抗体的体外筛选。21 世纪初兴起的"转基因鼠"技术，在小鼠体内转入了人的抗体基因簇，经抗原免疫后也产生全人源抗体。单克隆抗体（monoclonal antibody，mAb）的主要开发技术包括杂交瘤抗体技术、噬菌体展示抗体技术、转基因小鼠抗体技术和单个 B 细胞测序抗体技术等。

一、杂交瘤抗体技术

当外源性物质侵入人体或动物体时，便会刺激机体产生免疫反应。此时 B 淋巴细胞激活、增殖、分化成浆细胞，并产生能与抗原发生特异性结合的抗体。抗体与抗原结合，可以中和清除抗原，从而起到保护机体的作用。抗体主要存在于血清中，在其他体液及外分泌液中也有分布，因此将抗体介导的免疫称为体液免疫。抗体除了在动物和人的生命活动中起着重要的作用外，还被广泛应用于生命科学研究的各个领域和临床诊断与治疗。获得一定特异性抗体的经典方法是用抗原免疫动物（如兔、马、羊、鼠等），然后再从其血清中进行分离。然而，由于抗原一般具有多个抗原表位（决定簇），每一个抗原表位可激活具有相应抗原受体的 B 细胞产生针对该抗原表位的抗体，因此，应用这种方法所得到的抗体是针对多种抗原表位的混合抗体，即多克隆抗体。这种抗体具有两个主要的缺陷：第一，这种抗体是不均一的，特异性差，效价低，用于检测会影响检测的精确性和灵敏度；第二，成熟的能分泌抗体的淋巴细胞寿命很短，一般只有几天，抗体的产量有限，无法实现大规模生产。为了克服上述缺点，获得化学组成均一、特异性高的抗体，许多免疫学家进行了大量的实验研究与探索，这一难题终于在 1975 年被英国剑桥大学的 George Kohler 和阿根廷学者 Cesar Milstein 解决。他们成功地将经过绵羊红细胞免疫过的小鼠脾脏细胞与体外培养的小鼠骨髓瘤细胞融合在一起，使产生抗体的 B 淋巴细胞能在体外长期存活，并通过克隆化技术建立了单克隆的杂交瘤细胞株，该细胞株可以持续分泌均质纯净的高特异性抗体，该技术即杂交瘤抗体技术（hybridoma technology），又被称为单克隆抗体技术。由于他们的杰出贡献，他们于 1984 年获得了诺贝尔医学及生理学奖。

（一）杂交瘤抗体原理及其特性

杂交瘤抗体技术原理并不复杂，它是基于动物细胞融合技术得以实现的。骨髓瘤是一种恶性肿瘤，其细胞可以在体外进行培养并无限制繁殖，但不能产生抗体，而免疫淋巴细胞可以产生抗体，但却不能在体外长期培养和无限期繁殖。如果将上述两种各具功能细胞进行融合，并对融合后的细胞混合物进行分离、筛选和培养，就可以得到既可以产生抗体又可以在体外进行长期培养和无限期繁殖的杂种细胞。这种技术便称为杂交瘤技术，由此得到的杂种细胞便称为杂交瘤细胞（hybridoma）。与常规抗体相比，杂交瘤抗体具有以下优点：①筛选所得的抗体为高纯度单一抗体，在氨基酸序列以及特异性方面均为一致，即为单克隆抗体；②杂交瘤细胞易于大规模培养，实现抗体量产；③杂交瘤细胞可以用液氮进行长期保存；④可在分子水平上解析存在于病毒表面的抗原或受体；⑤可以用不纯的抗原进行免疫筛选与制备。但杂交瘤抗体也存在一些缺点：①制备程序复杂，工作量大，部分亲和力较低；②杂交瘤细胞常用鼠源的骨髓瘤细胞和鼠源的 B 淋巴细胞融合，最终产生的抗体是鼠源的抗体，对人体具有强烈的免疫原性。③作为抗体药物分子用时需进行抗体人源化改造。

（二）杂交瘤抗体技术的流程

杂交瘤抗体技术的基本过程主要分以下四个步骤（图 4 - 2）。

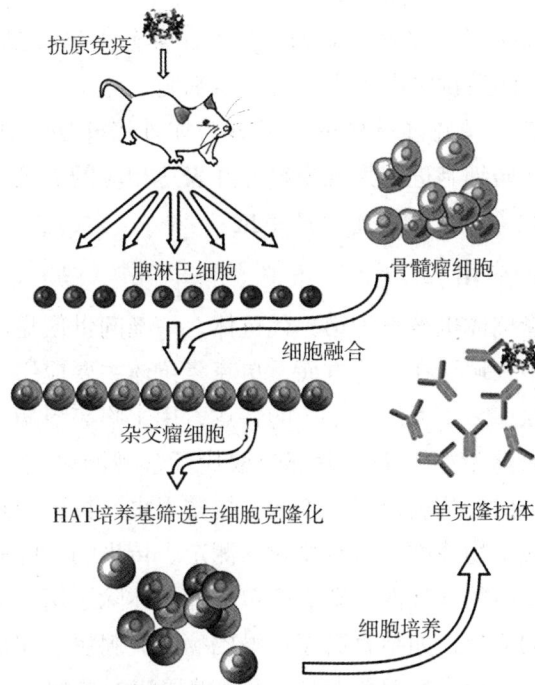

图 4 - 2 杂交瘤抗体技术流程

1. 抗原免疫 一般选用纯系健康的小白鼠作为免疫动物，免疫用的抗原一般可以是病毒、细菌、癌细胞等。粗制的或者纯化的病毒抗原与福氏（Freund）完全佐剂或其他佐剂等量混合，制成乳剂，采用腹腔注射和皮下注射两种方法进行免疫，腹腔注射或皮下多点注射，间隔 2 周左右重复加强免疫 1 ~ 2 次，检查抗体滴度效价，如符合要求，可在细胞融合前 3 天用同样剂量腹腔或静脉注射加强免疫一次。

2. B 淋巴细胞与骨髓瘤细胞融合 首先准备脾淋巴细胞和骨髓瘤细胞。放血处死免疫小鼠，无菌条件下取出脾，分离得到动物脾淋巴细胞。为了能将杂交瘤细胞从淋巴细胞和骨髓瘤细胞中筛选出来，所选用的骨髓瘤细胞应该是次黄嘌呤鸟嘌呤磷酸核糖转移酶缺陷型（hypoxanthine - guanine phosphoribosyl-transferase，HPRT⁻）或者胸腺嘧啶核苷激酶缺陷型（thymidine kinase，TK⁻）。将脾淋巴细胞与骨髓瘤细胞以一定的比例混合于同一离心管中，离心弃上清液后置于 37℃水浴中，轻摇同时逐滴加入 PEG 溶液，水浴中继续摇动，促使细胞融合。然后再沿管壁加入细胞培养液，混匀稀释 PEG 溶液，终止其诱导融合作用，离心收集融合细胞。

3. 杂交瘤细胞的筛选与克隆化 杂交融合的细胞在培养液中一般 5 ~ 6 天后有新的细胞克隆出现，未融合的脾细胞和骨髓瘤细胞 5 ~ 7 天后便逐渐死亡。在 HAT 培养液中生长形成的杂交瘤细胞克隆，仅少数可以分泌预定的单抗，且多数培养孔中混有多个克隆，它们所分泌的抗体也有可能不同，因此，必须对所需的特异性单抗进行检测，选出所需的杂交瘤细胞，并进行克隆化。检测抗体的方法必须高度灵敏、快速、特异，且易于进行大规模筛选。具体方法须依据抗原的性质及抗体的类型而定。

筛选的杂交瘤细胞所产生的抗体是针对某一抗原的，而一种抗原往往具有多个抗原决定簇，这就使得选出的杂交瘤细胞可能混有多种产生不同单克隆抗体的细胞，因此，必须对其进行克隆化，这样才能得到只产生针对一个抗原决定簇的单克隆抗体的细胞。细胞的克隆化选择常采用以下两种方法：有限稀释法；软琼脂法。

有限稀释法是待抗体分泌孔的杂交瘤细胞生长到小孔面积的 $1/3 \sim 1/2$ 时，用含 20% 胎牛血清的 HAT 液将细胞稀释成 5 个细胞/0.2ml 和 1 个细胞/0.2ml 两种浓度，按每孔 0.2ml 的接种量接种于 96 孔培养板，置于 5% CO_2 的 37℃恒温箱中培养，然后检测抗体分泌情况。一般需要作 3 次以上的有限稀释培养，才能得到比较稳定的单克隆抗体细胞株。

软琼脂法是将 5 个细胞/0.2ml 的杂交瘤细胞悬液接种在含有 0.5% 琼脂的细胞营养液平皿内，置于 5% CO_2 的 37℃恒温箱中培养，然后挑选出单个的杂交瘤细胞。

4. 单克隆抗体的大规模生产　单克隆抗体的生产分为体外培养法和体内培养法两种。前者是采用细胞培养瓶或生物反应器对杂交瘤细胞进行大规模培养并表达相应的单抗；后者则是通过将杂交瘤细胞注入动物体内（通常为腹腔）培养杂交瘤细胞生产单抗。

（三）杂交瘤单克隆抗体的应用

由杂交瘤细胞制备的单克隆抗体也被称为第二代抗体，一经问世便显示出强大的生命力，现已广泛应用于生物、医药、农业等诸多领域。在医药方面，单克隆抗体主要应用于疾病的诊断与治疗。由于单克隆抗体具有纯度高、特异性强、易于大规模生产的特点，用于临床疾病诊断敏感性高、特异性强、检测结果重复性好，因此，它在血清学检测中已大部分取代了常规的多克隆抗体而广泛应用于免疫学诊断。目前已成功生产了抗重组蛋白、抗病毒、抗细菌、抗寄生虫、抗肿瘤相关抗原等单克隆抗体，这些产品应用于体内蛋白靶点抗原或生物药物等微量物质的测定、传染病与肿瘤的诊断等，大大促进了体内药物及各种传染病和恶性肿瘤诊断的准确性。杂交瘤单克隆抗体除了用于检测与诊断外，还可作为药物用于疾病的治疗，主要是肿瘤的治疗，如结直肠癌、淋巴癌、乳腺癌、卵巢癌、肺癌、黑色素瘤、白血病、前列腺癌、胰腺癌等，也有治疗类风湿关节炎、1 型糖尿病的单抗。此外，单克隆抗体还可与各种毒素（如白喉外毒素、麻毒素）、放射性元素（如镥 – 177 或碘 – 131）或小分子抗肿瘤药物（如氨基蝶呤、阿霉素等）进行化学偶联制备成靶向性药物（targeting drug），用于肿瘤的治疗，可提高药物对肿瘤的疗效，减轻药物的毒副作用。单克隆抗体还可用于生物活性蛋白质的分离与纯化。人们可以将目的蛋白质的单抗交联到溴化氰活化的色谱介质（如琼脂糖微球载体）上，制成亲和色谱吸附剂，从发酵液、血清组织或细胞匀浆液中特异性吸附所需纯化的蛋白质，然后再将目的蛋白质洗脱下来。该方法的特点是，通过一步纯化产品即可达到很高的纯度，大大提高了产品的总回收率。

二、噬菌体展示抗体库技术

20 世纪 80 年代，抗体基因结构及功能的研究成果与重组 DNA 技术结合，产生了基因工程抗体技术。早期用于构建基因工程抗体的抗体基因来源于杂交瘤细胞。由于获得杂交瘤细胞必须经过动物免疫、细胞融合及克隆筛选这样一个长期而复杂的过程，而且利用杂交瘤技术很难制备人源抗体和自身抗原或弱免疫原性抗原抗体，所以限制了基因工程抗体技术的推广和应用。进入 20 世纪 90 年代，组合化学技术与基因工程抗体技术相互结合产生了抗体库技术，从此抗体工程技术进入一个新的发展阶段。噬菌体展示抗体库技术（phage display antibody library technology，PDAT）的产生基于两项关键技术的突破：①PCR 技术的出现和发展使人们能够使用一套引物扩增出全套免疫球蛋白可变区基因；②利用大肠埃希菌成功表达出具有抗原结合功能的单链抗体片段（scFv）。

从狭义上讲，噬菌体展示抗体库技术，就是用基因克隆技术克隆全套抗体重链和轻链可变区基因，然后重组到特定的原核表达载体中，再转化大肠埃希菌以表达有功能的抗体分子片段，并通过亲和筛选获得特异性抗体可变区基因的技术。利用抗体库技术筛选到的抗体基因将被用于构建和表达基因工程抗体。目前，使用噬菌体展示抗体库技术不仅可以筛选特异抗体片段，而且能够对已有的抗体分子进行改造，如降低抗体鼠源性、提高其亲和力和稳定性等。后者又被称为抗体定向进化，而所使用的抗体库被称为定向进化抗体库。其他类似的抗体库展示技术包括细菌/酵母展示技术以及核糖体展示技术等。

（一）噬菌体展示抗体库技术原理

噬菌体展示抗体库技术是在对丝状噬菌体（flamentous phage）的基因组结构、生活周期行详细研究的基础上建立起来的。

1. 丝状菌体的基因组　丝状噬菌体是指能够感染具有下性纤毛革兰阳性细菌的一组噬菌体，大肠埃希菌丝状噬菌体包括 M13、fd、fl 等，噬菌体颗粒（图 4 - 3）柔软长丝状故得名。丝状噬菌体的基因组都是一条单链状 DNA，长约 6400 个核酸，共含有 10 个基因，分别编码 10 种蛋白质。在噬菌体基因组中还有一段基因间隔区（intergenic region），于基因 gⅧ与基因点之间以及基因 gⅡ与基因 gⅣ之间，其不编码任何蛋白质，含有病毒 DNA 合成的起始和终止信号以及子代噬菌体的组装信号。

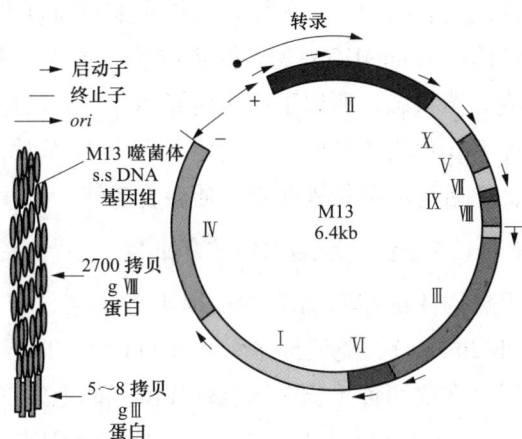

图 4 - 3　丝状噬菌体颗粒形态及基因图

2. 噬菌体展示抗体库技术的原理　噬菌体表面展示技术是一种基因表达筛选技术，即将外源蛋白质分子或多肽的基因克隆到丝状噬菌体基因组中，与噬菌体外膜蛋白质融合表达展示在噬菌体颗粒的表面。这样外源蛋白质或多肽的基因型和表型统一在同一噬菌体颗粒内，通过表型筛选就可以获得其编码基因（图 4 - 4）。

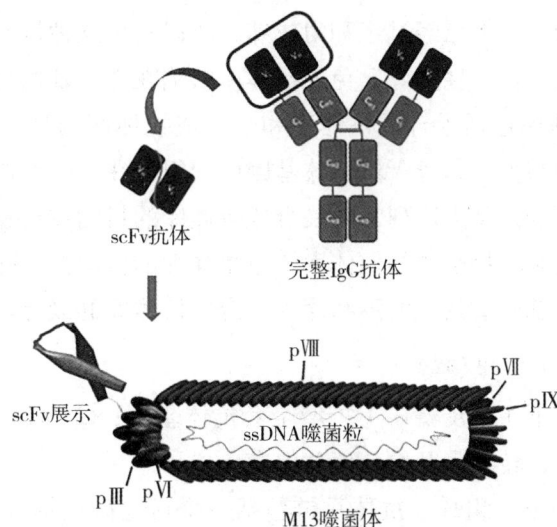

图 4 - 4　噬菌体展示技术原理示意图

经过实验验证，在 P7 或 P9 蛋白质处插入外源蛋白质会影响噬菌体外壳的功能，不是展示外源蛋白质的最佳位置：外源蛋白在 P3、P8 蛋白质的 N 端融合表达，不会影响噬菌体的完整和活性。P3 蛋白质位于噬菌体颗粒的尾端，分子量约为 42000，由 406 个氨基酸组成。P3 蛋白质由 3 个结构域组成，由 N 端开始依次为 N1、N2、CT 结构域。N1、N2 结构域负责专一性识别和结合 F 性纤毛，CT 结构域的 C 端锚定在菌体颗粒的包膜上，与菌体颗的形成有关。3 个结构域由甘氨酸富集的连接串联起来，因此在结构上具有高度易变性和灵活性，允许其 N 端插入较大的外源片段而不影响噬菌体的结构和功能，同时融合表达的外源片段还可保持相对独立的结构构象。P8 蛋白质是噬菌体的主要外壳蛋白质，分子量为 5200，由 50 个氨基酸组成。其 C 端与噬菌体 DNA 结合，构成菌体包膜的内壁，N 端游离在外，可容纳较小的外源片段。

按照展示在菌体颗粒表面的抗体片段种类的不同，噬菌体抗体库主要有 scFv 抗体库和 Fab 抗体库两种。在构建 Fab 抗体库时，VH – CH1 链或 VL – CL 与 P3 蛋白质融合表达，另一种以非融合形式进行共表达，然后两者在大肠埃希菌周质腔中通过聚合作用形成完整的 Fab 抗体片段。由于抗体片段融合在丝状噬菌体（如 M13）的外壳蛋白质（主要为 P3 蛋白质）的 N 端，表达后在宿主细胞的周质腔中自发折叠成天然状态，所以不形成包涵体，具有抗原结合活性。这样通过固定抗原和进行亲和筛选就可捕获特异性 Fab 片段的基因。而构建 scFv 抗体库时，抗体重链和轻链可变区基因通过一段连接肽基因连接起来，然后与噬菌体外壳蛋白质融合表达。

（二）噬菌体展示抗体库的种类

根据构建抗体库的抗体基因来源不同，可以将噬菌体展示抗体库分为 3 种：天然抗体库（naïve antibody library）、免疫抗体库（immune antibody library）、合成抗体库（synthetic antibody library）。合成抗体库是在前两种生物来源抗体库的基础上发展起来的，三者各有所长。

1. 天然抗体库　天然抗体库的抗体基因来源于未经免疫的动物或人体 B 细胞。从理论上讲，能够代表机体所有初级 B 细胞含有的抗体基因的多样性，使用任何抗原都可能从中筛选到相应的抗体。但由于动物或人总要受到某些抗原的刺激，其 B 细胞库中，携带特异性抗体基因的 B 细胞的比例增加，这必然导致天然抗体库的偏向性。另外，由于初级 B 细胞未经抗原的反复刺激，抗体基因未完全"成熟"，所以从天然抗体库中筛选的抗体分子的亲和力相对较低。

2. 免疫抗体库　免疫抗体库的抗体基因来源于经过某种抗原免疫的，已分化的浆细胞和记忆性 B 细胞。由于这两种细胞分泌的抗体都已经过亲和力成熟，所以再用这种抗原从免疫抗体库筛选的抗体亲和力比天然抗体库之抗体要高，特异性要好。免疫抗体库缺陷在于，其通用性不如天然抗体库。

3. 合成抗体库　合成抗体库包括半合成抗体库和全合成抗体库两种。半合成抗体库是由人工合成的一部分抗体可变区基因序列与另一部分天然抗体基因序列组合在一起，构建的抗体库；而全合成抗体库则是人工合成全部的抗体可变区基因序列。发展合成抗体库的目的在于建立比天然抗体库更具有多样性、更为通用的抗体库，以克服生物来源的抗体库抗原多样性的偏向性。随着人们对抗体多样性的产生机制和抗原、抗体结合的结构基础的认识的不断深入，合成抗体库的设计也不断发展和成熟。

（三）构建噬菌体抗体库的一般流程

构建噬菌体抗体库包括以下 3 个步骤：①扩增全套抗体基因；②构建合适的噬菌体表面展示载体；③将抗体基因库连接到载体上，转化大肠埃希菌并保存。

抗体由重链和轻链（各两条）组成。抗体重链包括一个可变区结构域，3 ~ 4 个恒定区结构域和一个铰链区；抗体轻链包括可变区和恒定区结构域各一个。胚系抗体重链基因包括 V、D、J、C 4 个部分，胚系抗体轻链基因则包括 V、J、C 3 个部分。组成抗体基因的各个部分基因序列分别成簇分布在染色体基因组的不同部位，在 B 细胞分化成熟的同时，进行 DNA 水平的重排，形成具有功能的抗体重链和轻链基因，再经过转录水平的剪切作用，去除内含子，形成完整、连续的抗体重链或轻链基因。因此，在构建噬菌体抗体库时，首先应该提取 B 细胞（外周血淋巴细胞或脾细胞）的 mRNA，通过反转录 PCR 合成 cDNA，然后以 cDNA 为模板，也可以直接用总 DNA 作为模板，扩增全套抗体基因。

根据已有的抗体基因序列库，设计简并引物。由于 5′ 简并引物与相对保守的 FR1 区互补，而 3′ 引物与 J 区互补，因此使用较少数量的简并引物就可以扩增出全部抗体基因序列。在简并引物的两侧添加合适的限制酶切位点，可以直接将 PCR 产物克隆到噬菌体展示载体中。

用于构建噬菌体展示抗体库的载体有噬菌体载体和噬菌粒载体两种，根据抗体片段插入位置的不同，还可以分为 P3 融合展示载体和 P8 融合展示载体两种。使用 P3 融合噬菌体载体进行噬菌体展示时，每个噬菌体颗粒的末端仅存在 3~5 个拷贝的抗体片段。另外，由于 P3 蛋白质的 N1、N3 结构域与噬菌体感染宿主菌有关，抗体片段必须插入完整的 P3 蛋白质的 N 端，否则重组噬菌体不具有感染活性。噬菌体载体中不存在组装噬菌体颗粒的遗传信息，必须借助辅助噬菌体才能组装成完整的噬菌体颗粒，进行超感染。来源于辅助噬菌体的野生型 P3 蛋白质与抗体融合 P3 蛋白质竞争插入噬菌体颗粒的末端，使每个噬菌体颗粒的末端只有不到 3 个拷贝的抗体片段。由于野生型 P3 蛋白质的存在，抗体片段在 P3 蛋白质中的插入部位不会影响重组噬菌体颗粒的感染活性。P3 融合展示体系展示的抗体片段的拷贝数较低，所以被称为单价噬菌体展示体系（monovalent phage display）。使用 P8 融合噬菌体载体或噬菌粒载体时，抗体片段展示在噬菌体颗粒的表面，拷贝数较多（25 个左右），因此被称为多价噬菌体展示体系（multivalent phage display）。尽管多价展示体系有利于在亲和筛选的过程中回收低亲和力噬菌体抗体，但是其捕获抗体片段的抗原结合特异性较差，不利于富集高亲和力的抗体片段；相对而言，单价展示体系可以区分具有不同亲和力的噬菌体抗体，更有利于筛选高亲和力抗体，是构建噬菌体抗体库的最佳选择。

（四）噬菌体展示抗体库技术的应用

噬菌体抗体库技术越来越受到人们的重视，成为抗体工程领域的关键技术之一，在许多领域得到应用，已显示出取代杂交瘤技术的趋势。用抗体库可制备各种有应用价值的抗体，但其最突出的使用价值在于人源抗体的制备和抗体性能的改良，现分述如下。

1. 制备人源抗体 在抗体库技术出现以前，单抗制备主要是利用淋巴细胞杂交瘤技术，由于人杂交瘤体系融合率低、稳定性差、分泌量少等低效性和人体不能随意免疫，使得用常规杂交瘤技术制备人单抗非常困难，历经十余年探索未能有重大突破。噬菌体抗体库技术不需要进行细胞融合建立杂交瘤，解决了人体杂交瘤低效的难题，为人源抗体的制备提供了有效手段。用抗体库技术制备人单抗有三条途径：①从免疫后个体获取淋巴细胞建库筛选；②从大容量抗体库不经免疫筛选；③鼠单抗人源化。现分述如下。

（1）从免疫后个体制备人源抗体 对于能进行体内免疫的抗原，从被免疫者获取淋巴细胞构建抗体库，可以较容易地得到高亲和力抗体，包括疫苗注射、微生物感染、自身免疫疾病、肿瘤等。迄今国外有相当数量同类的报道，其所针对的抗原有艾滋病病毒、呼吸道合胞病毒、乙肝病毒、丙肝病毒、人巨细胞病毒、单纯疱疹病毒、风疹病毒、破伤风类毒素、甲状腺过氧化物酶、血小板、血型抗原、核酸、蛋白质酶、黑色素瘤等。国内也报道了抗乙肝病毒、甲肝病毒、艾滋病病毒、大肠埃希菌、痢疾杆菌、核酸等人源抗体的制备。由于这些抗体库的构建取材于体内免疫者的淋巴细胞，在体内经过抗原选择和亲和力成熟，因此从较小库容（$10^5 \sim 10^7$）的抗体库就能较容易地筛选到特异性强的高亲和力抗体。但由于伦理原因，人体不能随意免疫，很多抗体无法采用这条技术路线。

（2）不经免疫制备人源抗体　人源抗体制备的最大障碍在于人体不能随意免疫，而且对于自身抗原及有毒的抗原，即使体内免疫也难以获得特异性抗体。因此，不经体内免疫过程制备抗体是制人源抗体的关键。近年来，随着抗体库技术的进展和改良，增强了抗体库在体外对体内抗体生成过程关键步骤的模拟能力。①目前大容量天然抗体库、半合成抗体库及全合成抗体库的构建均已获得成功，超过 10^{10} 库容的抗体库屡有报道，用重组法构建的抗体库的库容已可达 10^{11} 以上，从容量上已远超过体内 B 细胞可形成的全部抗体基因（10^8 左右），其功能性及多样性也随着对抗体结构研究的深入、建库技术的改进而逐步提高，由于这些库避免了体内自身耐受所造成的限制，可以认为不逊于体内的多样性 B 细胞群体。②抗体库具有极强的筛选能力，人们对筛选技术做了多种改进，可以对不同形式的抗原进行有效的筛选，而且其选择能力还在不断发展，完全具备与体内"克隆选择"相当的选择特异性抗体的能力。③亲和力成熟是产生高亲和力抗体的关键，抗体库在体外进行亲和力成熟的能力在有些方面已优于体内过程，所获抗体的亲和力已可超过体内所能达到的程度。这些进展终于使人们可以不经体内免疫，完全通过体外获得高亲和力的抗体，为人源抗体的制备展示了令人鼓舞的前景。迄今从各种抗体库中不经免疫制备的人源抗体已有相当数量，其针对的抗原包括：细胞因子、细胞膜蛋白质、细胞受体、细胞核蛋白质、黏附分子、肿瘤相关抗原、病毒、细菌蛋白质、酵母蛋白质等近百种抗原。已有一些公司以大容量抗体库作为技术平台开发治疗性人抗体，进入了发展最快的生物工程公司的行列。

（3）鼠单抗的人源化　自从杂交瘤单克隆抗体技术问世以来，已经制备了巨大数量的鼠单克隆抗体，其中不乏具有临床治疗前景者，但由于其鼠源性而限制了在人体内的应用。建立有效的鼠单抗人源化技术将大大促进单抗用于临床，因此从 20 世纪 80 年代初人们就探索用基因工程手段进行鼠单抗人源化，迄今已形成较成熟的恒定区及可变区人源化的技术方案，已有多个人源化的鼠单抗被批准上市用于临床治疗，在目前临床使用的人源抗体中占了主要份额。但目前使用的方法并不十分理想，可变区的人源化主要通过 CDR（互补决定区）移植和计算机分子模建进行，操作烦琐，所获抗体的亲和力不能得到保证，并不可避免地要保留一些鼠源残基。抗体库技术具有强大的筛选功能，可以改善鼠单抗人源化技术，如在计算机模建辅助的 CDR 移植过程中，用抗体库术优化骨架区的残基更加简便、有效，使用抗原决定簇导向选择法可以获得与亲本鼠单抗特异性相同的完全人源化单抗。

2. 应用抗体库技术改良抗体性能　用 DNA 重组技术改善抗体的性能始于 20 世纪 80 年代初，其目的是去除某些不利的性能或引入某些特定的生物学活性。在抗体库技术出现以前，抗体的基因改造主要通过删除或引入某些具有明确功能的特定序列，一般难以改造抗体与抗原结合的性能。如用人源序列取代鼠源序列进行人源化、去除抗体分子中的某些片段构建小分子抗体、将具有特定生物学活性的基因（如毒素、细胞因子等）与抗体基因拼接构建抗体融合蛋白等。抗体库技术的进展使人们对抗体的改造能力提高到了新的层次，能够以某些特定性能为目标，在尚不知道具有该性能的肽段的一级结构的情况下，通过突变—建库—筛选，获得具备该性能或使该性能得到改善的未知序列。这一从利用已知序列到筛选未知序列的进展，使基因工程抗体的制备能力大为提高。下面所述是见诸文献报道的具改良抗体性能的例子。

（1）改善 scFv 接头的性能　scFv 是目前报道最多有明确实用前景的一类小分子抗体，由抗体识别抗原的最小单位 Fv 段组成。Fv 由重链可变区和轻链可变区以非共价键结合在一起，稳定性较差。用短肽接头将 VH 和 VL 首尾相接形成 scFv，由于是单肽链，其稳定性及可操作性均优于 Fv 段。所加的接头对 scFv 的活性很重要，必须不影响 Fv 的构象。目前已发表了多种成功的接头序列，其中最常用的是（G4S）3，但不同的抗体有所差别，不可能设计一个最佳的通用接头，很多情况下接头可能影响 scFv 的性能，因此有时需寻找性能较好的接头。

（2）改善抗体的特异性　对抗原特异性识别结合是抗体最重要的生物学特性，对这些特性的改良，如消除交叉反应或扩展抗体的结合范围，将大大扩展人们制备基因工程抗体的能力。

（3）提高抗体亲和力（体外抗体亲和力成熟） 亲和力是抗体的重要生物学参数，在体内只有亲和力较高的抗体才足以提供有效的保护作用。在生物技术领域，亲和力高的抗体有更高的使用价值，因此提高抗体的亲和力是倍受人们关注的课题。在体内初次反应产生的抗体一般亲和力都较低，在随后的抗原刺激下，抗体可变区基因发生的体细胞突变，可造成亲和力的改变，亲和力提高的变种具有选择优势，最后形成产生高亲和力抗体的 B 细胞克隆，即"亲和力成熟"过程。在体外可以用抗体库技术模拟体内的亲和力成熟过程，提高抗体的亲和力，这方面的报道较多，已积累了许多成熟的经验。其要点是模拟体内亲和力成熟的两个关键过程：即对初次选择得到的低亲和力克隆进行可变区基因高突变，产生高亲和力变种以及对高亲和力克隆的优势选择。

三、转基因小鼠抗体技术

转基因小鼠抗体技术是指将人类抗体基因通过转基因或转染色体技术，将人类编码抗体的基因全部转移至基因工程改造的抗体基因缺失的小鼠动物中，使小鼠动物表达人类抗体，达到抗体全人源化的目的。

哺乳动物的抗体基因以巨大的基因群形式存在。而完整的免疫球蛋白依赖于完整免疫球蛋白基因的重组和表达。抗体基因座无论在结构、重排，还是产生广泛体液免疫反应的表达过程，都极其复杂。转基因小鼠模型为研究抗体基因表达调控提供了最好的模型。可通过控制转入基因的大小，使分析抗体复杂功能简化，分阶段、分步骤地研究和理解抗体基因的功能。正常情况下，产生一个特定抗体基因的 B 淋巴细胞在几千个 B 细胞中才有一个。而在转基因小鼠中，可产生众多相同的转基因，明显增加目的基因的拷贝数。这对研究抗体基因的重排、体细胞突变和类型转换等无疑是十分重要的。

制备全人抗体的转基因小鼠有几种，包括人外周血淋巴细胞 – 严重联合免疫缺陷小鼠、转人免疫球蛋白基因组小鼠和转人染色体小鼠。第一种在免疫学研究中应用较广泛，但在制备全人抗体的报道较少；后两者始于 20 世纪后期，技术难度较大，但因可制备完整的高亲和力的人抗体分子，故倍受关关注。转基因鼠体内除了固有的基因组外，还有一个或以上外来转入基因，它能表达和体现转入基因的功能，实现特定目的。转基因是用 DNA 重组技术克隆的基因，通过一定的方式导入细胞或个体。通过转基因可对特定基因进行表达、修饰或删除。

由此可知，转基因小鼠的制备有赖于几个基本的条件。首先应具有待研究的基因；其次为可携带和表达目的基因的载体，这二者构成能表达的重组子；第三，应具有多潜能的胚系细胞，如原核卵细胞或胚胎干细胞；第四是重组子转入胚系细胞的转移手段，如电穿孔等；第五是适合转基因胚系细胞发育的小鼠体内系统。因而，转基因小鼠的制备是一个复杂的遗传系统工程，依赖于多学科相应技术的综合发展和进步。

制备含人抗体转基因小鼠的主要步骤可以简略地概括如下（图 4 – 5）：①获得人抗体基因（重链和轻链）。常通过构建人抗体酵母人工染色体（Yeast artificial chromosomes，YAC）文库和筛选获得。②小鼠胚胎干细胞（ES 细胞）的培养。③小鼠内源性抗体基因重链 IgH 和轻链 IgLκ 的敲除或沉默。④获得含完整人 Ig – YAC 克隆。⑤人 Ig – YAC 克隆向 ES 细胞的导入。⑥含人 Ig – YAC 的 ES 细胞移入小鼠胚胎。⑦含人 Ig – YAC – ES 细胞的小鼠胚胎向小鼠体内的送还和嵌合，纯合小鼠的产生及鉴定。⑧通过纯合小鼠进行抗原免疫，制备特异性完全人源化抗体。

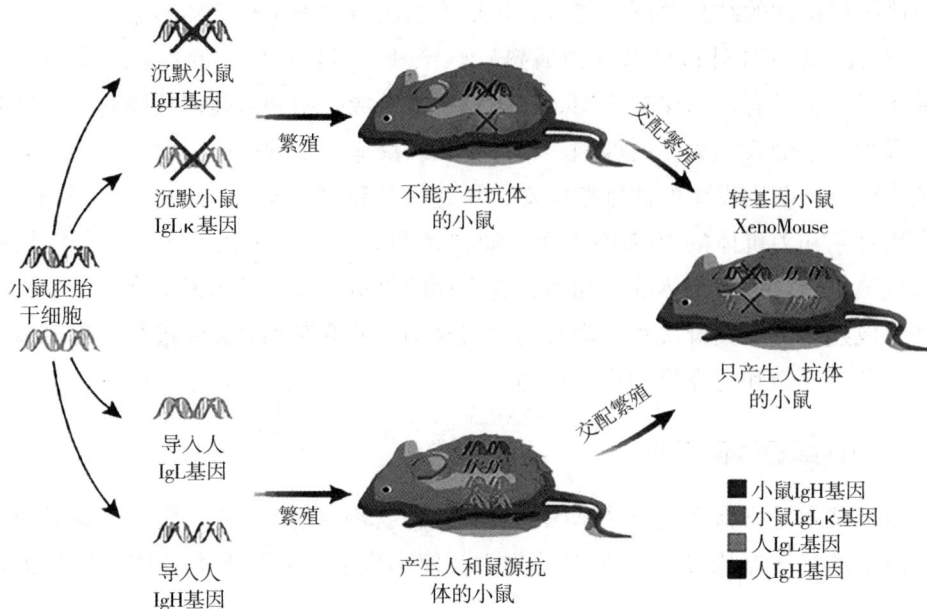

图4-5 转基因小鼠制备全人源化抗体技术流程

（一）含人抗体转基因小鼠的构建

鼠产生人抗体需要对小鼠基因组进行两种主要的遗传修饰。第一种修饰是应用成熟的同源重组方法灭活内源性的小鼠 IgH 和 IgLκ 位点去除小鼠产生抗体的能力。删除小鼠 J_H 区可灭活 IgH 位点，敲除小鼠 Cκ 区可灭活 IgLκ 位点。这样的小鼠具有调节 Ig 重排的所有反向作用因子和适合进行人 Ig 转基因表达的遗传背景。第二种修饰是将克隆的人 Ig 位点导入小鼠基因组中。每个人 Ig 位点范围超过 1.5Mbp，含有上百个基因片段，包括 V、D、J 和恒定区，以及可编码和控制众多体液免疫反应的分散存在的顺式作用元件。向小鼠转移这种巨大的人抗体基因，需要克隆和导入具有原始功能状态的人 Ig 位点的主要部分。

有两种技术可用于向小鼠转移人 IgH 和 IgLκ 基因座主要部分。第一，YAC 技术可以较容易地将百万碱基大小，胚胎构象的 DNA 片段克隆在酵母上。第二，球质体-ES 细胞融合技术够有效地将完整无重排的百万碱基大小的 YAC 导入生殖细胞并整合到小鼠基因组。

小鼠基因的重组和表达系统可以辨认人 Ig 基因的序列，不受基因拷贝数和整合位点的影响，人 Ig 基因在小鼠体内的多种重排已证明了这一点。当用同源性重组的方法灭活小鼠内源性的重链和轻链基因后，带有人重链和轻链 Ig-YAC 的小鼠，均可在 B 细胞中表达、产生膜结合的或分泌的完整人抗体。通过人的 Ig 基因适当的重排可恢复 B 细胞的分化和成熟。用抗原处理这样的转基因小鼠，可以引起抗原特异性的人抗体反应。

可分泌人免疫球蛋白转基因小鼠的构建包括以下几个步骤。

1. 人类抗体基因的克隆和人 Ig-YAC 的构建 含大片段人免疫球蛋白的 Ig-YAC 文库可从公司购得，或由自己构建。需要从 Ig-YAC 文库中筛选理想的 Ig 基因克隆。IgH、IgLκ 和 IgLλ 基因分布范围在 1.5M~2.0Mbp，而通常的 Ig-YAC 文库的插入片段在几百 kbp，明显小于分泌完整功能免疫球蛋白所需。可利用 YAC 的特点，通过两个或两个以上不同分布区域且具有部分重叠序列的 Ig-YAC 亚克隆在酵母体系中进行同源重组，整合成大的完整的 Ig 基因座，如 IgH、IgLκ 基因座。已经证明，克隆于 YAC 中的人 Ig 基因座在酵母宿主可有效地进行同源重组。有了完整的 IgH、IgLκ 基因座，即可以进行后续工作。

2. 准备小鼠 ES 细胞 小鼠 ES 细胞是来自植入前早期小鼠胚胎的未分化细胞，尤其是胚泡阶段的内层细胞团。在建立 ES 细胞后，这些细胞仍然保持有胚泡内层细胞团成分的潜能，在体外合适的培养条件下，能继续增殖和传代。ES 细胞在体内是多潜能的细胞，当体外培养的 ES 细胞重新放回植入前的小鼠胚胎，在胚胎生长的合适环境中，就会在体内以正常有序的方式进行分化。

3. 含人 Ig‑YAC 酵母与鼠 ES 细胞的融合及克隆 酵母细胞有一层相对厚的环绕膜的细胞壁。用常规的转染方法把 YAC 导入哺乳细胞很困难，主要是因为分子量大。已建立了几种将 DNA 大片段转入小鼠 ES 细胞的方法，如直接将 DNA 注入卵细胞或通过酵母球质体与 ES 细胞融合。通过球质体融合将 YAC 导入 ES 细胞适合完整大分子的整合，同时并不转移其他酵母 DNA。其他方法也可用于 YAC 的转移，但当完整的 DNA 分子大于 500kbp 时转移比较困难。在融合过程中，摄入酵母 DNA 的量是变化的，但这并不影响具有生殖传递能力嵌合小鼠的形成。融合技术的明显优点是不需要纯化和处理 DNA 大分子，且酵母可将百万碱基（Mbp）大小的片段克隆在 YAC 中。在酵母和 ES 细胞融合前，首先需要去除细胞壁，然后才能把酵母 DNA 转入 ES 细胞，这个过程称为原生质体化（protoplasting）。

4. 人 Ig‑YAC‑ES 细胞导入鼠卵母细胞 获得含人 Ig‑YAC‑ES 细胞系后，下一步是向小鼠体内导入 YAC 携带的 Ig 基因组，以制备含人 Ig 和鼠 Ig 的嵌合小鼠。有两种方式能产生嵌合体：①通过显微操作把人 Ig‑YAC‑ES 细胞注入胚泡阶段的小鼠胚胎中；②将人 Ig‑YAC‑ES 细胞与 8 细胞期胚胎（8‑cell embryo cell）阶段小鼠胚胎共培养聚集导入。

5. 含人 Ig‑YAC‑ES 细胞的胚胎向小鼠体内送还和子代鼠的生成 ES 细胞与胚胎的聚集物培养 24 小时后，才能移到假孕的受体鼠。ES 胚胎通过外科方法转移至假孕受体鼠的生殖道可使胚胎在体内发育。正常情况下每只小鼠移入 9 个胚胎较合适，最多不应超过 12 个，因为移入过多胚胎会使子宫过于拥挤，影响胚胎的发育，也可能导致产前胚胎或产后幼鼠的死亡。怀孕后 17 天左右就可以产生子鼠。这是第一代含人 IgH 和 IgLκ 的嵌合小鼠（chimeric mice）。

转基因随机地整合到小鼠的染色体中，依孟德尔定律进行传递。通过含人 IgH 和 IgLκ 的嵌合转基因小鼠的近亲子代交配，可产生含人重链（huH/huH）、人 κ 轻链（huLκ/huLκ）或人重轻链（huH/huLκ）基因的纯合小鼠。小鼠 Ig 重轻链双灭活（ΔHΔH/ΔLκΔLκ）的纯合基因敲除小鼠（$mJ_H^{-/-}$，$mC_κ^{-/-}$）与含人 Ig 重轻链（huH/huLκ）基因的纯合小鼠交配可产生含人功能性 Ig 而小鼠 Ig 基因灭活的小鼠（huH/huLκ，$mJ_H^{-/-}$，$mC_κ^{-/-}$）。这种小鼠具有产生完全人源化抗体的能力。

在获得含人重轻链（huH/huLκ，$mJ_H^{-/-}$，$mC_κ^{-/-}$）基因的纯合小鼠后，就可应用特定的抗原，按照常规制备小鼠单抗的方法，先免疫小鼠，经过细胞融合、筛选等步骤制备针对特定抗原的单抗，然后根据抗原的性质，对单抗进行特异性、亲和力等鉴定，确认通过含人重轻链（huH/huLκ）基因的纯合小鼠产生的完全人源化的抗体是否为所需要的抗体。

（二）转基因小鼠的应用

借助于显微注射技术和原核卵细胞及胚胎干细胞的成功培养，已制备了众多的转基因小鼠，用于多种不同系统多种基因的功能研究。由于通过转基因可进行基因的删除，过度表达或突变基因的表达，所以转基因小鼠具有非常广泛的用途，如基因表达、基因调节、胚胎发育、人类疾病的动物模型、检验基因治疗药物、从转化的特殊细胞类型在体内建立细胞系、组织特异性诱导基因的表达、组织特异性基因删除、研究毒性基因特异性细胞消除的作用、自身免疫耐受机制的研究等。

这种技术的一个重要应用就是建立人源化小鼠体液免疫系统。将人的抗体基因座导入小鼠内源抗体基因座灭活的小鼠，不仅为研究人类整套抗体基因有序表达、装配的机制以及在发育和疾病的进展中的作用提供了有力的工具，而且为制备完全人源化的抗体，应用于疾病治疗提供了十分有效的手段。位于美国加利福尼亚州的 Abgenix 公司使用这种技术于 1997 年成功地制备出了含人免疫球蛋白基因的转基因小鼠，称为 XenoMouse 小鼠。该品系小鼠可以接受各种人抗原的刺激产生免疫反应。利用 XenoMouse 小鼠，该公司成功地制备了 IL-8、EGFR 和 TNF-α 等全人源化抗体。这些抗体与抗原呈高度特异性结合，亲和力（Kd）为 $10^{-9} \sim 10^{-11}$ M。其产生的抗体呈多样性，因而，使 XenoMouse 小鼠成为研制治疗性全人源化抗体的有力工具。

转基因采取了与噬菌体展示抗体库技术完全不同的策略，通过小鼠体液免疫系统产生完全人源的抗体，保留完整的、有效的自然机制来完成抗体种类的转换和亲和力成熟，不需对抗体进行基因工程改造。其特点是：①产生的抗体完全人源，没有小鼠的氨基酸成分，用于治疗人类疾病不会产生 HAMA 反应；②抗体具有高亲和性，无须进一步改造；③具有多样性，适合各种抗原的免疫；④可以通过杂交瘤、细胞系或生物反应器等不同方式，制备出有效应功能的抗体，是抗体治疗人类疾病进程中的重大突破。

四、单个 B 细胞抗体技术

单个 B 细胞技术是近年来新发展的一类快速制备单克隆抗体的技术，是根据每一个 B 细胞只含有一个功能性重链可变区 DNA 序列和一个轻链可变区 DNA 序列，以及每一个 B 细胞只产生一种特异性抗体的特性，从免疫动物组织或外周血中分离抗原特异性 B 细胞，通过单细胞 PCR 技术从单个抗体分泌 B 细胞中扩增 IgG 重链和轻链可变区基因，然后在哺乳动物细胞内表达获得具有生物活性的单克隆抗体。这种方法保留了重链和轻链可变区的天然配对，具有基因多样性好、效率高、全天然源性以及需要的细胞量少等特点，也成为目前快速开发针对抗病毒感染性疾病抗体的重要策略（图 4-6）。

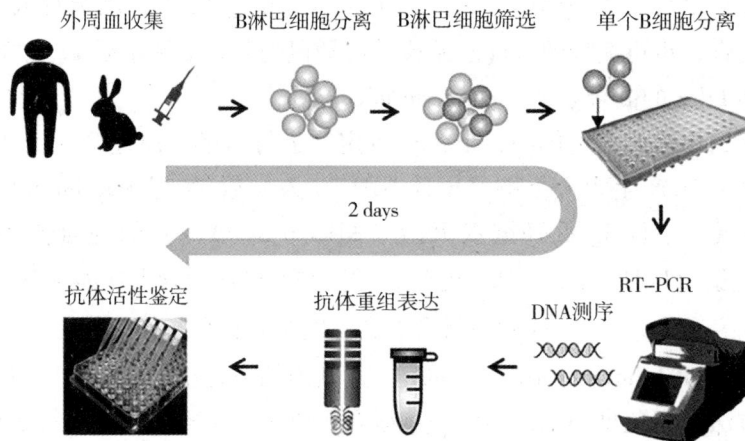

图 4-6 单个 B 细胞抗体技术流程

（一）单个 B 细胞抗体技术流程

1. 单个 B 细胞的分离 也称为单个 B 细胞筛选或阳性克隆筛选，是单个 B 细胞技术中最关键的步骤。可通过随机分离和抗原特异性分离两种方式从外周血或淋巴组织中分离单 B 细胞。①随机 B 细胞分离：可通过显微操作、激光捕获显微切割和荧光激活细胞分选（FACS）等进行 B 细胞筛选。②抗原特异性分离：可通过抗原包被磁珠、多参数 FACS 的荧光素标记抗原、溶血斑块实验和荧光焦点法等方法进行抗原特异性 B 细胞的筛选。

利用 FACS 技术，可以根据特定细胞表面标志物的表达模式，明确区分待分选 B 细胞的发育和分化阶段，几乎任何阶段的 B 细胞都可以分选。为了有效获得特异性抗体，需要评估供体的免疫应答。在单细胞分离之前，使用酶联免疫斑点技术（ELISPOT）测定外周血中抗体特异性细胞（ASC）的丰度，从而选择含抗原特异性抗体浓度较高的血样进行后续抗体制备。

2. 单 B 细胞抗体的测序和克隆 在获得单个 B 细胞后，需对其抗体基因进行测序及分析。这一步可以通过单细胞 PCR 技术扩增重链可变区和轻链可变区 DNA 序列，然后进行测序。通常在 96 孔板上进行单细胞的 cDNA 合成。全长 Ig 基因转录产物通过巢式或半巢式 RT – PCR 进行扩增。通常情况下，对抗体重链轻链可变区不同前导序列设计前向引物的混合物，反向引物特异性互补于抗体恒定区。某些情况下，如果分离和扩增不同同种型的抗体，反向引物则是特异性互补于各种同种型抗体恒定区的混合物。表达载体可直接转染至哺乳动物细胞中，用于单克隆抗体的体外表达。

3. 抗体的表达和筛选 鉴定抗体或片段的抗原特异性和生物活性之前，需将携带有抗体基因的表达载体在相应系统中表达。最简单和最常见表达系统是原核系统（例如大肠埃希菌），而哺乳动物细胞系统（例如 HEK 293、CHO 细胞）更有利于抗体的翻译后修饰，主要是瞬时表达或稳定表达。在大肠埃希菌中，通常抗体基因表达为抗原结合片段（Fab）的形式，而在哺乳动物细胞中，以完整的 IgG 形式表达。抗体基因重组表达后，需要进一步对其功能进行验证，确定其生物活性及抗原结合能力，常用的验证方法包括流式细胞术、酶联免疫吸附和免疫印迹等。

（二）单个 B 细胞抗体技术的应用

传统的鼠杂交瘤单克隆抗体技术的基本过程是将来源于免疫接种过的小鼠的 B 细胞与骨髓瘤细胞融合，继而筛选出既能无限增殖又能分泌抗体的鼠杂交融合细胞，但是这种方法得到的鼠源抗体免疫原性高、半衰期短，往往临床疗效不显著。即使是对鼠源单克隆抗体进行完全人源化的基因工程改造，也不可能完全消除鼠源单抗的免疫原性，对临床疗效的改善依然有限。对于噬菌体展示技术而言，尽管其库容量很大，但是其重链可变区（VH）和轻链可变区（VL）的配对通常依赖于随机组合，形成的大部分都是非自然的 VH – VL 抗体配对。而单个 B 细胞抗体技术，作为继杂交瘤技术与噬菌体展示技术之后的新一代抗体开发技术，拥有开发周期短、阳性克隆多、全人源、需要的细胞量少等优势。最重要的是，通过单 B 细胞抗体技术获得的抗体能确保轻链和重链是天然配对的。目前，单个 B 细胞抗体技术制备的单克隆抗体在抗病毒治疗、神经性疾病治疗、免疫疾病治疗等方面显出了独特的优势和良好的应用前景。

第三节 抗体工程技术

抗体工程是指利用重组 DNA 和蛋白质工程技术，对抗体基因进行加工改造、删减缩短或重新装配，然后经转染适当的受体细胞后，表达新型结构抗体分子，或用细胞融合、化学修饰等方法改造抗体分子的工程。这些经抗体工程手段改造的抗体分子是按人类设计所重新组装的新型抗体分子，可保留（或增加）天然抗体的特异性和主要生物学活性，去除（或减少或替代）无关结构，因此比天然抗体更具有潜在的应用前景。抗体工程技术主要包括以下几种：人源化抗体（humanized antibody）技术、双特异性抗体（bi – specific antibody，BsAb）技术、小型化抗体（fragment antibody）技术和抗体偶联药物（antibody – drug conjugate，ADC）技术等。

一、人源化抗体技术

1975 年杂交瘤单克隆抗体技术问世初期，临床上使用的单抗多数为鼠源性单抗，由于人和小鼠的种属特异性，鼠源性抗体的使用存在种种限制，鼠抗体虽然对靶抗原是特异的，可以与靶抗原特异性结合，但它不能激活相应的人体效应系统，如抗体依赖的细胞介导的细胞毒作用（ADCC）、补体依赖的细胞毒作用（CDC）等，从而无法正常的发生抗原 – 抗体反应。此外，鼠抗体作为外源蛋白进入人体，会使人体免疫系统产生应答，产生以鼠抗体作为抗原的特异性抗体，即产生人抗鼠抗体（human anti –

mouse antibody，HAMA），导致抗体在体内被很快清除，半衰期很短，导致疗效降低或副作用增加，用于治疗疾病时还容易引起人体的排斥免疫反应。为了解决这一问题，抗体人源化技术应运而生。人们利用重组 DNA 技术对鼠源抗体进行人源化改造，使抗体人源化。抗体人源化是将非人源抗体（如鼠源、兔源或驼源等抗体）通过基因工程技术改造，使其结构更接近人类抗体的技术（图 4-7）。其主要目的是通过改造抗体的框架区，将非人源抗体的结构替换为人源的框架区，保留抗体的抗原结合位点和生物活性，从而降低免疫原性，延长药物的半衰期，提高疗效。迄今为止，已经发展出了众多的成熟的抗体人源化技术，代表性的主要包括：嵌合抗体（chimeric）技术、互补决定区移植（CDR grafting）技术、表面重塑（reshaping）抗体技术和全人源化（full humanization）抗体技术等（图 4-7）。

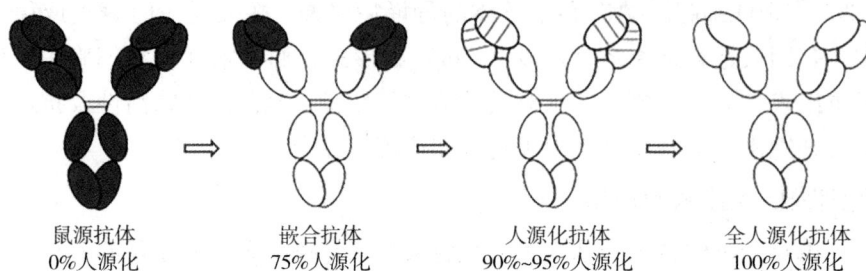

鼠源抗体　　嵌合抗体　　人源化抗体　　全人源化抗体
0%人源化　　75%人源化　　90%~95%人源化　　100%人源化

图 4-7　抗体人源化结构改造原理示意图

（一）嵌合抗体技术

嵌合抗体是利用 DNA 重组技术，将异源（常见如鼠源）单抗的轻、重链可变区基因插入含有人抗体恒定区的表达载体中，转化哺乳动物细胞表达出嵌合抗体，这样表达的抗体分子中轻重链的可变区是异源的，而恒定区是人源的，整个抗体分子的近2/3部分都是人源的序列。嵌合抗体，减少了异源性抗体的免疫原性，同时保留了亲本抗体特异性结合抗原的能力。相对于其他类型的人源化抗体，其优势在于：技术路线简单，易于操作；抗体完整性好，在体内滞留时间长；鼠源抗体的亲和力和特异性都得到保留，在临床上得到了良好的反应。不足之处在于：由于嵌合抗体中还有相当大的比例的氨基酸序列为异源序列，因此仍然会引起一定程度的 HAMA 反应。嵌合抗体主要有以下几种类型。

1. 嵌合 IgG 抗体　目前对嵌合抗体的研究主要集中在嵌合 IgG 抗体。其构建基本原理是从生产某种鼠源单克隆抗体的杂交瘤细胞中得到目的抗体可变区基因，再与人类的恒定区基因重组并克隆到合适载体中，然后转入受体细胞表达。

在构建嵌合抗体时应根据不同目的选择不同的恒定区片段。这是因为不同类型的人抗体恒定区区与补体和 Fc 相互作用的能力以及引发细胞溶解的功能不尽相同。在体内免疫系统中，抗体的 Fc 段和效应细胞相互作用，发挥特异的生物学功能。例如，IgE 可介导炎症反应，IgM 活化补体的能力强，IgG1 的补体活化能力比 IgG3 强，且在 ADCC 作用触发能力上也比 IgG3 强。在与 Fc 受体的结合能力上，IgG1和 IgG3 较强，IgG4 次之，而 IgG2 几乎检测不到。

2. 嵌合 Fab 和 F（ab'）$_2$ 抗体　嵌合 Fab（antigen - binding fragment，Fab）和 F（ab'）$_2$（具有两个抗原结合表位的片段）抗体的优势就是渗透力强。Fab 嵌合抗体制备原理为：将功能性抗体轻重链链的可变区基因与人的轻链 κ 和重链 CH1 进行重组，克隆到表达载体中，再转入宿主细胞表达。不过对于大多数该类型的抗体来说，由于亲和力较低、分子量小，容易被肾小球过滤而从血液中消失，因此大多数不适合单独用于临床治疗。为了改善效果，人们把 Fab 抗体改造成嵌合 F（ab'）$_2$ 抗体，提高了其分子量，其药代动力学也有所改善，取得了一定的治疗效果。

（二）互补决定区移植技术

CDR 移植技术是一种经典的抗体人源化方法，其过程是将非人源抗体的互补决定区（CDR）序列保留，并将人源框架区（FR）序列克隆到抗体的相应位置。即非人源抗体的 CDR 区移植到人源抗体框架区上。通常会选择与非人源抗体框架区同源性最高的人源抗体框架区作为 CDR 移植的受体。这种方法在保留原有抗体结合特性的同时，可大幅度减少免疫反应，从而实现抗体的优化。这种方法最主要问题是与特定靶点抗原结合的亲和力会降低，甚至丧失。例如将小鼠抗体的 CDR 环直接移植到人源抗体框架上，在某些情况下不会影响抗体亲和力，然而在多数情况下，它会显著降低亲和力。鼠源抗体框架区的一些残基已被证明会影响 CDR 环的构象以及抗体的亲和力。这些残基位于靠近 CDR 区的 β 折叠。因此，在选择所需的人源抗体框架区后，需要对这些残基进行回复突变，使其保留在人源化抗体中。除此之外，可变区外氨基酸残基的突变也已被用于赋予人源化抗体新的特性。通常，在进行 CDR 移植时，还需要通过技术手段进一步改造抗体的亲和力和稳定性，以满足临床应用需求。

CDR 移植虽能降低免疫原性，但因其非人源性仍具一定免疫风险。为此，有研究者提出采用特异性决定残基移植（specificity determining residue grafting，SDR grafting）策略，仅替换直接参与抗原结合的少数关键残基，以进一步减少免疫原性。

（三）抗体表面重塑技术

抗体表面重塑是非人源抗体人源化的另一种策略。表面重塑是指对非人源抗体的表面氨基酸残基进行抗体人源化改造。该方法的原则是仅替换与人抗体表面可及残基（surface accessible residues，SAR）差别明显的区域，在维持抗体活性并兼顾减少异源性基础上选用与人抗体表面残基相似的氨基酸替换。另外，所替换的区段不应过多，对于影响侧链大小、电荷、疏水性，或可能形成氢键从而影响到抗体互补决定区（CDR）构象的残基尽量不替换。通过这种方法人源化的抗体通常表现出稳定性和亲和力的变化很小。

表面重塑抗体的库构建流程：①首先在结构数据车中寻找鼠源的最大同源性蛋白，利用相应的软件并采用分子三维结构分析的方式确定表面残基的位置；②在公用数据库中寻找最大同源性的人抗体序列，在相应的表面残基位置上尝试替换为相应的人抗体残基（替换中要兼顾考虑被替换残基的侧链四配情况和与 CDR 是否在空间上紧邻）；③确定替换后的残基种类，即可采用定点突变或基因合成等方法获得人源化后的表面重塑抗体可变区基因；④克隆入相应的表达载体进行表达，并分析改造后的抗原结合情况。

（四）全人源化抗体技术

人源化单抗基本解决了异源抗体的免疫原性问题，但是人源化过程仍很繁复且费用昂贵，需要广泛的计算机模型设计以及大量实验来测定各种氨基酸对目标选择性和结合亲和力的影响。为了彻底消除异源性抗体的不良影响，全人源化抗体技术被发明。由此，抗体工程技术进入了一个新的发展阶段，全人源化抗体的生产和应用也逐渐走向成熟。

全人源化抗体技术主要包括几种策略：人杂交瘤抗体技术、人源抗体库技术（如噬菌体展示抗体库、酵母展示抗体库和核糖体展示抗体库等）、转基因小鼠抗体技术以及单个人 B 细胞抗体技术等。

1. 人杂交瘤抗体技术 人杂交瘤技术是在鼠杂交瘤技术的基础上发展的一种抗体制备技术，这种方法是将免疫过的人或鼠 B 细胞与人骨髓瘤细胞融合，从而获得无限传代且能分泌抗体的杂交融合细胞。该技术虽然克服了鼠杂交瘤技术免疫原性等不足，但是仍有较多局限，如人骨髓瘤细胞系非常有限、细胞融合成功率低且容易造成染色体丢失等。

2. 人源抗体库技术 噬菌体展示技术是目前广泛应用的体外筛选人源抗原特异性抗体可变区基因的一种方法，噬菌体展示是将抗体 DNA 序列插入到噬菌体外壳蛋白结构基因的适当位置，使抗体随噬菌体的重新组装而展示到噬菌体表面的生物技术。这种方法无须 B 细胞培养过程，较为简单，但是得到的抗体并非在人体中表达，可能导致构象改变从而丢失抗原特异性，并且由于抗体重链和轻链随机组合，无法保持抗体重链轻链的天然配对。

3. 转基因小鼠抗体技术 转人基因小鼠抗体制备技术是在破坏鼠内源抗体基因后导入人抗体基因，进而用目标抗原免疫转基因鼠并在其体内表达人源抗体，这种方法得到的抗体产量和亲和力较高。

4. 单个人 B 细胞抗体技术 单个人 B 细胞抗体技术是指利用一个 B 细胞只含有一个功能性重链可变区 DNA 序列和一个轻链可变区 DNA 序列，以及一个 B 细胞只产生一种特异性抗体的特性，从免疫人群体的外周血中分离特异性 B 细胞，再通过单细胞 PCR 技术从分泌单个抗体的 B 细胞中扩增重链可变区和轻链可变区 DNA 序列，最后在哺乳动物细胞内表达获得具有生物活性的单克隆抗体。目前，单 B 细胞抗体技术已广泛应用于病原微生物感染、肿瘤、自身免疫性疾病和器官移植等方面，并显示出了独特的优势和良好的应用前景。

二、小型化抗体技术

完整的抗体分子包含通过二硫键连接的两条重链和两条轻链。小型化抗体是指在保留抗体结构中可与抗原结合区域的基础上，由完整的轻链（可变区和恒定区）或部分重链结构（可变区和一个恒定区片段）或仅有重链的可变区组成的功能性抗体片段。小型化抗体分子量或分子体积相较于完整抗体往往更小，因而具有更好的组织或肿瘤穿透力。小型化抗体在免疫治疗方面具有巨大的前景，尤其是在实体瘤方面。此外，小型化抗体的半衰期也较短，可用作放射性显像剂。同时，小型化抗体由于缺乏 Fc 区，因此不能引起 Fc 介导的抗体效应功能，如抗体依赖性细胞毒性（ADCC）和补体依赖性细胞毒性（CDC）等生物活性。小型化抗体的结构形式繁多，但最常见的结构形式主要包括 Fab 片段抗体（antigen－binding fragment）、单链抗体（single－chain fragment variable，scFv）和单域抗体（single－domain antibodies，sdAbs）（图 4－8）。

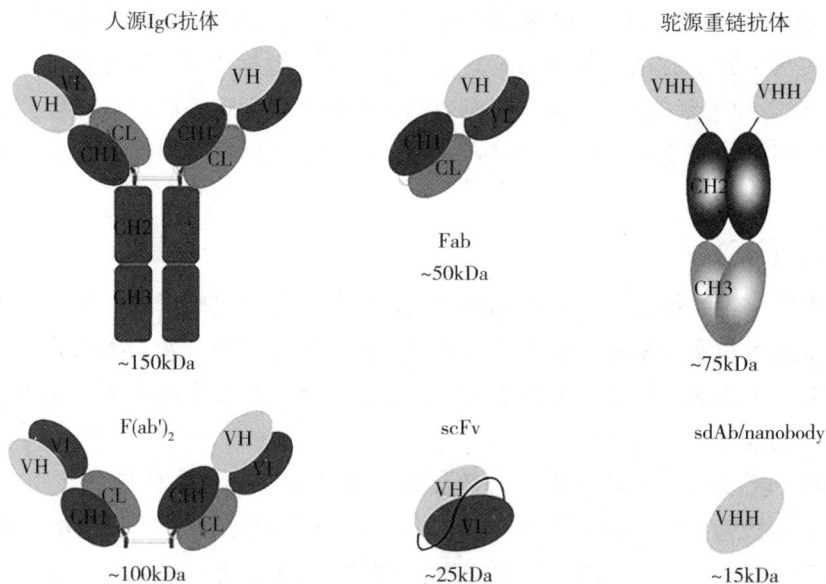

图 4－8 小型抗体的常见结构形式示意图

（一）Fab 片段抗体

Fab 片段抗体又叫作抗原结合片段，是抗体结构中可以与抗原结合的区域。其由完整的轻链（可变区和恒定区）和部分重链结构（可变区和一个恒定区片段）组成，轻链与重链通过一个二硫键连接，体积相较于完整抗体较小。Fab 片段抗体常以单价结合的 Fab 形式（分子量约 50kDa）或二价结合的 F（ab'）$_2$ 的形式（分子量约 100kDa）存在。

Fab 片段抗体的制备方法主要如下。

1. 酶解法 Fab 片段抗体可以通过在单抗的基础上直接通过酶切获得，酶解法通常用木瓜蛋白酶或胃蛋白酶等酶对人 IgG 进行降解，得到 F（ab'）$_2$、Fab、Fc 片段等产物。这种方式优点是快速简单，但劣势也很明显，首先是需要单抗原料，一般数量有限且价格昂贵，另一方面，即使优化了全抗体的酶促切割后，得到的 Fab 往往也会损失一定的免疫反应性。

2. 利用表达系统制备 重组 Fab 的优势比较明显，由于不具备 Fc 区，从而不需要翻译后修饰和糖基化，可以同时在原核和哺乳动物系统中表达。利用表达系统生产 Fab 片段，通常利用大肠埃希菌表达系统与哺乳动物表达系统。大肠埃希菌表达系统具有生产成本低、生产速度快等优点，但容易形成包涵体，复性后活性难保证。

3. Fab 抗体文库 利用噬菌体展示技术，先制备 Fab 片段抗体库，在经过数轮的筛选富集，即可得到高亲和性的 Fab 抗体。理论上，小鼠 B 细胞抗体库小于 10^8，人的 B 细胞抗体库小于 10^{12}，而 Fab 组合抗体库可以达到 $10^{10} \sim 10^{13}$ 的级别，增加了筛选到理想抗体的概率。

（二）单链抗体

单链抗体是一种由抗体的重链和轻链可变区通过一个短的连接肽（linker）连接而成的抗体片段。其结构紧凑，使其具有更小的分子量和更高的灵活性，能够有效靶向抗原。scFv 抗体的表达通常采用重组技术，可以在大肠埃希菌、酵母或哺乳动物细胞中生产。

ScFv 抗体以分子量小（仅为完整抗体的 1/6）、穿透力强、体内半衰期短、免疫原性低、可在原核细胞系统表达以及易于基因工程改造等特点备受关注，近年来在生物学、医学领域、实验室研究以及疾病诊治方面取得不少进展；但是单链抗体也存在一些不足，如亲和力低、功能单一、稳定性较差以及体内清除过快等，从而限制了一些应用。

ScFv 的重链可变区（VH）和轻链可变区（VL）之间通过 linker 相连接，linker 一般为 15 个氨基酸，通常选用甘氨酸（Gly，G）和丝氨酸（Ser，S）构成一段具有一定弹性及蛋白酶抗性的多肽 linker，常用的多肽 linker 序列为（GGGGSGGGGSGGGGS），简写为（G4S）3，这样的序列不会导致一些特异性的二级结构形成。Linker 的作用是既连接 VH 与 VL，又可保持一定的弹性，使得 VH 与 VL 的功能区之间在折叠后仍可配对，构成单价抗原结合位点。

多肽 linker 的长度对 scFv 的折叠和组装至关重要。当 Linker 的长度小于 12 个氨基酸残基时，scFv 分子不会折叠成功能性的单一 Fv 结构域，而是会与另一个 scFv 组成一个二价的二聚体，一般称为 diabody。进一步减少 linker 的残基数量，diabody 会与第三个 scFv 组成一个三聚体，称之为 triabody。此外，也可以通过串联的方式组成二价 scFv、三价 scFv 等，这种方式组成的二价、三价 scFv 分别称串联二价抗体（tandem di - scFvs）和串联三价抗体（tandem tri - scFvs）。scFv 存在两种可能结构，即 VH - linker - VL 和 VL - linker - VH 串联模式，两者的抗原结合能力常在存在一定的差异。

1. 单链抗体的制备 scFv 具有抗原结合特性、穿透力强、体内半衰期短、免疫原性低、可在原核细胞系统表达以及易于进行基因工程操作等特点。目前多使用噬菌体表面展示技术制备 scFv，根据抗体基因的来源，一般将抗体库分成天然抗体库、免疫抗体库、合成抗体库以及半合成抗体库等几类。抗体库是否拥有足够大的容量和足够丰富的多样性，是筛选到理想 scFv 的先决条件。主要包括以下几个步骤。

（1）抗体基因的克隆及重组 一般利用抗体可变区基因骨架区的特异性简并引物，通过 PCR 扩增出抗体重链和轻链可变区的基因，通过接头 linker 拼接成完整的 scFv 基因。

（2）抗体基因表达载体的构建及表达 扩增成功的 scFv 基因转入噬菌粒载体，并转化宿主细胞，构建噬菌体单链抗体库。

（3）噬菌体单链抗体库的富集、筛选　通常是用固相化的抗原与噬菌体抗体库孵育，通过数次吸附、洗涤、洗脱、扩增过程，可使特异的噬菌体得到 10^9 的富集，每一个噬菌体代表了一个抗体。

（4）scFv 单链抗体的可溶性表达　在单链抗体基因构建中，单链抗体基因 C - 末端可引入 c - Myc、组氨酸、GST、MBP、脂类标签等，使表达产物更易于检测和纯化。

2. 单链抗体的应用　scFv 的特异性和低免疫原性使它们成为传统治疗形式的一种很好的替代方法，提高了靶向特定分子的准确性并避免了不良作用。scFv 最显著的应用无疑是作为靶向药物重要的一部分，即 CAR - T 中的嵌合抗原受体（chimeric antigen receptor, CAR）。CAR - T 作为当下靶向治疗中的明星，通过工程改造的 T 细胞进行肿瘤治疗。CAR - T 免疫疗法的前提是修饰 T 细胞以识别肿瘤细胞，以便更有效地靶向和破坏它们，而起到识别和结合肿瘤细胞作用的正是嵌合在 T 细胞上的 scFv。CAR - T 已经在血液系统肿瘤、HIV 感染性疾病、单纯疱疹病毒（HSV）感染性疾病中发挥重要的作用。

此外，scFv 也可以应用于疾病的诊断，比如狂犬病病毒的检测。在狂犬病感染的情况下，仅在暴露后不久可治疗，准确的诊断对于患者的生存至关重要，scFv 相对传统单抗更便宜，可广泛普及。

（三）单域抗体

单域抗体是一种人工设计的抗体分子，又称为纳米抗体（nanobody, Nb）、VHH 抗体或骆驼抗体。源自羊驼、单峰驼等驼科以及鲨鱼、鳐鱼等软骨鱼中的一种天然缺失轻链的重链抗体（heavy - chain antibody, HCAb）。1993 年，比利时的科学家在骆驼的血清中发现了一种天然轻链缺失的重链抗体，分子量约 95kDa，其中包括两个恒定区（CH2 和 CH3）、一个铰链区和一个重链可变区（variable heavy chain domain, VHH），接着克隆得到只包含一个重链可变区的单域抗体，即 VHH 抗体。VHH 抗体分子量大小仅普通抗体的 1/10，为 12 ~ 14kDa，是目前被发现的最小的完整抗原结合片段，因此又被称为纳米抗体。

1. 单域抗体的制备流程　单域抗体的获得现在普遍通过免疫羊驼并通过羊驼体内自身的抗体成熟阶段来得到抗体基因，然后通过抗体库展示筛选技术来从羊驼抗体库中筛选得到最适合的抗体序列。整个流程主要包括羊驼免疫、噬菌体文库构建和抗体筛选三个阶段。

（1）羊驼免疫　①抗原准备：一只羊驼可以同时免疫 1 ~ 5 个抗原，每次免疫总的抗原量保持在 1 ~ 2mg 之间，体积在 2ml 以下，将抗原和佐剂 1 : 1 乳化使其形成均匀混合物，4℃保存。②免疫羊驼：挑选好羊驼并确保动物适合，记录耳号后开始免疫实验。每次在羊驼颈部淋巴结附近分左右两侧注射，每侧分 2 点注射，每点注射 0.4ml 混合好的抗原。免疫后观察半小时确认羊驼状态良好，无不适症状。每 2 周免疫一次，一共进行 7 次免疫。③血液采集与分离：在第 6、7 次免疫后间隔 5 ~ 7 天进行采血，采血从羊驼颈部静脉采取，每次取 25 ~ 30ml 血液，分 3 个采血管收集。在第 4、5、6 次免疫前进行采血用于免疫评价，采血从羊驼颈部静脉采取，每次取 5ml 血液；血液当天使用预冷离心机，离心 30 分钟，分离保存上层血清。④分离淋巴细胞：在 15ml 的离心管中先加入 3ml 细胞分离液，然后缓慢加入 3ml 血液。加入血液时应小心缓慢，以防止血液和分离液混匀。之后离心机预冷至 25℃，离心 30 分钟后，观察离心管中血液分离情况，用移液器小心吸取出中间棉状上层免疫细胞至新的 15ml 离心管中，上层血清保存在新的离心管中，-80℃保存。每管加入室温放置的 PBS 缓冲液 10ml，25℃离心 20 分钟。去除上清液，每管加入室温放置的 PBS 缓冲液 5ml，25℃离心 20 分钟。使用血球计数板计算细胞数目。去除上清液，根据细胞数目使用 RNAiso Plus 溶解分离得到的淋巴细胞，-80℃保存。

（2）噬菌体文库构建　①RNA 提取：用 Trizol 保存的外周血淋巴细胞转移至 1.5ml 的离心管，加入 1/5 体积的三氯甲烷混匀提取 RNA。②反转录 cDNA：通过反转录法将得到的 RNA 反转录成 cDNA。③扩增抗体片段：从反转录的 cNDA 中扩增特定的抗体片段进行 PCR 扩增。④克隆至噬菌体质粒：将上一步扩增得到的抗体基因序列和噬菌体载体使用 *Bgl*I 酶切，酶切后回收载体和扩增基因后进行连接反应，获得克隆至噬菌体质粒。⑤质粒转化：将上述质粒通过电转的方式转入感受态细胞，并通过抗性培养基培养挑选阳性克隆。⑥扩增和纯化噬菌体文库：将阳性克隆进行培养，直至 OD600 达到 0.5。按照辅助噬菌体：细菌细胞数目为 20：1 的比例加入辅助噬菌体后，继续 37℃ 培养 30 分钟。加入终浓度为 50mg/ml 的卡那霉素和 0.2mmol/L 的 IPTG，30℃ 过夜培养，再经分离提取，最终得到噬菌体库。

（3）抗体筛选与鉴定　①包被免疫管：将抗原加入 2ml PBS 中并移至免疫管中，4℃ 过夜孵育。②封闭：将扩增和纯化噬菌体文库后的噬菌体室温旋转孵育 2 小时。同时往包被好的免疫管中加入 2～3ml 3% BSA，室温旋转孵育 2 小时。③抗原和噬菌体孵育：将封闭后的免疫管用含有 0.01% 吐温的 PBS 洗 3 次，每次 5 分钟。将封闭后的噬菌体文库加入封闭后的免疫管中，添加 PBS 直至 2～3ml，室温旋转孵育 1 小时。④清洗：将抗原和噬菌体孵育后的免疫管用含有 0.01% 吐温的 PBS 洗 20 次，每次 5 分钟。⑤洗脱：向免疫管中加入 1ml 洗脱液，室温孵育 10 分钟，加入 1mol/L Tris-HCl 中和洗脱液，将最后 1.5ml 的洗脱噬菌体转移到新的离心管中。⑥抗体鉴定：使用 ELISA 技术对筛选得到的抗体进行亲和力鉴定。

2. 单域抗体的应用　单域抗体只有一个结构域，没有传统抗体的 Fc 段，从而避免了 Fc 段引起的补体反应，因此具有一些独特的作用。单域抗体的优势主要包括：①具有高亲和性：VHH 抗体对许多不同的抗原都具有亲和性，包括半抗原、多肽、可溶性和跨膜蛋白质等。从免疫单峰骆驼或骆马的 VHH 抗体库中分离出来的 VHH 单体具有 nM 级甚至是 pM 级的亲和力，与普通双价抗体表现出的亲和力在相同的范围内。②更强的组织渗透性：普通抗体分子量较大，对肿瘤组织渗透性弱，单域抗体由于其低分子量的特性，对肿瘤组织表现出更强的渗透能力。③在严苛的环境下非常稳定：VHH 抗体具有很高的热稳定性，如受热变性后，活性可以恢复；在温度 90℃ 时，依然具有功能活性。④易于多聚化，提高抗体功效：由于 VHH 抗体可溶性高、分子量小、结构简单，使用氨基酸接头或载体蛋白质连接很容易形成多聚 VHH 抗体，已经报道过二价、三价、五价，甚至多价的多聚 VHH 分子。由于亲和力的叠加，多聚化是一个简单的迅速提高抗体功效的办法。⑤易表达：VHH 抗体的结构和高亲水性使它在大肠埃希菌、毕赤酵母和酿酒酵母等微生物表达系统中产量也很高。因此，单域抗体在医药领域具有广泛的应用前景。

三、双特异性抗体技术

双特异性抗体（bispecific antibodies，BsAb）是通过细胞融合、重组 DNA、蛋白质工程等技术制备的人工抗体，可以同时或先后特异性结合两种抗原或同一抗原的两个不同表位，简称双抗。早在 1960 年，纽约罗斯威尔公园纪念研究所的 Nisonoff 就首次提出了双特异性抗体的原始概念。早期对双特异性抗体的研究侧重于将一个特异性抗原与效应细胞连接起来，例如，一个 BsAb 既特异性地与肿瘤细胞上抗原结合，同时又与 T 细胞上 CD3 抗原或者 NK 细胞上的 CD16 抗原结合，使 BsAb 交叉连接了肿瘤细胞与效应细胞，同时激活了效应细胞。最近一个新概念的 BsAb 得到了人们的极大关注，它同时结合一种疾病相关的两个靶抗原，使 BsAb 可以与相同疾病发生途径中的不同靶点抗原结合，阻滞和中和作用都得以增强，而且可以阻断单抗药物单一靶点疗法中出现的代偿现象。BsAb 还可以与同一个靶抗原的不同抗原决定簇结合，不仅使亲和力加强，而且加强了抗体依赖的效应作用，如抗体依赖的细胞毒作用或补体依赖的细胞毒作用。

（一）双特异性抗体的制备

双特异性抗体是一种人工制作出来的可以同时结合两种不同抗原的特殊抗体，在自然状态下不存在，只能通过人工制备。经过多年的研究及技术发展，双特异性抗体在结构上出现了许多不同的设计策略。双特异性抗体按结构区分主要有两大类（图 4-9）：含 Fc 区的双特异性抗体（IgG-like）与不含

Fc 区的双特异性抗体（non – IgG – like）。

非 IgG 样双特异性抗体：通过片段化的分子设计，将多个抗原结合单元结合在没有 Fc 区域的分子上，此结构可避免链交联问题，但可能同时导致其缺乏 Fc 介导的相关效应功能。非 IgG 样双抗主要通过抗原结合的特性发挥相应的效应机制，具有清除速度更快、半衰期较短的特点。

IgG 样双特异性抗体：是将两个不同靶点的抗原结合单元组合而成的 IgG 形态双抗，其具有 Fc 片段，可以发挥 Fc 介导的效应功能，如抗体依赖性细胞介导的细胞毒作用、补体依赖的细胞毒作用和抗体依赖的细胞介导的细胞吞噬作用，且 IgG 样双抗通过 Fc 片段与其受体结合，半衰期相对更长。

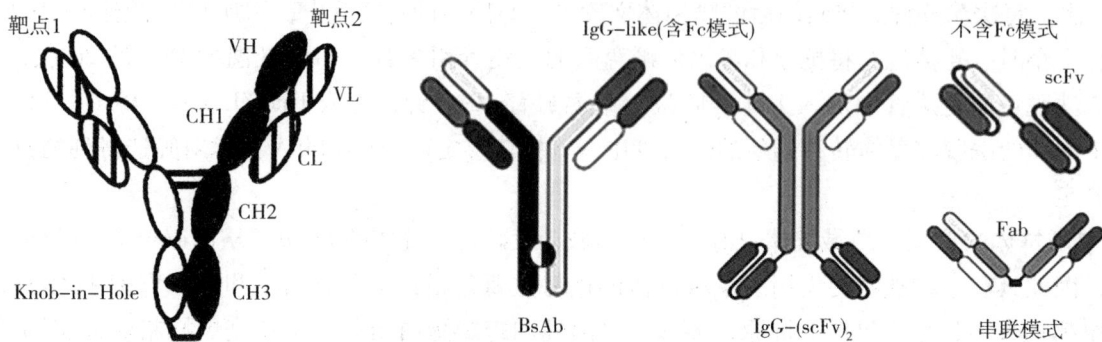

图 4 – 9 双特异性抗体常见结构形式示意图

目前，双特异性抗体技术主要有以下几种策略：化学偶联法、双杂交瘤细胞法、重组基因制备等。

1. 化学偶联法 该法最早出现于 20 世纪 80 年代，常用于鼠源杂交瘤抗体的交联。其原理是通过化学偶联剂（如邻苯二马来酰亚胺、N – 琥珀酰 – 3 –（2 – 吡啶二巯基）丙酸盐、二硫代酰基苯甲酸等）将两个完整 IgG 或两个 Fab 抗体片段偶联成一种双特异性抗体。利用化学偶联法与双杂交瘤融合法生产出的双特异性抗体具有较强的免疫源性，且产量低、纯度较差，在临床的应用上有很大的制约，目前已经较少使用。

2. 双杂交瘤细胞法 通过细胞融合的方法将两株不同的杂交瘤细胞融合成双杂交瘤细胞株，然后通过常规的杂交瘤筛选法克隆靶细胞。由于双杂交瘤的遗传背景来源于亲代的两种杂交瘤细胞，它必然要产生两种重链和两种轻链分子，而这些轻重链的随机组合的方式至少有 10 种，理论上只有轻链与重链同源配对、重链与重链异源配对的组合配对方式才能产生所需要的 BsAb。利用杂交 – 杂交瘤方法制备双特异性抗体随机性较大，效率低；但是 BsAb 生物活性较好，抗体结构比较稳定。

为促进双特异性抗体的组装效率，克服抗体组装的随机性问题。科学家们开发了一种被称为knob – into – hole（KiH）的技术。利用 knob – into – hole 技术可以有效解决异源抗体重链正确配对的难题。其原理是将一个抗体的重链 CH3 区 366 位体积较小的苏氨酸突变为体积较大的酪氨酸，形成突出的"杵"形结构（knob），将另一个抗体重链 CH3 区 407 位较大的酪氨酸残基突变成较小的苏氨酸，形成凹陷的"臼"形结构（hole）；利用"杵臼"结构的空间位阻效应实现两种不同抗体重链间的正确装配。knob – into – hole 技术可促使双特异性抗体的正确装配率达到 90% 以上，能够满足规模化生产的要求。

3. 重组基因制备 利用基因工程技术制备双特异性抗体是目前最常用的制备方法，其制备原理为利用基因工程技术对传统抗体进行基因工程方面的改造，从而形成多种形式的双特异抗体。可通过将编码亲本抗体的基因克隆出来转染到宿主细胞中直接表达双抗，也可通过基因剪切，构建单链抗体（scFv），制备改良的双抗。利用基因工程来编辑重组抗体，可以通过多种方式限制两对轻重链结合的选择性来解决随机组合的问题。例如，BiTE（双特异性 T 细胞接合蛋白）技术就是通过一个甘氨酸、丝氨酸连接来串联可结合 T 细胞的 scFv 和可结合肿瘤抗原的 scFv，从而避免了轻重链的随机结合。

利用化学偶联和双杂交瘤细胞系制备的双特异性抗体，其免疫原性部分多为鼠源，故免疫原性强，且不易纯化，极大限制了双特异性抗体的临床应用。而基因工程法设计的重组蛋白可以有目的地人工改变抗体结构，将鼠源部分替换为人源，大大降低了免疫原性。因此，基因工程法是目前制备双特异性抗体最常用的技术之一。

（二）双特异性抗体的作用机制与应用

1. 作用机制　双抗靶向两种抗原或抗原表位，可以同时阻断或激活其介导的生物学功能，或使表达两种抗原的细胞相互接近从而增强两者间的相互作用，并以不同的作用机制介导多种特定的生物学效应。作用机制主要包括以下类型。

（1）桥联细胞　双抗可以实现细胞毒活性效应细胞的重定向功能。双抗的一个抗原结合部位与肿瘤细胞上表达的特异性抗原结合，而另一个抗原结合部位桥联并激活效应细胞，如巨噬细胞、中性粒细胞、自然杀伤细胞、细胞毒性 T 淋巴细胞等。

（2）桥联受体　肿瘤等疾病的发生、发展往往涉及多条信号通路；复杂的生物功能也是不同信号通路共同作用的结果，因此阻断单一信号通路可能不足以完全抑制疾病的进程，反而还容易导致其他补偿通路的激活。双抗可以同时特异性阻断多条信号通路、蛋白或新生血管的生成，或通过桥联受体加强信号通路从而增强抗肿瘤效果，也可通过靶向介导增加抗肿瘤的特异性和安全性。此外，双抗还可能将两个本不会形成二聚体的受体——受体 A 和受体 B 桥联在一起，激活受体下游信号通路，从而产生全新的生物学信号和功能。

（3）桥联因子　双抗可以用于促进蛋白复合物和膜受体蛋白复合物的形成，提高抗体药物偶联物或激动性抗体的活性。例如，靶向凝血因子 IXa 和 X 的双特异性抗体可以通过同时桥联结合凝血因子 IXa 和凝血因子 X，从而仿真 FⅧ 的生理功能，促进凝血酶的产生。

2. 临床应用　由于独特的靶点构造，双特异性抗体的应用主要包括以下几方面。

（1）介导免疫细胞对肿瘤的杀伤　介导免疫细胞杀伤是双抗的一个重要作用机制。双抗的两条抗原结合臂，其中一条与肿瘤表面靶抗原结合，另一条与免疫效应细胞上的抗原结合，通过后者激活效应细胞，使其靶向杀伤肿瘤细胞。

（2）增强对免疫细胞的激活　双抗的两条抗原结合臂可以同时结合两种免疫抑制受体或两种免疫激活受体，或分别与免疫抑制受体和免疫激活受体结合，从而获得比单抗作用更强的免疫细胞激活作用。

（3）双靶点信号阻断防止耐药　例如，HER 家族属于受体酪氨酸激酶（RTKs）类，是肿瘤诊疗的重要靶点。肿瘤细胞可通过转换信号通路或通过 HER 家族成员自身或不同成员之间的同源或异源二聚体激活细胞内信号进行旁通路激活。因此，采用双抗药物同时阻断两个或多个 RTKs 或其配体，可阻断肿瘤细胞的旁通路激活，提高治疗效果。

（4）具备更强肿瘤特异性、靶向性和降低毒性　利用双抗两种抗原结合臂可结合不同抗原的特点，从而增强抗体与肿瘤细胞的结合特异性和靶向性，降低与非肿瘤组织靶向结合后导致的不良反应。

（5）介导更强的内吞作用　双抗与细胞表面两种抗原或抗原表位的同时结合，可通过刺激受体的胞内信号，或者造成细胞膜局部流动性降低，从而激发细胞更强的内吞作用，进一步解决由于内吞不足而导致的肿瘤细胞逃逸。

四、抗体偶联药物技术

抗体药物偶联物（ADC）是一种将高选择性抗体和强细胞杀伤的有效载荷（payload）通过连接子（linker）偶联而获得的药物（图 4-10）。将抗体的特异性与药物的毒性结合并创造出一种具有更高层次的靶向药物的概念可以追溯到 1913 年，当时 Paul Ehrlich 提议开发一种"神奇的子弹"，用于选择性地靶向治疗肿瘤。ADC 融合了单克隆抗体对肿瘤相关抗原的高度特异性和小分子杀伤物质对肿瘤相关抗原的杀伤效应，加强小分子物质对肿瘤细胞攻击效率的同时，避免了化学疗法或放射疗法等杀伤性物质对正常的组织细胞非特异性杀伤而引起的不良反应。

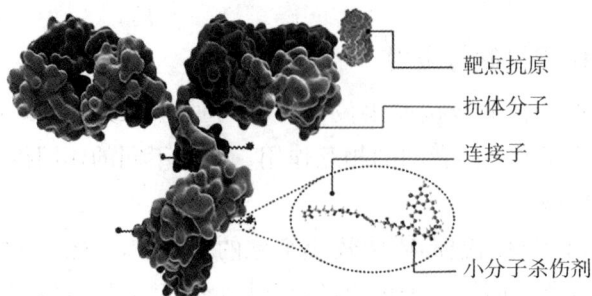

图 4 – 10　抗体偶联药物结构组成示意图

（一）抗体偶联药物的关键要点

1. 靶点抗原的选择　靶抗原的选择是 ADC 设计的关键一环。影响因素包括：①特异性，肿瘤细胞高表达，正常细胞低表达或不表达；②靶抗原需为肿瘤细胞表面抗原；③高效诱导内在化过程等。理论上 ADC 可在肿瘤细胞外释放细胞杀伤剂，不经过细胞内在化，通过"旁观者效应"对肿瘤细胞造成杀伤。但实际上，目前大部分经典的 ADC 药效的实现均是以内在化后的药物释放为基础。因此，ADC 中的抗体和肿瘤细胞表面抗原结合后，ADC – 抗原结合复合物需能有效诱导内化转运过程，进入肿瘤细胞内，并通过适当的细胞内转运和降解过程，实现小分子药物的有效释放。

2. 抗体筛选　抗体的筛选流程在本章第二小节中已经详细阐述。在 ADC 设计中的抗体需要满足高特异性、强靶点结合能力、低免疫原性、低交叉反应活性等特点，以达到肿瘤细胞对 ADC 更高效的摄入和 ADC 在血清中更长的半衰期。临床和临床前研究的 ADC 通常选择 IgG 作为靶向目的抗原的抗体类型。人 IgG 可分为四个亚型：IgG1、IgG2、IgG3 和 IgG4。其中，IgG1 由于能够较好地平衡长血液半衰期和强免疫激活的关系，并且有着较高的自然丰度。因此，目前临床使用的绝大多数的 ADC 都是基于 IgG1 抗体进行偶联。IgG4 由于其较低的免疫激活效应，也经常被用在一些对免疫原性反应要求较高的 ADC 设计中。

3. 细胞杀伤剂的选择　广义的 ADC 的细胞杀伤剂的界限范围很宽泛，包括小分子化疗毒剂（DNA 损伤剂、微管蛋白抑制剂、拓扑异构酶Ⅰ抑制剂）、大分子毒素（如免疫毒素、毒蛋白），以及放射性核素（如碘 – 131、镥 – 177、钇 – 90、锕 – 225）等。狭义的 ADC 有效载荷主要是围绕小分子毒性来进行偶联设计。早期 ADC 设计主要是选用已知的具有抗肿瘤活性的传统化疗药物，如甲氨蝶呤、多柔比星或长春花生物碱。但存在偶联药物效力低、剂量高等问题。近年来 ADC 药物常使用一些细胞毒性更强的小分子杀伤剂，如澳瑞他汀类、卡奇霉素类、美登素类和喜树碱类似物等，这些高效化疗药物在亚纳摩尔浓度下即可具有细胞毒性。澳瑞他汀是主流 ADC 最长使用的小分子毒剂，包括单甲基澳瑞他汀 E（MMAE）和单甲基澳瑞他汀 F（MMAF），是微管去稳定剂。卡奇霉素，如奥佐米星，是一种 DNA 结合化合物，可导致双链 DNA 断裂。美登素类化合物，如 DM1，来源于美登素，并与微管蛋白结合，从而破坏微管动态不稳定性。喜树碱类似物，包括依喜替康衍生物 DXd 和伊立替康代谢物 SN – 38，可抑制拓扑异构酶Ⅰ，导致 DNA 断裂。小分子杀伤剂的选择，需要考虑以下几点：①小分子药物 IC50 值，一般在 nM 级乃至 pM 级别。②亲疏水性，确保能够在水相中与抗体偶联后不易引起 ADC 发生聚集，以保证在体内拥有较长的循环时间，同时又不显著影响药物的跨膜过程；③低免疫原性，避免产生针对小分子药物的免疫原性；④水相中的稳定性，在水溶液（血液）中足够稳定，以便于偶联与存储。

4. 连接子的选择 ADC 中的连接子的功能主要包括：①作为纽带偶联抗体分子和细胞杀伤毒剂，确保当药物在血浆中循环时，细胞毒性有效载荷仍然牢固地附着在抗体部分上。在血浆中不稳定的连接子可能会过早释放有效载荷，导致过度的全身毒性和肿瘤部位抗原接合时有效载荷的传递减少。②作为响应释放元件，确保将小分子毒剂特异性在肿瘤细胞的特定环境中响应释放出来，并发挥杀伤活性。不能准确释放其有效载荷的 ADC 则失去了相对于裸抗和传统细胞毒性药物的独特优势。连接子主要有两种类型，即可裂解型和不可裂解型。连接子需要考虑稳定性和释放效率的平衡。不可裂解连接子更具稳定性优势，可裂解连接子释放效率更高。可裂解型的连接子又可以分为酸可裂解型、蛋白酶裂解型以及还原裂解型等。

（二）偶联技术的类型

1. 随机偶联 早期 ADC 常采用随机偶联的方式将小分子药物与抗体表面的赖氨酸残基上的伯氨基偶联。这种方式的优势是抗体表面的伯氨基数量多，可提供足够的偶联位点。但不足之处在于，随机偶联难以精准控制小分子药物的偶联位点和偶联的药物/抗体比值（drµg/antibody ratio，DAR），偶联后常引起抗体与靶点抗原的结合力的下降甚至丧失，以及 ADC 产物在理化性质、生物活性以及体内动力学方面的异质性问题。

2. 定点偶联 通过还原 IgG 抗体分子中铰链区及附近的二硫键产生游离的半胱氨酸巯基，通过巯基进行偶联的方式是目前 ADC 最长采用的定点偶联策略。IgG 抗体分子中铰链区的 2 对二硫键以及在抗体的轻链的 C 端与重链间的 2 对二硫键，由于其在空间上的暴露程度相较于抗体分子中其他的二硫键更高，因此在优化控制使用还原剂的浓度和时间时，可实现这 4 对二硫键的精准还原，产生 8 个游离半胱氨酸残基，可用于小分子药物的偶联。且这 8 个半胱氨酸的位点都远离抗体 - 抗原的结合区（CDR区），因此小分子药物偶联在这 8 个位点，能够最大程度地保留抗体对靶点抗原的结合活性。除了通过巯基定点偶联策略之外，还可以通过抗体分子上的糖基化链上的邻二羟基氧化进行定点偶联，以及通过引入非天然氨基酸的方式进行定点偶联。

3. 药物/抗体比值控制 通过连接子将抗体和有效载荷连接到一起，涉及化学反应、抗体修饰与改造等相关技术。ADC 所采用的偶联技术与其最终的药物抗体比率（DAR）密切相关，而 DAR 的数值及其分布会显著影响 ADC 性质。DAR 是连接到每个抗体的有效载荷部分的平均数量，可通过 HPLC - MS 等测试方法获得。DAR 对药物药理学和活性有影响，DAR 值对 ADC 研发后期阶段是必不可少的。ADC 在体内循环过程中被肿瘤细胞摄入数量有限，因此通常较高的 DAR 有利于提高效力。然而，ADC 中采用的小分子药物有着较强的疏水性，DAR 值过高会引起 ADC 聚集，导致在体内循环半衰期减少以及毒副作用增加，这就导致过高的 DAR 不可取，临床前和临床上用 ADC 一般 DAR 值在 2 ~ 8 范围。为获得更高 DAR 以及均一性的 ADC，可通过基因工程对抗体进行改造，使抗体具有数量固定且高效的反应位点用于偶联小分子药物。

第四节　抗体工程技术制药实例

肿瘤坏死因子 α（tumor necrosis factor alpha，TNF - α）是由巨噬细胞分泌的一种细胞因子蛋白。初期 TNF - α 被发现是一种具有杀伤某些肿瘤细胞或使体内肿瘤组织发生血坏死的因子，因而得名"肿瘤坏死因子"。后期研究发现 TNF - α 可以协同调节其他细胞因子的产生、细胞存活和细胞凋亡来协调组织的稳态，此外，TNF - α 还是一种炎症性细胞因子，广泛参与介导体内各种炎症反应。TNF - α 在体内以跨膜型（transmembrane TNF - α，tmTNF）和分泌型（secreted TNF - α，sTNF）两种形式发挥作用，tmTNF 以膜蛋白的形式分布于分泌 TNF – α 的细胞上，经过 TACE（TNF – α – converting enzyme）酶活化切割后产生 sTNF。TNF – α 受体分为 2 种（TNFR Ⅰ 和 TNFR Ⅱ），存在于多种细胞表面，TNF – α 与 TNFR 的结合通常会引起细胞凋亡、炎症和肿瘤的发生等。其功能失调被认为与许多疾病相关，如心血管疾病、肿瘤和败血症休克所致的多器官功能衰竭、类风湿关节炎、多发性硬化症、炎症性肠病、强直性脊柱炎、银屑病性关节炎、移植物抗宿主病和骨髓造血紊乱综合征等。因此，TNF – α 是多种炎症性疾病和自身免疫疾病的重要靶点。围绕抗 TNF – α 治疗（anti – TNF – α therapy）的生物药物的开发一直是制药工业的研究热点。

目前国内外上市的 TNF – α 抑制剂主要分为融合蛋白类和单克隆抗体两类：①融合蛋白类，代表性药物依那西普；②单克隆抗体类，代表性药物主要包括英夫利昔单抗、阿达木单抗、赛妥珠单抗和奥利珠单抗等（图 4 – 11）。

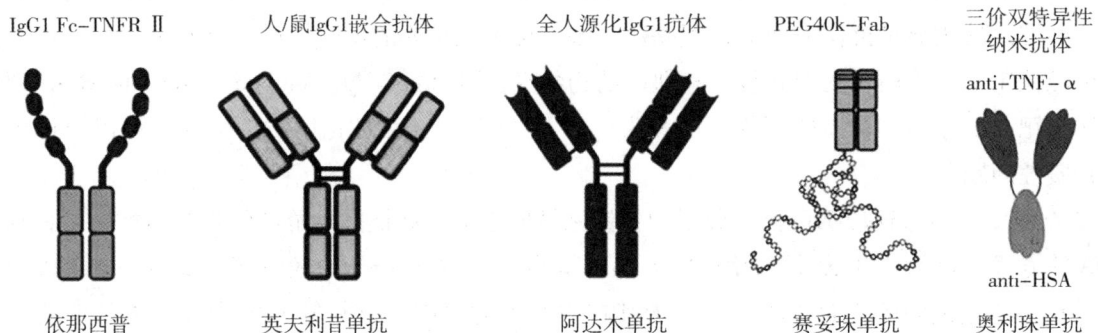

图 4 – 11　代表性抗体工程技术药物：TNF – α 抑制剂

一、依那西普

依那西普（Etanercept, Enbrel®）是人源 TNF – α 的受体与人 IgG 抗体 Fc 片段的融合蛋白。依那西普是获 FDA 批准的（1998 年）第一个 Fc 融合蛋白生物药物，用于治疗类风湿关节炎。1999 年，该批准扩展到了青少年类风湿关节炎，在 2002 年扩展到了银屑病关节炎，在 2003 年扩展到了强直性脊柱炎，并在 2004 年扩展了斑块状银屑病。依那西普是利用中国仓鼠卵巢（CHO）细胞表达系统产生的人肿瘤坏死因子受体 – Fc 融合蛋白。二聚体由人肿瘤坏死因子受体 2（TNFR2）的胞外配体结合部位与人 IgG1 的 Fc 片段连接组成。组成依那西普的 Fc 包括 CH2、CH3 及铰链区，但不包括 IgG1 的 CH1 部分。依那西普包括 934 个氨基酸，分子量约为 150kDa。依那西普能够同时抑制 TNF – α 和 TNF – β 的生物学活性，在体内的平均消除半衰期约为 70 小时。临床上应用的主要适应证包括中度至重度活动类风湿关节炎和重度活动性强直性脊柱炎。

类风湿关节炎和强直性脊柱炎的关节病理多数是由炎症性因子介导的，这些分子与一个由 TNF – α 控制的网络相联系。TNF – α 是类风湿关节炎炎性反应中一个起主导作用的细胞因子。在强直性脊柱炎患者的血清和滑膜组织也可发现 TNF – α 水平升高。依那西普是细胞表面 TNF 受体的竞争性抑制剂，可抑制 TNF – α 的生物活性，从而阻断 TNF – α 介导的细胞反应。依那西普可能还参与调节由 TNF – α 诱导或调节的其他下游分子（如细胞因子、黏附分子或蛋白酶）控制的生物反应。

TNF – α 结合于两个不同的细胞表面肿瘤坏死因子受体（TNFR）：TNFR Ⅰ（p55）和 TNFR Ⅱ（p75）。两种 TNFR 自然状态下都以膜结合的和可溶的形式存在。可溶性 TNFR 被认为可以调节 TNF 的生物活性。TNF – α 主要以同型三聚体的形式存在，它们的生物活性依赖于与细胞表面 TNFR 的结合。与受体单体相比，可溶性受体二聚体（依那西普）对 TNF – α 具有更高的亲和力，被认为是对 TNF – α 结合于其细胞受体的更有效的竞争性抑制剂。除此之外，利用一个 IgG 的 Fc 区域作为融合元件可使构建的二聚体受体得到更长的血清半衰期。

研究表明，经过有效的用药前结核筛查以及相应的预防性抗结核治疗后，依那西普治疗并未增加结核病发生风险，而英夫利西单抗与阿达木单抗治疗的患者，其结核病发生风险分别为健康人群的 18.6 倍与 29.3 倍。另外，一项基于健康保险数据库数据的回顾性研究，分析与阿达木单抗和依那西普两个 TNF - α 抑制剂相关的 8 种不良事件的发生率。结果显示，与依那西普相比，使用阿达木单抗使结核病事件增加 2 倍；与依那西普相比，使用阿达木单抗使严重肝脏疾病事件增加 1 倍；与依那西普相比，使用阿达木单抗使严重感染事件增加 50%。因此，依那西普被国内外指南一致推荐用于具有结核高风险因素患者。

二、英夫利昔单抗

英夫利昔单抗（Infliximab，Remicade®）是一种与 TNF - α 特异性结合的人 - 鼠嵌合单克隆 IgG1 抗体，也是第一个获得 FDA 批准的 TNF - α 抑制剂，于 1998 年最初批准用于克罗恩病，2004 年获批用于类风湿关节炎，2005 年获批用于溃疡性结肠炎。作为一款经典的 TNF - α 抑制剂，可与 TNF - α 的可溶形式（sTNF - α）和跨膜形式（tmTNF - α）以高亲和力结合，抑制 TNF - α 与受体结合，从而使 TNF - α 失去生物活性。与依那西普相比，英夫利昔单不能够与 TNF - β 结合，不能抑制 TNF - β 的生物学活性。临床上英夫利昔单抗可用于治疗类风湿关节炎、银屑病、强直性脊柱炎、克罗恩病、溃疡性结肠炎，以及其他类型的慢性炎症与自身免疫性疾病。英夫利西单抗在体内的半衰期中位值为 7.7 ~ 9.5 天。

在类风湿关节炎、克罗恩病、溃疡性结肠炎、强直性脊柱炎和斑块型银屑病患者的相关组织和体液中可测出高浓度的 TNF - α。对于类风湿关节炎，本品可减少炎性细胞向关节炎症部位的浸润；减少介导细胞黏附和血管细胞黏附分子表达。对于克罗恩病，本品治疗会降低炎症细胞浸润进入小肠炎症区域和 TNF - α 的生成，减少固有层表达 TNF - α 和干扰素的单核细胞的比例。克罗恩病和类风湿关节炎患者经本品治疗后，血清中白介素 - 6（IL - 6）和 C 反应蛋白（CRP）的水平较基线降低。经本品治疗的患者，其外周血淋巴细胞在数量上和对促有丝分裂作用的增生反应（体外实验）上，较未接受治疗的患者并无显著降低。对于银屑病型关节炎，本品治疗会降低滑膜内和银屑病皮肤损伤区域 T 细胞和血管的数量，以及滑膜内巨噬细胞的数量。对于斑块型银屑病，本品治疗会降低表皮厚度和炎症细胞浸润。

三、阿达木单抗

阿达木单抗（Adalimumab，Humira®）是一种抗肿瘤坏死因子（TNF）的全人源化单克隆 IgG1 抗体，2002 年首次在美国获批上市，也是全球第一款获得 FDA 批准上市的全人源化单克隆抗体药物。阿达木单抗在类风湿关节炎、强直性脊柱炎、银屑病等多种自身免疫疾病的治疗中显示出显著的疗效，并迅速取代了糖皮质激素、非甾体抗炎药成为临床的首选。阿达木单抗能够特异性地与可溶性人 TNF - α 结合并阻断其与细胞表面 TNF 受体的相互作用，从而有效地阻断 TNF - α 的致炎作用。阿达木单抗在人体内的半衰期长达 10 ~ 20 天。相比于英夫利昔单抗，阿达木单抗具有更低的免疫原性，更加的用药安全。

阿达木单抗作为全球销售规模最大的 TNF - α 抑制剂生物药品，销售额自 2012 年已连续 9 年排名全球处方药第一，2020 年全球药品销售额超过 200 亿美元。自上市以来，已批准的治疗领域涉及类风湿关节炎、强直性脊柱炎、银屑病（包括儿童斑块状银屑病）、银屑病关节炎、幼年特发性关节炎、克罗恩病（包括儿童克罗恩病）、溃疡性结肠炎、化脓性汗腺炎、葡萄膜炎等十七种疾病。截至 2022 年，阿达木单抗我国内获批 8 个适应证，包括类风湿关节炎、强直性脊柱炎、银屑病、葡萄膜炎、克罗恩病、多关节型幼年特发性关节炎、儿童斑块状银屑病、儿童克罗恩病。

四、赛妥珠单抗

赛妥珠单抗（certolizumab pegol，Cimzia®）是一种作用于人 TNF - α 的单克隆抗体片段，具有强效抗炎活性，用于治疗严重风湿性关节炎和炎症性肠病。赛妥珠单抗是聚乙醇化（PEGylation）人源化的抗 TNF – α 抗体的抗原结合片段（Fab 片段）产品，由大肠埃希菌表达体系表达，在其特殊部位连接了一条 40kDa 的聚乙二醇链，以延长循环衰期，但仍保持结合活性。赛妥珠单抗在人体内的半衰期长达近 11 天，可每 4 周给药一次。赛妥珠单抗的结构中用聚乙二醇 PEG40000 代替抗体的 Fc 段，也无糖基化修饰，避免 Fc 段引起的 ADCC 和 CDC 等作用，安全性更好。另外也避免了 Fc 段与新生儿受体 FcRn 结合，药物不会经过胎盘屏障，妊娠期妇女可以安全使用。

赛妥珠单抗 2008 年被美国 FDA 批准用于治疗克罗恩病，2009—2016 年陆续被批准治疗类风湿关节炎、活动性银屑病关节炎、强直性脊柱炎和中轴型脊柱关节炎。2018 年 FDA 再次批准赛妥珠单抗用于成人中重度斑块状银屑病，为该病首个无须融合的聚乙醇化抗 TNF – α 治疗方案的药物。

五、奥利珠单抗

奥利珠单抗（Ozoralizumab，Nanozora®）是一款人源化的三价双特异性纳米抗体。奥利珠单抗含有 3 个纳米抗体结构域（VHH），其中 2 个靶向 TNF – α 的 VHH，1 个靶向人血清白蛋白（HSA），目的是延长药物半衰期。奥利珠单抗单次给药后平均半衰期长达 18.2 天。2022 年 9 月，奥利珠单抗在日本获批用于治疗类风湿关节炎，这也是全球首款获批上市的双特异性纳米抗体药物。奥利珠单抗最初由 Ablynx 开发，通过将人肿瘤坏血因子和人血清白蛋白进行免疫羊驼动物诱导产生抗 TNF – α 和抗 HSA 的纳米抗体，并采用噬菌体展示技术进行筛选获得。

奥利珠单抗相对分子质量为 38kDa，大约是常规抗体的 25%。奥利珠单抗与人 TNF – α 具有高亲和力（Kd = 20.2pM），通过中和人 TNF – α 能够有效抑制肿瘤坏死因子受体与 TNF – α 的相互作用（IC50 = 22.5pM）。不同于阿达木单抗，奥利珠单抗不会引起大结构免疫复合物的形成，降低了免疫原性，并且奥利珠单抗不会被阿达木单抗诱导的抗药物抗体（anti – drug antibody，ADA）中和。

与单抗相比，双特异性抗体增加一个特异性抗原结合位点，可以更好地靶向肿瘤细胞表面靶点，并可降低脱靶后毒性效应，但其开发难度和技术壁垒也随之提升。但是纳米抗体凭借只含有一个重链结构域的优势，可以很好地解决传统双抗轻重链错配的难点；此外，纳米抗体拥有稳定性强和分子量小的特征，能够降低药物的免疫原性风险，并为给药方式提供了更多的可能。

答案解析

思考题

1. 单克隆抗体制备的主要技术类型有哪些？
2. 抗体库展示技术主要有哪几种？
3. 杂交瘤抗体技术的一般流程是什么？
4. 抗体工程改造的主要技术类型有哪些？

书网融合……

本章小结　　　微课　　　习题

第五章 发酵工程 微课

学习目标

1. 通过本章的学习，掌握发酵的一般流程及原理；熟悉不同类型工程菌发酵过程参数控制；了解发酵工程的进展。

2. 具备分析和解决基本的发酵工艺问题的能力，能够根据发酵过程中出现的问题，提出合理的解决方案并进行优化调整。

3. 树立科学的思维方法、严谨的工作作风和良好的团队合作精神，关注发酵工程在环境保护、资源利用、食品安全等方面的重要作用。

第一节 发酵的基本过程

发酵工程（fermentation engineering）是在最适发酵条件下，在发酵罐中大量培养细胞和生产代谢产物的技术，是利用微生物制造工业原料与工业产品并提供服务的技术。发酵工程是生物技术的基础工程，用于产品制造的基因工程、细胞工程和酶工程等的实施，几乎都与发酵工程紧密相连。

现代发酵工业已经形成完整的工业体系，包括抗生素、氨基酸、维生素、有机酸、有机溶媒、多糖、酶制剂、单细胞蛋白、基因工程药物、核酸类物质及其他生物活性物质等。

发酵的三大要素为：生产菌种的性能、发酵及提纯工艺条件、生产设备。发酵工程内容涉及：菌种的培养和选育、菌种的代谢与调节，培养基配制与灭菌、通气搅拌、溶氧、发酵条件的优化、发酵过程各种参数与动力学，产品的分离纯化和精制，发酵反应器的设计和自动控制等。发酵的各个环节组成一套复杂的系统工程，它们相互影响。

发酵的基本过程如图 5 – 1 所示。

菌种 → 种子 → 发酵 → 发酵液预处理 → 提取精制

图 5 – 1　发酵的基本流程图

（一）菌种

菌种的生产能力、生长繁殖的情况和代谢特性是决定发酵水平的内在因素。优良的菌株应具有以下特点：在较短的时间内发酵产生大量发酵产物的能力；在发酵过程中不产生或少产生与目标产品相近的副产品及其他产物；生长繁殖能力强，有较快的生长速率；能利用广泛的原材料，并对发酵原料成分的波动敏感性小；对需要添加的前体物质有耐受能力，并且不能将这些前体物质作为一般碳源利用；在发酵过程中产生的泡沫少；遗传稳定性好。

菌种选育是指采用各种手段（物理、化学、工程学、生物学方法以及它们的各自组合）处理目的微生物菌种，使其遗传基因发生变化，使生物合成的代谢途径朝人们所希望的方向加以引导，以提高发酵目标产物的产量和纯度，减少副产物的生成，提高菌种生产目标产品的产量和质量的过程；还可以改变菌种的生物合成途径，获得新的产品。目前国内外发酵工业中所采用的菌种绝大多数是经过人工选育或分子育种获得的优良菌种。

（二）种子

种子是发酵工程开始的重要环节。这一过程是使菌种繁殖、以获得足够数量的菌体，以便接种到发酵罐中。种子制备可以在摇瓶中或小罐内进行，大型发酵罐的种子要经过两次扩大培养才能接入发酵罐。摇瓶培养是在锥形瓶内装入一定量的液体培养基，灭菌后接入菌种，然后放在回转式或往复式摇床上恒温培养。种子罐一般用钢或不锈钢制成，结构相当于小型发酵罐，种子罐接种前有关设备及培养基要经过严格的灭菌。种子罐可用微孔压差法或打开接种阀在火焰的保护下接种，接种后在一定的空气流量、罐温、罐压等条件下进行培养，并定时取样做无菌试验，菌丝形态观察和生化分析，以确保种子质量。

（三）发酵

这一过程的目的是使微生物产生大量的目的产物，是发酵工序的关键阶段。发酵一般是在钢制或不锈钢的发酵罐内进行，有关设备和培养基应事先经过严格灭菌，然后将长好的种子接入，接种量一般为5%～20%。在整个发酵过程中要不断地通气（通气量一般为 $0.3 \sim 1 m^3/m^3$）、搅拌（单位体积的搅拌功率消耗为 $1 \sim 2$ 千瓦$/m^3$），维持一定的罐温（视品种而定，一般为 $26 \sim 37\,℃$，但也有高至 $40\,℃$ 的）及罐压（一般发酵始终维持 $0.3 \sim 0.5 kg/cm^2$ 表压），并定时取样分析和无菌试验，观察代谢和产物含量情况，以及有无杂菌污染。在发酵过程中会产生大量泡沫，所以往往要加入消沫剂来控制泡沫。加入酸碱控制发酵液的 pH，多数品种的发酵还需要间歇或连续加入葡萄糖及铵盐化合物（以补充培养基内的碳源及氮源），或补进其他料液和前体以促进产物的产生。发酵中可供分析的参数有：通气量、搅拌转速、罐温、罐压、培养基总体积、黏度、泡沫情况、菌丝形态、pH、溶解氧浓度、排气中二氧化碳含量以及培养基中的总糖、还原糖、总氮、氨基氮、磷和产物含量等。一般根据各品种的需要与可能，测定其中若干项目。发酵周期因品种不同而异，大多数微生物发酵周期为 $2 \sim 8$ 天，但也有少于 24 小时或长达 14 天以上的。

发酵条件的优化，如搅拌速度、pH、温度、溶氧等，会直接影响到目标产品的浓度、纯度以及其他理化性质（黏度、pH、乳化程度等）。这些因素都会对后续的分离纯化工艺产生重要影响。

（四）产物提取

发酵完成后得到的发酵液是一种混合物，其中除了含有表达的目标产物外，还有残余的培养基、微生物代谢产生的各种杂质和微生物的菌体等。提取过程包括以下四个阶段：①发酵液的预处理和固液分离阶段；②初步提取分离阶段；③纯化精制阶段；④成品加工阶段。

第二节　发酵工艺控制

微生物细胞具有完善的代谢调节机制，使细胞内复杂生化反应高度有序地进行，并对外界环境的改变迅速做出反应，因此必须控制微生物的培养和生长环境条件，影响其代谢过程，以便获得高产量的产物。为使发酵生产能够达到最佳效果，可采用测定与发酵条件和内在代谢变化有关的各个参数，以了解产生菌对环境条件的要求和代谢变化规律，并根据各个参数的变化情况，结合代谢调控理论，来有效地控制发酵。

一、培养基的影响及其控制

细胞的生长需要一定的营养，用于维持细胞生长的营养基质称为培养基。不同的微生物对营养要求有很大的差异，培养基的成分和配比合适与否，对产生菌的生长发育、发酵单位的增长有相当大的影响，同时还影响提取工艺及产品质量。

微生物的生长需要较多供给构成有机碳架的碳源，构成含氮物质的氮源，其次还需要一些含磷、镁、钾、钙、钠、硫等的盐类以及微量的铁、铜、锌、锰等元素。配制培养基的成分应包括碳源、氮源、无机盐和水等物质。

（一）碳源

碳源是构成微生物细胞和各种代谢产物碳架的营养物质，同时碳源在微生物代谢过程中被氧化降解，释放出能量，并以 ATP 方式储存于细胞内，供给微生物生命活动所需的能量。

生产中使用的碳源有糖类、脂肪、有机酸、碳氢化合物。常用的糖类有单糖、双糖和多糖。微生物利用不同种类的碳源的速度不同，有迅速利用的碳源（速效碳源）和缓慢利用的碳源（迟效碳源）。速效碳源能较迅速地参与代谢、合成菌体和产生能量，并产生分解产物，因此有利于菌体生长，但有的分解代谢产物对产物的合成可能产生阻遏作用。葡萄糖作为最好的速效碳源，经常影响此次级代谢产物的形成。迟效碳源多数为聚合物，被菌体缓慢利用，有利于延长代谢产物的合成，特别有利于延长抗生素的分泌期，为许多微生物药物的发酵所采用。多糖（淀粉）、寡聚糖（乳糖）和油脂等迟效碳源经常作为发酵生产次级代谢产物的合适碳源。因此，选择最适碳源对提高代谢产物的产量是很重要的。

（二）氮源

氮源是构成菌体细胞物质，也是细胞合成氨基酸、蛋白质、核酸、酶类及含氮代谢产物的成分。选择氮源时需要注意氮源促进菌体生长、繁殖和合成产物间的关系。

氮源有无机氮源和有机氮源两大类。不同种类和不同浓度的氮源都能影响代谢产物合成的方向和产量。常用的有机氮源有黄豆饼粉、花生饼粉、棉子饼粉、蛋白胨、酵母粉。这些天然的原料其成分复杂，含量差别较大，往往因品种、产地、加工方法等不同，而使原材料质量规格有较大的差异。其对发酵的影响错综复杂，常引起发酵水平的波动。

氮源也有迅速利用的氮源（速效氮源）和缓慢利用的氮源（迟效氮源）。速效氮源如氨基态氮的氨基酸和玉米浆等，迟效氮源如黄豆饼粉、花生饼粉和棉子饼粉等。速效氮源通常有利于菌体的生长，而迟效氮源有利于代谢产物的形成。

（三）无机盐和微量元素

各种无机盐和微量元素的主要功能是：构成菌体原生质的成分（如磷、硫等）；作为酶的组成部分或维持酶的活性（如镁、锌、铁、钙、磷等）；调节细胞的渗透压（如 NaCl、KCl 等）和 pH 等；参与产物合成（磷、硫等）。

（四）水

培养基必须以水为介质，它既是构成菌体细胞的主要成分，又是一切营养物质传递的介质，所以水的质量对微生物的生长繁殖和产物合成有很重要的作用。不同来源的水中含有的无机离子和有机物的含量不同，因此应对培养基用水的质量进行控制。

二、温度的影响及其控制

温度的变化对发酵过程可产生两方面的影响：一方面是影响各种酶反应的速率和蛋白质的性质，温度对菌体生长的酶反应和代谢产物合成的酶反应的影响往往是不同的；它还能改变菌体代谢产物的合成方向，对多组分次级代谢产物的组分比例产生影响。另一方面是影响发酵液的物理性质，如发酵液的黏度、基质和氧在发酵液中的溶解度和传递速率、某些基质的分解和吸收速率等，都受温度变化的影响，进而影响发酵的动力学特性和产物的生物合成。因此温度对菌体的生长和合成代谢的影响是极其复杂的，须要考察它对发酵的影响。

（一）影响发酵温度变化的因素

在发酵过程中，既有产生热能的因素，又有散失热能的因素，因而引起发酵温度的变化。产热的因素有生物热和搅拌热，散热的因素有蒸发热和辐射热。产生的热能减去散失的热能，所得的净热量就是发酵热。它是发酵温度变化的主要因素。

（二）温度的控制

1. 最适温度的选择　在发酵过程中，菌体生长和产物合成均与温度有密切关系，最适发酵温度是既适合菌体的生长又适合代谢产物合成的温度，但最适生长温度与最适生产温度往往是不一致的。在发酵过程中究竟选择哪一温度，需要视在微生物生长和产物合成阶段中哪一矛盾是主要的而定。另外，温度还会影响微生物代谢途径和方向。最适发酵温度还随菌种、培养基成分、培养条件和菌体生长阶段而改变。在工业发酵中，由于发酵液的体积很大，升降温度都比较困难，所以在整个发酵过程中，往往采用一个比较适合的培养温度，使得到的产物产量最高。

2. 温度的控制　工业生产上，所用的大发酵罐在发酵过程中一般不需要加热，因发酵中释放了大量的发酵热，需要冷却的情况较多。利用自动控制或手动调整的阀门，将冷却水通入发酵罐的夹层或蛇形管中，通过热交换来降温，保持恒温发酵。如果气温较高，冷却水的温度较高，致使冷却效果很差，达不到预定的温度，则可采用冷冻盐水进行循环式降温，以迅速降到恒温。

三、溶氧的影响及其控制

大部分工业微生物需要在有氧环境中生长，培养这类微生物需要采取通气发酵，适量的溶解氧可维持其呼吸代谢和代谢产物的合成。在通气发酵中，氧的供给是一个核心问题。对大多数发酵来说，供氧不足会造成代谢异常，降低产物产量。因此，保证发酵液中溶氧和加速气相、液相和微生物之间的物质传递对于提高发酵的效率是至关重要的。在一般原料的发酵中采用通气搅拌就可满足要求。

（一）溶氧的影响

溶氧是需氧发酵控制的最重要参数之一。氧在水中的溶解度很小，所以需要不断通气和搅拌，才能满足溶氧的要求，溶氧高虽然有利于菌体生长和产物合成，但溶氧太高有时会抑制产物的形成。为避免发酵处于限氧条件下，须考查每一种发酵产物的临界氧浓度和最适氧浓度，并使发酵过程保持在最适浓度。最适溶氧浓度的大小与菌体和产物合成代谢的特性有关。

（二）溶氧浓度的控制

发酵液的溶氧浓度是由供氧和需氧两方面所决定的。在供氧方面，主要是设法提高氧传递的推动力和液相体积氧传递系数的值。在可能的条件下，采取适当的措施来提高溶氧浓度，如调节搅拌转速或通气速率来控制供氧。但供氧量的大小还必须与需氧量相协调，也就是说要有适当的工艺条件来控制需氧量，使产生菌的生长和产物形成对氧的需求量不超过设备的供氧能力，使产生菌发挥出最大的生产能力。发酵液的需氧量受菌体浓度、基质的种类和浓度以及培养条件等因素的影响。其中以菌体浓度的影响最为明显。发酵液的摄氧率随菌浓度增加而按比例增加，但氧的传递速率随菌浓度的对数关系而减少。因此可以控制菌的比生长速率在比临界值略高一点的水平，以达到最适浓度。这是控制最适溶氧浓度的重要方法。最适菌浓既能保证产物的比生产速率维持在最大值，又不会使需氧大于供氧。

四、pH 的影响及其控制

（一）pH 对发酵的影响

发酵培养基的 pH 对微生物生长具有非常明显的影响，大多数微生物对 pH 的适应范围为 4.5 ~ 9，而最适宜的 pH 范围则在 6.5 ~ 7.5 之间。pH 对产物的合成也有明显的影响，因为菌体生长和产物合成都是酶反应的结果，pH 是影响发酵过程中各种酶活的重要因素，因此代谢产物的合成也有自己最适的 pH 范围。pH 还影响菌体对基质的利用速度和细胞的结构，从而影响菌体的生长和产物的合成。pH 还影响菌体细胞膜的电荷状况，引起膜透性发生改变，因而影响菌体对营养物质的吸收和产物的合成等。pH 还对发酵液或代谢产物产生物理化学的影响，其中要特别注意的是对产物稳定性的影响。由于 pH 的高低对菌体生长和产物的合成能产生上述明显的影响，所以在工业发酵中，维持所需最适 pH 已成为生产成败的关键因素之一。

（二）发酵 pH 的确定和控制

1. 发酵 pH 的确定　微生物发酵的合适 pH 范围一般是在 5 ~ 8，由于发酵是多酶复合反应系统，各种酶的最适 pH 也不相同，因此，同一菌种生长最适 pH 可能与产物合成的最适 pH 是不一样的。将发酵培养基调节成不同的出发 pH 进行发酵，在发酵过程中，应定时测定和调节 pH，观察菌体的生长情况，以菌体生长达到最高值的 pH 为菌体生长的最适 pH。以同样的方法可测得产物合成的最适 pH。但同一产品的最适 pH，还与所用的菌种、培养基组成和培养条件有关。在确定最适发酵 pH 时，还要考虑培养温度的影响，若温度提高或降低，最适 pH 也可能发生变动。

2. pH 的控制　首先须考虑并试验发酵培养基的基础配方，使它们有适当的配比，使发酵过程中的 pH 变化在合适的范围内。因为培养基中含有代谢产酸（如葡萄糖产生酮酸）和产碱（如 $NaNO_3$、尿素）的物质以及缓冲剂（如 $CaCO_3$）等成分，它们在发酵过程中会影响 pH 的变化，尤其是 $CaCO_3$，能与酮酸等反应，而起到缓冲作用，所以其用量比较重要。在分批发酵中，常采用这种方法来控制 pH 的变化。利用上述方法调节 pH 的能力是有限的，如果达不到要求，可在发酵过程中直接加酸或碱或以补料的方式来控制。过去是直接加入酸（如 H_2SO_4）或碱（如 $NaOH$）来控制，现在常以生理酸性物质 $[(NH_4)_2SO_4]$ 和碱性物质（氨水）来控制。它们不仅可以调节 pH，还可以补充氮源。当发酵的 pH 和氨、氮含量都低时，补加氨水，可达到调节 pH 和补充氨氮的目的；反之，pH 较高，氨、氮含量又低时，可补加 $(NH_4)_2SO_4$。在加多了消沫油的个别情况下，可通过提高空气流量加速脂肪酸的代谢，以补偿 pH 的调节。通氨一般使用压缩氨气或工业用氨水（浓度 20% 左右），采用少量间歇添加或少量自动流加的方式，以避免一次加入过多造成局部偏碱。

第三节　基因工程重组大肠埃希菌发酵

大肠埃希菌是目前应用最广泛的蛋白质表达系统。大肠埃希菌作为重组蛋白生产的宿主菌有明显的优势，如遗传背景清晰、易于遗传操作、表达水平高、生长繁殖快、生产成本较低、易于规模化和周转时间短等。目前利用大肠埃希菌生产的生物药物有干扰素、白细胞介素、集落刺激因子、生长激素、胰岛素、人血白蛋白、蛋白酶、重组戊型肝炎疫苗、人乳头瘤病毒疫苗、脑膜炎球菌疫苗等。

一、基因工程重组大肠埃希菌培养特点

基因工程重组大肠埃希菌的培养特点主要包括基因不稳定性、诱导表达和高密度发酵。

（一）基因不稳定性

在基因工程菌的培养过程中，外源基因可能不稳定，容易丧失。这可能是由于基因的不稳定性、宿主细胞的调节突变或质粒的不稳定性导致的。为了抑制基因丧失的菌的生长，一般在培养中加入选择压力，如抗生素。

（二）诱导表达

基因工程重组大肠埃希菌的培养分为生长阶段和生产阶段。生长阶段以获得较大量的菌体为目标，而生产阶段则以诱导表达外源基因从而获得大量表达目的产物为目标。使用诱导型启动子控制目的产物的表达，避免目的产物积累而过早抑制细胞的生长，诱导剂的选择、诱导时机和诱导表达程序对目的产物的表达量有重要影响，通常在对数生长期或对数生长后期进行诱导表达。

（三）高密度发酵

高密度发酵是指培养液中菌体的浓度在 50g 干重/L 以上的发酵。基因工程重组大肠埃希菌的高密度发酵直接影响目的产物的产量，高密度发酵技术可降低生产成本、提高生产效率。大肠埃希菌高密度培养时应尽量减少乙酸的产生，因为高浓度葡萄糖或高比生长速率带来的高浓度乙酸会严重抑制细胞生长和目的产物的生产。影响高密度发酵的因素包括培养基组成、pH、温度、溶氧浓度和有害代谢产物等。进行高密度发酵应综合考虑和选取最佳培养基成分和各成分含量，合适的碳/氮比，补料工艺。

二、基因工程重组大肠埃希菌发酵方式

基因工程重组大肠埃希菌发酵过程中，可采用分批补料或连续流加补料，以实现控制菌体比生长速率、提高细胞密度和目的产物的产量的目的。这种方式一方面可以避免因某些营养成分初始浓度过高而出现底物抑制现象，另一方面能防止因限制性营养成分被耗尽而影响细胞的生长和产物的形成。

（一）补料分批培养

补料分批培养是指在分批培养过程中间歇或连续补加新鲜培养基。补料分批培养可以为菌体持续供给生长所需的营养物质，能够延长生长对数期，从而使菌体浓度保持在较高水平。补料分批培养可消除快速利用碳源造成的阻遏效应；不断补料可对培养基进行一定程度的稀释，从而稀释有毒代谢产物，避免培养过程中产生的抑制性副产物积累造成的毒害，同时也能避免由于菌体快速生长而发生的质粒不稳定问题。分批补料培养的补料方法分为非反馈补料和反馈补料两种。

1. 非反馈补料法　主要有恒速补料、变速补料、指数流加补料等类型。

（1）恒速补料　是将限制性基质的碳源以恒定的速率流加入。随着发酵的进行，培养液中的营养物质浓度逐渐降低，菌体的比生长速率也逐渐减小，但菌体能够持续生长，培养液中的菌体量在培养过程中线性增加。恒速补料虽简单易行，但补料目的性较差，无法控制菌体的比生长速率。

（2）变速补料　是指在培养过程中，营养物质的补加速率以阶段性或线性等方式不断加快或减慢。当菌体浓度较高或菌体生长旺盛时，就加快补料速度，加入更多营养物促进细胞的生长繁殖，从而实现高密度；反之，就减慢补料速度。变速补料速率需根据细胞生长情况不断调节补料速率，但操作灵活性差。

（3）指数流加补料　是根据指数生长期内菌体数目呈指数增加的特点，同时指数流加营养物质，从而保证菌体以恒定的比生长速率生长。指数补料是一种简单、有效的补料方式，它能使营养物的浓度控制在较低水平，有效减少乙酸等有害代谢物的积累，使菌体密度以一定的比生长速率呈指数形式增加。

2. 反馈补料法　指菌体代谢时产生的某种特殊物质（如乙酸、二氧化碳等）会使发酵中的某些参数发生变化，依据这些参数的变化判断菌体代谢状况，再进行补料的方法。由于反馈补料法能够根据反馈的信息及时调整补料速率和策略，从而有效控制营养物质浓度，因此被广泛应用于工程菌的高密度培养。根据反馈指标的不同，反馈补料法常用的是恒 pH 值补料法和恒溶解氧补料法。

（1）恒 pH 值补料法　是当营养物资充足时，菌体产酸和二氧化碳，导致培养液 pH 下降；当营养不足时菌体利用大量氮源产生碱性物质，导致 pH 上升。因而可以把 pH 的变化作为需要补料的标志，通过补充合适的补料培养基，维持培养液 pH。

（2）恒溶解氧补料法　是当营养物质充足时，菌体生长代谢旺盛，同时消耗大量的氧，导致溶解氧下降；当营养物质不足时，菌体代谢强度下降，耗氧量也减少，溶氧上升。因此可以将溶解氧的变化作为控制补料的指标，通过补充合适的补料培养基，维持培养液溶氧值在恰当水平。

反馈补料可以根据反馈信息及时调整补料的速率和策略，但具有一定的滞后性，不能完全避免糖浓度波动和代谢副产物的积累。非反馈补料也存在不能根据发酵环境的变化和菌体生长的具体情况做出反馈调节的缺点。

三、基因工程重组大肠埃希菌发酵过程控制

（一）培养基

基因工程重组大肠埃希菌发酵培养基包括碳源、有机复合氮源、无机盐、微量元素。有机复合氮源可提供丰富的氨基酸、小肽、嘌呤、嘧啶、维生素、生物素以及一些生物活性物质，能减轻细胞代谢负担，促进外源蛋白表达。无机盐组分不仅用于维持细胞渗透压或发酵环境 pH 稳定，其本身往往也参与到细胞代谢之中，如镁离子是许多酶活性的中心。某种微量元素的缺失可能造成菌体量的大幅减少，甚至生长受阻。

（二）溶氧控制

在遵循先罐压、后搅拌、再流量的调控顺序原则上，改善溶氧的手段有以下几种：①在通气中掺入纯氧或富氧，使氧分压提高；②提高罐压，能有效增加溶氧，但同时也会增加溶解 CO_2 的浓度，因为 CO_2 在水中的溶解度比氧高 30 倍，这会影响培养液 pH 和菌的生理代谢，所以提高罐压要控制在合理的范围内，大肠埃希菌发酵罐压一般控制在 0.03 ~ 0.08MPa。③改变通气量，其作用是增加液体中夹持气体体积的平均成分；在罐压较大的情况下增加空气流量，溶氧量提高的效果显著。但在罐压较小的情况下提高空气流量，对氧溶解度的提高不明显，反而会使泡沫大量增加，导致逃液。大肠埃希菌发酵常用通气量为 0.5 ~ 1.5VVM。④提高设备的供氧能力，从改善搅拌考虑更容易收效。改变搅拌器直径或搅拌桨叶角度可增加功率输出。另外，调整挡板的数目和位置，也可使剪切效果发生变化。

（三）温度控制

大肠埃希菌发酵最适温度是 37℃，当温度最适菌体生长时，比生长速率将会增大。随温度上升细菌代谢加快，其产生代谢副产物也会增加。这些副产物会对菌体的生长产生一定的抑制作用。菌体生长过快也会影响质粒的稳定性。降低培养温度，菌体对营养物质的摄取和生长速率都会下降；同时也减少了有毒代谢副产物的产生和代谢热的产生。有时降低温度更有利于目的蛋白的正确折叠及表达。在基因工程重组大肠埃希菌的发酵中，不同发酵阶段其最适温度也不同，为了获得大量的目的蛋白，首先要保证菌体的量，因此在前期可优先考虑菌体的生长，到诱导阶段应将目的产物的表达放在首位。大肠埃希菌的不同克隆，诱导表达的温度差异比较大，常用的为 16 ~ 32℃，更高的诱导温度意味着包涵体生成的概率成倍增加。

（四）pH 控制

发酵过程中培养液 pH 的变化是微生物在一定环境条件下代谢活动的综合指标，是发酵过程中重要

参数，对微生物的生长和产物的积累有很大的影响。培养基中的碳/氮比不合适，碳源过多，特别是葡萄糖过量或者中间补糖过多或溶解氧不足，致使糖等物质的氧化不完全，培养液中有机酸大量积累，会导致 pH 下降；培养基中碳源缺乏，或培养基中的碳/氮比不当，氮源过多，会使 pH 上升。

（五）诱导策略

对于带有诱导型启动子的基因工程重组大肠埃希菌，选取合理的诱导时机非常重要，一般的诱导时间选在指数生长后期，而且诱导时的比生长速率最好能控制在 0.2 之内。选在此时诱导，可将菌体的快速生长期与蛋白合成期分开，使这两个阶段互不影响，有利于蛋白的高表达。而且此时已经得到了一定量的菌体，从发酵动力学角度，以及能耗、物料成本方面，都比较合理。相较于诱导时机，诱导剂浓度并不那么重要，如果诱导时菌浓 OD 值在 50 以内，可用 0.1mmol/L 的 IPTG 进行诱导。

第四节　基因重组酵母菌发酵

酵母具有生长迅速、易于遗传操作、培养基要求低、经济高效、基因组序列信息完整、蛋白质翻译后修饰能力强等特点，因此是重组蛋白的主要真菌表达宿主之一。毕赤酵母、酿酒酵母和汉逊酵母是生物制药生产中最常用的酵母表达宿主系统。目前应用酵母表达生产的生物药物有胰岛素、干扰素、人血清白蛋白、胰蛋白酶、乙肝疫苗、血液相关制品等。

一、基因重组酵母菌发酵影响因素

由于重组蛋白的过度表达，通常会对酵母的生理代谢造成严重负担，并引发细胞应激。通过对过表达效应的转录组学分析确定新的因子，可以提高多拷贝菌中的重组蛋白产量。采用数据驱动的分析方法对菌体进行代谢适应或改造，可促进菌体生长，提高目的产物的产量。此外，也可通过菌株工程学方法极大地提高酵母中的蛋白表达量。结合现代系统生物学方法加深对细胞生理学的理解，进而强化难表达蛋白质的表达过程。现已结合这些技术开发出一些在酿酒酵母和毕赤酵母中快速、简便表达重组蛋白的新系统，在酿酒酵母中运用该系统，仅需携带目的基因的未纯化 PCR 产物便可实现转基因，在毕赤酵母中仅通过分离酵母中产生的质粒便可成功转入目的基因。因此，该系统适用于高通量研究。此外，还构建了一种新的巴斯德毕赤酵母稳定质粒载体，其含有全长 2 号染色体着丝粒 DNA 序列，可以自主复制，具有较高的质粒保留稳定性，便于遗传操作。采用该载体能够加速毕赤酵母中的克隆和高通量筛选，加速该生物体中的代谢和基因工程改造以实现高水平蛋白质表达。酵母表达系统的完善和成熟，其具有生产成本低、发酵周期短、易于培养、操作简单方便、可大规模生产、基因遗传稳定、蛋白翻译后修饰等特点，受到越来越多研究机构和医药生产企业的青睐。

二、基因重组酵母菌发酵过程控制

酵母菌发酵过程控制内容主要是菌体量、培养基主要营养成分、主要的中间产物、产物、发酵温度、湿度、pH、罐压、溶解氧、进气流量、搅拌转速、流加培养基速度、消泡、液位、杂菌。特殊的分析和控制还包括 CO、发酵液密度、葡萄糖、氨等。

（一）培养基设计

培养基是酵母生长的重要条件之一，一般需要碳源、氮源、矿物质等成分。对于不同的酵母菌株和不同的培养目的，需要选择不同的培养基配方。

在酵母高密度发酵过程中，营养物质补料是至关重要的一环。适当的营养物质补料可以提高酵母的生长速率和代谢能力，同时也可防止底物抑制和代谢产物积累。一般来说，酵母高密度发酵的营养物质补料策略主要包括以下内容。①氮源补料：氮源是酵母生长和代谢所需的重要营养成分之一。在发酵过程中，可以通过添加适量的氮源，如尿素、硫酸铵等，来满足酵母对氮元素的需求。②糖类补料：糖类是酵母发酵的主要底物之一。在发酵过程中，可以根据需要添加适量的糖类，如葡萄糖、果糖等，来提高酵母的生长速率和代谢能力。③矿物质和微量元素补料：毕赤酵母的生长和代谢需要各种矿物质和微量元素，如磷、钾、钙、镁、铁、锌等。在发酵过程中，可以根据需要添加适量的矿物质和微量元素，以满足酵母的需求。④氨基酸和维生素补料：氨基酸和维生素是酵母生长和代谢所需的重要营养成分之一。在发酵过程中，可以根据需要添加适量的氨基酸和维生素，以提高酵母的生长速率和代谢能力。

（二）温度控制

酵母菌的发酵过程对温度非常敏感，一般在 25～35℃ 范围内。通过控制发酵罐的温度来控制发酵速率和产物的质量。

（三）溶氧控制

溶氧量（dissolved oxygen content，DO）是酵母细胞生长过程中最重要的检测指标之一，它直接影响着酵母细胞的生长和代谢。在高密度发酵的过程中，保证氧气的足够供给是提高外源蛋白表达量的重要因素。DO 保持在较低的水平时，表示菌体正在消耗发酵液中的碳源；DO 出现回升表明碳源耗尽，菌体缺乏营养物质，需要及时补加碳源。当氧气不足时，菌体的生长就会受到抑制，当 DO 过高时，发酵液中高浓度的氧自由基就会使菌体中毒死亡。发酵过程中 DO 一般控制在 30% 左右，而在诱导表达阶段 DO 一般维持在 20% 左右。通常通过增大搅拌转速、增大通气量及增大罐压来满足菌体对氧的需求，还可以通过调整补料策略来控制溶氧，有时甚至直接通入纯氧来增加溶氧量。

（四）pH 控制

pH 是影响酵母高密度发酵的重要因素之一，在 pH 5.5～6.5 的范围内可以保证酵母的成长，提高酵母的生长速率和代谢能力。一般来说，酵母高密度发酵的 pH 调控策略主要包括以下几种。①监测 pH：在发酵过程中，需要实时监测 pH 的变化，以便及时采取措施进行调控。常用的 pH 监测方法包括电极法和颜色法。②添加酸碱试剂：根据监测到的 pH 值，可以适时添加酸或碱试剂来调节 pH。常用的酸碱试剂包括氨水、硫酸、氢氧化钠等。③控制底物浓度：在发酵过程中，可以通过控制底物浓度来间接调控 pH。例如，增加糖类物质的浓度可以降低 pH，减少糖类物质的浓度则可以提高 pH。④调整搅拌速度：在发酵过程中，可以通过调整搅拌速度来控制 pH。搅拌速度过快会使发酵液变得黏稠，不利于氧气的传递和二氧化碳的排放，同时也会影响酸碱试剂的渗透和扩散；搅拌速度过慢则会使发酵液变得澄清，不利于营养物质的传递和吸收。⑤控制气体环境：在发酵过程中，可以通过控制氧气和二氧化碳的浓度来调节 pH。例如，增加氧气浓度可以促进酵母的有氧呼吸和代谢，使发酵液的 pH 上升；增加二氧化碳浓度则可以促进酵母的无氧呼吸和代谢，使发酵液的 pH 下降。

思考题

答案解析

1. 发酵过程中搅拌的作用有哪些？
2. 温度对发酵有什么影响？如何确定最适发酵温度？
3. 溶氧量对发酵有什么影响？如何控制溶解氧浓度？

4. pH 对发酵有什么影响？如何控制发酵过程的 pH？

5. 根据基因工程重组大肠埃希菌培养特点，应采用哪些的发酵方式？

6. 基因工程重组酵母菌发酵过程控制参数有哪些？

书网融合……

| 本章小结 | 微课 | 习题 |

第六章　细胞工程

PPT

📖 学习目标

1. 通过本章的学习，掌握动物细胞工程的基本技术原理，包括细胞培养、细胞融合、基因转移、细胞核移植等核心技术的详细步骤和操作要点；熟悉细胞的形态结构、生理功能和分类；了解细胞工程技术在医药领域的应用及进展，动物细胞大规模培养的方法及其在制药工业中的应用。

2. 具备独立完成细胞培养、细胞融合等细胞工程实验的能力。

3. 树立严谨的科学态度和实验精神，注重实验操作的准确性和可靠性，遵守细胞工程领域的伦理规范，关注细胞工程技术的社会影响和责任。

第一节　概　述

一、细胞工程制药概述

细胞工程是指以细胞为研究对象，以细胞生物学和分子生物学等为理论基础，运用相关原理和手段，按照人们的目的和意愿设计，在细胞水平上研究、改造细胞的遗传特性来改良品种或获得新品种，从而获得特定的细胞、组织等的一门综合性生物工程技术。其研究内容较为广泛，其中，根据研究的生物类型可分为动物细胞工程、植物细胞工程、微生物细胞工程；根据实验对象分类可以分为动植物组织与细胞培养技术、细胞融合技术、干细胞组织工程和转基因生物与生物反应器等。如今，细胞工程在生物制药业有着一定的地位，特别是动物细胞培养，为制药方面带来很多突破性成果和良好的发展前景，有力地推动生物制药的发展。

二、细胞工程制药的历史与发展

细胞学说和细胞全能性学说是细胞工程的理论基础。19世纪细胞学说的提出推动了细胞工程的发展，使细胞工程开始引起学者的关注和研究，并逐渐走上发展道路。

20世纪初，德国植物学家首次进行离体细胞培养实验，美国胚胎学家首次进行动物细胞体外培养，随着学者的不断探索，20世纪50年代左右，植物细胞工程迎来第一个突破——第一次获得人工体细胞胚，从胡萝卜愈伤组织培养中获得了体细胞胚和再生植株，同时也证明了植物细胞的全能性；学者Okada在体外成功融合了小鼠艾氏腹水肿瘤细胞，创造了人工细胞融合技术；Capstick等成功进行仓鼠肾细胞的大规模悬浮培养等，在这一发展阶段中，实现了对离体细胞的生长和分化的控制，为后面细胞工程的快速发展奠定了基础。

20世纪60年代以后，细胞工程开始进入快速发展与应用阶段，广泛应用于各领域。1967年，Kaul和Stab通过对植物的细胞培养得到了大量的药用物质呋喃色酮。植物细胞工程与发酵工程、育种遗传工程等方面相结合应用。1975年，学者利用动物细胞杂交技术创建了杂交瘤技术，并通过该技术制备获得了纯度较高、特异性较强的单克隆抗体，后来随着细胞培养原理和方法的改善以及微载体培养技术的发展，大规模培养的动物细胞渐渐被应用于疫苗、单克隆抗体等的规模化生产；1980 年，Gordon 通过给小鼠的胚胎原核注射纯化的 DNA 得到第一只转基因动物，又于 1987 年构建了分泌组织型纤溶酶原激活物的转基因小鼠，乳腺生物反应器的研究取得快速发展，利用乳腺生物反应器生产多种生物药物；1997 年，克隆羊 Dolly 的诞生实现了哺乳动物的克隆；而后，Thomason 等建立了人胚胎干细胞系，而后的相关研究也引起了学者们的相继探索。我国学者也在人参细胞、三七细胞的发酵培养以及西洋参、当归青蒿、延胡索、红豆杉等植物细胞培养的研究工作中取得一定的成果。目前，相关研究者对具有重要药用价值的植物次生代谢物进行开发，如长春新碱、紫杉醇等。转基因动物技术、动物克隆及干细胞技术等动物细胞工程的有机结合，有效推动了生物制药的快速进步。

三、细胞工程制药的应用领域

据统计，2017 年全球销售前十的药物中，细胞工程技术产品占 7 个。细胞工程技术的发展和成果改变了传统制药领域的生产方式，在医药领域的应用发挥着越来越重要的作用，促进生物制药产业的不断发展。

细胞工程技术在医药领域的应用有疫苗生产、单克隆抗体生产、基因重组糖蛋白药物的表达、利用转基因动物生物反应器生产药用蛋白、利用植物细胞工程技术生产次生代谢产物、干细胞工程、动物细胞培养与组织工程等。具体应用的例子包括：利用生物反应器进行大规模的病毒繁殖，实现流感疫苗的规模化生产；利用基因工程构建的单抗表达载体导入宿主细胞中，大规模培养宿主细胞使其分泌大量的单抗；利用转基因动物的生物反应器生产药用蛋白，可以获得比传统细胞培养高几十倍的效益。我国成功培育出转染人 α-抗胰蛋白酶基因的转基因山羊，从其乳汁中分离提取得到可以治疗慢性肺气肿、先天性肺纤维化囊肿等疾病的 α-抗胰蛋白酶。

对于细胞工程未来的展望，细胞工程可以在加强动物细胞的制药研究、寻找更适合人体使用的抗体药物、利用细胞工程技术保护濒危和稀有药用物种等方面继续不断探索。随着细胞工程药物的研究与应用的持续发展，未来一定会为整个制药行业带来更多的可能。

第二节　细胞工程基础

一、细胞生物学基础

（一）细胞结构与功能

细胞是组成生物体的基本单位，是生命的基础。根据是否存在细胞核结构，可以将细胞分为无核的原核细胞和有核的真核细胞，原核细胞不具备膜性细胞器和细胞骨架，真核细胞比原核细胞在结构和遗传机制上更精细和复杂。本节主要介绍真核细胞的结构和功能。

1. 细胞膜　细胞膜是包围细胞质外表面的一层薄膜，所以也称为质膜，具有不对称性、流动性和选择透过性。细胞膜的主要化学成分为脂质、蛋白质和糖类。细胞种类不同，细胞膜中的化学成分比例也有所不同。一般规律为，功能复杂的细胞膜所含的蛋白质种类和数量较多，而功能简单的细胞膜所含的蛋白质的种类和数量较少。细胞膜的基本作用是，保持细胞有相对独立和稳定的内环境，保证细胞内外物质交换、能量交换、信息传递等的正常运作。

2. 细胞表面　细胞膜和细胞外被、细胞膜内面的胞质溶胶、各种细胞连接结构和细胞膜的特化结构统称为细胞表面，是一个细胞膜为核心的复合结构和功能体系。细胞表面的主要作用是维持细胞相对稳定的微环境，实现其物质交换、细胞识别和免疫反应等功能活动。

细胞外被是指细胞膜的糖蛋白和糖脂伸出细胞外表面的分支或不分支的寡糖，蛋白质和脂质部分参与了细胞膜的组成。细胞外被在细胞的生命活动中起着多种作用：①消化道、呼吸道和生殖道等上皮细胞的细胞外被有润滑作用；②细胞膜抗原多为镶嵌在膜上的糖蛋白和糖脂，标志着细胞不同的属性，对于胚胎发育中的组织器官形成、器官移植、输血、细胞免疫和肿瘤的发生均有重要意义；③许多糖受体是糖蛋白或糖脂蛋白，其糖链参与细胞识别、免疫应答、物质运输和细胞间信号传送等活动。

在细胞膜内表面的溶胶层为胞质溶胶，含有浓度较高的蛋白质，一般无核糖体和线粒体，含有较多的微丝和微管。该部分维持细胞的极性、形态和运动，与胞吞、胞吐作用有关。

多细胞生物的细胞已丧失了某些独立性，为了促进细胞间的相互联系，相邻细胞膜接触区域特化形成一定的连接结构，称为细胞连接。根据结构及功能不同，可以分为闭锁连接、锚定连接、通讯连接。其作用是加强细胞间的机械联系、维持组织结构的完整性、协调细胞间的功能活动。

3. 内膜系统　内膜系统是真核细胞所特有的结构，位于细胞质中的膜性结构将细胞内部区域化，形成执行不同功能的膜性细胞器，这些细胞器具有一定的形态、结构、化学组成和各自的功能。各细胞器之间或与基质之间相互依存，高度协调地进行细胞内代谢过程和生命活动。

4. 内质网　内质网是一个复杂的膜系统，在电镜下呈管状、泡状及扁平囊状。根据胞质面是否附着核糖体分为粗面内质网和滑面内质网。内质网将细胞质基质分隔成许多不同的小区域，有利于特定的代谢在特定环境内进行，使细胞在有限的空间内建立起大量的膜表面，有利于酶的分布及各种反应的高效进行。

5. 高尔基复合体　高尔基复合体是由小泡、扁平囊和大泡组成的一层单位膜包围而成的复杂的囊泡系统。其主要功能为：形成和包装分泌物、蛋白质和脂类的糖基化、蛋白质加工改造、细胞内膜运输等。不同类型的细胞，高尔基体的主要功能不同，其分布与数目也不同。

6. 溶酶体　溶酶体是由一层单位膜包围而成的囊泡状结构，内含多种酸性水解酶，能分解内源性或外源性物质。不同类型细胞溶酶体所含的酶的种类和数量也不同，但通常不能在同一溶酶体内找到所有酶。溶酶体中含有多种水解酶，所以其功能与酶的活动息息相关。比如，细胞内消化使细胞获得营养成分；吞噬细胞或病毒等时起到防御作用；消除细胞内衰老或多余的细胞器；清除某些细胞以保持机体正常发育等。一旦溶酶体破裂，各种水解酶进入胞质，将会促使细胞分解死亡，最终导致自溶。

7. 过氧化物酶体　过氧化物酶体是由一层单位膜包围而成的圆形小体，普遍存在于真核细胞中。过氧化物酶体中的氧化酶能氧化多种底物，同时使氧还原成过氧化酶氢，过氧化氢酶再将过氧化氢还原成水。这些反应对肝肾细胞的解毒作用非常重要，所以，过氧化氢物酶体是糖、脂和氮的重要代谢部位。

8. 线粒体　线粒体普遍存在于除哺乳动物成熟红细胞外的所有真核细胞中，是由双层单位膜套叠而成的封闭性膜囊结构。细胞生命活动的能量大部分是由线粒体提供的，所以线粒体是细胞进行氧化和能量交换的主要场所。不同种类的细胞的线粒体数量不同，线粒体数量与细胞本身的代谢活动相关，代谢旺盛的细胞，线粒体数量较多，反之线粒体数目较少。

9. 核糖体　核糖体是由 rRNA 和蛋白质共同组成的复合体，分布于细胞质基质中或附着在内质网膜上。核糖体是细胞内蛋白质合成的场所。每个核糖体上的多种蛋白质在核糖体上的位置都是特定的，这些特定的位置主要取决于和 rRNA 的特异性识别和结合，也与该蛋白在核糖体中起的作用相关。当进行蛋白质合成时，多个核糖体结合在一条 mRNA 分子上，形成多聚核糖体，同时进行连续转录。

10. 细胞骨架　细胞骨架是由细胞内蛋白质成分（包括微管、微丝、中间丝）组成的一个复合的网架系统，具有弥散性、整体性、变动性等特点，与功能相适应。细胞骨架不仅是细胞的支撑结构，维持细胞的形状，而且在细胞的多种生理活动中发挥作用，是真核细胞特有的细胞结构。

11. 细胞核　细胞核由核膜、染色质、核仁和核基质组成，是真核细胞中由双层单位膜包围核物质形成的多态性结构，其形态、大小、位置和数目因细胞类型不同而不同。核膜将核物质包围在一个相对稳定的环境，使细胞核成为一个相对独立的系统。染色质由核酸和蛋白质组成的核蛋白复合体，是细胞核内能被碱性染料着色的物质，是遗传信息的载体。核仁是细胞内合成 rRNA、装配核糖体亚基的部位，合成旺盛的细胞，核仁很大，不具有合成蛋白质能力的细胞则核仁很小。细胞核是细胞生命活动的调控中心，负责贮存遗传信息、进行 DNA 复制和 RNA 转录。

12. 细胞外基质　细胞外基质是机体发育过程中由细胞合成并分泌到细胞外的生物大分子所构成的纤维网络状结构物质，分布于细胞与组织之间、细胞周围或形成上皮细胞的基膜，将细胞与细胞或细胞与基膜相联系，构成组织与器官，使其连成有机整体。细胞外基质为细胞的生存及活动提供适宜的场所，不仅具有连接、支持、抗压、保护的作用，还有影响细胞的存活、决定细胞的形状、控制细胞的分化、参与细胞的迁移的作用，对细胞的基本生命活动发挥重要作用。

（二）细胞增殖与分化

1. 细胞增殖　即一个细胞复制自身成分以后分裂成两个细胞的过程。对于单细胞生物而言，每次细胞增殖都产生两个新的个体；对于多细胞生物而言，细胞增殖则是胚胎发育、个体生长、组织更新等生命活动的基础。细胞增殖包括细胞生长和细胞分裂两个阶段，两个阶段相互协同。细胞生长阶段从外界吸收营养，制造各种细胞成分。细胞分裂阶段比生长阶段用时短，遗传物质 DNA 精准分配，最后产生两个新的细胞。细胞增殖是一个有规律的过程，由一套复杂的调控系统决定，DNA 复制、蛋白质合成、染色体分离等步骤都按照特定的顺序依次完成。细胞分裂一次的过程又称为细胞周期或细胞增殖周期。本节主要介绍真核细胞的细胞增殖过程和细胞分化。

细胞周期包含四个阶段，分别为 G1 期、S 期、G2 期和 M 期。其中 G1 期、S 期和 G2 期为间期，负责细胞质内的物质合成和细胞核内的 DNA 复制；M 期指细胞分裂阶段，维持时间最短。不同的物种、不同的组织以及机体发育的不同阶段，细胞周期差异大。正常情况下，一个完整的细胞周期沿着 G1→S→G2→M 期的路线运转。

（1）G1 期　是细胞周期的第一个阶段，也称细胞合成前期，是细胞生长、为 DNA 复制进行准备的阶段。

（2）S 期　也称为 DNA 合成期，主要进行遗传物质 DNA 的复制和中心体的复制，S 期结束时每条染色体都含有两条完全相同的姐妹染色单体。

（3）G2 期　是 DNA 合成结束到 M 期开始前的阶段，细胞核内的 DNA 比 G1 期增加了一倍，这一时期细胞会监测、修复损伤或突变的 DNA 以及合成相关的 RNA 和蛋白质，为 M 期做准备。

（4）M 期　即细胞分裂期，在 M 期中，染色质凝缩成染色体，RNA 合成停止，核仁消失，核膜破裂，纺锤体形成，姐妹染色单体分离，细胞器分配，最后亲代细胞分裂成两个细胞，每个子代细胞获得了完全等量的遗传物质核和大致等量的细胞质成分。

2. 细胞分化　指同一来源的细胞通过不断分裂和变化，逐渐产生形态结构、生理功能及生化特征有差异的不同细胞的过程。细胞分化是胚胎发育、组织更新和修复等生命活动的基础。在细胞分化的过程中，不同种类的细胞分别构成了不同的组织、器官和系统，而且执行不同的功能。细胞分化的根本特征是新的特异性蛋白质的合成，导致细胞在生化、结构和功能方面发生变化，出现差异。

二、分子生物学基础

（一）基因结构与表达

1. 基因结构　基因是遗传的基本单位，是核酸分子中含有特定遗传信息的一段核苷酸序列。组成

DNA 分子的基本的单位是脱氧核苷酸，每个脱氧核苷酸由磷酸、脱氧核糖和含氮碱基组成。因碱基的不同，分别有四种不同的脱氧核苷酸，脱氧腺嘌呤核苷酸（dAMP）、脱氧鸟嘌呤核苷酸（dGMP）、脱氧胞嘧啶核苷酸（dCMP）、脱氧胸腺嘧啶核苷酸（dTMP）。DNA 由两条碱基互补（A 与 T 互补，C 与 G 互补）的脱氧多核苷酸单链组成，围绕一"主轴"向右盘旋形成双螺旋结构，两个相邻的脱氧核苷酸之间通过磷酸二酯键相连接，脱氧核糖和磷酸排列在链的外侧，碱基位于内侧，四种碱基的序列按一定顺序排列，在不同的 DNA 分子中有所不同，储存着遗传信息。

2. 基因表达 大多数生物的遗传信息都是储存在 DNA 分子中的，遗传信息的表达即基因的表达，是指生物基因组中的结构基因携带的遗传信息通过转录、翻译等过程，合成特定的蛋白质。所有生物的基因表达都有严格的规律性，物种越高级的生物，基因表达规律越复杂、精细。基因表达具有时间特异性、空间特异性、持续性、可诱导性。

（1）基因表达的时间特异性 指基因只在某一特定时期或特定生长阶段表达其中相关的一部分，即按一定的时间顺序表达特定基因的现象。每个不同的发育阶段，基因组会按照特定的时间顺序开启相关基因，关闭某些基因。

（2）基因表达的空间特异性 指多细胞生物个体在特定的生长、发育阶段，同一基因在不同组织器官表达状态有所不同，表现在生物体不同空间的差异，是由细胞在不同器官、组织中不同分化状态所决定的。

（3）基因表达的持续性 指有些基因在所有细胞、所有阶段内持续表达。这种在一个生命个体的几乎所有细胞中持续表达、不易受环境影响的基因称为管家基因，由该基因的启动序列或启动子与 RNA Pol 之间的结合状态决定，基本不受其他机制调节。

（4）基因表达的可诱导性 指体内很多基因的表达极易受到环境变化的影响，在某些环境信号发生变化时，基因的表达产物会迅速出现升高或下降的现象，说明基因的表达是可以诱导或者阻遏的。

（二）遗传物质传递与变异

1. 遗传物质传递 遗传信息的传递包含 DNA 复制、基因转录、蛋白质生物合成过程。

（1）DNA 复制 是以亲代 DNA 为模板，按照碱基配对合成子代 DNA 分子，大致分为三个阶段，即复制的起始、DNA 链的延长和复制的终止，特点是半保留复制、半不连续复制、双向复制。DNA 复制过程中各种蛋白因子和酶保证 DNA 复制的迅速和准确进行，使得遗传物质的传递过程高效、准确进行。

（2）转录 是在 DNA 合成酶系作用下，以 DNA 一条链上的一段序列作为模板，以 4 种核苷酸为原料，按照碱基配对原则，由 RNA 聚合酶催化合成一个与模板序列互补的 RNA 分子。转录产物是三种与蛋白质合成有关的 RNA——信使 RNA（mRNA）、核糖体 RNA（rRNA）和转运 RNA（tRNA），以及其他非编码 RNA。tRNA、rRNA 分别专一性地运输氨基酸和合成核糖体，mRNA 用于编码蛋白质，如信使一样把遗传信息从细胞核转送至细胞质，使得遗传信息可以被翻译成蛋白质，翻译的过程就是蛋白质的生物合成过程。

2. 遗传物质的变异 细胞中的酶促修复系统校正 DNA 复制过程中可能出现的错误，但也不可忽视遗传物质的变异性。突变是遗传物质结构改变引起的遗传信息的改变，DNA 突变指个别 dNMP 残基以至片段 DNA 在结构、复制、表型功能的异常变化，也称为 DNA 损伤。DNA 损伤的引发因素可分为自发性损伤和环境因素。DNA 的自发性损伤包括复制过程中碱基发生错误配对、碱基自发突变、正常代谢产物对 DNA 造成损伤等。环境中造成 DNA 损伤的因素有物理因素和化学因素。其中，物理因素包括紫外线和各种辐射导致突变，化学因素包括烷化剂、碱基类似物等化学诱变剂，都会对 DNA 造成损伤。DNA 损伤的发生可以导致个体、细胞的死亡，还是一些疾病的发病基础。细胞针对遗传物质变异也有一定的修复措施，比如切除修复、重组修复、光修复、SOS 修复。细胞内修复机制障碍是导致 DNA 损伤不能及时修复往往衰老和疾病发生的原因。

遗传物质的传递可以维持物种相对稳定，与此同时也存在变异的可能，这样才可能产生新的物种，是生物进化的基础。

三、细胞培养技术基础

（一）细胞培养原理与方法

1. 细胞培养原理　细胞培养是指活细胞（尤其是分散的细胞）在人工创造的模拟内环境中，使细胞在体外生存、生长、繁殖并维持主要结构核功能。本节主要介绍动物细胞的培养。动物细胞培养是指在无菌条件下，用消化酶将组织分散成单个细胞后再用培养基制成细胞悬液，使其在体外合适的条件下生长繁殖。

2. 动物细胞培养方法　动物细胞的培养方法有原代培养和传代培养。

（1）原代培养　指将动物组织器官经过消化后得到的细胞悬液，将原代细胞在体外生长环境中持续培养，也叫初代培养。原代培养的细胞离体时间短，一般具有二倍体遗传性状，能较好地反映在体内的生长状况，适用于药物检测和细胞分化的研究。根据细胞是否属于贴壁依赖型细胞，能否黏附铺展于培养皿和载体表面生长而形成的细胞单层，可以将细胞培养方式分为贴壁培养和悬浮培养。

（2）传代培养　当原代培养成功后，随着培养时间的延长和细胞的不断分裂，细胞之间相互接触而发生接触性抑制，生长速度减慢甚至停止，而且由于营养不足和代谢物积累不利于生长或发生中毒，需要将培养瓶（皿）中的细胞用胰酶消化下来制成细胞悬液，再分别接种到两个或两个以上的培养瓶（皿）中，这就是传代培养。正常细胞的分裂次数是有限的，一般人的正常细胞在传代 50～60 代后会衰老死亡，称为有限细胞系；传代过程中有时会得到可以无限制生长繁殖的细胞系，称为连续细胞系。肿瘤细胞就是连续细胞系，不具有接触抑制性和组织分化能力。

（二）培养基配制与灭菌技术

1. 培养基配制　细胞的生长需要一定的营养环境，用于持续细胞生长繁殖的营养基质称为培养基，即指用于各种目的的体外培养、保存细胞的所有物质。培养基成分主要包括水、碳水化合物、氨基酸、无机盐、维生素等，是提供细胞营养和促进细胞生长繁殖的物质基础，满足细胞对营养成分、促生长因子、激素、渗透压、pH 等方面的需求。培养基分为天然培养基和合成培养基两类。

（1）天然培养基　指来自动物体液或利用组织分离提取的一类培养基，如血浆、血清、鸡胚浸出液、牛胚浸出液等。天然培养基是使用最早且最有效的培养基，血清是常使用的天然培养基，含有蛋白质、氨基酸、葡萄糖等可以维持细胞生长繁殖和保持细胞生物学活性的物质，还有促进细胞贴壁和中和有毒物质保护细胞的功能。但天然培养基由于制作过程复杂、批次差异、成分不确定等缺点，渐渐被合成培养基替代。

（2）合成培养基　是根据天然培养基的成分，人工设计利用化学物质模拟合成的培养基。合成培养基的组分包括氨基酸、维生素、碳水化合物、维生素以及一些辅助因子。根据不同实验培养细胞的需求可设计出多种合成培养基，常用的培养基有 MEM、DMEM、RPMI-1640、TC199 等。目前合成培养基已成为一种标准化的商品，促进了细胞培养技术的发展。

2. 灭菌技术　细胞培养实验必须保证在无菌条件下进行。根据物品的特定不同，可采用物理灭菌法、化学灭菌法和抗生素灭菌法。

（1）物理灭菌法　主要指通过紫外线消毒、离心或过滤、干热或湿热灭菌进行灭菌处理。①紫外线消毒：紫外线直接照射使对空气、操作台面和一些不能用其他方法消毒的培养器皿等进行灭菌，灭菌效果较好，是实验室常用的消毒法。缺点是易产生臭氧而污染空气。②湿热灭菌：是指将物品置于灭菌设备内，利用饱和蒸汽、蒸汽－空气混合物、蒸汽－空气－水混合物、过热水等手段使微生物菌体中的蛋白质、核酸发生变性而杀灭微生物的方法。该法灭菌能力强，为热力灭菌中最有效、应用最广泛的灭菌方法。在同样的温度下，灭菌效果比干热灭菌好，穿透力比干热灭菌大。原因是湿热灭菌过程中提高了湿度，而蛋白质凝固所需温度与其含水量有关，含水量越大，发生凝固所需温度越低。湿热灭菌法包括煮沸法、流通蒸气消毒法、间歇灭菌法、巴氏消毒法、高压蒸汽灭菌法（表6-1）。③干热灭菌：是指将物品置于干热灭菌柜、隧道灭菌器等设备中，利用干热空气达到杀灭微生物或消除热原物质的方法。适用于耐高温但不宜用湿热灭菌法灭菌的物品灭菌，如玻璃器具、金属制容器、纤维制品、陶瓷制品、固体试药等。④滤过灭菌：是指利用细菌等微生物在滤过时无法通过滤膜微孔而分离以达到消毒灭菌的目的。在高温下会发生变性的培养用液可以采用滤过法灭菌。

表6-1 湿热灭菌法的类型

灭菌方法	操作方法	适用对象
煮沸法	100℃，5分钟	水、器械等
流通蒸气消毒法	100℃蒸气加热15~30分钟	多孔或坚硬物品等
间歇灭菌法	反复多次的流通蒸气处理	不耐高温的营养物质（如血清）等
巴氏消毒法	62~65℃，30分钟或75~90℃，15秒	奶、酒类等
高压蒸汽灭菌法	121℃，30分钟	培养基等

（2）化学灭菌法 主要用于无法使用其他消毒方法灭菌的情况，比如操作者的皮肤、实验室地面等，通常采用的化学消毒剂有新洁尔灭、过氧乙酸、75%乙醇等。

（3）抗生素灭菌法 在进行细胞或组织培养实验中，为了预防因操作不慎等原因造成细胞培养污染，常在培养液中加入一定剂量的抗生素液，抑制微生物污染。一般通过加入青霉素、链霉素双抗液抑制可能存在的细菌和霉菌的生长。

第三节 动物细胞工程操作技术

一、动物细胞培养技术

动物细胞的培养是指首先在无菌条件下用消化酶将组织分散成单个细胞，再用培养基制成细胞悬液，使其在体外合适的条件下生长繁殖的技术。动物细胞培养技术已成为当今生命科学各研究领域中必不可少的研究手段，同时也是动物细胞工程技术中的一项基本技术。细胞培养与组织培养、器官培养不同，细胞培养的对象是单个的细胞，组织培养的对象则是器官的一部分或整个器官。现在，动物细胞培养已成为基因工程、细胞工程、抗体工程等生物技术的重要手段，广泛应用于现代医学和生物科学研究之中。

（一）动物细胞培养室条件与设施

1. 动物培养的环境条件 动物细胞培养除了需要合适的培养基外，对生长环境的要求也很高，首先必须保证培养环境无任何污染，做到无毒、无菌；其次还要保证合适的温度、湿度、气体环境和pH。

（1）培养环境无毒无菌 动物细胞在体内具有强大的免疫系统对侵入体内的病原体进行清除和抵抗，免除细胞不受侵害，但当对细胞进行体外培养时，细胞便失去了抵御微生物和有毒物质侵染的能力，因此，保证环境的无毒无菌是动物细胞培养的首要条件。此外，细胞培养液中通常还需加入适量的抗生素，一般是加入青霉素、链霉素双抗液以抑制可能存在的细菌和霉菌的生长。

（2）温度 哺乳动物细胞的适宜生长温度为35~37℃，偏离此温度范围就会影响细胞正常的生长与代谢，甚至造成细胞的死亡。动物细胞耐受低温的能力要比耐受高温的能力强，当温度达到41℃以上时，细胞将严重受损，而当温度为25~35℃时，细胞的生长速度虽然明显缓慢但仍能生长，即使在4℃条件下细胞也能存活较长时间。如果在细胞培养物中加入保护剂二甲亚砜（DMSO）或甘油，密封保存于-80℃或液氮罐（温度可降至-196℃）中，则可以长期保存。

（3）渗透压 多数动物细胞能耐受一定的渗透压，在培养哺乳动物细胞时培养液的渗透压一般控制在260~320mmol/L，有时考虑到细胞培养过程中水分蒸发会造成渗透压升高，也可以采用渗透压略低的培养液。

（4）气体环境与pH 气体环境是动物细胞生存所必须的，动物细胞的体外培养适宜气体环境一般为95%的空气和5% CO_2，其中 O_2 参与三羧酸循环，产生能量供给细胞生长，CO_2 则既是细胞生长所必须的成分，又是细胞的代谢产物，同时它还有一个重要的作用即维持培养液的pH。大多数细胞生长的适宜pH是7.2~7.4，偏离此范围对细胞生长不利。此外，细胞培养过程中会不断释放出 CO_2，使培养液变酸，因此，为了维持培养液pH的相对稳定，常需在培养液中添加一定量的 $NaHCO_3$，以形成一个碳酸盐缓冲系统。

2. 动物培养室的设施建设

（1）实验室设备和设施 一个合理的细胞培养室应具备以下实验设施：实验台、净化工作台、细胞培养箱、冰箱、显微镜、离心机、更衣柜等。如条件允许，可在培养室外放置水浴箱、液氮罐、烘箱等实验设备。实验室除具有基本的内部设备外，还应具有培养室的紫外消毒设备、合理的空调设备、除湿设备等。为了防尘，房间装修密闭性应较高，且不宜开设外窗，门、窗、墙表面应涂布便于清洗去污和耐腐蚀的材料。

（2）实验室面积和房间的安排 实验室的面积由实验台、净化工作台、细胞培养箱、冰箱等实验设备的数量和大小决定，同时兼顾容纳科研及实验人员进行科研活动的足够空间。房间安排上可以实验台或实验设备数量为单位单独或联合划分。此外，实验室须设置面积不小于6m的缓冲间及与培养室分开的更衣柜等。培养及各房间内的实验台和仪器布局应合理，值得注意的是：①二氧化碳培养箱和净化工作台不应对着门摆放，如果无法避免，中间可以设一道玻璃门；②离心机和显微镜不应挨着放或放在同一实验台上，以免离心机的震动影响显微镜的性能；③培养箱二氧化碳供应器应放在离实验室出口比较便利的地方，便于更换；④实验台面的材料应具有耐磨、耐腐蚀、耐火、防水、绝缘等性能。

（二）细胞培养常用设备与仪器

1. 培养板（皿）和培养瓶 目前实验室使用较多的细胞培养容器是已消毒灭菌密封包装的聚苯乙烯塑料制成的多孔培养板、培养皿和培养瓶（T-flask）。其中，多孔培养板有4孔、6孔、24孔、96孔等规格可供选择。这类培养皿内表面适合细胞附一次性使用，减少微生物和有毒物质的污染。各种常用的培养板（皿）和培养瓶如图6-1所示。

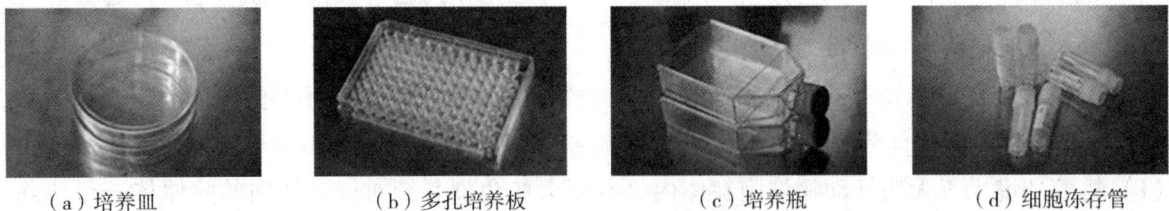

（a）培养皿   （b）多孔培养板   （c）培养瓶   （d）细胞冻存管

图6-1 常用细胞培养板（皿）和培养瓶

2. 显微镜 最常使用的是普通显微镜和倒置显微镜（图6-2），普通显微镜常用于细胞计数和一般观察，倒置显微镜常用于观察细胞的生长状态和有无污染。此外还有荧光显微镜、激光共聚焦显微镜。

3. 超净工作台（净化工作台） 超净工作台（图 6 - 3）可以为细胞培养操作提供一个洁净无菌的工作环境，其工作原理是利用鼓风机驱动空气通过高效滤器而得以净化，净化后的空气吹过台面空间，使操作区形成无菌环境。

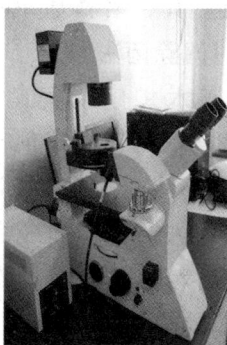

图 6 - 2 倒置显微镜

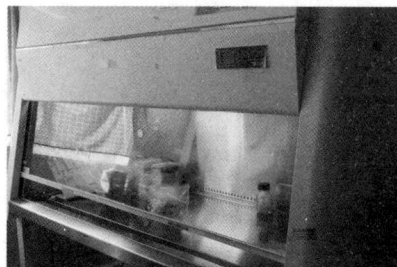

图 6 - 3 超净工作台

4. CO₂培养箱 CO₂培养箱（图 6 - 4）广泛应用于动物细胞培养，其工作条件通常为 37C、5% CO_2，由于能提供较为稳定的 CO_2 气体环境，可使培养液的 pH 保持稳定，适用于开放式或半开放式培养。此外，为了避免污染，要定期对培养箱进行紫外灯消毒，或乙醇擦试消毒。为保持箱内湿度恒定，避免培养液蒸发，可在箱内水槽中加 1/3 ~ 1/2 体积的灭菌蒸馏水，并在其中加入 0.5%（V/V）的新洁尔灭。

5. 液氮罐 液氮罐（图 6 - 5）主要用于长期冻存细胞、组织块等活性材料，其中的液氮温度低达 - 196℃。

图 6 - 4 CO₂培养箱

图 6 - 5 液氮罐

（三）细胞培养基本操作技术

1. 原代培养 从动物胚胎或出生后几天幼龄动物的脏器获取组织，剪成长宽为 1mm、厚约 0.5mm 的小块，胰蛋白酶消化分散后，用培养液稀释成 $2 \times 10^5 \sim 7 \times 10^5$ 个/ml 的细胞悬液，然后分装到培养瓶或培养板内置于 37℃ CO₂培养箱内进行体外培养，这被称为原代培养或初次培养（primary culture）。

2. 传代培养 随着原代培养细胞的生长增殖，需要将培养瓶中的细胞用胰酶消化下来，制成细胞悬液，再转接分装到两个或两个以上的培养皿/培养瓶中培养，这称为传代培养或继代培养（subculture）。

（四）无菌操作技术

1. 无菌的环境 日常微生物检验工作的无菌环境可包括超净工作台、生物安全柜和火焰周围。标准的无菌室要求设有缓冲室、空气过滤、墙面、墙角、相关操作设备、紫外灯等。超净工作台是一种提供局部无尘无菌工作环境的垂直单向流行空气净化设备，生物安全柜也可提供局部无尘无菌工作环境，因为设置了风槽，气流不会吹向使用者，因此在进行致病菌相关操作时需要在生物安全柜中进行。

2. 无菌的器具、培养基 常用的无菌器具一般包括玻璃、金属等器具，培养基一般包括液体或水溶性的物质，通常采用干热灭菌法、高压蒸汽灭菌法、火焰灭菌法和过滤除菌法。

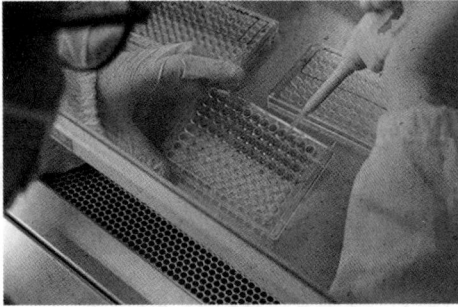

图6-6 细胞无菌操作

3. 无菌操作技术基本规则 无菌操作技术（图6-6）主要包括手部清洁消毒，用接种环、接种针、涂布器等工具进行的操作等。操作前，一定要明确物品的无菌区和非无菌区，工作人员操作前应先佩戴帽子、口罩等，同时注意空气和环境的清洁。操作过程中，夹取无菌物品，必须使用无菌持物钳和镊子。未经消毒的手、臂均不可直接接触无菌物品或者超过无菌区取物。关于无菌物品的管理，必须保存在无菌包和无菌容器内，不可暴露在空气中过久。无菌物品和非无菌物品应分开放置。无菌包一经打开即不能视为绝对无菌，应尽快使用。已取出的无菌物品即使未使用也不可再放回无菌容器内。

（五）细胞传代与冻存复苏

1. 细胞传代 随着对细胞的不断传代，优势细胞逐渐生长，传代培养的细胞梭形占比逐渐加大，而生长速度慢或是生长活力低的细胞会被逐渐淘汰。

2. 细胞冻存 指将处于对数生长期的细胞在低温条件下保存起来，以便在需要时能够复苏并继续使用的过程。细胞冻存有两种不同的冷冻方法，即慢冻方法和快冻方法。冷冻速度会直接影响细胞水分及体积，具体表现特征为：如果冷冻速度偏慢，细胞脱水问题比较明显，导致细胞体积缩小，一旦达到一定程度，细胞活性将会受到影响，这种影响属于溶质性损害；如果冷冻速度偏快，细胞内部的冰晶也会受到一定影响，直接影响融化速度。

3. 细胞复苏 指保存在冷冻状态中的细胞重新激活，并恢复其正常生长和分裂能力的过程。从液氮罐中提取细胞（整个过程中应注意清洁度、缓慢度，确保提取出来的细胞生命体征及特点不受外界因素干扰），放到适宜的温度中进行融化，用培养液稀释，低速离心，弃去上清，加新的培养基培养刚复苏的细胞。

二、动物细胞融合技术

细胞融合又称体细胞杂交，由法国的 Barski 等于 1960 年首先创立。它是指在离体的条件下用人工的方法将两个或多个不同种的细胞通过无性方式融合成一个杂合细胞的过程，融合后的细胞含有两个或多个不同的细胞核，称为异核体，而在随后的细胞有丝分裂中，有些异核体的来自不同细胞核的染色体有可能合并到一个核中，成为单核的杂种细胞，而那些不能形成单核的融合细胞则在培养过程中逐步死亡。细胞融合后可以使来自两个亲本细胞的基因有可能都得到表达，这就打破了远缘生物不能杂交的屏障。如果我们将杂种细胞在适宜的条件下进行培养，就有可能得到具有新的遗传性状的细胞，该细胞如果长成一个完整的个体，则为新物种或新品系。细胞融合时，最初发生的现象是细胞在促融因子的作用下发生凝集现象，细胞之间的质膜发生粘连，细胞开始融合，然后在培养过程中发生核融合，形成杂种细胞。目前，已成功地在生物体种间、属间、科间乃至动物两届之间实现了体细胞融合。

（一）基本过程

动物细胞融合主要分以下步骤：①细胞的准备，对于贴壁培养的细胞可以直接将两亲本细胞混合培养，而悬浮细胞则需制成一定浓度的悬液；②诱导融合，虽然体细胞在体外培养过程中会自发融合，但频率极低，因此需要添加促融剂诱导融合；③杂种细胞的选择，主要是利用选择性培养基，使亲本细胞死亡而让杂种细胞存活；④杂种细胞克隆，对选择出来的杂种细胞进行选择与纯化，再经过培养获得所需要的无性繁殖系。

（二）促融剂

使细胞膜蛋白重新分布以及膜中脂质分子重排是诱导细胞融合的关键，具此诱导功能的外界因素主要有病毒、聚乙二醇（PEG）、电场脉冲。

1. 病毒诱导 病毒是最早被采用的促融剂，其中仙台病毒使用最多，一般使用其灭活病毒，这样既能保持其介导细胞融合的能力，又可免遭其感染。当两种不同动物细胞混合物中存在大剂量病毒时，细胞周围即布满病毒，病毒或其组分在细胞间起粘连作用使细胞聚集成团，致使不同细胞的膜蛋白及膜脂质分子重新排布而结合成一个整体，从而完成细胞融合过程。但病毒诱导的融合作用随机性较强，无法人为控制，且融合率低，目前已很少使用。

2. PEG诱导 当不同种属动物细胞混合液中存在PEG时即产生细胞凝集作用，在稀释和除去PEG的过程中即产生融合现象。PEG诱导融合的原理可能与其脱水作用而导致细胞凝集，并使膜结构发生变化有关，也可能是由于它能改变膜表面电荷或膜电位，而使膜蛋白颗粒聚集以及脂层分子重排所致。PEG诱导融合具有使用简便、结果稳定以及诱导融合率较高等优点，该方法出现后很快就取代了仙台病毒而成为诱导动物细胞融合的主要手段。值得注意的是，PEG的融合效果与其分子量大小及浓度高低有关，PEG的分子量和浓度愈大，融合效率也愈高，但其黏度以及对细胞的毒性也愈大，所以一般选用分子量为1000~4000，浓度为30%~50%的PEG进行融合。此外，还必须严格掌握PEG的作用温度及处理时间，以免对细胞造成伤害。

3. 电场脉冲 其过程是将两种细胞混合液经10~100V/cm低强度非均匀交变电场作用，极化成偶极子并通过偶极子作用相互吸引紧密接触排列成串，此时对该状态的细胞施加瞬时高强度电脉冲，一般击穿电压为0.5~10kV/cm，作用时间为30~50微秒，细胞之间形成稳定的膜连接（可逆性电击穿），不同细胞间膜脂质分子重排而合并成一个双核或多核细胞，完成融合过程。电诱导融合率高，且可控性好，因此已得到广泛应用。

（三）杂种细胞的筛选

促融合诱导后，并非所有的细胞都能融合。例如PEG诱导融合时，大约只有十万分之一的细胞最终能够形成增殖的杂种细胞。此外，细胞融合本身又带有一定的随机性，除不同亲本细胞的融合外，还伴有各自亲本细胞的自身融合。因此，在细胞融合之后还必须通过一定的实验方法把含有两亲本细胞染色体的杂种细胞分离或筛选出来。

与亲本细胞相比，细胞融合后形成的杂种细胞在遗传表型上会发生一定的变化，这些变化可表现为互补作用、激活和消失作用。

1. 互补作用 是指两种亲本细胞的某些生物学特性在杂种细胞中共同表达的现象，如免疫淋巴细胞可分泌抗体，但体外培养不能生长；而小鼠骨髓瘤细胞可在体外进行生长，但不产生抗体，将这两者作为亲本进行细胞融合，融合后的杂种细胞则既可在体外进行生长又能分泌特定的抗体。这种优势互补作用往往是人们进行细胞融合所追求的实验目的。

2. 激活作用 是指某一亲本细胞的不活动基因在杂种细胞中被激活的现象。如用HPRT$^-$及HPRT$^+$人的细胞分别与 HPRT⁻ 的小鼠细胞杂交，得到的两种杂种细胞均显示出正常小鼠的 HPRT 酶活性，由此可见，人的细胞具有激活小鼠细胞 *HPRT* 基因的作用。

3. 消失作用 是指亲本的某一或某些性状在杂种细胞中消失的现象。如金黄色仓鼠黑色素瘤细胞具有很高的多巴氧化酶活性，可催化酪氨酸形成黑色素，但黑色素瘤细胞与不产生黑色素的小鼠成纤维细胞融合的杂种细胞则不产生黑色素，表明多巴氧化酶基因在杂种细胞中被抑制而呈隐性。另外，分泌单克隆抗体的淋巴细胞杂交瘤细胞在传代培养过程中有可能失去分泌抗体能力，这是由于淋巴细胞染色体丢失的结果，也是消失现象的一种形式。

激活与消失作用是指细胞融合后杂种细胞中出现的同一亲本细胞的某一些非活动基因被激活，而另一些遗传性状同时消失的现象。如小鼠胚胎发育早期的胸腺细胞能表达 t^{12} 抗原，但成年后不表达 t^{12} 抗原而表达 H−2 抗原，这说明小鼠胸腺细胞中带有 t^{12} 和 H−2 两种抗原的基因，但在不同的发育阶段，不同的基因之间表达存在差异。在成年小鼠的胸腺细胞与小鼠胚胎性癌细胞融合所形成的杂种细胞中，H−2 抗原基因呈隐性，t^{12} 抗原基因却为显性。这表明，杂种细胞中原胚胎性癌细胞的核内外遗传因子对胸腺细胞基因组具有调节作用，抑制了正常活动的 H−2 基因的表达，却激活了非活动 t^{12} 的抗原基因的表达。

细胞融合是我国目前动物细胞工程研究中最成熟的技术。淋巴细胞杂交瘤是在国内开展研究与应用工作最为普遍的一项技术。其在国内培育了相当数量的杂交瘤细胞株系且实用价值较高，这些杂交瘤细胞株系主要被用于进行单克隆抗体的生产，其生产的单克隆抗体对于一些特殊的疾病具有很好诊断与治疗效果。例如，国内的肿瘤疫苗、甲肝病毒单克隆抗体、抗人 IgM 单克隆抗体等都利用了单克隆抗体技术。依据国内的生产研究技术发展成熟，单克隆抗体的产业化生产已经初具规模。

三、遗传物质转移技术

遗传物质转移主要指基因在细胞水平上的转移与导入。目前向动植物细胞中导入基因的方法，主要可分为物理方法、化学方法和生物方法三大类（表6−2）。

表6−2 真核细胞基因导入方法

方法	优点	缺点
物理方法		
显微注射	很有效	技术困难
基因枪	很有效	需专门仪器
电穿孔	适用于悬浮细胞	需专门仪器
化学方法		
磷酸钙共沉淀法	简单	不适合悬浮细胞
脂质体法	简单，很有效	不适合悬浮细胞
二乙胺乙基葡聚糖	简单	仅用于瞬时表达
生物学方法		
反转录病毒法	很有效	宿主范围限制
原生质体融合法	适用于悬浮细胞	结果不稳定

（一）显微注射

显微注射技术是利用显微操作仪（micromanipulator）通过显微操作将外源基因直接注入细胞核内的一项技术，通常用于制备转基因动物。注射时，首先用口径约 $100\mu m$ 的细玻璃管吸住受精卵细胞，然后再用口径为 $1\sim2\mu m$ 的细玻璃针刺入细胞核将 DNA 注入。

（二）基因枪

基因枪（gene gun）技术是将外表附着有 DNA 的、高速运动的微小金属颗粒射向靶细胞，金属颗粒穿过细胞壁和细胞膜，同时将 DNA 分子引入受体细胞，这种颗粒直径 $0.2 \sim 0.4 \mu m$，由钨或金钨制成。基因枪技术可应用于动物细胞、真菌，尤其是植物细胞的转化。它可以转化植物细胞的悬浮细胞、愈伤组织、未成熟胚，甚至是未成熟的花序。

（三）电穿孔

电穿孔（electroporation）是指在高压电脉冲的作用下使细胞膜上出现微小的孔，外界环境中的 DNA 穿孔而入进入细胞最终进入细胞核内部的方法。该方法既适合于贴壁生长的细胞也适用于悬浮生长的细胞，既可用于瞬时表达也可用于稳定转染。对于不同的细胞需要采用不同的电击电压和电击时间。

（四）磷酸钙共沉淀法

磷酸钙共沉淀法（calcium phosphate co - precipitation）是通过使 DNA 形成 DNA - 磷酸钙沉淀复合物，然后黏附到培养的哺乳动物细胞表面，从而迅速被细胞所捕获的方法。它是目前使用最为普遍的方法，基本过程是将溶解的 DNA 加在 Na_2HPO_4 溶液内，再逐渐加入 $CaCl_2$ 溶液，当 Na_2HPO_4 与 $CaCl_2$ 形成磷酸钙沉淀时，DNA 被包裹在沉淀之中，形成 DNA - 磷酸钙共沉淀物，当该沉淀物与细胞表面接触时，细胞则通过吞噬作用将 DNA 摄入其中。该法的优点是方法简单，且可以进行共转化，即将不含选择标记的 DNA 和含选择标记的 DNA 放在一起形成混合的共沉淀物导入细胞，其不足在于不太适用于悬浮细胞的转染。

（五）脂质体法

通过脂质体（lioposome）包裹 DNA 并将其载入细胞的方法，具有方法简单、实验结果可靠、可重复性强的优点。目前市场上已有多种脂质体转染试剂出售。这些试剂都是基于合成的阳离子脂质形成一薄层脂质体，它与 DNA 形成复合物，这些复合物迅速被细胞吸收。应用这种方法，已成功地将外源 DNA 在多种不同的细胞中进行了有效表达。

（六）二乙胺乙基葡聚糖转染技术

二乙胺乙基葡聚糖（DEAE - Dextran）是一种高分子量的多聚阴离子试剂，能促进哺乳动物细胞捕获外源 DNA，但其机制还不清楚，可能是由于葡聚糖与 DNA 形成复合物而抑制了核酸酶对 DNA 的作用，也可能是葡聚糖与细胞结合而引发了细胞的内吞作用。它与磷酸钙共沉淀法比较有三点不同：①一般用于克隆基因的瞬时表达，不易形成稳定转化细胞系；②由于它对细胞有毒性作用，造成有些细胞系转染效率很高，而其他细胞转染效率则不理想；③DEAE - Dextran 可用于转染小量 DNA。

（七）反转录病毒感染

通过反转录病毒（retrovirus）感染可以将基因转移并整合到受体细胞核基因组中，是各种基因转移方法中最有效的方法之一，具有转移率高、感染率高和高度整合的特点，尤其适用于处于多细胞发育阶段的胚胎。但反转录病毒载体容量有限，只能转移小片段 DNA（≤10kb），因此，转入的基因很容易缺少其相邻的调控序列。

（八）原生质体融合法

植物细胞和微生物细胞具有坚韧的细胞壁，首先需要用酶将其去除后制得原生质体，然后再将外源基因与原生质体混合，在 PEG 作用下经短暂的共培养，即可将外源基因导入细胞内。1982 年，Kren 首次应用该法将一段 T - DNA 转入烟草原生质体中，并获得转化植株。至此，在 PEG 作用下已实现多种植物细胞原生质体的转化。

除上述基因转移方法外，还有借助激光进行 DNA 转移的光穿孔法、冲击波法等。

四、流式细胞仪技术

流式细胞仪技术（flow cytometry）是 20 世纪 70 年代发展起来的一种利用流式细胞仪（flow cytometer，FCM）对细胞的生物学特性（细胞大小、DNA/RNA 含量、细胞表面抗原表达等）进行快速定量分析、检测以及对细胞进行快速分选的新技术。流式细胞术集成了单克隆抗、荧光染料技术、激光和计算机科学等高新技术，为生物医学研究及新药研发提供了一种强有力的技术手段。

流式细胞仪主要分两类：一类是台式机，机型较小，光路调节系统固定，自动化程度高，操作方便，常用于临床检验；另一类是大型机，可进行快速分选，把单细胞分选到指定的培养板上，也可选配多波长激光管同时测量多个参数，以满足科研需要。

流式细胞术主要有以下几方面应用。

（一）细胞周期分析

细胞周期可以划分为 G1→S→G2→M→G1，通过细胞 DNA 含量检测，可以正确分辨二倍体、四倍体、近二倍体及非整倍体细胞，准确分析细胞群体中细胞周期分布情况，了解细胞的增殖状态。细胞周期分析可以准确反映细胞的异常增殖即癌化的潜在状态，一般来说，高 S 相比率（S – phase fracrion，SPF）和高增殖指数的细胞都可以理解为潜在癌细胞或癌细胞。细胞周期分析主要应用于癌细胞的早期诊断、鉴别治疗、判断预后及疗效评价等，也可用于研究药物对细胞周期的影响。

（二）细胞凋亡分析

细胞凋亡是生物体生长发育过程中出现的正常现象，在生物体形态构成、正常细胞更替以及维持细胞内的细胞自主性的有序的死亡过程。流式细胞仪检测凋亡细胞的方法包括以下三个方面。①形态学的检测：细胞凋亡一般会出现形态学特征变化，这些会影响细胞的散射光特性。在流式细胞仪上，前向散射光与细胞大小有关，而侧向散射光与细胞的透光性有关。细胞凋亡时出现细胞膜皱缩、核解聚、凋亡小体形成、胞浆浓缩、体积减小等，从而导致前向角散射光下降和侧向角散射光增强。②DNA 含量分析：细胞凋亡时，由于细胞核解聚和凋亡小体形成，核内总 DNA 含量下降，应用荧光染料对 DNA 进行标记，可检测细胞凋亡。③DNA 片段检测：细胞凋亡的最后阶段是形成 DNA 片段，通过对 DNA 断裂点的检测对细胞凋亡进行定量检测。

（三）免疫细胞分析

流式细胞仪可区分不同的淋巴细胞亚群，并计算出它们的数量及相互之间的比例，由此反映出机体的免疫状态或感染疾病状态。如自身免疫功能亢奋时，可引起自身免疫病，如类风湿关节炎（RA）、系统性红斑狼疮（SLE）等。再比如，HIV 感染者的 CD4$^+$细胞会被病毒大量的破坏，所以，CD4$^+$/CD8$^+$的比值会小于 1，因此，检测 CD4$^+$T 细胞的绝对值和 CD4$^+$/CD8$^+$的比值可反映机体感染 HIV 的情况。

（四）肿瘤细胞多药耐药性检测

肿瘤细胞对化疗药物的耐受性是肿瘤治疗的主要障碍。肿瘤细胞的耐药性分为原发耐药和继发耐药。前者在化疗前就存在于肿瘤细胞中，与用药无关；后者则由化疗药物诱导产生，即用药前对药物敏感，而用药后则产生耐药。继发耐药根据耐药谱的不同又可分为原药耐药（PDR）和多药耐药（MDR）。MDR 相关蛋白包括 P 糖蛋白、多药耐药相关蛋白等，它们均属于 ATP 酶活性转运蛋白，通过药物外排泵的作用而降低细胞中的药物浓度，导致耐药。因此，应用 FCM 检测肿瘤细胞的多药耐药相关蛋白的表达水平，对监测临床肿瘤化疗效果及药物选择有一定意义。

（五）细胞特异性标记物分析

结合单克隆抗体技术和免疫荧光技术，可以对细胞表面受体，如低密度脂蛋白受体、凝集素受体、胰岛素受体、淋巴因子受体、白介素受体和干扰素受体等，以及细胞内受体，如雌激素受体、糖皮质激素受体等，进行定性和定量分析。此外，也可在单细胞水平上对细胞因子进行检测分析。

（六）细胞分选

流式细胞术不仅可对细胞、微生物等进行分析检测，还可以根据细胞的特性进行分选，如应用于分选肿瘤干细胞、外周血细胞、造血干细胞、神经细胞、稳定转染的细胞株等。

第四节　动物细胞大规模培养

一、细胞培养工艺优化

（一）选择合适的细胞系

从动物体内取出组织直接进行培养，称为原代培养（primary culture）。原代培养的细胞与体内原组织在形态结构上有较大的相似性。原代培养细胞群中各种细胞的形态和功能互不相同，细胞之间的相互依赖性较强。如果此时将这些细胞分散成单个细胞放在固体培养基上培养，细胞克隆形成率很低，即细胞独立生存的能力很差。由于原代细胞上述特性与体内组织十分相近，往往被用于药物检测、病毒浸染和细胞特性等方面的研究。原代细胞经体外培养传代后，称为细胞系（cell line）。经传代的细胞，在培养条件较好的情况下，细胞增殖迅速，并能维持二倍体核型。一般情况下，细胞的遗传特性在传代初期不会发生大的变化，是进行细胞冻存的好时机。正常组织的体细胞在体外传代 10 ~ 40 次左右，细胞增殖逐渐缓慢，以至完全停止，细胞进入衰退期，这种细胞系称为有限细胞系（finite cell line）。在传代过程中，由于生存环境的变化和某些物理化学因素的影响，细胞可能发生自发转化（spontaneous transformation），从而形成永生化细胞系（immortality）或恶性细胞系（malignancy）。这种发生转化的细胞群体，具有持久生长和增殖的能力，所以又称为无限细胞系（infinite cell line）或连续细胞系（continuous cell line）。细胞系永生化的过程中，虽然发生了细胞遗传特性的变化，但往往保留了部分原组织的特点，仍可用于一般的科学研究。永生化细胞系的优势还在于可以大规模扩增，利用这种特性制备永生化转基因细胞系，可以将某些贵重的生物活性因子进行工业化生产，是将来医药工业发展的重要方向。细胞系的形成意味着细胞数量的增加，高生长能力的细胞占优势，且细胞类型单一。体外培养的动物细胞按其生长特性可分为悬浮生长细胞和贴壁依赖生长细胞，前者悬浮在培养基中生长，后者只能附着于底物表面生长。不论哪一种培养方法，细胞的生长都要经过延迟期、对数生长期、平稳期和衰退期四个阶段。延迟期是指细胞接种到细胞分裂增殖这段时间，其长短依环境条件的不同而不同，且受种子细胞本身条件的影响。细胞的延迟期是其分裂增殖前的准备时期。在这一时期，细胞适应新的环境并不断积累细胞所需的某些活性物质，使之达到一定的浓度。选用生长旺盛的对数生长期细胞作为种子细胞，可缩短延迟期。细胞内的准备结束后，细胞便开始迅速增殖，进入对数生长期。此时细胞随时间呈指数函数形式增长。之后，由于环境条件的不断变化，如营养不足、抑制物积累、细胞生长空间减少等原因，逐渐进入平稳期，细胞生长和代谢减慢，细胞数基本维持不变。经过平稳期，由于环境条件恶化，有时也可能由于细胞本身遗传特性的改变，细胞逐渐进入衰退期而不断死亡，或由于细胞内某种酶的作用使细胞发生自溶。从某些方面来说，动物细胞培养的目的是获取目标产物。这些目标产物包括激素、细胞蛋白和单克隆抗体等。这些产物常在细胞的衰退期得到最佳表达，而不是在对数生长期。

（二）优化培养基成分

细胞生长所需的培养条件主要包括两个方面：一方面必须供给足够的营养，主要包括糖、氨基酸、维生素、无机盐等；另一方面还必须保证一定的生长环境，如适宜的温度、pH以及无菌条件。

动物细胞培养的基本原理虽然与微生物细胞相同，但动物细胞对营养条件要求更为苛刻，对培养环境的适应性更差，培养时间要求更长，这就给动物细胞培养带来了一定的难度。

动物细胞的培养基分为天然培养基和合成培养基两大类。天然培养基是使用最早且最有效的培养基，但其成分复杂、来源有限，常用的主要有血清、水解乳蛋白、胶原、胚胎浸液等。动物血清中主要含有蛋白质、氨基酸、葡萄糖、激素以及其他现在尚不清楚的对维持细胞生长繁殖和保持细胞生物学活性不可缺少的未知因子。此外，血清还具有促进细胞贴壁以及中和有毒物质保护细胞的功能。绝大多数细胞在含有胎牛或新生牛血清的培养基中生长最好，但缺点是血清来源比较困难，且成分不确定，使得细胞生长过程不易检测控制。任何血清使用前必须经过鉴定，只有无菌、无内毒素、无溶血或低溶血、蛋白质以及营养素达到一定标准以上的血清才能使用。除血清外，水解乳蛋白是乳白蛋白的水解产物，胶原是从动物真皮（豚鼠、牛）或大鼠尾腱来源的组织提取物，而常用的胚胎浸液主要鸡胚和牛胚浸液。

合成培养基是根据天然培养基的成分，人工设计模拟合成的、具有一定化学组成的培养基。合成培养基的主要组分是氨基酸、维生素、糖、无机盐以及其他一些辅助因子。根据不同的实验目的，人们已设计出多种合成培养基，如RPMI-1640、DMEM、TC199、Eagle's MEM等，这些培养基大多数市场上都有配好的现成商品出售。合成培养基往往只能维持细胞的生存，因此又称为基础培养基。为了使细胞良好地生长和繁殖，还必须在这些培养基中补充部分天然培养基，如血清，其用量一般为10%~20%。

血清在培养液中的主要作用有：①提供维持细胞生长所需的激素和生长因子，如胰岛素、生长激素、表皮生长因子、成纤维细胞生长因子等；②提供细胞贴壁和在培养基质表面铺展所需的细胞因子，如纤维连接蛋白、铺展因子、胎球蛋白等；③提供可识别维生素、脂类、激素和金属的结合蛋白，调节被结合物的活力，如白蛋白可以与维生素、脂类、激素结合，将它们载入细胞，转铁蛋白可以结合并传递铁离子，此外，若结合蛋白与有毒金属或热原结合，则可以解除它们的毒性；④提供细胞生长所需的脂肪酸与微量元素，脂肪酸主要有磷脂质、胆固醇、前列腺素等，而微量元素主要有铜、锌等；⑤提供蛋白酶抑制剂时使用的胰蛋白酶失活，保护细胞不受伤害；⑥起缓冲作用，有助于保证培养液pH的稳定。

由于血清的成分复杂，其中含有多种对细胞生长起不同作用的已知或未知成分，这在利用细胞培养作为工具研究激素、细胞因子及药物的作用时，会对研究结果的分析产生干扰；如果培养细胞是了获得某一种产品，这还会增加细胞培养后产物提取的难度，甚至影响产品的质量；大规模培养时还会造成成本过高。为此，从20世纪50年代开始，人们便开始研究和开发无血清培养基，并取得了较好的进展。有人应用无血清培养基成功地培养了几十种细胞系，包括人成纤维细胞、表皮细胞、CHO细胞、杂交瘤细胞及淋巴细胞等。

无血清细胞培养技术是细胞培养研究过程中的里程碑，与含有血清培养基相比，无血清培养基的优点是：①消除了由于不同批次血清之间的差异而造成的实验误差，保证了实验结果的准确性与稳定性；②减少了血清中有可能存在的支原体、病毒所造成的污染；③使细胞工程产品的分离纯化更加容易，进一步简化了鉴定细胞工程产品的程序；④无血清培养基来源稳定，供应充足。

无血清培养基设是在已知细胞所需的营养物质和贴壁因子基础上，在基础培养基中补充可替代血清作用的补充成分制备而成。然而不同的细胞系或细胞株其补充成分的种类和数量也不相同，其补充成分大致可以分为以下几类。

1. 激素和生长因子　激素主要有胰岛素、胰高血糖素、生长激素等乡肽激素以及孕酮、轻化可的松、雌二醇等甾体类激素。几乎所有细胞的无血清培养都要添加胰岛素，作用是调节和控制细胞内多种代谢途径，加强糖原、蛋白质、甘油三酯以及 DNA 的合成。生长因子主要有表皮生长因子、神经生长因子、成纤维生长因子、血小板生长因子等。

2. 结合蛋白　主要有转铁蛋白和白蛋白，转铁蛋白可增强细胞摄取和利用培养液中铁的能力，还可结合有毒金属离子解除其毒性；白蛋白与脂类、金属离子、激素等结合后可以增温其作用，刺激细胞增殖。

3. 贴壁和铺展因子　大多数细胞属于贴壁依赖性细胞，必须贴附于培养器皿表面才能进行正常的分裂与增殖，因此在培养这类细胞时必须添加贴壁因子和铺展因子。常用的贴壁因子有纤维连结素、多聚赖氨酸、胶原，而血清铺展因子则是一种糖蛋白。

4. 低分子量营养因子和元素　主要有维生素 A、抗坏血酸、α-生育酚、硒等。

（三）控制培养条件

动物细胞培养除了需要合适的培养基外，对生长环境的要求也很高，首先必须保证培养环境无任何污染，做到无毒、无菌；其次还要保证合适的温度、湿度、气体环境和 pH。

（四）实时监测与反馈控制

在大规模动物细胞培养中，一些关键生物参数无法在线测量，但离线取样测量所需周期长，因而无法及时反映参数状态，为培养过程方向的控制、调节细胞生存环境、减少过程污染等带来一定的困难，采用过程在线监控技术可以为大规模动物细胞培养的顺利进行提供保障。目前培养过程中的温度、pH等已经可以实现在线监控。近年来，越来越多的研究着重于细胞培养过程的监控，如在线测量 OUR、利用在线葡萄糖分析仪来调整灌流速度等。

（五）工艺放大与稳定性验证

随着生物制药领域的快速发展，动物细胞培养工艺的优化和放大成为提高抗体药物生产效率的关键环节。细胞培养工艺的优劣直接影响抗体药物的质量和产量。因此，工艺放大和稳定性验证在药物研发和生产过程中具有极其重要的地位。

1. 动物细胞培养工艺放大

（1）工艺放大　是指将实验室规模的细胞培养工艺逐步扩大到中试和生产规模的过程。在细胞培养规模逐渐扩大的情况下，保证细胞在相对恒定的环境中稳定生长，以进行产物的表达。衡量的标准包括细胞密度、生长速率、活率、产物表达率和糖基化水平等多方面。

工艺放大过程中，设备差异影响非常大：研发阶段使用的罐体供应商多种多样，罐体的材质（一次性或玻璃）、高径比、搅拌桨直径和罐径比以及放大后使用的罐体一般都不完全一致。通过参数调整，如与体积相关的参数（如搅拌速度、通气流量等）在放大过程中需要调整，以保持培养环境的一致性。

（2）放大准则

1）恒定叶端速度（tip speed）　叶端速度是指搅拌桨末端线速度，是影响细胞剪切力的关键因素。通过调整搅拌桨直径和转速，使不同体积的罐体保持恒定的叶端速度，从而让细胞在同样的剪切力环境下生长。适用于小规模的放大和生产。

2）恒定混匀时间（mixing time）　混匀时间是指反应器内液体达到均匀混合所需的时间。在化工行业中，混匀时间的恒定可以直接作为放大的依据。

3）恒定 KLa　氧传质系数（KLa）表征氧气从气相进入液相的速率。恒定的 KLa 放大准则给细胞提供了相同的氧传递环境。但 KLa 的测定受搅拌速度、通气流量等多种因素影响，确定合适的 KLa 值需要多次测试和分析。

4）恒定单位体积功耗比（P/V）　P/V是搅拌功率与工作体积的比值，体现了混合程度。P/V值受搅拌功率、罐体直径、搅拌桨直径、工作体积、液体密度等多种因素影响。恒定的P/V值被推荐为很多工艺放大的准则，是当前最常采用的放大策略。考虑到细胞剪切力的耐受性不同，常见的P/V范围在$10 \sim 40W/m^3$。

（3）工艺放大的流程

1）种子细胞扩增　先逐步使用不同规格的摇瓶进行细胞扩增，如果摇瓶的培养体积不能满足需求，可以考虑采用玻璃罐生物反应器、波浪袋生物反应器、一次性搅拌生物反应器或者不锈钢生物反应器。

2）生物反应器选择　根据细胞培养生物反应器的类型，采用相似或相同类型的生物反应器进行细胞扩增，让细胞在与细胞培养生物反应器相同或相似的生长环境中提前适应。

3）参数调整　根据放大准则，调整搅拌速度、通气流量等参数，确保放大后的培养环境与实验室规模一致。

2. 动物细胞培养稳定性验证

（1）稳定性验证的重要性　稳定性验证是指在特定条件下，对细胞株进行连续传代，检测其生长特性、生产产量、产物质量和遗传稳定性等指标的过程。确保细胞株在商业化生产过程中能够稳定、连续地生产高质量的产品。

（2）稳定性验证的内容

1）生长特性稳定　检测各代次细胞株在当前工艺条件下的生长曲线、活细胞密度峰值等指标，确保无显著变化。

2）生产产量稳定　检测各代次细胞株在当前工艺条件下的产物表达量，确保无显著变化。通常，最高的限传代次和初始研究代次间的表达量变化应控制在30%以内。

3）产物质量稳定　检测各代次细胞株在当前工艺条件下产物的关键质量属性，如聚体、酸性峰、糖型等，确保无显著变化。

4）遗传稳定　检测各代次细胞株的基因组序列和氨基酸序列，确保一致，且基因拷贝数无显著变化。

（3）稳定性验证的流程

1）传代培养　在特定的条件下对细胞株进行连续传代，通常在传至第5代、10代、15代、20代时进行细胞冻存。

2）复苏培养　将各个代次冻存的细胞进行复苏，采用商业化生产的工艺进行培养生产。

3）指标检测　对复苏后的细胞进行生长特性、生产产量、产物质量和遗传稳定性等指标的检测。

（4）稳定性验证的注意事项

1）实验规模　稳定性验证应在生产规模或者在经过验证的缩小模型中进行，以确保实验结果的可靠性。

2）实验条件　稳定性验证的实验条件应与商业化生产的工艺条件一致，包括培养基配方、培养温度、pH等。

3）实验次数　稳定性验证应重复多次，以排除偶然因素的影响。

动物细胞培养工艺放大与稳定性验证是抗体等药物生产过程中不可或缺的环节。通过科学合理的放大准则和稳定性验证流程，可以确保细胞株在商业化生产过程中能够稳定、连续地生产高质量的产品。随着生物制药技术的不断发展，动物细胞培养工艺的优化和放大将成为提高药物生产效率和质量的重要手段。

二、动物细胞大规模培养系统

不同的动物细胞具有不同的培养特征，有的细胞属于贴壁依赖性细胞，它们必须贴附在某种固体基质表面才能生长；有的细胞则属于非贴壁依赖性细胞，它们可以在悬浮状态下生长，还有的细胞属于兼性贴壁细胞；它们在两种条件下都能生长。因此，为了获得最佳的经济效益，必须针对细胞各自不同的特征选择合适的培养方法，这些方法大致可以分为悬浮培养、贴壁培养和贴壁－悬浮培养。

（一）类型与特点

1. 悬浮培养 指将细胞悬浮于培养液中自由生长繁殖的方法，主要适用于非贴壁依赖性细胞和兼性贴壁细胞的培养。动物细胞细胞膜薄，娇嫩易碎，抗剪切能力弱，不采用常规的用于培养微生物的搅拌式发酵罐进行培养，为了降低搅拌剪切力对细胞造成的损伤，采用气升式生物反应器或专门设计的通气搅拌式反应器进行培养。动物细胞悬浮培养装置工作原理是，将含5%的混合气体从反应器底部管道输入，气体沿培养器中央的内管上升，其中一部分气体从反应器顶部逸出，另一部分则被引导沿反应器的内缘下降，直达反应器底部和新吹入的气体混合而再度上升。这样，通过气体的上下循环起到供氧以及搅拌的效果。英国 Celltech 公司研制的气升式细胞培养装置在世界上处于领先地位，其培养规模从5L、30L、100L 到 1000L 不等，应用这类培养系统培养杂交瘤细胞生产单克隆抗体，培养周期一般需要两周，1000L 的培养规模可以年产 5kg 单克隆抗体。而英国 Wellcome 公司则设计了 8000L 规模的搅拌式反应器，用于大量生产 α 干扰素、病毒疫苗和其他生物制品。

2. 贴壁培养 又称为单层细胞培养，主要适用于贴壁依赖性细胞和兼性贴壁细胞，而实现动物细胞大规模培养常采用的方法是转瓶（滚瓶）培养，它是通过将培养瓶旋转使吸附在瓶壁上的细胞交替与培养液及空气接触，从而达到增加细胞吸附面积的一种方法。早期通过该方法培养鸡胚和肾细胞大规模生产疫苗，现在也采用滚瓶培养技术培养基因工程细胞生产 EPO 等基因工程产品，其培养规模可以达到数十升。转瓶培养的优点是普遍适用于大多数细胞的培养，规模放大较为容易，且容易实现罐流培养，即及时放出含高浓度废代谢物的陈旧培养液，同时补加新鲜培养液，使细胞处于良好的生长状态，实现较高密度的细胞培养。这种方法的缺点是操作较为烦琐，传代或放大时需要用蛋白酶将其从瓶壁上消化下来。

3. 微载体培养 1967 年 VanWezel 首先创立了动物细胞微载体大规模培养方法，其基本原理是将细胞附着在微载体的表面，然后将载体置于培养液中悬浮培养，使细胞在载体表面单层生长繁殖。这种方法扩大了细胞的附着面，充分利用了生长空间和营养液，因此大大提高了微载体的比表面积。

优良的微载体必须满足以下条件：①微载体不得含有毒害细胞的成分；②微载体须与细胞具有较好的相融性，易于细胞贴壁生长；③微载体比重须略大于培养液，一般要求在 1.031~1.05，最大不超过1.1，轻度搅拌时，能悬浮于培养液中，停止搅拌后，能较快地沉降下来；④微载体珠径应在 40~120μm 范围内，经生理盐水溶胀后，珠径增大到 60~280μm，且粒度分布要均匀，径差不大于 ±（20~25）μm；⑤微载体必须有良好的光学性质和透明的外表，便于用显微镜观察细胞生长情况；⑥能在磷酸盐缓冲液中耐受 120~125℃的高温，以便进行高压灭菌；⑦基质须是非刚性材质，以免在培养过程中由于载体间的相互碰撞而损伤细胞；⑧不吸附培养基中的营养成分；⑨载体材料不易变性老化，可反复多次使用。

微载体培养细胞的方法其优点具体表现在：①细胞附着表面积增大；②细胞生长环境均一，条件易于控制；③取样及细胞计数简单；④细胞与培养液易于分离；⑤大规模培养只需对微生物发酵罐或气升式深层培养系统稍加改进即可；⑥适合于培养原代细胞、二倍体细胞株以及基因重组细胞。

4. 固定化包埋培养与微囊培养 固定化包埋培养又称为大载体培养，它是采用高分子材料将细胞包埋其中并制成固定化颗粒，进而在培养液中进行培养的方法。该方法的优点是：①对贴壁依耐性细胞和非贴壁依耐性细胞都适用，前者一般用胶原包埋，后者一般用海藻酸钙包埋；②细胞生长密度高，抗剪切力和抗污染力强；③细胞与培养液易于分离，产品分离纯化简单。

所谓微囊培养，是将细胞包被在薄的半透性膜中的一项技术。首先采用海藻酸钠包埋细胞制成固定化凝胶颗粒，再用长链复基酸聚合物、多聚赖氨酸包被，形成坚韧、多孔可通透的外膜。膜孔的大小可根据需要而改变。然后液化胶化小珠，使其成胶的物质从多孔膜流出，活细胞或生物活性物质留在多孔外膜内，置入气升式培养系统中进行增殖。微囊内的活细胞由于有半透性微囊外膜，可以防止污染和物理损伤。营养物质和氧可通过膜孔进入囊内，囊内细胞代谢的小分子产物可排出囊外，而分泌的大分子产物如 IgG，则不能透过膜孔，积聚在囊内。囊内细胞密度可达 $1.4 \times 10^8/ml$。细胞密度大，分泌产物量高。微囊技术具有与包埋技术相似的技术优点，并已成功应用于培养杂交瘤细胞生产单克隆抗体，以及 DNA 重组技术产品的生产。

5. 中空纤维培养　中空纤维管径为 $200\mu m$，由聚砜或丙烯聚合物制成。管壁是极薄的半透膜，电子显微镜下呈海绵状，富含毛细管，厚 $50 \sim 75\mu m$。数千根中空纤维封存于特制的圆筒里，就组成了一个中空纤维培养系统。这种纤维内部是空的，纤维之间有空隙，所以在圆筒内就形成了两个空间：每根纤维的管内为"内室"，可灌流无血清培养液供细胞生长；管与管之间的间隙为"外室"，接种的细胞就贴附于"外室"的管壁上，并吸取从"内室"渗透出来的养分，迅速生长繁殖。培养液中的血清输入"外室"，由于血清和细胞分泌产物（如单克隆抗体）的分子量大而无法穿透到"内室"，只能留在"外室"，并且不断被浓缩。当需要收集这些产物时，只要把管与管之间的"外室"总出口打开，产物就能流出来。至于细胞生长繁殖过程中的代谢废物，由于都是小分子物质，可以从管壁渗进"内室"，最后从"内室"总出口流出，不会对"外室"细胞产生毒害作用（图 6-7）。该方法的优点是：①培养器体积小，细胞密度高；②产物浓度高、纯度高；③自动化程度高，细胞生长周期长。缺点是中空纤维价格较贵。

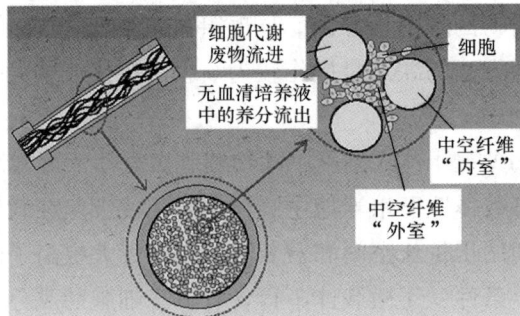

图 6-7　中空纤维系统培养动物细胞

（二）搅拌式生物反应器

机械搅拌式生物反应器是应用最早、最普遍的反应器，搅拌式生物反应器通过搅拌系统的旋转带动培养液流动，以实现营养物质的均匀混合，搅拌式反应器在罐体外设置传感元件，连接罐体实时检测培养过程中的温度、pH、DO 浓度、NH_3、NH_4^+ 等数值。此类生物反应器的规模较大、消毒便利。搅拌式生物反应器具有对细胞类型兼容性高、培养放大便利、产品质量稳定性好、适合工业化生产等优点，但机械搅拌无法避免的剪切力可能会造成细胞的损坏。

（三）非搅拌式生物反应器

1. 气升式生物反应器　气升式生物反应器通过气体喷射作用形成培养液的流动。其结构与搅拌式生物反应器差别不大，主要区别是采用气流喷射代替桨叶搅动，因而减少了剪切力的生成，可有效降低对细胞的损害。1985 年，Celltech 公司在 100L 气升式生物反应器中成功实现了杂交瘤细胞的规模化培养，如今研发出 10000L 气升式生物反应器，并用于单克隆抗体的大规模生产。

2. 中空纤维生物反应器　中空纤维生物反应器内具有成束的合成空心纤维管并使细胞附着在内壁上生长，大量成束的空心纤维管内壁可为细胞提供大量的生长繁殖空间。无论是悬浮培养细胞或具有贴壁依赖性的细胞，都可以使用中空纤维管生物反应器，并且培养密度最高可达 $10^9/ml$。该生物反应器的细胞培养环境温和、培养密度较高、产品分离纯化较易，但也存在培养环境均一性欠佳、产品质量的稳定性不高、不易放大、反应器消毒不便和重复使用性低等缺点。

3. 回转式生物反应器　20 世纪 90 年代，美国宇航局开发了回转式生物反应器（rotating wall vessel bioreactor，RWVB），该生物反应器最初是为了保护宇航中的纤细组织培养而设计，然而其具有的低剪切力、高传质效率和微重力的特点，使其在普通实验室研究中也受到重点关注。RWVB 因无推进器、气泡或搅拌器等机械装置，故剪切力极低，从而有利于细胞团的形成。同时，由于培养物的重力向量在该生物反应器回转中随机地变化，重力也随之有一定程度地降低，从而使细胞处于一种模拟自由落体的状态，并且由于重力向量可能影响细胞的基因表达或促进组织器官生成，因此 RWVB 十分适用于组织工程研究、微重力环境对细胞生长影响的探究。

（四）微载体培养技术

1. 微载体培养动物细胞的特点　微载体之所以能成为目前最常用、最有效的动物细胞培养载体，是因为许多病毒疫苗和重组蛋白须在贴壁依赖型细胞系生产，而微载体具有比表面积大、易检测、易控制培养系统环境因素、培养基利用率高、可实现无细胞过滤、污染少等特点，更接近体内三维立体环境，细胞易于在其上生长。

2. 微载体种类　大部分细胞是贴壁依赖型细胞，只有黏附在固体基质表面才能增殖，因此细胞贴附于微载体表面是细胞生长的关键。影响细胞贴附和铺展的主要因素是二价阳离子和吸附糖蛋白，其他影响因素有粒径、表面光滑程度、与细胞分离难易程度、重复使用性等。就制造材料而言，微载体可分为葡聚糖微载体、聚苯乙烯微载体、中空玻璃微载体、交联明胶微载体、纤维素微载体、聚苯烯酰胺微载体、壳聚糖微载体等；就物理性质而言，微载体可分为固体微载体和液体微载体，固体微载体较为常见，又可分为实心微载体和大孔或多孔微载体。实心微载体易使细胞在微球表面贴壁、铺展和病毒生产时感染，以 Cytodex 系列应用最广。然而采用实心微载体培养细胞时，细胞易受搅拌、珠间碰撞、流动剪切力等动力学因素破坏。为克服这些缺点，科学家研制出了 Cytopore 系列的多孔微载体，这类微载体以纤维素为基质，利用成孔剂（盐、糖类、冰晶）析出法和气体（CO_2）发泡法制孔，使其内部形成网状结构，细胞接种后容易进入微载体内部生长分裂，从而避免剪切力或气泡的影响，既可使大部分细胞免受机械损伤，又为细胞提供了充分的生长空间。利用壳聚糖为基本材料，以 2% 乙酸为溶剂，采用液氮冷冻干燥技术成功制备了壳聚糖球形多孔微载体，并将其用于肝细胞培养。鉴于固体微载体有吸附血清、易变性、一次性使用、培养后分离中细胞损失等缺点，对于氟碳化合物液膜微载体微珠形成、细胞贴壁、培养均应在搅拌下进行，达到培养目的时停止搅拌，即可通过离心分相使细胞游离悬浮于有机相和培养基相之间，可用移液管方便移出。

三、动物细胞工程制药实例

（一）大规模细胞培养生产重组人尿激酶原

人尿激酶原（pro - UK）是尿激酶的前体，又称为单链尿激酶型纤溶酶激活剂（scu - PA），是一种糖蛋白，由 411 个氨基酸残基组成。尿激酶原是一种重要的溶栓药物，在治疗急性心肌梗死（ASI）方面具有很高的应用价值。由于它具有纤维蛋白选择性，出血副作用小，同时又具有溶栓作用强、再梗率低、疗效显著等优点，近年来受到广泛关注。然而，与一般生物药物相比，pro‒UK 给药剂量较大（每人 20～80mg），因此，必须采用大规模细胞培养技术来进行生产。这里介绍在采用多孔微载体技术大规模培养 CHO 细胞分泌生产 pro‒UK。工艺过程如下。

1. 重组人 u‒PA 工程细胞的大规模培养   从液氮中取出 CL‒11G 工程细胞复苏，在小方瓶中培养，至细胞贴壁长满后，转入搅拌瓶中用 Cytopore 多孔微载体（Pharmacia）培养，至上清中 u‒PA 活性达 3000～4000IU/ml 时，转入 5L 生物反应器中，加入多孔微载体培养；当反应器中，细胞培养上清中 u‒PA 活性达到 6000～8000IU/ml 时，每天更换培养基 1～1.5 个工作体积。转入 30L 的 Biostst UC 生物反应器（B. Braun）中，采用多孔微载体无血清培养细胞，当上清中 u‒PA 活性达到 3000IU/ml 以上时，每天可收集 1～1.2 个工作体积（20～24L）的培养上清，连续换液培养超过 60 天，共收集上清 1200L 余。

2. 重组人 u‒PA 的分离纯化   将连续换液培养收获的无血清细胞培养上清，经沉降虹吸，离心去掉少量细胞及细胞碎片后，用稀盐酸调 pH 值至 5.8，过 StreamlineTM‒SP 扩张床，用洗脱缓冲液洗脱后收集洗脱峰；用微孔滤膜过滤后，过 Sephacryl S‒2200 凝胶色谱，收集活性蛋白峰；收集峰用 Benzamidin SepharoseTM 4 Fast flow 亲和层析除去部分双链 UK，收集穿透液，得到纯品 u‒PA。从 1200 余升细胞培养液上清中可纯化得到 40 余万克 u‒PA 精品。

3. 冷冻干燥   将纯化后符合质控标准的 u‒PA 加入赋形剂和保护剂后，配制成含 u‒PA 2.5mg/ml 的溶液，过滤除菌后，分装为每瓶 5mg，冷冻干燥。

（二）CHO 细胞生产单抗应用

中国仓鼠卵巢（CHO）细胞是生产重组蛋白药物的主要宿主细胞之一，目前约有 70% 的重组蛋白药物由 CHO 细胞生产。由于 CHO 细胞在体外培养的增殖速度较高，且在 CHO 细胞中表达的重组蛋白药物的糖基化结构与人体内自发产生的蛋白质结构具有较高的相容性和相同的生物活性，所以 CHO 细胞一直以来是进行重组蛋白药物生产的理想宿主细胞。应用 CHO 细胞生产重组药物蛋白的另一优点在于，CHO 细胞对培养环境具有良好的适应性，同时也适宜于各种基因手段的应用。

1. 动物细胞表达系统的构建   单克隆抗体主要利用哺乳动物宿主细胞生产，最常用的有 NSO、CHO 细胞等。利用基因重组技术将表达单抗重链和轻链的基因和表达筛选标记的基因同时转染到细胞染色体上，便可以完成动物细胞表达系统的构建。用于哺乳动物细胞表达系统的质粒通常包含两部分，其中一部分包含目的产物和筛选标记的基因，另一部分包含使质粒能快速复制的基因。为了使目的基因能够在细胞内具有较高的表达量，可以采用一些如 CMV 和 EF1α 启动子（增强子）来促进基因的表达。目前比较高效稳定的转染方法主要包括磷酸钙法、电穿孔法、阳离子脂质体法和高分子方法等。

2. 细胞株的筛选与扩增   通过基因重组技术转染后的动物细胞并不能马上用于培养，必须通过一定的压力筛选才能获得表达外源基因的稳定细胞株。细胞株的筛选主要依赖于在转染目的基因时同时转入的筛选标记基因，这些标记基因可以分为两大部分，即代谢筛选标记和抗生素筛选标记。将转染后的细胞培养在含有与筛选标记基因相关药物的培养基中，经过一段时间的培养，在药物压力之下，筛选标记基因得到扩增的同时，表达外源产物的基因也将同时得到扩增，经过筛选不同克隆，可得到稳定高效表达的细胞株，从而用于后续研究或生产。

3. 培养基和培养工艺开发和优化   作为动物细胞培养技术中最为重要的环节，培养基和培养工艺的开发是决定单克隆抗体药物生产过程高效稳定的关键步骤。利用统计学实验能快速有效地获得大量信息，筛选出重要的营养组分，同时确定合适的比例及浓度。培养过程分析方法则通过分析培养过程中培养基各组分的消耗情况，从而设计并优化各组分的比例及浓度，以满足细胞生长和产物表达的需求。用于单抗药物生产的细胞培养模式有批式培养、流加培养和灌注培养。

4. 生物反应器操作优化和放大　用于单抗药物生产的动物细胞培养过程需要在生物反应器中进行，生物反应器的体积从小试的 5L、30L 到中试 300L、500L，逐步发展到工业生产规模的 1000L，甚至 10000L 以上，在这些逐级放大过程中，需要对相应过程的操作参数进行合理的设计和优化，以保证原有工艺下的细胞生长，产物表达和质量的稳定。搅拌和通气参数通常被认为是放大过程中影响培养性能的主要因素，恒定体积功率输入（P/V）、恒定氧传质系数（KLa）、恒定单位体积气体流速（VVM）以及恒定叶轮叶尖速度是进行培养放大时最常用的标准。

四、细胞工程制药的研究成果与发展趋势

（一）细胞工程制药现状

现今，随着生命科学的理论知识与应用技术的飞速发展，细胞工程中以细胞培养为主的技术手段日益成熟。特别是动物细胞的培养研究有相当可观的效果，其应用发展前景有无限的未来。以细胞工程制药技术为例，细胞工程制药技术是在制药工业的基础上以细胞工程技术来进行药物的开发、研究与生产。它分为上游工程与下游工程：细胞培养、细胞遗传操作与细胞保藏为上游，将转化好的细胞用以生产实践中进行生产的过程为下游。

1. 动物细胞工程　动物细胞工程在制药领域取得了显著的研究成果，主要包括以下几个方面。

（1）细胞融合　我国在细胞融合技术上有着较高的成熟度，尤其是在单克隆抗体的生产上，淋巴细胞杂交瘤技术应用广泛，成功培育了多种杂交瘤细胞株系，用于疾病诊断和治疗。

（2）细胞核移植　细胞核移植技术在生物反应器的制备上显示出巨大的潜力，尤其是在转基因制药领域，能够有效降低生产成本。尽管技术仍需完善，但已在鱼类和哺乳动物的体细胞克隆中取得成功。

（3）转基因动物　转基因技术的应用推进了基因工程药物的生产，特别是利用动物乳腺作为生物反应器，生产高产量、易提纯、生物活性稳定的转基因药物，成为制药领域的重要技术突破。

（4）动物细胞培养　动物细胞培养技术经过多年的发展，已广泛应用于生物医学领域，如生产激素、生长因子、酶、干扰素和单克隆抗体等高价值生物制品。然而，为满足大规模生产的需求，技术仍需进一步优化。

（5）动物生物反应器　乳腺生物反应器因其高效表达重组蛋白的能力，被认为是生物医药行业未来的重要发展方向，具有高产量和低成本的优势。

2. 植物细胞工程　植物细胞工程制药技术也在药用成分的生产、快速繁殖和转基因植物的应用中取得了显著进展，为植物制药的工业化生产提供了重要支持。植物细胞工程制药的研究成果主要集中在以下几个方面。

（1）植物细胞培养生产药用成分　植物细胞培养技术用于生产药用成分已有显著进展，如通过培养黄连细胞生产黄连碱、人参根细胞生产人参皂苷等。这种技术也被用于中试规模的生产，如青蒿素、丹参酮等药物的生产，表明植物细胞培养在药物生产中具有广阔的应用前景。

（2）植物快速繁殖技术　植物快速繁殖技术在高附加值经济植物、濒危物种和转基因植物的繁殖中得到了广泛应用。在中国，植物快速繁殖技术的研究起步较早，现已实现对多种植物的规模化繁殖和种质资源的长时间保存，显著提高了植物资源的利用效率。

（3）转基因植物　转基因植物技术在中国发展迅速，目前已成功培育出多种具有经济价值的转基因植物，如抗病毒甜椒、抗虫棉花等。转基因植物在药物生产中的优势包括易于遗传操作、可培育出完

整植株、低风险等，使其成为植物制药的重要途径。

（4）植物生物反应器　植物生物反应器被称为"植物基因药厂"，通过植物细胞悬浮培养技术大规模生产人类所需的药用蛋白和疫苗。中国在这一领域的研究起步于 20 世纪 90 年代，现已取得了显著的成果，如向马铃薯和番茄导入乙型肝炎病毒包膜蛋白基因，培育出高效表达外源基因的植株。

（二）细胞工程及生物技术制药的未来发展

生物制药技术在当前医药领域中具有重要意义，其广泛的应用和深远的影响力无疑推动了整个行业的快速发展。细胞工程制药作为生物制药技术的重要组成部分，已成为全球医药产品的重要来源。据统计，世界上约 50% 的医药产品来自细胞工程制药，其中植物细胞提取物和动物细胞提取物各占一半。细胞工程技术为生物制药工业提供了坚实的技术基础，广泛应用于治疗免疫性疾病、提升治疗效果以及创新药品开发。随着技术的不断突破，细胞工程制药的影响和前景日益显现，生物制药和细胞工程的紧密结合带来了巨大的经济效益，并推动了行业的快速发展。

未来，随着新兴技术的不断出现和更新，细胞工程制药的研发将充分利用各种技术平台，寻找最佳研究方案。与其他相关领域的结合，如生物信息学、基因编辑技术和合成生物学，将进一步推动生物制药的发展。结合目前的医药行业发展趋势，细胞工程制药将在以下几个方向上取得显著进展：利用细胞工程技术研发更加适合人体使用的抗体药物，提升治疗效果；通过细胞工程技术繁殖和保护濒危药用植物，扩增数量稀少但附加值高的新型药物；加强动物细胞的制药研究，发展转基因动物产业，以生产高效、贴合人体需求的生物制品。通过持续的研究和应用推广，细胞工程制药将为医药行业带来更多突破性进展，进一步提升人类健康水平和生活质量。

答案解析

思考题

1. 为什么动物细胞培养需要严格的无菌操作？
2. 细胞悬浮培养与固体培养相比具有哪些优势？
3. 动物细胞工程的应用有哪些？

书网融合……

本章小结　　　　　习题

第七章　生物制药新技术

📖 **学习目标**

1. 通过本章的学习，掌握合成生物学概念及相关术语；熟悉 DNA 组装技术、基因组编辑技术的原理及其在合成生物学中的应用；了解合成生物学的发展前景及其在医药领域的应用。

2. 具备运用合成生物学技术进行 DNA 组装和基因组编辑的能力，能够设计和构建简单的生物线路。

3. 树立终身学习观念，不断完善知识结构，培养对合成生物学领域的兴趣和创新意识。

科学家解析生命的研究方法发生了根本性变化，出现了基因组、转录组、蛋白质组和代谢组、宏基因组、微生物组、表观组等高通量生物分析技术，已经解析包括人类在内的数千种生物的基因组。用已知功能的生物元件，重新设计和构建具有新功能的生物，甚至可以全合成新生命，并于 21 世纪初诞生了合成生物学。基于微生物免疫噬菌体感染机制，2012 年建立了基因组编辑技术，加速了合成生物学发展。本章将介绍合成生物学、DNA 组装技术和基因组编辑技术及其在医药领域的应用。

第一节　概　述

合成生物学研究如何设计和构建人工生命，依靠人工开发的基因密码，按照预定的方式运行生命。本节主要介绍合成生物学概念、生物元件和模块及发展历程。

一、合成生物学的概念及分类

（一）合成生物学的概念

合成生物学（synthetic biology）是基于生命系统的工程技术，旨在人工设计、构建自然界不存在的生命或改造已有生命使之具有崭新功能，满足人类日益增长的物质需求。合成生物学的核心思想是，认为生命的所有元件都能由化学合成制造，并能通过工程化方式组装成实用的生物体。

合成生物学的研究思路有两种。第一种是自下而上的策略，从 4 种碱基 A、T、G、C 出发，化学合成寡核苷酸，然后逐级组装成小片段、中片段、大片段乃至于全长染色体和完整基因组，构建创新生物。第二种是自上而下的策略，采用 Cre – loxP、RedET、CRISPR 等基因编辑技术，对基因组进行敲除、敲入、替换、突变等，改造已有生物，赋予新功能。

合成生物可在不同层次上进行，既可以是非细胞生物病毒，具有细胞结构的细菌、酵母，也可以是具有细胞分化功能的组织或器官，甚至是完整生命系统。目前合成生物主要集中在以染色体为核心的基因组上，细胞膜、细胞质等的设计和合成仍然在探索中。

（二）合成生物学的分类

根据研究对象，合成生物学可分为合成微生物学、合成植物学和合成动物学。

根据应用领域，合成生物学可分为医药合成生物学、农业合成生物学、食品合成生物学、工业合成生物学、环境合成生物学等。医药合成生物学是研发、生产制造预防、治疗药物和临床试剂的合成生物学，包括化学药物、生物制品、细胞和基因药物、各类诊疗试剂及移植用组织器官。农业合成生物学是农作物、林草和饲养动物的合成生物学，包括粮、棉、麻、丝、茶、园艺等作物，以及树林树木、牧草、家禽、家畜、水产动物新品种培育等。食品合成生物学是指蛋白质、油脂、食品添加剂与配料等的合成生物学，包括细胞培养肉、微生物蛋白、微生物油脂等。工业合成生物学是利用淀粉、生物质秸秆、二氧化碳等生产各种工业化学品的合成生物学，包括有机酸、有机醇、有机胺、烷烃、烯烃、生物塑料等。环境合成生物学是检测、修复、保护环境的合成生物学，包括污染物的生物传感检测、生物修复、有害生物入侵的防治及生物多样性保护等国土环境的生态安全性。

二、生物元件和生物模块

（一）生物元件

生物元件（bio - element）是用于构建生命的基本材料和功能单元，包括基因元件、蛋白质元件、RNA 元件等，其中由核酸组成的基因元件研究和应用最多。根据基因的生物学功能，基因元件可以是编码生化反应、具有催化功能的酶元件，也可以是调控细胞过程的非酶元件。从生物信息中心法则看，基因元件包括 DNA 复制子、基因编码的阅读开放框、转录启动子与终止子、蛋白质翻译的核糖体结合位点与终止密码等。在合成生物研究中，基因元件也包括酶切位点、选择标记等遗传操作元件。

生物元件库就是生物元件的集成，是合成生物学的遗传资源。建立这样的文库，可大大降低成本，方便查询和调取使用。为此，已经建立了大肠埃希菌、酿酒酵母等天然和合成的启动子生物元件文库。如数据库 RegulonDB 有 1000 余个大肠埃希菌天然启动子及其他功能元件，以 BBa 为字头的标准生物元件库（registry of standard biological parts），容量已达到数万个。天津大学合成生物学前沿科学中心建设有功能元件、模块和底盘等数万余个的实体库，生物信息学中心建有几十种原核生物和真核生物的必需基因数据库，可辅助最小基因组的设计。随着人工智能技术的发展，非天然的生物元件的库容不断拓展，为合成生物学提供了强大支撑。

（二）生物模块

生物模块（bio - module）由功能相互联系的一组生物元件组成，在细胞内执行特定的功能。如糖酵解途径、激素信号转导途径和温度调控途径等是天然生物模块。模块化可降低合成生物的复杂度，能加快设计和构建过程。目前已经设计和构建出了具有多种功能的基因回路，包括生物开关、逻辑门、基因振荡器、计数器及核糖开关等。

基因回路（genecircuit）或遗传回路（genetic circuit）是一种人工开发的生物模块，通过设计数理逻辑关系（如门、与门、或门等）、生物开关（如激活、抑制、反馈等），使不同功能的生物元件能像电路一样运行。应用基因回路，纠正失控细胞，实现细胞的表型和信号转导行为的精准控制，从而用于细胞治疗中。

采用两个阻遏系统和绿色荧光蛋白报告基因（GFP），通过物理和化学诱导调控，可构建双稳态开关。诱导物 IPTG、阻遏基因 lacI 和 trc 启动子组成一个阻遏系统；而氧化四环素（aTc）、阻遏基因 tetR 和 tetO1 启动子组成另一个阻遏系统。IPTG - aTc 调控的双稳态开关如图 7 - 1 所示。当加入 IPTG 后，IPTG 与 P_{trc} 启动

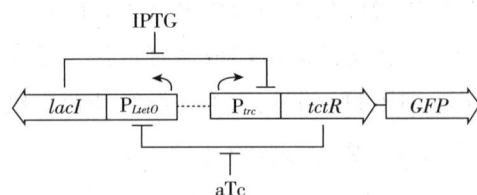

图 7 - 1　IPTG - aTc 调控的双稳态开关基因回路

子上的 *lacI* 结合，解除 *lacI* 的阻遏作用，P_{trc} 驱动 *tetR* 基因及 *GFP* 基因转录，其翻译产物 TetR 结合到 P_{Ltet01} 上，抑制 *lacI* 基因转录，*tetR* 与 *GFP* 基因持续高表达，输出信号为绿色荧光。相反，当加入 aTc 后，与启动子 P_{Ltet01} 结合，解除了 *TetR* 的阻遏作用，*lacI* 基因表达，进而与 P_{trc} 结合，抑制了 *tetR* 和 *GFP* 基因表达水平，因此由于 *lacI* 持续高表达，表现出无绿色荧光输出。

类似地，可用热诱导启动子替换氧化四环素诱导启动子，使用阻遏基因 *cI*，则可设计和构建出 IPTG – 温度控制的双稳态开关（图 7 – 2）。当加入 IPTG 时，*lacI* 从操纵基因上解离，*cI* 和 *GFP* 基因转录表达，细胞发出绿色荧光；当热处理（温度升高到 42℃），*cI* 从操纵基因上解离，*lacI* 基因转录表达，抑制了 *cI* 和 *GFP* 基因转录表达，细胞无荧光信号输出。

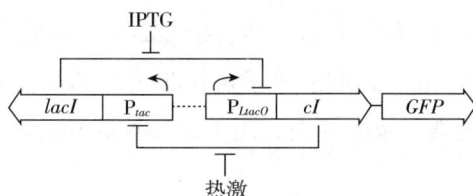

图 7 – 2 IPTG – 温度调控的双稳态开关基因回路

三、合成基因组的发展

虽然 20 世纪初《柳叶刀》文章中已使用"合成生物学"一词，但直到进入 21 世纪后，合成生物学才在学术刊物及互联网上逐渐大量出现。在合成生物学研究中，要得到一个全新的合成型基因组（synthetic genome），把它导入无基因组的空壳细胞中，从而实现新生物系统的人工全合成，为生物制药提供了定制化的菌株或细胞系。

合成基因组的策略是，首先化学合成寡核苷酸，然后采用各种组装技术生成较长片段，再次是在生物体内组装，最终合成全长基因组。目前已经设计合成了多种生物的基因组，包括噬菌体和病毒基因组、支原体和大肠埃希菌基因组及酿酒酵母基因组等。

（一）合成病毒

脊髓灰质炎病毒（poliovirus）是引起瘫痪和小儿麻痹症的病原，野生型脊髓灰质炎病毒基因组是 1 条长 7440nt 的正义单链 RNA。2002 年以脊髓灰质炎病毒 1 ［（poliovirus 1（Mahoney），简称 PV1（M）］基因组序列为参考，人工设计了合成型脊髓灰质炎病毒［synthetic PV1（M），简称 sPV1（M）］。通过酶切连接方法，构建了 sPV1（M）基因组，开启了病毒基因组的设计与合成。目前已经设计合成了鼠肝炎病毒、中东呼吸综合征病毒、新冠病毒等 RNA 基因组。

（二）合成噬菌体

2003 年设计构建了合成型噬菌体 ΦX174 基因组，2005 年设计构建了合成型噬菌体 T 7.1 基因组，为目前正在研发噬菌体基因组的抗细菌感染疗法提供了技术。

（三）合成最小基因组细菌

2008 年以野生型生殖支原体（*Mycoplasma genitalium*）基因组序列（长度 580076bp）为参考，设计并构建了合成型基因组 JCVI – 1.0（长度 582970bp），包括 485 个蛋白质编码基因，43 个 rRNA、tRNA 和结构 RNA 基因，4 个水印序列，为第一个人工合成的细菌基因组。2010 年设计并构建了丝状支原体（*M. mycoides sp. capri*）的合成型基因组 JCVI – Syn1.0（长度为 1077947bp），移植到去细胞核的山羊支原体（*M. capricolum sp. capricolum*）细胞中，实现了人工合成细菌的先河。2016年美国科学家通过多轮设计、合成和检测，最终得到维持支原体生长所必需的最小基因组JCVI-syn 3.0，将蕈状支原体基因组1.08Mb缩减到531kb，473个必需基因。

（四）合成缩减密码子细菌

2016年将埃希大肠埃希菌（*Esherichia coli* MDS42）基因组的丝氨酸密码子AGC替换为UCA、AGU替换为UCC，亮氨酸密码子UUG替换为CUA、UUA替换为CUC，精氨酸密码子AGA替换为CGC、AGG替换为CGA，将终止密码子UAG替换为UAA，设计了57个密码子的大肠埃希菌基因组。2019年，采用逆向合成策略和基因组编辑技术，将埃希大肠埃希菌基因组的丝氨酸密码子TCG替换为AGC、TCA替换为AGT、终止密码子TAG替换为TAA，共替换18241个密码子，设计并构建了61个密码子的大肠埃希菌基因组Syn61，长度为4Mb。这些密码子可用于编码非天然氨基酸，制造非天然蛋白质；使菌株对噬菌体具有免疫力，抵抗感染，减少损失，用于生物控制和防逃逸。

（五）合成酿酒酵母基因组

2009年提出人工合成酿酒酵母基因组计划（Sc 2.0计划），由美、中、英、法、澳大利亚、新加坡等多国科学家联合，2011年构建了酿酒酵母合成型6号染色体左臂和9号染色体右臂，2014年构建了合成型3号染色体，2017年构建了合成型2号、5号、6号、10号、12号共5条染色体，2023年构建了合成型1号、4号、7号、8号、9号、11号、14号、15号染色体及一条全新的tRNA染色体，2024年构建了合成型13号染色体（表7-1）。

表7-1　合成酿酒酵母基因组计划

染色体编号	野生型（bp）	合成型（bp）	主要贡献者	完成时间
I	230 208	180 554	美国约翰霍普金斯大学	2023
II	813 184	770.035	华大基因研究院	2017
III	316 617	272 871	美国约翰霍普金斯大学	2014
IV	1 531 933	1 454 621	美国纽约大学	2023
V	576 874	536 024	天津大学	2017
VI	270 148	242 745	美国约翰霍普金斯大学	2017
VII	1 090 940	1 028 952	英国爱丁堡大学	2023
VIII	562 643	504 827	美国纽约大学	2023
IX	439 885	404 963	美国纽约大学	2023
X	745 751	707 459	天津大学	2017
XI	666 816	659 617	英国帝国理工学院	2023
XII	1 078 177	976 067	清华大学	2017
XIII	924 431	883 749	深圳大学	2024
XIV	784 333	753 096	澳大利亚麦考瑞大学	2023
XV	1 091 291	1 048 343	新加坡国立大学	2023
XVI	948 066	902 994	澳大利亚麦考瑞大学	2025
tRNA染色体		186 602	英国曼彻斯特大学	2023
合计	1 2071 297	11 516 473		

2018年，采用基因组编辑技术，对酿酒酵母16条染色体进行融合，删除多余的端粒和着丝粒序列，得到了两株非天然酵母，其染色体数目分别为1条和2条。

酵母是公认的安全微生物，全合成具有功能的酵母染色体，不仅是向合成人工生命体迈出的一大步，也将加快制造医药产品的酵母菌株的定制化设计和合成，具有重大意义和应用价值。

（六）合成染色体融合小鼠

2022 年采用基因组编辑技术，对小鼠（Mus musculus，mice）（$2n = 40$）的染色体进行融合，经过胚胎移植，发育生出融合染色体小鼠。构建了携带 1 条中着丝粒染色体（1 号和 2 号染色体融合）和 18 条端粒着丝粒染色体的小鼠文库（$n = 19$）、携带 2 条中着丝粒染色体（1 号和 13 号融合、2 号和 9 号融合）和 16 条端粒着丝粒染色体的小鼠（$n = 18$）、携带 3 条中着丝粒染色体（1 号和 13 号融合、2 号和 9 号融合、7 号和 19 号融合）和 15 条端粒着丝粒染色体的小鼠（$n = 17$）。染色体融合小鼠的构建技术有助于疾病机理研究和药物的研发。

（七）合成人类人工染色体

2024 年，利用人 4 号染色体的 4q21 序列（长度 180kb）的新着丝粒的特性，与 lacO 阵列（256 个 lacO，长度 21676bp）、支原体基因组（长度 750kb）组装，首次设计构建了全新的环形人类人工染色体。该人工染色体在动物细胞中以单拷贝形式稳定存在，可承载 Mb 级 DNA，是治疗大片段染色体疾病的递送载体工具。

四、基因组编辑技术的发展

基因组编辑（genome editing）是将核酸酶基因组 DNA 进行切割，引发重组，实现敲除、敲入、替换、定位突变等编辑改造的生物技术。基因组编辑技术可分为两类，单组分的基因组编辑技术和双组分的基因组编辑技术。单组分的基因组编辑技术只有核酸酶一种组分，核酸酶特异性识别并切割 DNA 序列。双组分基因组编辑技术是由核酸序列和核酸酶两部分组成，核酸序列将核酸酶引导到特定的基因组位置，并切割 DNA。

（一）单组分基因组编辑技术

20 世纪 80 年代，在 P1 噬菌体中发现了 Cre 重组酶及其识别和切割序列 loxP，建立了 Cre – loxP 系统，能在基因组范围内进行大片段 DNA 删除、敲入、反转和易位等，至今仍然广泛应用于微生物和动物基因组编辑。1985 年，在酿酒酵母中发现了 FLP 重组酶及其识别和切割位点 FRT，建立 FLP – FRT 系统，但效率不及 Cre – loxP 系统。2009 年在 D6 噬菌体中发现了 Dre 重组酶及识别和切割序列 Rox，建立了 Dre – Rox 系统。2011 年，从 Cre 重组酶的同源物中筛选出 VCre 和 SCre，分别构建了 VCre – VloxP 系统和 SCre – SloxP 系统，它们与 Cre – loxP 系统具有较低的同源性，互不影响，可以联合使用。

20 世纪 90 年代，利用归巢内切酶在哺乳动物细胞中诱导双链 DNA 断裂，促进断裂位点处的同源重组，确立了基于双链断裂的核酸酶进行基因组编辑的概念。在非洲爪蟾的转录因子中发现锌指蛋白，经人工改造并连接上核酸内切酶 Fok I 后，开发了锌指核酸酶（zinc – finger nucleases，简称 ZFN）编辑技术。类似地，21 世纪初发现了转录激活因子样效应物，与核酸内切酶 Fok I 融合，开发了转录激活因子样效应物核酸酶（transcription activator – like effector nucleases，简称 TALEN），比 ZFN 特异性和效率高。但 ZFN 和 TALEN 是人工构建的融合酶，其设计和组装复杂而且困难、成本也高，因此限制其广泛应用。

（二）双组分基因组编辑技术

1987 年首次在大肠埃希菌基因组中发现 iap 基因的 3′ 端存在 29bp 高度同源的重复序列，且这些重复序列均间隔 32bp，形成规律性重复的 DNA 序列。随着基因组测序的发展，越来越多的细菌和古菌中发现类似序列结构。2002 年 Jansen 将这种序列结构特征命名为成簇规律间隔短回文重复序列（clustered regularly interspersed short palindromic repeats，简称 CRISPR）。并进一步发现在 CRISPR 区域相邻成簇的保守基因，命名为 CRISPR 相关基因（CRISPR – associated genes，简称 Cas）。2007 年首次证实 CRISPR – Cas 是细菌抵抗噬菌体感染的一种获得性免疫机制，将噬菌体序列插入 CRISPR 的间隔区后，细菌即可获得噬菌体抗性，而从噬菌体基因组中删除间隔区时，细菌则失去噬菌体抗性。

2012 年，法国科学家埃玛纽埃尔·卡彭蒂耶（Emmanuelle Charpentier）和美国科学家詹妮弗·杜德纳（Jennifer A. Doudna）通过体外实验揭示了 CRISPR – Cas 系统的工作原理，发现化脓链球菌的 Cas9 蛋白可利用 RNA 分子作为引导，识别并切割特定的 DNA 序列，引起双链断裂。她们将 crRNA 和 tracrRNA 整合到单向导 RNA 中，简化了 CRISPR – Cas9 系统，为基因组编辑工具奠定了理论基础。由于她们建立了基因组编辑方法，获得了 2020 年诺贝尔化学奖。

2013 年，首次证明 CRISPR – Cas9 系统能在哺乳动物细胞表达并编辑基因组，建立向导 RNA（guide RNA，简称 gRNA）引导 Cas9 的编辑工具。随后，CRISPR – Cas 系统的基因组编辑技术如雨后春笋般暴发出来。并发现了更多的 Cas 蛋白，建立了 gRNA 设计软件，使基因组编辑精度可达单碱基。之后又开发了适合于细菌、真菌、植物和动物等不同生物基因组编辑的 CRISPR – Cas 系统，加速了研究合成生物学进程，被广泛用于生物学基础研究、药物发现和遗传病治疗、农业品种改良、工业菌种产能提升等领域。

第二节　DNA 的组装技术

DNA 组装是把 DNA 元件按照一定的顺序连接在一起的过程。把两个基本元件组装则产生一个新的元件，多个元件的顺序组装则形成更大、功能复杂的生物模块。DNA 组装是合成生物学的核心技术之一，组装体越长、效率越高，组装技术的能力就越强大。基于生物学原理，已经开发了一系列 DNA 组装技术，可用于基因组装、代谢途径（生物合成基因簇）组装、基因组的组装。本节主要介绍 PCR 组装、标准化组装、酶位点非依赖性组装和酵母细胞内组装。

一、PCR 组装

利用 PCR 技术，可把不同长度的寡核苷酸组装成较长的片段。根据 PCR 组装体的长度和反应特点，这里主要介绍无模板 PCR、不对称 PCR 和重叠延伸 PCR 组装等技术。

（一）无模板 PCR 组装

无模板 PCR 的反应体系与常规 PCR 的不同之处在于，前者不再添加用于扩增的 DNA 模板，使用 12 ~ 15 条引物，DNA 聚合酶、底物、缓冲液等其他成分相同。在无模板 PCR 中，正反向引物长度一般是 50 ~ 80bp，相邻的引物之间具有 20 个以上的互补配对序列。因此，引物具有双重作用，一方面是引导延伸链的合成反应，另一方面为相邻引物延伸提供部分碱基配对的模板。把 PCR 产物克隆到载体上，进行筛选和鉴定。引物要求高纯度，采用高保真 DNA 聚合酶，如 *Pfu* 酶，适宜的延伸时间，才能有效防止在组装体中出现碱基缺失或错配。无模板 PCR 一般可组装的 DNA 片段长度为 500 ~ 800bp。

（二）不对称 PCR 组装

不对称 PCR（asymmetric PCR）组装的反应体系与无模板 PCR 组装的不同之处在于，1 条引物远远过量于另 1 条引物，其比例一般为（5 ~ 50）∶1，DNA 聚合酶、底物、缓冲液等其他成分相同。2 条寡核苷酸（40 ~ 80bp）按一定比例混合，进行 10 ~ 15 个循环 PCR。由于 1 条引物是限量的，随着 PCR 循环的进行，将被耗完，这时就只剩另 1 条引物，因此其主要产物是单链 DNA 片段。类似地，以相邻两组的上下游 PCR 产物为模板，加入 1 条单向寡核苷酸引物，进行第二、第三轮不对称 PCR，延伸形成单链 DNA 产物长度分别将达 180bp、300bp。最后，将两个第三轮不对称 PCR 产物等量混合，加入上下游引物，进行第四轮 PCR，组装出全长终产物（图 7 – 3）。

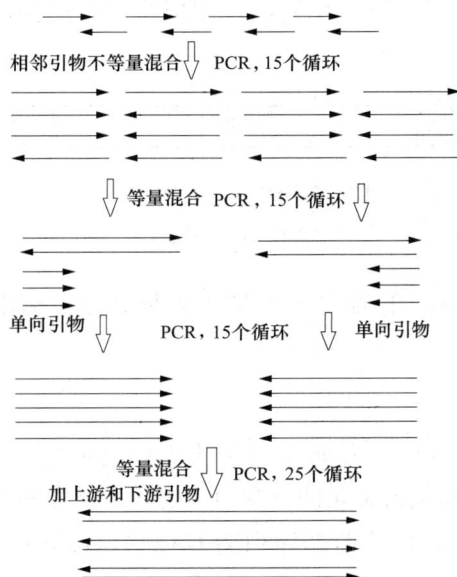

图 7 - 3 不对称 PCR 组装过程

（三）重叠延伸 PCR 组装

重叠延伸 PCR 是以具有同源序列末端的 PCR 产物为模板，退火时它们之间形成互补链，通过 PCR 将模板链延伸，从而将不同的片段组装起来（图 7 - 4）。与无模板 PCR 不同，重叠延伸 PCR 需要上下游引物，需要部分长度的模板，但不是全长模板。

将数个 DNA 片段等量混合为模板，要求相邻的两个 DNA 片段之间要至少有 20 ~ 40bp 的重叠互补序列。第一步 PCR 是在较低退火温度下进行重叠延伸反应，合成少量的全长模板。第二步 PCR，以最外侧两端的上下游寡核苷酸为引物，进行常规 PCR，扩增出全长片段。一次重叠 PCR 可将 4 个 4 ~ 5kb 片段组装在一起。但一般情况下，两个片段的组装更容易实现。

一般情况下，重叠延伸 PCR 的起始片段为 PCR 产物，往往需要纯化后进行。可将重叠延伸 PCR 和不对称 PCR 结合起来，形成不对称重叠延伸 PCR。采用不对称 PCR 制备起始 DNA 片段，无须纯化，进行重叠延伸 PCR，其组装效率更高。

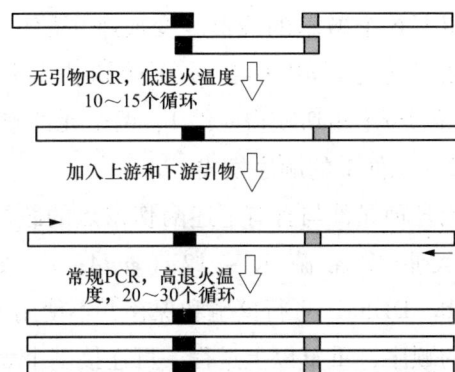

图 7 - 4 重叠延伸 PCR 组装的工作原理

合理设计互补重叠区，选用高保真 DNA 聚合酶，重叠延伸 PCR 能在体外进行有效的基因组装，无须要内切酶和连接酶处理。因此，重叠延伸 PCR 可应用于基因的定点突变与纠错、缺失和截短、长片段的组装。

二、标准化组装

同尾酶是一类识别不同 DNA 序列，但切割后产生相同末端的限制性内切酶，如 *Bam*H I 与 *Bgl* II，*Spe* I 与 *Xha* I。这类酶切片段具有黏性末端，能被 DNA 连接酶有效连接，但连接产物中原酶切位点消失，因此这类限制性内切酶可以反复使用。如果在 DNA 元件的两端设计 1 对同尾酶序列，可使基因、启动子、终止子等元件标准化（图7-5）。反复循环使用这类同尾酶位点，就可实现 DNA 的多次标准化组装。

图7-5　DNA 元件的标准化

E2 和 E4 为同尾酶

为了提高 DNA 元件的组装效率，目前已经发展了多种高通量标准化组装技术，如 BioBrick、Bgl-Brick、BldgBrick 和 ePathBrick。

（一）BioBrick 组装

BioBrick 是使用 *Xba* I（TCTAGA）和 *Spe* I（ACTAGT）同尾酶对和 *Eco*R I（GAATTC）和 *Pst* I（CTGCAG）非同尾酶对构建的标准化组装元件，在两个酶切位点之间为 *Not* I（GCGGCCGC）的 8bp 识别序列。BioBrick 组装标准，DNA 元件的前端序列为 GAATTCGCGGCCGCTTCTAGA，后端序列为 ACTAGTAGCGGCCGCTGCAG（下划线部分为 *Not* I 酶切序列）。

如果用 PCR 构建 BioBrick，在引物中设计相应的酶切位点，使用上游引物（5′-GTTTCTTCGAATTCGCGGCCGCTTCTAGAG-3′）和下游引物（5′-GTTTCTTCCTGCAGCGGCCGCTACTAGTA-3′），其中 18～24bp 完全匹配。按照 PCR 反应，进行扩增制备。

用 *Eco*R I 和 *Spe* I 酶切获得元件 1，用 *Xba* I 和 *Pst* I 酶切获得元件 2。两个元件连接，形成元件 1-元件 2 的顺序模式（图7-6），原来的酶切位点消失，留下 6 个碱基的残痕。变换所用酶，可改变组装的顺序。用 *Eco*R I 和 *Spe* I 酶切获得元件 2，用 *Xba* I 和 *Pst* I 酶切获得元件 1；两个元件连接组装成元件 2-元件 1 的顺序模式。

把各种元件与含有上述酶切位点的载体组装后，转化大肠埃希菌 K-12（*endA⁻*），如 Top10、DH10B、DH5a，进行繁殖和保存，不使用 BL21 及其衍生菌株。

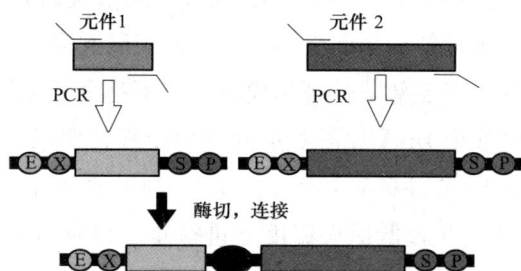

图7-6　BioBrick 的结构及其标准组装

E：*Eco*R I；X：*Xba* I；S：*Spe* I；P：*Pst* I

这样就形成了标准化的元件库，可按照设计的顺序，重复以上过程，可连接多个元件到一个载体中，进行组装。

在 BioBrick 组装中，要求在编码区或载体的其他部分不能含有上述酶切位点，同时避免使用 *Pvu*II（CAGCTG）、*Xho*I（CTCGAG）、*Avr*II（CCTAGG）、*Nhe*I（GCTAGC）、*Sap*I（GCTCTTC，GAAGAGC）等序列。在进行设计时，对于编码区序列，上游引物序列应该包括 ATG 起始密码子，下游引物序列应该包括终止密码子，一般使用 TAA，而不用 TGA 或 TAG。

（二）BglBrick 组装

BglBrick 是针对 BioBrick 组装中 6bp 痕迹，把它设计成两个氨基酸，能用于构建融合蛋白。使用 1 对同尾酶（*Bgl*II 和 *Bam*H I）、非同尾酶（*Eco*R I 和 *Xho* I），构建了标准化组装载体（图7-7）。用 *Eco*R I 和 *Bam*H I 酶切获得元件 1，用 *Eco*R I 和 *Bgl*II 酶切获得含有元件 2 的线性骨架载体。连接反应后，转化大肠埃希菌筛选和鉴定，获得元件 1-元件 2 顺序组装体。组装体中，两个元件之间序列 GGATCT（编码 Gly-Ser），是一个柔性接头。改变酶切的方式，可组装成元件 2-元件 1 的顺序。

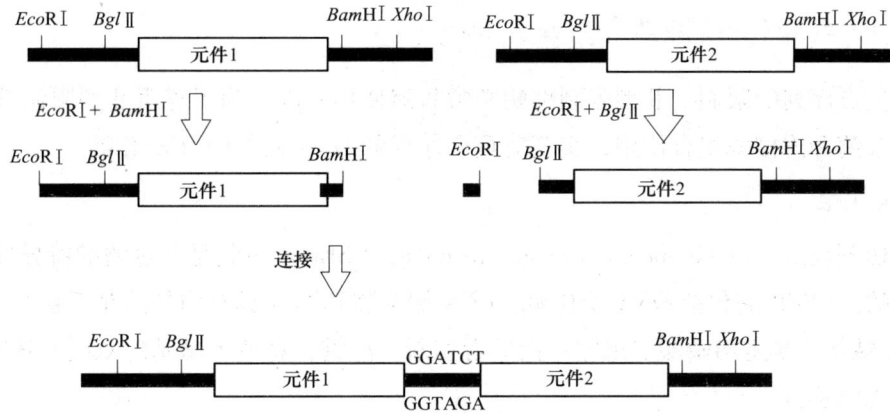

图 7 - 7 BglBrick 的结构及其组装过程

（三）Bldgbrick 组装

BldgBrick 包含两套表达盒，在启动子和终止子之间使用两套同尾酶（*Xba* I 和 *Spe* I；*Bam*H I 和 *Bgl* II）和非同尾酶（*Hind* III 和 *Nde* I；*Nco* I 和 *Eco*R I），把基因元件的组装和表达一体化（图 7-8）。

该组装系统具有灵活性，可用于多种途径。①使用非同尾酶酶切，然后连接，把单个基因重组到载体中，进功能表达和研究。②可按照同尾酶切策略，把元件连接到启动子和终止子之间，进行标准化。对多个元件进行顺序连接，实现组装。③DNA 元件可通过 PCR 技术制备，在上下游引物中设计同尾酶切位点和 RBS 序列，酶切 PCR 产物，然后直接与 BldgBrick 连接，使多个基因置于同一启动子控制之下，可用于代谢途径的组装。④更换 BldgBrick 载体中的抗性基因和复制子，可满足多载体的相容性和筛选的要求。

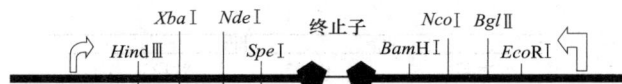

图 7 - 8 BldgBrick 的结构

（四）ePathBrick 组装

把 4 种兼容的同尾酶（*Avr* II、*Xba* I、*Spe* I、*Nhe* I）分布在启动子、核糖体结合位点、终止子的上下游，设计构建的 ePathBrick 组装系统（图 7-9）。在 *Spe* I 和 RBS 之间设计了 7 种非同尾酶的多克隆位点，在终止子下游设计了非同尾酶 *Sal* I 位点。把 DNA 元件连接到克隆位点上，既能进行标准化和组装，也能进行功能表达。合理使用同尾酶与非同尾酶进行组装，能有效组合启动子、RBS 和终止子等调控元件和代谢途径中的功能基因元件，从而产生途径的多样性，是代谢途径组装和优化的良好平台。

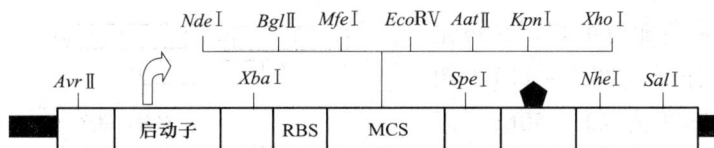

图 7 - 9 ePathBrick 的结构

三、酶切位点非依赖性组装

由于特异性位点序列的限制，Ⅱ型限制性酶常常只能使用一次。为了克服Ⅱ型限制性酶的缺点，可以把外切酶、聚合酶和连接酶组合使用，实现对重叠序列的 DNA 元件的有效组装。

（一）USER 组装

尿苷特异性切割反应（uracil specific excision reaction，USER）组装是通过酶的特异性切割反应和连接反应进行组装的。USER 酶包括 DNA 糖苷酶、DNA 糖苷裂解酶（具有内切酶Ⅲ活性），前者特异性切割 DNA 中的尿苷碱基，暴露出磷酸二酯键；而后者切断二酯键，释放无碱基的双脱氧核糖。Taq 酶可把缺口封闭，实现无痕连接。

USER 组装过程分两步（图 7-10）。第一步是 PCR，用含有 1 个尿嘧啶（U）的引物，对模板 DNA 进行常规 PCR，制备含有 U 的 DNA 片段。第二步是 USER，将多个 DNA 片段混合，用 USER 酶在 37℃下过夜处理，产生互补 3′单链突出端。然后用 Taq 酶连接，克隆到载体上，转化大肠埃希菌，进行筛选和鉴定。

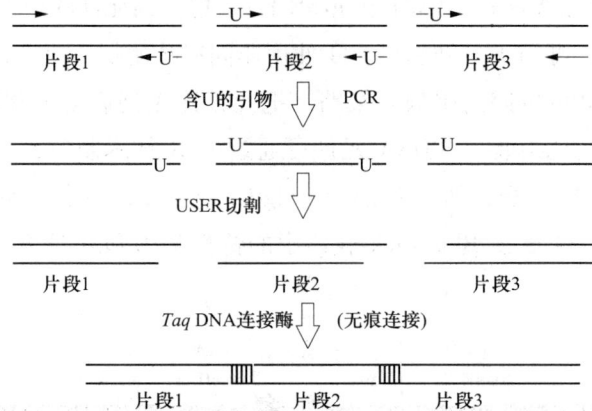

图 7-10 USER 组装过程

USER 也可用寡核苷酸组装短片段，要求相邻引物之间、上下游序列与载体之间有 8~13bp 的重叠序列，进行组装。USER 可将 3~5 个不同的 DNA 片段组装在一起，不受酶切位点的限制，而且还能实现无痕组装。

（二）序列和连接非依赖性克隆

序列和连接非依赖性克隆（sequence and ligation independent cloning，SLIC）是使用 T4 DNA 聚合酶的外切核酸酶活性，产生单链突出末端。这些片段在体外末端配对组装，并转化大肠埃希菌，形成重组分子（图 7-11）。相邻片段之间的同源臂长度为 20~50bp，以 40bp 为宜。SLIC 能同时把 5 个片段组装起来，而不受酶切位点的影响。

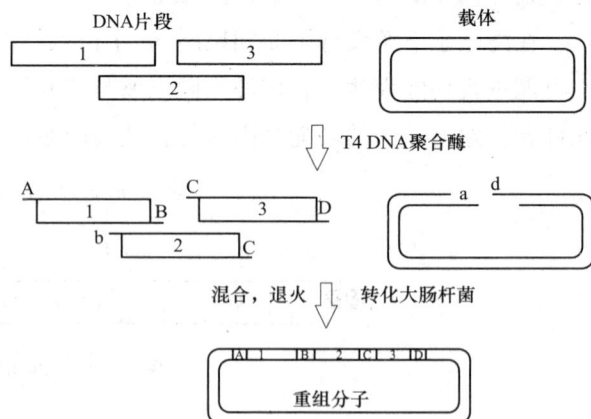

图 7-11 SLIC 组装 3 个 DNA 片段

A 与 a、B 与 b、C 与 c、D 与 d 之间的突出端序列是互补配对碱基

DNA 片段和载体都用 T4 DNA 聚合酶处理，22℃ 30 ~ 60 分钟，同源臂越长处理时间延长，加入 dCTP 终止反应。将片段和载体按 1∶1 摩尔比，进行退火，加入连接反应缓冲液，37℃下 30 分钟，然后置冰上。热击转化大肠埃希菌，进行筛选鉴定。

（三）Gibson 组装

Gibson 组装是把外切酶、聚合酶和连接酶组合使用，对重叠序列的 DNA 元件的组装方法。该方法由 Gibson 等人发明，并用于组装细菌染色体。常用外切酶有 T5 外切酶（5′ - 外切酶活性）、3′ - 外切酶Ⅲ（ExoⅢ）、T4 DNA 聚合酶（3′ - 外切酶活性），聚合酶有 Taq 聚合酶、Pfu 聚合酶，使用 Taq 连接酶。Gibson 组装的基本原理是：核酸外切酶从双链 DNA 元件的一端切除核苷酸，露出互补单链末端，与另一 DNA 元件末端配对。单链之间的空缺由 DNA 聚合酶补平，而缺口被热稳定性连接酶共价键封闭（图 7 - 12）。

Gibson 组装要求相邻两条双链 DNA 末端具有 40bp 以上的重叠序列。整个组装是在不等温反应（isothermal reaction）中实现的，根据外切酶活性，有三种策略进行组装（表 7 - 2）。

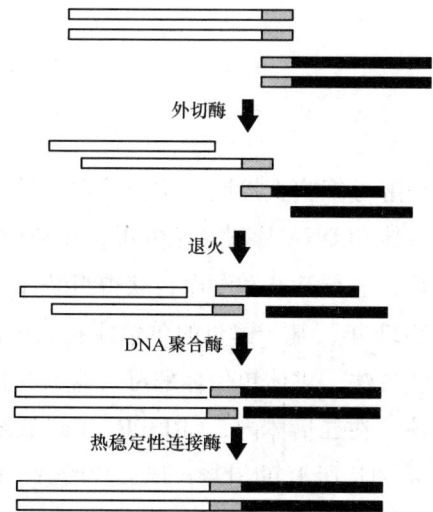

图 7 - 12　Gibson 组装的基本过程

表 7 - 2　Gibson 组装策略的比较

策略	反应体系	反应条件
两步组装	第一步：切割反应，由 T4 聚合酶和 DNA 片段组成酶切体系 第二步：修补与组装反应，加入 Taq DNA 聚合酶和 Taq DNA 连接酶，以及 dNTP	切割反应：37℃，处理 DNA 片段，产生 5′单链末端 修补与组装：75℃ 20 分钟，使 T4 聚合酶失活。缓慢降低到 40 ~ 50℃，Taq DNA 聚合酶外切产生 5′末端磷酸化，由 DNA 连接酶连接，实现组装
一步组装	由 T5 核酸外切酶、Phusion DNA 聚合酶、Taq 连接酶、重叠 DNA 片段组成反应体系	37℃进行切割反应，然后在 50℃反应 60 分钟（T5 外切酶失活），然后转化大肠埃希菌，鉴定组装体
一步组装	由外切核酸酶Ⅲ、抗体 - Taq 聚合酶、dNTPs、Taq 连接酶和重叠 DNA 片段组成反应体系	37℃下，抗体 - Taq 聚合酶无活性，外切核酸酶Ⅲ切割形成单链末端。提高温度到 75℃，使外切核酸酶Ⅲ失活，抗体从 Taq 聚合酶上解离。在 60℃下，Taq 聚合酶和连接酶进行退火 - 延伸 - 连接反应，实现一步 DNA 组装

四、酵母细胞内组装

酵母具有吸收大量双链或单链 DNA 片段的能力，并能进行高效同源重组，已经发展了转化相关重组（transformation - associated recombination，TAR）技术。只要在 DNA 片段的两端有 20bp 以上的重叠序列在，无论是双链还是单链，酵母细胞都能将其组装起来（图 7 - 13）。在酵母细胞可一次吸收 38 个单链寡核苷酸和线性载体，可填补长达 160bp 的序列，组装成 1 ~ 2kb 的基因。酵母也具有吸收大片段的能力，已报道将 25 个具有重叠序列的 17 ~ 35kb 的大 DNA 片段，一次性转化到酵母细胞中，实现细菌基因组的组装。因此，酵母细胞内组装可广泛应用于基因元件、代谢途径、染色体和基因组的组装。

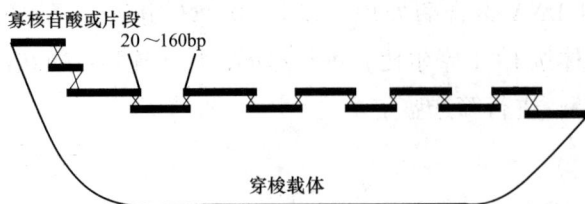

图 7 - 13　酵母细胞组装寡核苷酸或 DNA 片段原理

用酵母细胞直接制备质粒通常产量很低而且质量很差，因此，常用酵母 - 大肠埃希菌穿梭载体。把线性载体和 DNA 片段转化酵母，在酵母细胞中发生同源重组，实现组装。在大肠埃希菌中扩大富集重组质粒，进行筛选和测序，获得组装体。

2023 年，基于酵母的单倍体和二倍体的交替生活史，联合使用 CRISPR - Cas 系统，开发了一种新的组装方法。供体单倍体酵母（含有片段 A 的质粒）与受体单倍体（含有片段 B 的质粒）交配后形成二倍体。在二倍体内，CRISPR - Cas 系统切割含有片段 A 的质粒和片段 B 的质粒，发生同源重组，完成片段 A 和片段 B 的组装，形成片段 A - B 质粒。对二倍体进行拆分孢子，分离出含有片段 A - B 质粒的单倍体，由此进行新一轮的组装。经过三轮迭代，组装出 1Mb 的人抗体重链基因座。设计特异性切割供体酵母 16 条染色体的 CRISPR - Cas 系统，可使交配后细胞中的一套染色体断裂、完全丢失，形成单倍体而不是二倍体。这样省去了拆分孢子制备单倍体的过程，极大缩短了组装的时间。采用此方法，可组装一条 Mb 级的泛酵母染色体。

第三节　基因组编辑技术

一、单组分编辑系统

单组分编辑系统是由重组酶或相关蛋白组成的，可特异性结合、识别并切割 DNA 序列，造成双链断裂。通过细胞内的修复机制，可实现 DNA 片段的删除、敲入等编辑事件。

（一）Cre - loxP 系统

Cre（Cyclization recombination）酶是噬菌体 P1 的重组酶，是由 343 个氨基酸残基组成的单体蛋白。loxP 序列长 34bp，由 2 个 13bp 反向重复序列和 1 个 8bp 的间隔序列组成。Cre - loxP 系统中，Cre 特异性地识别 loxP 并在间隔区进行切割。

应用 Cre - loxP 系统可进行基因敲除。在目标基因的上游、下游各有 1 个 loxP 位点，转化 Cre 酶表达质粒，Cre 酶识别并切割 loxP 位点，使 loxP 位点之间的 DNA 序列重组，删除目标基因。

Cre - loxP 的优点是特异性强、效率高、应用范围广，主要用于原核生物、真菌、动物和植物等的基因敲除和整合。该方法的缺点是 Cre 酶切割后有 loxP 序列残留，多次重组会引起基因组不稳定。

Flp - FRT 系统与 Cre - loxP 一样，也是单组分重组系统，可互换使用。Flp（flippase）是来源于酿酒酵母的重组酶，是由 423 个氨基酸残基组成的单体蛋白。FRT 序列长 48bp，由 3 个 13bp 的反向回文序列和 8bp 的间隔序列组成。Flp 能识别、结合、切割间隔序列，引发重组。

（二）RedET 系统

RedET 系统由 λ 噬菌体的三个蛋白（Redα、Redβ 和 Redγ）和原噬菌体 Rac 的两个蛋白（RecE、

RecT）组成。Redα 或 RecT 是核酸外切酶，从 5′端切割双链 DNA，产生 3′端突出端。Redβ 或 RecT 是 DNA 结合蛋白，结合到单链 DNA 上，防止 DNA 末端的降解，同时引发 DNA 链间重组。Redγ 蛋白与大肠埃希菌 RecBCD 核酸外切酶结合，阻止降解外源 DNA。

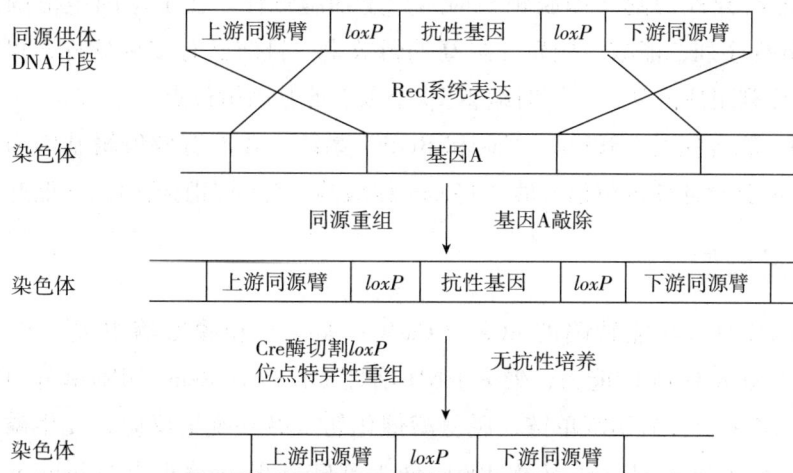

图 7 – 14 Cre – *loxP* 与 RedET 联用进行基因敲除的示意图

最常见 Red 系统由 pKD46、pKD3、pCP20 三个质粒组成。质粒 pKD46 表达 *redα*、*redβ* 和 *redγ* 三个基因，受阿拉伯糖诱导。质粒 pKD3 提供氯霉素抗性基因，其两侧有 *FRT* 位点。质粒 pCP20 表达 FLP 重组酶基因。在 pKD3 上构建含有目标基因上游同源臂 – FRT – 氯霉素抗性 – FRT – 目标下游同源臂，导入含有 pKD46 的大肠埃希菌，基于同源重组原理，在基因组特定位点敲入目标基因上游同源臂 – FRT – 氯霉素抗性 – FRT – 目标基因下游同源臂。再导入 pCP20，诱导表达 FLP，识别 *FRT* 位点，并切除氯霉素抗性基因，获得目标基因删除的菌种。可用 Cre – *loxP* 替代 FLP – *FRT* 系统，与 RedET 联用，也可进行基因敲除（图 7 – 14）。

Red 系统主要应用于大肠埃希菌，其优点是只需要 50bp 以上同源臂序列，重组效率高。除了基因敲除和基因整合外，还可用于 DNA 片段之间、DNA 片段与载体之间的组装。

二、CRISPR – Cas 系统

双组份系统 CRISPR – Cas 系统中，包括 gRNA 和 Cas 核酸酶。gRNA 通过碱基互补配对方式，特异性结合非靶链（互补配对链）序列上，引导 Cas 在原间隔临近基序（protospacer adjacent motifs，简称 PAM）上游 4～6bp 处特异性切割，发生双链断裂。细胞启动修复机制，与同源片段之间发生同源重组，删除基因组中的目标基因或整合、替换 DNA 片段（图 7 – 15）。

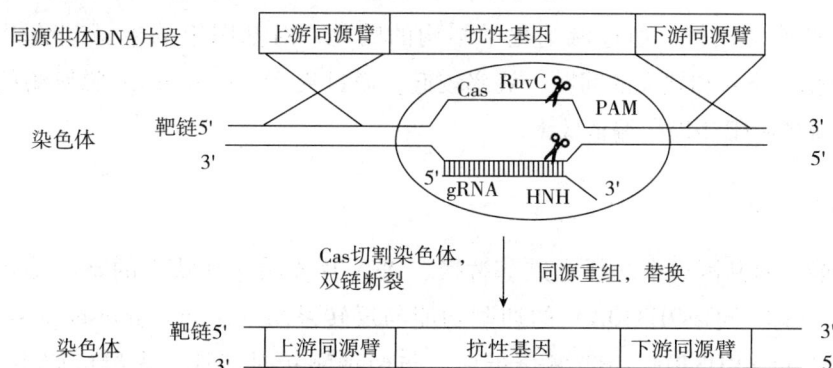

图 7 – 15 CRISPR – Cas 系统的基因组编辑原理示意图

常用的 Cas 核酸酶是化脓链球菌的 Cas9，由 1409 个氨基酸残基组成，具有 2 个核酸酶结构域（HNH 和 RuvC），识别 *PAM* 序列为 NGG。RuvC 结构域切割靶链序列，HNH 结构域切割非靶链序列，产生双链平末端切口。Cas9 广泛应用于微生物、植物和动物基因组的编辑中。

Cas 核酸酶发生非特异性切割（即脱靶）时，产生细胞毒性。在全基因组范围内筛选 *PAM* 位点，设计上游 20bp 的特异性序列，能减少脱靶，提高编辑效率。目前已有多种软件，可用于设计 gRNA 序列。设计多个 gRNA 序列组成阵列，可同时编辑 20 个以上的基因组位点。

针对大肠埃希菌，联合使用 CRISPR – Cas 和 RedET 系统，才能有效编辑基因组。针对酵母、动物和植物等真核生物，需要设计核定位信号肽，将 Cas 核酸酶引导到细胞核内，才能起到编辑功能。

三、碱基编辑系统

碱基编辑系统由 gRNA、功能缺陷的 nCas（Cas9 nickase）和脱氨酶组成。nCas9 是 Cas9 突变体 D10A，具有 Cas9 结合双链 DNA 的能力，失去 HNH 活性，仅具有 ReuC 切割单链 DNA 活性。gRNA 引导 nCas9 结合到双链 DNA 上，只切割单链，脱氨酶催化切口碱基脱氨反应，发生碱基突变。根据脱氨酶的功能，碱基编辑器（base editor，简称 BE）分为胞嘧啶碱基编辑器（cytosine base editor，简称 CBE）、腺嘌呤碱基编辑器（adenine base editor，简称 ABE）、双碱基编辑器（dual base editor，简称 DBE）、先导编辑器（Primer editor，PE）4 种。

（一）胞嘧啶碱基编辑器

胞嘧啶碱基编辑器是将 CG 碱基对转变成 TA 碱基对，即从胞嘧啶（C）到胸腺嘧啶（T）的编辑。使用的脱氨酶为大鼠胞嘧啶脱氨酶（Apobec1），催化 C 变成 U。随后在 DNA 复制过程中，U 被识别为 T，即 1 条 DNA 链的 C 被编辑为 T，另 1 条 DNA 链则互补配对为 A。在该系统中，需要融合表达两个拷贝的尿嘧啶 DNA 糖基化酶抑制剂基因（Ugi），抑制细胞自身的修复机制，提高编辑效率。

（二）腺嘌呤碱基编辑器

腺嘌呤碱基编辑器是将 AT 碱基对转变成 GC，即从腺嘌呤（A）到鸟嘌呤（G）的编辑。使用的脱氨酶为大肠埃希菌 tRNA 腺嘌呤脱氨酶（TadA），催化 A 变成次黄嘌呤。在 DNA 复制配对中，次黄嘌呤被识别为 G，即 1 条 DNA 链 A 被编辑为 G，另 1 条 DNA 链则互补配对为 C。

（三）双碱基编辑器

双碱基编辑器是将 CBE 和 ABE 的结合起来，同时使用胞嘧啶脱氨酶和腺嘌呤脱氨酶，在同一位点上同时实现 C 到 T、A 到 G 的转换编辑。

碱基编辑技术结合 CRISPR – Cas 系统的定位切割功能和碱基脱氨酶的功能，其优点是无须双链 DNA 断裂，无须外源修复模板，通过碱基化学结构的转化，对基因组的单碱基编辑。缺点是依赖于 PAM 序列，存在脱靶、敲入和缺失的问题，效率较低。通过突变，提高 nCas 脱氨酶的活性，优化核定位和融合表达，能减少脱靶和提高编辑效率。

四、先导编辑器

先导编辑器是能够对基因组中的任意碱基替换、DNA 片段敲入和缺失的基因编辑技术。在先导编辑器中，把 Cas9 突变体（nCas9H840A）的切割功能与反转录酶（reverse transcriptase，RT）的反转录功能结合起来，组成 nCas9H840A – RT 融合蛋白。与两种酶相对应地，先导编辑 RNA（prime editing guide RNA，简称 pegRNA）是由 5′ - 端的 gRNA 序列、3′ - 端的反转录酶模板（RT template，简称 RTT）

序列和先导结合位点（primer binding site，简称 PBS）序列组成。pegRNA 引导 nCas9 H840A 结合到靶链序列，切割非靶链 DNA，暴露出单链 DNA 与 PBS 序列互补结合。以 RTT 序列为模板，由反转录酶催化进行反转录合成新单链 DNA，完成对 DNA 的编辑。在 DNA 断裂处，细胞修复机制会倾向切除 5′- 突出序列，而 3′- 突出序列在 DNA 连接酶作用下被整合到基因组，最终修复目标基因组碱基（图 7 – 16）。

先导编辑器的优势是编辑类型多样，具有更大通用性和灵活性，可进行 12 种碱基到碱基转换及其组合的编辑，无须供体 DNA 模板和双链断裂；还可进行短片段敲入和缺失。目前先导编辑的缺点是较低的编辑效率、pegRNA 设计较难、不易向细胞递送等，有待于研究和改进。

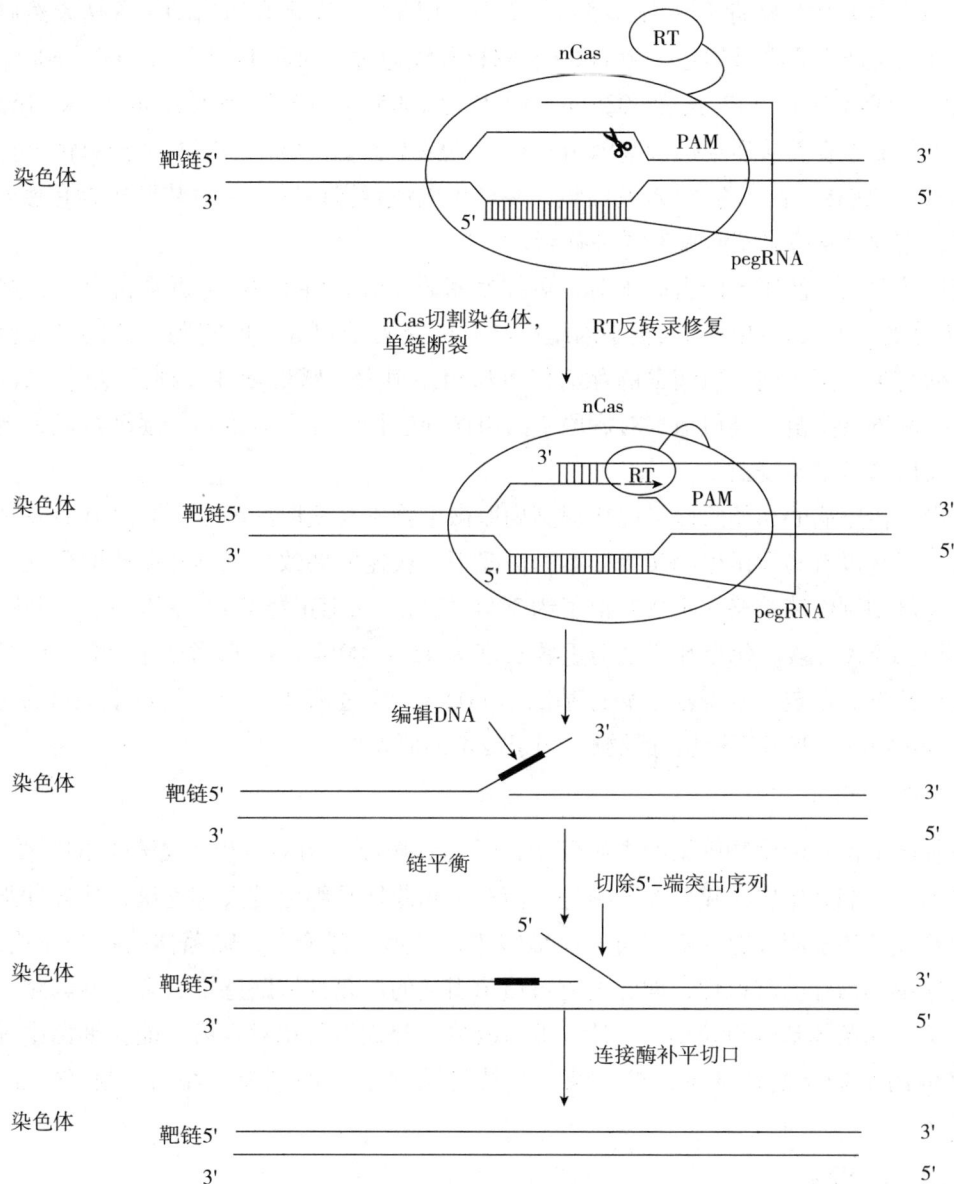

图 7 – 16　先导编辑器的原理示意图

第四节　合成生物学在医药领域的应用

合成生物学的研究过程，始终以医药为对象，并取得了重要成果。本节主要介绍合成生物学在医药研发、编程细胞治疗和人工细胞工厂生产化学药物等方面的进展。

一、新药研发

（一）疫苗研发

利用减活或灭活病原微生物是研发生产疫苗的常规技术，但存在减毒时间长而且效果不稳定等问题。现采用合成基因组技术，以生物数据中病原基因组序列为出发点，就可研发病毒疫苗。

脊髓灰质炎病毒（poliovirus）是引起瘫痪和小儿麻痹症的病原，其基因组是 7400nt 的正义单链 RNA。2002 年以脊髓灰质炎病毒 1 基因组序列为参考，用 T7 RNA 聚合酶启动子置换天然启动子，由此设计了合成型脊髓灰质炎病毒基因组。由约 60bp 寡核苷酸通过不对称 PCR 组装 400～600bp，再组装成 3 个大约等长的大 DNA 片段（F1 长度 3026bp，F2 长度 1895bp，F3 长度 2682bp）。采用酶切连接的技术路线，组装出合成型脊髓灰质炎病毒基因组。在无细胞体系中，由 T7 RNA 聚合酶转录合成的脊髓灰质炎病毒 cDNA，生成转录物病毒 RNA 基因组，翻译生成病毒蛋白质，并包装形成具有感染能力的新脊髓灰质炎病毒，实现了从头合成脊髓灰质炎病毒。

在基因组设计阶段，使用不同密码子对，可控制密码子偏向性和 RNA 折叠自由能，重新编码脊髓灰质炎病毒 P1 区的氨基酸。如使用人类基因组中高丰度密码子和低丰度密码子的同义突变体，虽然基因组的核酸序列与野生型相同，但病毒的存活能力却相差很大，感染毒性、神经毒性、致瘫性均不同，从而筛选和开发减毒活疫苗。类似地，对病原基因组序列进行设计和重编码，逐级合成和组装成细菌基因组，有望开发出减毒细菌疫苗。

在新发病毒性传染病的初始阶段，往往遇到病原微生物不易获取的困难，限制其研发进程。采用基因组合成策略，可在没有病原微生物实物样本的情况下，快速开展致病机制和疫苗的研究。如新冠病毒暴发后，采用酵母细胞组装策略，很快获得了约 30kb 的新冠病毒正链 RNA 基因组。将新冠病毒基因组拆分为 12 个重叠 DNA 片段，每个片段之间重叠长度为 45～500bp。将 12 个片段和 YAC 线性载体导入酵母细胞，进行筛选、鉴定，获得新冠病毒基因组 cDNA。经过离体转录，制备新冠病毒基因组 RNA。然后转化 Vero E6 细胞，制备新冠病毒颗粒，用于疫苗的研发中。

（二）噬菌体药物

抗生素是临床上治疗微生物感染的主流药物，但随着病原细菌对抗生素等药物的耐受力越来越强，抗生素研发受挫，人们开始研发噬菌体药物进行治疗。噬菌体是细菌的天然克星，特异性强，能引发细菌的裂解，而且噬菌体复制和存活机制与人体细胞相差甚远，理论上，噬菌体药物是完美的抗菌药物。已有报道利用噬菌体治疗的有效性，如肺炎克雷伯菌引起的反复性尿路感染、多重耐药鲍曼不动杆菌引起的肺部感染等。噬菌体基因组较小，设计、编辑改造、合成组装相对容易，能在细菌中等扩繁放大进行生产。未来可用于治疗葡萄球菌、链球菌、分枝杆菌等引起的痢疾、霍乱、肺炎、腔道和皮肤感染等。

（三）活体细菌药物

人体肠道含有大量微生物，工程肠道菌通过初级产物和表达表面分子等途径，可发挥治疗肠道功能紊乱导致的疾病、代谢性疾病及过脑 - 肠轴治疗神经疾病等。如对于遗传性苯丙酮尿症患者，由于体内的苯丙氨酸不能被分解，累积后可导致智力残疾、癫痫发作和精神障碍等问题。采用合成生物学策略，在大肠埃希菌中设计苯丙氨酸降解代谢途径，表达苯丙氨酸解氨酶和苯丙氨酸转运基因，将苯丙氨酸降解为肉桂酸，从尿中排出，为此构建了活体细菌药物。在早期的临床试验中，受试者经口服活体细菌药物后，在肠道内能降解苯丙氨酸，显示有效性。表达人类胰岛素前体基因和人白介素 10 基因的活体细菌药物，用于治疗 1 型糖尿病的基因组编辑乳酸菌，也进入临床试验阶段。

（四）发现新天然结构化学药物

微生物基因组中存在大量的编码天然产物基因簇（通常 30～100kb），但这些基因簇在多种培养条件下不表达。而且 90% 以上的微生物不可培养，极大限制了从微生物中发现天然产物。合成生物学为从基因组序列中挖掘发现天然产物开辟了新途径。采用 DNA 组装技术，将不可培养微生物基因组中的沉默基因簇分段克隆，在酿酒酵母中组装，在大肠埃希菌中富集。再转化到适宜的底盘细胞中，沉默基因簇被激活，合成新颖结构天然产物，为新药研究提供新分子实体。

（五）非天然氨基酸的蛋白质药物

目前已经开发了密码子缩减技术，可将编码天然氨基酸的密码子减少到 57 个，其余 7 个密码子可用于编码非天然氨基酸。如使用终止密码子 UAG、UGA、UAA 来编码非天然氨基酸并将其整合到蛋白质中。目前已经实现了数十种非天然氨基酸及其蛋白质的细胞合成，可延长药物的半衰期，提高安全性，在未来蛋白质及其长效药物中展现良好前景。

（六）构建基因敲除或敲入动物模型

疾病动物模型广泛应用于药物研发，如有效性、安全性、毒性等的临床前试验。CRISPR – Cas 系统已经成为小鼠、猴等基因组编辑的常规工具，构建了疾病模型，如帕金森病、孤独症、杜氏肌营养不良症、肝癌等猴模型。通过合成生物学策略，相对容易进行大片段 DNA 的染色体敲除和敲入，构建动物模型。血管紧张素转化酶 2（ACE2）是新冠病毒刺突 S 糖蛋白的功能受体，介导了新冠病毒的入侵和感染。从头设计、合成人类 ACE2 基因 116～180kb，原位取代 72kb 小鼠 ACE2 基因，构建 ACE2 人源化小鼠模型，用于新冠感染发病机制和疫苗等开发。设计构建 700kb 的人 CYP3A 基因区域，构建 CYP 人源化动物模型，用于药物代谢和毒性研究。

二、编程细胞药物

采用基因组编辑技术，如 CRISPR – Cas 系统及其衍生技术，作为基因替代治疗在疾病中显示出较好的前景。根据其使用方式，可分为体内（in vivo）基因编辑药物和回体（ex vivo）基因编辑药物。

（一）体内基因编辑药物

对于遗传学疾病或基因突变所致疾病，设计 gRNA 序列，与 Cas 酶组成复合体，递送到体内，对疾病细胞基因组进行编辑，起到治疗作用。利用脂质纳米颗粒向肝脏输送靶向 TTR 基因的 gRNA 和 Cas9 酶的 mRNA，用于治疗淀粉样变性心肌病。用类病毒体转导 CRISPR – Cas 系统，直接靶向切割单纯疱疹病毒的基因组，治疗疱疹病毒型角膜炎。RHO 基因突变导致视网膜色素变性，利用 CRISPR – Cas9 系统，对 RHO 基因的突变热点进行编辑，使其恢复正常，恢复视网膜细胞功能和患者视力。采用腺相关病毒载体递送两个 gRNA 和 Cas 酶基因，靶向切割 HIV 基因组中多个位点，使 HIV 无法复制，具有治疗艾滋病的潜力。

（二）回体基因药物

回体基因药物也称为体外（in vitro）基因编辑的细胞药物。从患者体内分离造血干细胞，在体外通过 CRISPR – Cas9 系统精准编辑基因组，使之恢复到正常。扩大培养后，将编辑细胞再移植到患者体内，进行治疗。如 CRISPR – Cas 系统编辑造血干细胞的 BCL11A 基因增强子，其细胞产品（exagamglogene autotemcel，简称 exa – cel）于 2023 年在美国 FDA 和英国被批准上市，回输患者体内用于镰形细胞贫血病的治疗。还有众多抗肿瘤和遗传疾病的细胞治疗产品在临床研究阶段。

（三）基因回路调控细胞药物

CAR－T 细胞治疗的副作用主要是产生细胞因子释放综合征（cytokine release syndrome，CRS），引起机体出现高热、低血压、肌痛、凝血障碍、呼吸困难、终末器官障碍等临床不良反应症状。另一个次要副作用是 CAR－T 抗原靶向细胞毒性非常强，无法区分表达相应抗原的肿瘤细胞和正常细胞，攻击表达相应抗原的正常细胞引起毒性。为了增加治疗细胞的特异性，减少细胞因子释放综合征等副作用和风险，需要对编程细胞的特异性、作用时间及其强度进行严格控制，及时关闭靶细胞或组织的过度自免疫攻击。从合成生物学角度，可以构建"与逻辑门（AND logic gate）"控制的 T 细胞，它同时共表达两种嵌合抗原受体，可靶向和杀死表达两种抗原的靶细胞（图 7－17），而不是其他细胞。另一种策略是构建开关式基因线路。设计 T 细胞受体信号途径，构建暂停开关（pause switch）基因线路，使 T 细胞产生新的行为。该基因线路由四环素诱导启动子驱动细菌来源的激酶抑制蛋白基因 *ospF* 表达，同时融合一个蛋白降解肽基因。T 细胞受体受到外界信号刺激，激活胞内的信号传导过程，激活 ERK，使 T 细胞激活和细胞增殖，从而杀死靶细胞。当使用抗生素（如脱氧四环素）时，诱导细菌毒素蛋白 OspF 表达，使 T 细胞受体信号途径中的 MAPK ERK 失活，T 细胞信号转导被延迟，从而微调 T 细胞信号应答的放大效应。当除去抗生素后，降解肽则可消除 OspF，重启 T 细胞的激活。除了化学诱导外，还可使用 T 细胞自反馈调节器的基因线路控制 T 细胞增殖。类似地，使用促凋亡蛋白基因，可构建使 CAR－T 细胞诱导性死亡的自杀开关基因线路，及时消除 T 细胞，避免细胞因子大量释放引起的副作用。

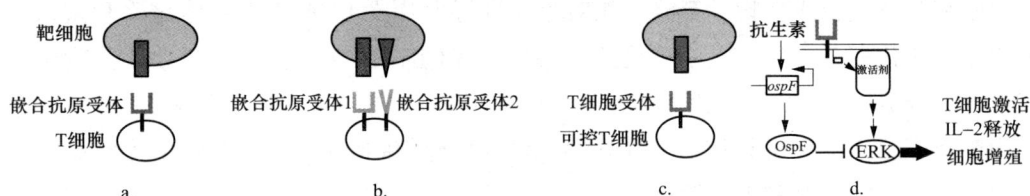

图 7－17　嵌合抗原受体的 T 细胞治疗策略

a. T 细胞依赖性细胞治疗　　b. 逻辑门口控制的 T 细胞依赖性治疗

c. 基因回路控制的 T 细胞依赖性治疗　　d. T 细胞基因回路

细胞编程的治疗是非常具有吸引力的医学合成生物学平台之一，开发体内和体外治疗技术，用于治疗肿瘤和慢性疾病，已经引起了国际上的广泛关注。

三、人工细胞工厂合成化学药物

（一）人工细胞工厂

天然产物是目前临床用药的重要来源，据统计，50% 以上的药物直接或间接来源于天然产物。然而天然产物结构复杂、离体选择性高、化学合成工艺往往经济性差，因此只能依赖于天然生物材料，通过发酵或直接提取制备原料药。对于植物源、微生物源和动物源的化学药物或半合成中间体，由于结构复杂、代谢途径长，涉及众多基因元件，基因工程技术往往难以奏效。常用合成生物学技术，对基因进行密码子优化和全合成、对不同生物来源合成途径进行组装和表达优化、对底盘细胞进行编辑改造和全局调控，构成天然产物的新生物合成途径，构建人工细胞工厂，从而合成目标产物。经过近 20 年的研究，人工细胞工厂的生产性能得到大幅度提高，为复杂结构天然产物的生物合成和生产技术展示出良好的前景。

2003 年设计了肾上腺糖皮质激素氢化可的松和抗疟疾药物青蒿素前体青蒿二烯的生物合成途径，过表达动物来源的基因构建了酿酒酵母细胞工厂，利用葡萄糖发酵分别合成了氢化可的松和青蒿二烯。

2013 年酿酒酵母细胞工厂合成青蒿酸的产量达 25g/L。近 10 年来，萜类、酚酸类、生物碱的酿酒酵母细胞工厂取得很大进展，部分产物已经具备工业潜力（表 7 - 3）。

表 7 - 3　部分植物天然药物的微生物细胞工厂

细胞工厂	药物名称	产量	临床价值	年份
酿酒酵母	氢化可的松	11mg/L	甾体激素药物	2003
	青蒿酸	25g/L	抗疟疾药物青蒿素前体	2013
	次丹参酮二烯	365mg/L	血管疾病药物丹参酮前体	2012
	人参皂苷 Rh2	2.2g/L	抗肿瘤	2019
	视黄醇	4.8g/L	维生素 A1	2022
	胡萝卜素	39.5g/L	抗氧化和自由基	2022
	薯蓣皂苷元	2.03g/L	半合成甾体激素前体	2022
	7 - 脱氢胆固醇	4.28g/L	半合成维生素 D 和熊脱氧胆酸前体	2024
	甘草酸	476mg/L	肝病	2024
	β - 法尼烯	28.9g/L	半合成维生素 E 前体	2023
	柠檬烯	43.5g/L	治疗胆囊炎	2024
	红景天苷	26g/L	抗缺血和缺氧	2020
	天麻素	2.1g/L	改善神经功能、镇痛等	2023
	葛根素	73mg/L	心血管药物	2021
	灯盏花素	105mg/L	冠心病、心绞痛	2018
	牛心果碱	4.6g/L	苄基异喹啉生物碱的关键中间体	2020
	东莨菪碱	160mg/L	麻醉、镇痛、止咳、平喘	2022
	诺斯卡品	2.2mg/L	镇痛、止咳	2018
	小檗碱	1mg/L	抗菌活性	2023
	长春碱	24μg/L	抗肿瘤	2022
大肠埃希菌	紫杉二烯	1.1g/L	抗肿瘤药物紫杉醇前体	2010
	左海松二烯	700mg/L	银杏内酯前体	2010
	冰片	90mg/L	开窍醒神，清热解毒	2021
	丹参素	5.6g/L	治疗心脑梗死	2016
多形汉逊酵母	β - 榄香烯	4.7g/L	抗肿瘤	2023

2010 年设计的抗肿瘤药物紫杉醇前体紫杉二烯的合成途径，构建了大肠埃希菌细胞工厂，利用葡萄糖发酵合成了 1.1g/L 的紫杉二烯。2023 年紫杉醇生物合成途径被全面解析，有望利用微生物细胞工厂生产紫杉醇。

除了酿酒酵母和大肠埃希菌外，非常规酵母，如多形汉逊酵母和解脂耶氏酵母等在萜类、黄酮等天然产物合成也表现出优异性能，是值得研发的底盘细胞。

（二）大肠埃希菌细胞工厂合成红霉素前体

红霉素是糖多孢红霉菌合成的抗生素，广泛应用于抗细菌感染的治疗中。大肠埃希菌合成红霉素前体——6 - 脱氧红霉素内酯的设计构建，主要针对以下三个方面的问题进行：6 - 脱氧红霉素内酯合成酶分子量非常大，容易形成包含体；大肠埃希菌不能对聚酮合成酶的 ACP 结构域进行翻译后的磷酸泛酰巯基乙胺化修饰；大肠埃希菌不能有效提供活性前体，如丙酰 - CoA、甲基丙二酰 - CoA。

1.6 - 脱氧红霉素内酯合成途径设计　6 - 脱氧红霉素内酯由三个聚酮合成酶催化完成，其编码基因

分别为 *eryA* I、*eryA* II 和 *eryA* III，总长度约 35kb，其编码区长度约 30.8kb。由于天然 *eryA* 的 GC 含量为 72%，必须从头设计，使 *eryA* 的 GC 含量为 50% 左右，适用于大肠埃希菌的密码子。采用合成子组装策略，组装出完整基因簇 *eryA*，才能在大肠埃希菌中表达。可按原始的 *eryA* 基因组织方式，对 3 个基因分别进行设计，每个基因为独立的 1 个表达结构，包括启动子、RBS 和终止子。最后把 3 个设计基因串联起来，构成 6 - 脱氧红霉素内酯合成途径。

将每个基因拆分为设计单元，包括延伸模块（M）、N 端接头、C 端接头。延伸模块具有同尾酶 *Spe* I 和 *Xba* I 位点，N 端接头具有 *Spe* I 和 *Mfe* I 位点，C 端接头具有 *Spe* I 和 *EcoR* I 位点，模块之间设计具有同尾酶 *Spe* I 和 *Mfe* I 的 M 接头。把模块逐级拆分为约 500bp 的合成子（synthon），合成子两端设计 *Bsa* I 和 *Bbs* I 酶切位点（图 7 - 18）。按照大肠埃希菌使用的密码子偏向性，利用生物信息学软件，消除 mRNA 的二级结构，对基因序列进行优化和拆分，消除编码区不必要的限制性内切酶，并进行人工检查，设计出基因序列及其寡核苷酸。

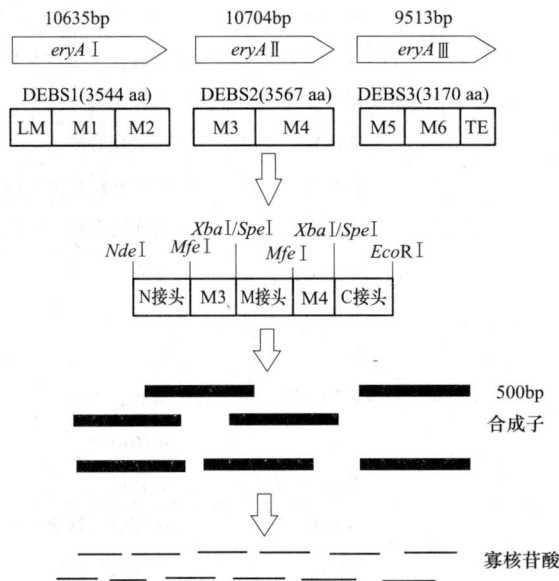

图 7 - 18　6 - 脱氧红霉内酯合成基因设计过程（以 *ery* II 的设计为例）

2. 6 - 脱氧红霉素内酯合成途径组装　按照上述设计，进行组装。首先化学合成全覆盖基因序列的正反向寡核苷酸，长度为 40bp，相邻序列重叠 20bp，进行无模板 PCR，组装出所有的合成子，连接在供体载体上。然后用 *Bbs* I 和 *Xho* I 切割受体载体，*Bsa* I 和 *Xho* I 切割供体载体。通过供体和受体载体的双筛选式逐级按照顺序连接，得到模块片段。最后，在用同尾酶切后，将模块连接成完整的编码阅读框。再与有启动子和终止子的载体连接，形成单基因表达结构（图 7 - 19）。把三个基因表达结构串联在一个载体上或连接在两个载体上，也可以整合在染色体上，由此完成 6 - 脱氧红霉内酯合成基因簇的组装。

3. 底盘设计与大肠埃希菌细胞工厂的构建　挖掘生物遗传信息，从具有聚酮合成能力的芽孢杆菌或黏细菌等微生物中，寻找编码磷酸泛酰巯基乙胺转移酶基因。合理设计该基因的序列和表达盒，选择适宜的整合位点，重组到大肠埃希菌染色体上，赋予 ACP 后修饰功能。

不同大肠埃希菌菌株，其聚酮合成能力是不同的。对大肠埃希菌基因组进行编辑和改造，突变 Rnase E，减少 *PKS* 基因 mRNA 的降解。缺失蛋白酶基因，以稳定 PKS 酶并延长其催化活性。与聚酮合成酶基因共表达分子伴侣蛋白基因，以提高 PKS 的折叠能力，形成具有催化功能的空间结构。研究表明，大肠埃希菌 B 菌株表达聚酮优于 K 菌株，因此可选择 B 菌株进行设计和编辑。

图 7-19　6-脱氧红霉内酯合成基因簇的组装（以 ery II 组装为例）

天然大肠埃希菌能提供丙二酰-CoA，但不能合成 PKS 的其他底物，如丁酰-CoA、甲基丙二酰-CoA，乙基丙二酰-CoA。需要深入分析大肠埃希菌的碳流代谢过程，特别是丙酸、丙酮酸、琥珀酸等有机酸代谢与聚酮前体的关系，通过改造，增加前体合成和积累。另外，也可通过生物信息学分析，挖掘不同生物来源的聚酮前体代谢反应及其编码基因，为大肠埃希菌设计聚酮前体的提供策略。如敲除丙酸操纵子 prpRBCD，阻断丙酸的分解，激活 PrpE，将添加丙酸的活化为丙酰-CoA。过表达链霉菌或棒杆菌羧化酶基因等，也可增加甲基丙二酰-CoA 合成水平。

通过途径设计，底盘改造和前体供给优化等多种策略，大肠埃希菌细胞工厂合成红霉素内酯的产量已经达到 g/L 级以上。

（三）酿酒酵母细胞工厂合成青蒿酸素前体

青蒿素及其衍生物青蒿琥酯、蒿甲醚和双氢青蒿素（图 7-20）是我国在世界首先研制成功的一类治疗疟疾的新药，是我国科学家屠呦呦从民间治疗疟疾中药黄花蒿（*Artemisia annua*）中分离出来的有效单体，被世界卫生组织推荐用于治疗疟疾，特别是针对恶性疟疾的唯一用药。屠呦呦由此获得了 2015 年诺贝尔生理学或医学奖。青蒿素的全化学合成的工艺复杂，成本太高。青蒿素来源主要是从中国西南地区生长黄花蒿中直接提取或提取青蒿酸，然后半化学合成制备。疟疾是拉丁美洲、非洲和亚洲等经济欠发达的地区重要疾病，药物的需求量很大。为了解决青蒿素的药源问题，在大肠埃希菌和酿酒酵母进行了长达十几年

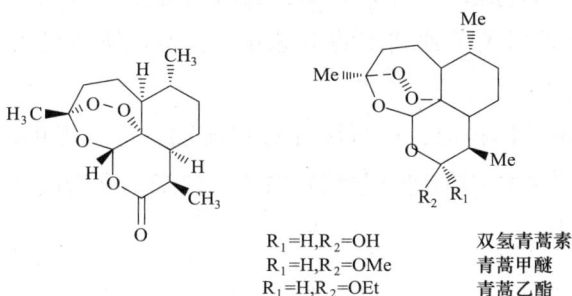

R$_1$=H,R$_2$=OH　双氢青蒿素
R$_1$=H,R$_2$=OMe　青蒿甲醚
R$_1$=H,R$_2$=OEt　青蒿乙酯

图 7-20　抗疟疾药物青蒿素及其衍生物的结构

的合成研究，在酿酒酵母细胞工厂中生产出青蒿酸。2013 年建立了半合成工艺，合成青蒿素。

1. 青蒿酸生物合成途径设计 青蒿素是倍半萜类化合物，由异戊二烯基单元聚合和修饰而成，整个代谢途径涉及 10 余个功能基因（图 7-21）。酿酒酵母具有甲羟戊酸途径，能产生大量的异戊烯基焦磷酸和鲨烯，用于合成细胞膜的组分甾醇。萜类化合物对酵母比大肠埃希菌的毒性低，同时酵母能有效进行羟化反应，选择酵母进行青蒿酸的合成。利用酵母的甲羟戊酸途径，合成青蒿酸，整个合成途径分为 3 个模块。第一模块是从乙酰辅酶 A 到甲羟戊酸，第二模块是从甲羟戊酸到青蒿二烯，第三模块是青蒿二烯到青蒿酸。甲羟戊酸是整个途径的重要中间产物，容易积累并将产生细胞毒性，可用于检测分析上游代谢途径的通量。青蒿二烯是青蒿素合成途径的中间产物，可用于检测下游代谢途径的通量。

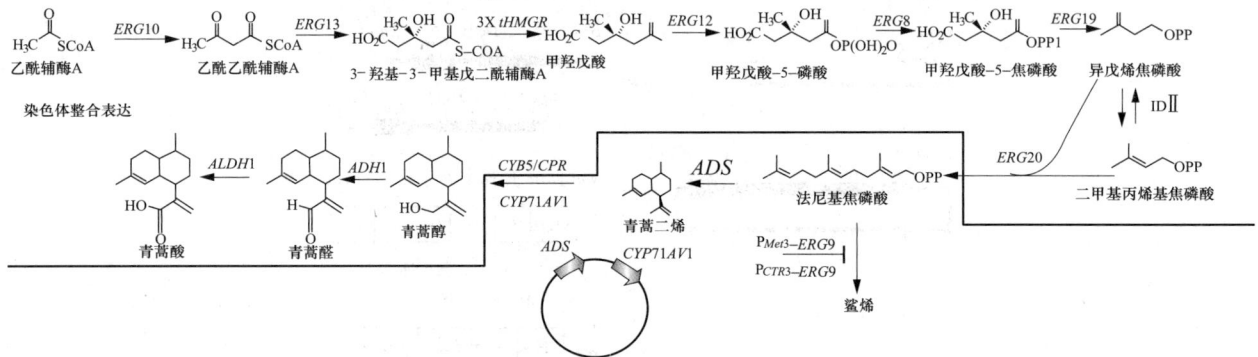

图 7-21 酵母高产青蒿酸合成途径及其表达设计

2. 模块合成与组装 由于酵母能以异戊烯基焦磷酸为底物，聚合生成法尼基焦磷酸，因此在前期基因功能测试阶段，可从法尼基焦磷酸出发，设计异源基因合成青蒿二烯，进而氧化生成青蒿酸。酵母没有青蒿酸合成基因，因此，只能从青蒿植物中发现。采用同源克隆策略，并进行催化功能分析，先后从青蒿中找到了青蒿二烯合成酶（ADS）、青蒿二烯氧化酶（CYP71AV1）和细胞色素 P450 还原酶（cytochrome P450 reductase，CPR）、细胞色素 B5（cytochrome B5，CYB5）和青蒿醇脱氢酶（ADH1）和青蒿醛脱氢酶（ALDH1）等基因，按照酵母密码子使用特点进行优化，全合成这些基因，按照单顺反子模式对每个基因进行表达设计，构建青蒿酸的全新生物合成途径。

从甲羟戊酸到法尼基焦磷酸，对途径中的基因进行染色体整合单拷贝表达，其中 tHMGR 为 3 个拷贝表达。从法尼基焦磷酸到青蒿酸，对氧化和还原酶基因（CPR、CYB5、ADH1、ALDH1），多拷贝表达有害，因此在染色体上整合单拷贝表达，而 ADS 和 CPY 71VA1 用游离载体进行高拷贝表达。

3. 底盘设计与细胞工厂的构建 改造酿酒酵母底盘细胞，用铜离子调控基因 CTR3 启动子或蛋氨酸特异性启动子驱动 ERG9 的表达，通过向培养基中添加铜离子（150μmol/L CuSO$_4$）或蛋氨酸（1.7mmol/L）浓度抑制 ERG9 转录，减少 FPP 用于鲨烯合成，提高 FPP 到青蒿酸的通量。敲除半乳糖代谢的基因（Gal1、Gal7、Gal10、Gal80），解除半乳糖对葡萄糖利用的阻遏效应，实现所有过表达基因在低葡萄糖浓度下的组成型表达，构建出酿酒酵母细胞工厂。

4. 发酵工艺优化 调节培养基中的磷含量，采用反馈控制，进行脉冲补料流加乙醇，提供碳源，解决了细胞活性与产物大量合成积累之间的矛盾。培养基中添加肉豆蔻酸异丙酯，让细胞高密度下进行两相发酵 120 小时，青蒿酸的发酵效价达到 25g/L 以上。

思考题

答案解析

1. 什么是合成生物学？生物元件、生物模块、基因回路之间的关系是什么？
2. PCR 组装、标准化组装、Gibson 组装、酵母细胞内组装有何异同？如何选择应用？
3. 比较分析基因组编辑技术的优缺点及其应用范围，最新的基因组编辑技术是什么？
4. 合成生物学在医药领域有哪些最新应用？举例说明。

书网融合……

本章小结　　　　习题

第八章　天然来源的生物药物

📖 **学习目标** ··

1. 通过本章的学习，掌握天然来源生物药物的常见种类和经典药物；熟悉经典药物的药理作用；了解经典药物的制备方法。

2. 具备分离和提取天然来源的生物药物所需的基本实验技能，以及对天然药物进行质量控制和鉴定的能力，能够运用现代分析技术（如高效液相色谱、质谱等）对天然药物进行质量检测。

3. 树立振兴中药的理想信念，培养科学的思维方法和严谨的工作作风，增强对中药现代化研究和开发的使命感。

第一节　天然来源的生物药物概述

天然来源的生物药物通常是指从组织/细胞系中分离或通过生物技术手段在代替宿主中生产的多糖和蛋白质等生物大分子药物，是生物药物的重要组成。依据来源物种不同，天然来源的生物药物又可细分为（人）血液源性、动物源性和植物源性的生物药物。

受限于宿主，天然来源的生物药物尤其是血液源性和动物源性的生物药物往往存在产能不足的问题。随着基因工程、蛋白质工程、细胞工程、发酵工程等生物技术的发展和应用，部分药物已经能够使用微生物替代宿主生产，极大地解决了产能问题，使天然来源的生物药物能够被更多患者所使用。

一、天然来源的生物技术药物的发展历史

人类早在几千年前就掌握了利用天然产物治疗疾病的方法，世界各文明的古代典籍中都记载利用动植物来源的天然成分治疗发热、疟疾、细菌感染等疾病的药方。直到 19 世纪上叶，从天然产物中提取单一有效成分的思想才开始兴起。在该思想指导下，科研人员从各类植物中分离提取了吗啡、水杨酸、阿托品、尼古丁等经典成分。但此时分离的成分仅限于小分子，从天然产物中分离提取具有生物活性的大分子药物则要等到 100 年后的 20 世纪。1918 年，美国约翰霍普金斯医学院的豪威尔和霍尔特从狗的肝脏中分离出脂溶性抗凝药并命名为肝素，也标志着第一款天然来源的生物技术药物的诞生；1921 年，多伦多大学的班廷和助手贝斯特从狗的胰腺中分离提取胰岛素，解决了糖尿病无药可医的难题。随后，更多的天然来源药物也被分离提取出来，如 20 世纪 40 年代分离的生长激素和人血清白蛋白，50 年代分离的人免疫球蛋白和 70 年代分离的人凝血酶原复合物等。随着被分离的生物药物越来越多，另一个需要解决的问题是生物药物的产量问题。受限于技术手段，天然来源的生物药物在很长时间里只能通过分离提取的方法获得，其中，部分药物可以使用动物来源的替代品，如可使用分离或化学合成的猪/牛胰岛素代替人胰岛素，虽然替代会导致药物的效力降低并可能引发过敏等不良反应，但产量的提升使得生物药物能够覆盖更多的患者；部分药物如人生长激素只能从人类尸体的脑垂体中提取，血液制品只能从健康人血液中提取，使用动物来源的替代品通常无效甚至会产生强烈的过敏反应。因此，在 20 世纪 70

年代基因工程和动物细胞工程兴起后，通过转基因手段利用微生物或动物细胞系合成生物大分子成为天然来源的生物药物的主要生产方式。1975 年，杂交瘤技术诞生，使用杂交瘤细胞生产抗体成为可能；1979 年，美国科学家利用重组 DNA 技术将人胰岛素基因插入大肠埃希菌基因组，生产了第一代人工合成的人胰岛素；1981 年，利用大肠埃希菌生产重组人生长激素成功上市；1992 年，第一款重组人凝血Ⅷ因子上市。随后，科研工作者进一步通过基因工程、发酵工程等手段解决了抗体的人源化问题、重组人生长激素的细胞培养和蛋白结构问题，并通过更换胰岛素上特定的氨基酸制成了超短效、短效和中长效的胰岛素，进一步提高了天然来源的生物药物的种类和品质（表 8 - 1）。目前，绝大多数血液和动物源性的生物药物已实现了在替代宿主中的生产，不再需要从源宿主中分离提取，通过不断更换替代宿主种类、优化培养条件，这些药物的产量仍在不断增加。

表 8 - 1 常见胰岛素和胰岛素类似物的序列差异

名称	种类	氨基酸序列	
		B 链	A 链
人胰岛素	胰岛素	FVNQHLCGSHLVEALYLVCGERGFFYTPKT	GIVEQCCTSICSLYQLENYCN
猪胰岛素	动物胰岛素	FVNQHLCGSHLVEALYLVCGERGFFYTPKA	GIVEQCCTSICSLYQLENYCN
牛胰岛素	动物胰岛素	FVNQHLCGSHLVEALYLVCGERGFFYTPKA	GIVEQCCASVCSLYQLENYCN
赖脯胰岛素	短效胰岛素	FVNQHLCGSHLVEALYLVCGERGFFYTKPT	GIVEQCCTSICSLYQLENYCN
甘精胰岛素	长效胰岛素	FVNQHLCGSHLVEALYLVCGERGFFYTPKTRR	GIVEQCCTSICSLYQLENYCG

二、研究现状与发展趋势

目前，研究人员仍在开发新的天然来源的生物药物，它们通常有三种来源：使用替代宿主生产新的人源蛋白药物，对已有的生物药物进行改造，以及从植物、真菌、海洋药物中提取大分子多糖药物。

近年来，新的重组人蛋白药物种类仍在不断增加。2017 年，研究人员在毕赤酵母中表达了具有正确结果和高活性的重组人表皮生长因子；同年，重组人血管紧张素Ⅱ注射液在美国获批上市；2024 年，全球首款重组人血清白蛋白注射液在俄罗斯获批上市，解决了重组人血清白蛋白没有临床级产品上市的难题。

对已有生物药物进行改造也是生物药物开发的重要内容，其中以对胰岛素的改造为多。直至今日，依然有新型胰岛素类似物上市，如 2024 年全球首个以周为单位使用的胰岛素注射剂获得我国国家药品监督管理局批准上市，该类似物通过在人胰岛素中增加脂肪酸侧链"连接子 - 间隔子"并替换 3 处氨基酸，实现了胰岛素的超长效治疗。

此外，从植物、真菌、海洋生物中提取生物大分子药物，尤其是多糖和多糖药物，也受到了广泛关注。得益于多糖分离和鉴定技术的发展，研究人员能够从各种天然产物，尤其是传统药草中提取具有生物学活性的多糖，如黄芪多糖、香菇多糖、人参多糖等，并对其进行结构鉴定及生物功能验证，极大地丰富了天然来源的生物药物的种类。

第二节 血液制品

一、血液制品的定义与种类

（一）血液制品的定义

血液制品（blood products）主要指以健康人血液为原料，采用生物学工艺或分离纯化技术制备的生物活性制剂，且有着广义和狭义之分。广义的血液制品是指从人类血液提取的任何治疗物质，包括全血、血液成分和血浆源医药产品，其中血液成分主要是指血浆和包括红细胞、白细胞、血小板在内的血液有形成分；而狭义的血液制品主要是指血浆蛋白制品，又称为血浆衍生物，是由健康人血浆或经特异免疫的人血浆，经分离、提纯或由重组 DNA 技术制备的一类产品，主要包括人血白蛋白制剂、人免疫球蛋白制剂、人凝血酶和凝血因子制剂以及其他类型血浆蛋白制品（图 8 - 1）。当前国内研究及法律法规所述血液制品一般均为狭义的血液制品，特指血浆蛋白制品。根据不同血浆蛋白的特性，血液制品在临床急救、免疫增强以及疾病治疗中发挥着重要作用。

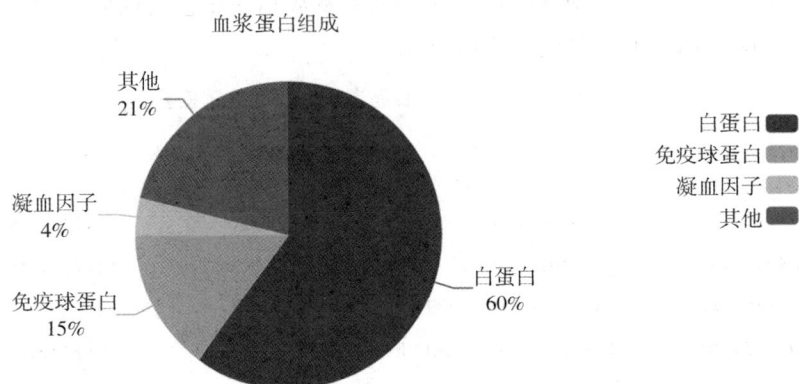

图 8 - 1　血浆蛋白的组成

（二）血液制品的种类

血浆中现已知蛋白质有超过 200 余种，但已分离用于临床的制品仅 20 余种，主要有白蛋白类、免疫球蛋白类、凝血因子类和微量蛋白类四类。目前国内的血液制品中，白蛋白类药物占据了半壁江山，而凝血因子类药物的用量呈快速增长。

1. 白蛋白类　目前国内上市的白蛋白类产品为人血白蛋白。国内批准的人血白蛋白的适应证主要包括：①血容量不足的紧急治疗，经晶体扩容仍不能维持有效血容量或伴有低蛋白血症的情况下使用；②脑水肿及损伤引起的颅压升高；③肝硬化及肾病引起的水肿及腹水；④低白蛋白血症；⑤预防低蛋白血症；⑥新生儿高胆红素血症；⑦急性呼吸窘迫综合征；⑧心肺分流术、特殊类型血液透析、血浆置换的辅助治疗。

2. 免疫球蛋白类　该类血液制品又可细分为人免疫球蛋白、乙型肝炎免疫球蛋白、狂犬病免疫球蛋白和破伤风免疫球蛋白四大类。人免疫球蛋白主要包括静脉注射剂和肌内注射剂两种，其中静脉注射剂的适应证主要包括：①原发性免疫球蛋白缺乏或低下；②继发性免疫球蛋白缺陷病；③自身免疫性疾病，而肌内注射制剂主要用于预防麻疹和传染性肝炎。乙型肝炎人免疫球蛋白包括静脉注射剂和肌内注射剂两种剂型，肌内注射剂主要用于：①乙型肝炎表面抗原阳性母亲所生的婴儿；②意外感染人群；③与乙型肝炎患者或乙型肝炎病毒（hepatitis B virus，HBV）携带者密切接触者，静脉注射剂与拉米夫定联合用于预防 HBV 相关肝病肝移植患者术后 HBV 再感染。狂犬病免疫球蛋白主要用于被狂犬或其他携带狂犬病毒的动物咬伤、抓伤患者的被动免疫。破伤风免疫球蛋白用于预防和治疗破伤风，尤其适用于对破伤风抗毒素有过敏反应者。

3. 凝血因子类　该类具有多个品种。人凝血因子Ⅷ可纠正由Ⅷ因子缺乏导致的凝血功能障碍，主要用于防治甲型血友病和获得性Ⅷ因子缺乏导致的出血或此类患者的手术出血。重组人凝血因子Ⅶa 主要用于外科手术或有创操作出血的防治以及下列患者群体出血的治疗：①凝血因子Ⅷ或Ⅸ的抑制物 > 5 Bethesda 单位的先天性血友病患者；②预计对注射凝血因子Ⅷ或凝血因子Ⅸ，具有高记忆应答的先天血友病患者；③获得性血友病患者；④先天性凝血因子缺乏症的患者；⑤具有血小板膜糖蛋白Ⅱb-Ⅲa和/或人白细胞抗原抗体，以及既往或现在对血小板输注无效或不佳的血小板无力症患者。人纤维蛋白原，也称为人凝血因子Ⅰ，是最早研发的凝血因子类产品，用于治疗先天性或后天获得性纤维蛋白原减少或缺乏症。人凝血酶原复合物，是主要由多种凝血因子（包括Ⅸ、Ⅱ、Ⅶ、Ⅹ因子）组成的复合物，主要用于治疗先天性和获得性凝血因子Ⅱ、Ⅶ、Ⅸ、Ⅹ的缺乏症（单独或联合缺陷），包括：①凝血因子Ⅱ、Ⅶ、Ⅸ、Ⅹ缺乏症；②抗凝剂过量及维生素K缺乏；③因肝脏疾病导致的凝血机制紊乱，肝脏疾病导致的出血患者需要纠正凝血功能障碍时；④各种原因所致的凝血酶原时间延长而拟做外科手术患者，但对凝血因子缺乏者可能无效；⑤治疗已产生因子Ⅶ抑制物的血友病A患者的出血症状；⑥逆转香豆素类抗凝剂诱导的出血。

除上述全身使用的凝血因子类产品外，目前国内还有两种局部用药的凝血因子类产品。①冻干人凝血酶，可直接使血液中的纤维蛋白原转变为纤维蛋白，从而促使血液凝固，主要局部用于手术切口及伤口创面的止血。②纤维蛋白黏合剂，含有纤维蛋白原及凝血酶，当两种成分混合时，通过凝血酶对纤维蛋白原的激活作用，使纤维蛋白原聚合形成纤维蛋白网络，起到对手术伤口及创面的止血及组织黏合作用。

二、常规血液制品及临床应用

（一）白蛋白的临床应用

临床应用外源性人血白蛋白须以患者的病情、脏器功能和血清蛋白水平为依据，宜以严重低白蛋白血症者为主要对象，在临床上主要用于扩充血容量和用于转运和解毒。

1. 感染性休克的体液复苏　感染性休克早期，根据血细胞比容、中心静脉压和血流动力学监测选用补液的种类，掌握输液的速度。同时《日本白蛋白使用指南》建议，急性胰腺炎、肠梗阻等引起明显的血容量下降，在休克患者中推荐人血白蛋白治疗。

2. 脑缺血或出血　有研究显示，白蛋白进行扩容治疗，有助于使全血容量增加，增加心排出量，增加缺血区域脑血流量，从而改善脑血管痉挛症状。美国《白蛋白应用指南（2010）》建议，在治疗动脉瘤性蛛网膜下隙出血中，白蛋白扩容必须监测中心静脉压，须维持在 $8 \sim 10mmHg$。

3. 器官移植　器官移植术后血容量减少及肝脏合成能力降低，低白蛋白血症是常见的并发症。《Wisconsin 大学医院白蛋白临床实践指南》推荐，当肝移植患者术后白蛋白水平 <25g/L 时，可以应用白蛋白；用于术后腹水和周围水肿的控制时，可根据需要重复使用。

4. 心脏手术　体外循环术后患者因毛细血管通透性增加引起液体向组织间隙转移，可导致血容量不足和血浆胶体渗透压降低，在这种情况下，人血白蛋白应在需要时立刻给药。美国《白蛋白应用指南（2010）》建议，应在体外循环术后早期3小时内使用白蛋白进行补液。

5. 烧伤（低血容量）　《中国烧伤患者白蛋白使用专家共识》提出以下建议。①烧伤休克期复苏：严重烧伤患者应早期联合使用晶体溶液与胶体溶液。胶体溶液应首选血浆；如血浆来源不足，可用人血白蛋白代替（推荐使用5%等渗人血白蛋白，也可使用10%以上高渗人血白蛋白，老年和小儿烧伤患者慎用高渗人血白蛋白）；如血浆和人血白蛋白来源不足或存在应用禁忌，可适量选用非蛋白胶体溶液。②纠正烧伤后低蛋白血症：对需要营养支持的烧伤患者，人血白蛋白不应作为能量底物补充；对已经补充足够能量和营养底物但仍出现低蛋白血症者，可使用人血白蛋白。

6. 自发性细菌性腹膜炎（spontaneous bacterial peritonitis，SBP）　SBP是在没有腹腔内感染或恶性肿瘤的情况下所发生的腹膜炎，常见于肝硬化或肾病综合征合并腹水的患者。《人血白蛋白用于肝硬化治疗的快速建议指南》建议，可在抗菌药物的治疗基础上加用白蛋白治疗SBP。

7. 肝肾综合征（hepatorenal syndrome，HRS） I型肝肾综合征指在严重肝病基础上所并发的急性功能性肾衰竭。《欧洲肝病协会失代偿期肝硬化临床管理指南》推荐白蛋白联合血管收缩剂作为I型肝肾综合征患者的治疗用药。

8. 急性呼吸窘迫综合征（acute respiratory distress syndrome，ARDS） 低蛋白血症时，严重感染患者发生 ARDS 的独立危险因素，会使机械通气时间延长，病死率明显增加。美国《白蛋白应用指南（2010）》推荐使用人血白蛋白。

9. 新生儿高胆红素血症 白蛋白的使用减少了间接胆红素的组织毒性，而晶体液和其他胶体液无法与胆红素结合，因此不能替代白蛋白的使用。新生儿高胆红素血症为 FDA 批准的人血白蛋白适应证。中国《新生儿高胆红素血症诊断和治疗专家共识》建议，对血清胆红素水平接近换血值，且白蛋白水平 <25g/L 的新生儿，可补充白蛋白。

（二）免疫球蛋白类的临床应用

免疫球蛋白（Ig）是人血浆中的正常成分，从血浆中分离提纯得到，含有多种人体所需要的自然抗体，通过抗原抗体特异性结合，表现出对特定病原体导致的疾病的预防和治疗作用。目前全球上市的免疫球蛋白制品有 20 余种，根据血浆特性和制品功能可分为正常人免疫球蛋白和特异性免疫球蛋白。正常人免疫球蛋白是以一般人群（通常已经过多重抗原自然免疫）献血者的混合血浆为原料制备的，临床主要用于免疫替代治疗以及预防和治疗感染性疾病。人特异性免疫球蛋白是从已知对某一特定抗原免疫产生具有高低度抗体血浆中制备的特异性被动免疫制品，在预防和治疗发病率高、感染后果严重、无特效治疗方法的感染性疾病中发挥着不可替代的作用。随着免疫球蛋白临床应用经验的不断丰富，对其作用机制的认识逐渐深入，免疫球蛋白已成为临床治疗的重要手段。

1. 人特异性免疫球蛋白（hyperimmune globulin，HIG） 按其针对的抗原可将特异性人免疫球蛋白分为 4 类：抗病毒类特异性免疫球蛋白、抗细菌类特异性免疫球蛋白、抗毒素类特异性免疫球蛋白、抗 Rh（D）免疫球蛋白等。目前我国上市的人特异性免疫球蛋白只有乙肝、破伤风、狂犬病、组织胺人免疫球蛋白四种类型的产品。

（1）乙型肝炎人免疫球蛋白（hepatitis B immunoglobulin，HBIG） 是从乙型肝炎疫苗免疫供血浆者身上采集含高效价乙型肝炎表面抗体的血浆，经低温乙醇蛋白分离法提取以及病毒灭活处理制成，主要用于预防乙型肝炎。适用于：乙型肝炎表面抗原（HBsAg）阳性母亲所生的婴儿；与乙型肝炎患者或乙型肝炎病毒携带者密切接触者；意外感染的人群。HBIG 一般不会出现不良反应，但是对 HIG 过敏或其他严重过敏史以及 IgA 抗体的选择性 IgA 缺乏者禁止使用。

（2）破伤风人免疫球蛋白（human tetanus immunoglobulin，HTIG） 是从破伤风疫苗免疫供血浆者身上采集含高效价破伤风病毒抗体的血浆，经低温乙醇蛋白分离法提取以及经过低 pH 孵放病毒灭活处理制成。主要用于预防和治疗破伤风，尤其适用于对破伤风抗毒有过敏反应者。HTIG 一般不会出现不良反应，但对 HIG 有过敏史者禁止使用。

（3）狂犬病人免疫球蛋白（human rabies immunoglobulin，HRIG） 来源于健康人血浆，主要用于狂犬或其他携带狂犬病毒动物咬伤、抓伤患者的被动免疫。目前尚未有积累和规范不良反应的监测资料，但对 HIG 过敏或其他严重过敏史以及 IgA 抗体选择性缺乏者禁止使用。

（4）组织胺人免疫球蛋白（human histaglobulin） 是由人免疫球蛋白、磷酸组织胺配制而成的冻干制剂，主要用于预防和治疗支气管哮喘、过敏性皮肤病、荨麻疹等过敏性疾病；组织胺人免疫球蛋白一般无不良反应，但使用激素类药物、哮喘剧烈发作期、荨麻疹伴发喉头水肿、月经期、孕妇及极度衰弱的患者忌用，以及对人免疫球蛋白过敏者或有其他严重过敏史者忌用。

2. 正常人特异性免疫球蛋白的临床应用 正常人免疫球蛋白按照给药途径主要分为静脉注射用人

免疫球蛋白、皮下注射用人免疫球蛋白和肌内注射用人免疫球蛋白，其主要成分为 IgG，此外还包含少量的 IgA、IgM 等。

（1）静脉注射用人免疫球蛋白（intravenous immunoglobulins，IVIG）　是使用健康人的血浆，经过低 pH 孵放和除病毒膜过滤两步灭活/去除病毒处理制成。适用于：①原发性免疫球蛋白缺乏症，如 X 连锁低免疫球蛋白血症、常见变异性免疫缺陷病以及免疫球蛋白 G 亚型缺陷病等；②继发性免疫球蛋白缺陷病，如重症感染和新生儿败血症等；③自身免疫性疾病，如原发性血小板减少性紫癜和川崎病。IVIG 使用中一般无不良反应，个别患者可能在输注后发生一过性头痛、心慌、恶心等不良反应，但一般在 24 小时内均可自行恢复。需注意，对人免疫球蛋白过敏或者其他严重过敏史者以及有 IgA 抗体的选择性 IgA 缺乏者禁止使用。

（2）皮下注射用人免疫球蛋白（subcutaneous immunoglobulin，SCIG）　是由大量的人血浆通过冷乙醇分馏、辛酸盐沉淀和过滤以及阴离子交换层析技术制备而成。我国 SCIG 的研发尚处于起步阶段，在国外已在多个适应证上得到应用，主要用于治疗原发性免疫缺陷病，包括但不限于先天性无丙种球蛋白血症、普通变异型免疫缺陷病、X 连锁无丙种球蛋白血症、湿疹血小板减少伴免疫缺陷综合征和严重联合免疫缺陷。SCIG 最常见的不良反应有输液部位发红/出现红斑、疼痛、肿胀、擦伤、结节、瘙痒、硬化结痂、水肿和系统性反应包括咳嗽和腹泻等。需注意，对人免疫球蛋白过敏或严重全身反应的患者和有 IgA 抗体的选择性 IgA 缺乏者禁止使用 SCIG。

（3）肌内注射用人免疫球蛋白（intramuscular immunoglobulins，IMIG）　是由健康人血浆，经低温乙醇蛋白分离法与层析法分离纯化，并经低 pH 孵放病毒灭活和纳米膜过滤处理制成。主要适用于免疫性疾病常见病人群以及免疫力低下人群。IMIG 使用时一般无不良反应，但是对免疫球蛋白过敏或有其他严重过敏史者以及有 IgA 抗体的选择性 IgA 缺乏者禁止使用。

（三）凝血因子类的临床应用

1. 凝血因子Ⅶ（FⅦ）　是肝脏中产生的一种丝氨酸蛋白酶，具有维生素 K 依赖性，属于血浆糖蛋白家族。FⅦ的主要来源是血浆提取和重组表达，由于血浆提取来源有限及血源易受传染疾病污染，故供应相对紧张且安全性不高，利用基因技术大量生产重组人凝血因子Ⅶ（rFⅦ）方法逐渐成为更加可靠的选择。rFⅦ的临床应用：①rFⅦ可以对伴发抑制物的血友病患者进行旁路治疗，是有效止血的一线选择，有效率为 80%～90%。临床研究表明，rFⅦ对带有抑制剂的血友病患者的止血作用持续时间较长。②rFⅦ是获得性血友病指南、共识推荐的获得性血友病的一线止血药物，可有效治疗获得性血友病患者出血。rFⅦa 可用以治疗先天性 FⅦ缺乏症，因其疗效好，且无血源性疾病感染的危险，已逐渐成为治疗此类疾病的首选药物，且小剂量 rFⅦa 即可满足治疗的需求。③对外科手术或严重创伤导致的出血，rFⅦa 能够迅速激活人体凝血系统，快速止血以满足临床需要。对于多种出血性疾病，如脑出血、胃肠道出血、弥漫性肺泡出血等都有应用。此外，rFⅦa 还被应用于防治新生儿肺出血、大面积烧伤等疾病的治疗。

2. 凝血因子Ⅷ（FⅧ）　产品包括病毒灭活的血浆衍生凝血因子Ⅷ（PdFⅧ）以及通过基因技术获得的重组人凝血因子Ⅷ（rFⅧ）。主要临床应用为防治血友病 A、获得性 FⅧ缺乏而致的出血症状及这类患者的手术出血治疗。目前国内已上市的 FⅧ产品包括：①第一代人血源 FⅧ，主要用于防止甲型血友病和获得性凝血因子Ⅷ缺乏而至的出血症状及这类患者的手术出血治疗。②第二代 rFⅧ产品，主要为进口产品，主要用于甲型血友病（先天性凝血因子Ⅷ缺乏）患者出血的治疗和预防、出血的控制和预防（A 型血友病的成年人和儿童患者）、围手术期应用（成年和儿童）以及 A 型血友病儿童患者的常规预防和甲型血友病（先天性凝血因子Ⅷ缺乏）的患者出血的控制和预防；③第三代 rFⅧ产品，主要用于成年、青少年和患有 A 型血友病的儿童的出血发作的控制和预防、围手术期管理和常规预防，以防止或减少出血发作的频率；首个国产重组人凝血因子Ⅷ主要用于成人及青少年（≥12 岁）血友病 A（先天性凝血因子Ⅷ缺乏症）患者出血的控制和预防。

3. 凝血因子Ⅸ   重组人凝血因子Ⅸ在临床主要用于控制和预防血友病 B 成人及儿童患者出血以及血友病 B 患者的围手术期处理等。

4. 人凝血酶原复合物（human prothrombin complex concentrate，PCC）   是防止血友病 B 合并出血的首选药物。对使用抗凝剂过量和维生素 K 缺乏症所致的凝血因子合成障碍导致的持续患者和各种原因所致的凝血酶原时间延长而拟做外科手术者也适用，但对凝血因子 V 缺乏者可能无效；因血小板或凝血因子减少而导致出血或极高的出血风险时，可采用 PCC 进行替代治疗。

三、血液制品的安全性问题

血液制品具有人源性、起始原料稀缺性以及具有潜在病毒风险等特性，其安全性风险主要是病毒经产品输注造成传染病传播，如艾滋病、乙型肝炎、丙型肝炎等。保证血液制品中无可传播传染病的病毒主要控制 3 个环节：供血浆者筛选、原料血浆的检查、血液制品生产过程中的病原体去除或灭活。

（一）原料血浆

血液制品高风险体现在血源性病原微生物的控制和传播问题上，必须对血液制品生产用原料血浆实行严格的检验和检疫期制度。按照《中华人民共和国药典》要求，应对原料血浆（单人份血浆及混合血浆）进行乙型肝炎病毒（HBV）、丙型肝炎病毒（HCV）及人类免疫缺陷病毒（HIV－1 和 HIV－2）的检定。值得注意的是，基于现有认知并借鉴国际其他国家监管机构的经验，有专家建议血液制品研究者将人类微小病毒（B19）、戊型肝炎病毒（HEV）、甲型肝炎病毒（HAV）、人类嗜 T 细胞病毒（HTLV）等纳入检定范围。其中 B19 的检定在 WHO 和欧盟的指导原则中均有要求；HEV、HAV 属于我国原料血浆中较易被检出的病毒。此外，如果有新型病毒流行疫情，而该病毒尚未被证明不经过血液传播，则这类病毒需及时纳入检定范围，如新型冠状病毒等。我国目前允许人血白蛋白进口，所以对于进口人血白蛋白，还要关注其血浆来源是否为疫区。原料血浆病毒检定应采用经批准的、灵敏度相对更高的试剂盒进行检定。检定血浆要留样，留样不能用于生产，留样保存至血浆投料生产所有产品有效期届满后 1 年。

（二）血液制品主要病毒去除灭活方法及特点

在对原料血浆进行病毒检定时，由于常规检测方法的局限性，加之生产过程中可能由于工艺或原材料引入新的病毒污染，使血液制品在生产中仍存在一定的风险。为提高血液制品的安全性，在血液制品生产过程中增加病毒去除或灭活工艺并对其有效性进行验证显得尤为重要。

1. 病毒灭活方法

（1）巴氏灭活法   此方法的理论依据是通过选择适宜的温度及作用时间，即对蛋白质溶液进行温度为 60℃ 10 小时以上的连续加热处理，使病毒结构的破坏速率远大于蛋白质结构的破坏速率。该灭活方法可用于血浆、凝血因子、抗凝血剂、蛋白酶抑制剂和免疫球蛋白等产品，对 HBV、HCV、HIV 有较好的灭活效果。

（2）干热灭活法   此法用于冻干制剂，即冻干后的制剂经加热处理、干热杀灭病毒的方法。热处理可使某些病毒的分子和结构（蛋白质、核酸）发生变化，达到病毒灭活的目的。

（3）短波紫外线灭活法   紫外线可使 DNA、RNA 的碱基生成二聚体或加成物而抑制病毒复制，病毒下降滴度与光辐射强度及暴露时间有关。短波紫外线 UVC 对病毒的灭活效果最好，只要掌握好照射剂量和暴露时间，再加入蛋白保护剂，可有效保护血浆蛋白不受紫外线损伤。

（4）γ 射线辐照法   γ 射线辐照是一种良好的冷灭菌方法，具有穿透性强、作用广谱、灭活病毒彻底的优点，目前已有大量实验证实 γ 射线辐照对各种微生物均有杀灭作用，包括有包膜和无包膜病毒及所有的基因型物质，适于产品的终末灭菌处理。

（5）有机溶剂/去污剂（S/D）处理法 该方法是采用有机溶剂使类脂从病毒表面脱落，使病毒结构被破坏，从而失去感染活性。S/D 处理后绝大多数蛋白质仍具有生物活性。

（6）低 pH 孵放法 其原理是低 pH 条件可使病毒表面的细胞抗原电荷发生改变，蛋白质的空间结构发生不可逆变性，从而使病毒丧失与细胞受体结合的能力，不能进入细胞完成侵染。

（7）辛酸处理 其原理是基于 pH＜6 的不饱和脂肪酸具备的灭活脂包膜的能力。辛酸盐在 pH 4.5 时达到最大的非离子化形式，非离子辛酸具有亲脂性带正电荷性质，能进入病毒脂包膜，破坏磷脂结构或/和嵌入磷脂膜的蛋白质，从而影响病毒脂包膜的完整性，使病毒失去复制能力而丧失感染性，达到最佳的灭活病毒效果。采用辛酸灭活法，需要关注辛酸盐残留情况，血液制品研究者应根据生产工艺充分评估辛酸盐残留量的安全性风险，合理制定辛酸/辛酸盐残留量标准。

（8）光化学法 其原理是某些光敏剂对病毒表面及病毒核酸结构有强烈的亲和性，在适当波长的光照下易激活，从而通过光化学作用破坏与其接触的病毒结构。已使用的光敏剂包括血卟啉衍生物、补骨脂内酯衍生物、吩噻嗪类化合物、酞菁化合物和部花青 540 等。这类方法的主要特点是对脂包膜病毒有高效灭活作用，能用于全血浆的病毒灭活。采用该方法进行病毒灭活时，血液制品研究者应采用适当工艺对光敏剂进行去除，并关注产品中光敏剂的残留量，可结合非临床及临床研究进行安全性评估，明确最大安全剂量，合理制定质量标准。

2. 病毒去除方法

（1）膜过滤 利用纳米膜过滤去除直径较小的病毒（如 B19 等），是目前血液制品生产工艺中常用的病毒去除方法。纳米膜对人类免疫缺陷病毒、牛病毒性腹泻病、伪狂犬病、犬细小病、脑心肌炎病毒、甲型肝炎病等均有较好的过滤效果。

（2）层析法 现有血液制品的生产工艺中，多使用层析技术对产品进行纯化，层析技术本身即具有去除病毒的作用，特别是亲和层析和离子交换层析，因此，评价整体工艺的病毒去除灭活能力也十分必要。

第三节 植物源性生物药物

一、植物源性生物药物的定义与特点

（一）植物源性生物药物的定义

植物源性生物药物是指从植物中提取或通过生物技术手段生产的，具有治疗、预防或诊断疾病作用的生物活性分子或其衍生物。具体来说，植物源性生物药物可以包括从植物中提取的蛋白质、酶、多糖、次生代谢产物或以其为原料制备得到的活性分子等，它们在疾病的治疗、预防或诊断中具有广泛的应用（图 8-2）。这类生物药物的开发通常涉及对植物中特定活性成分的识别、提取和纯化，以及对这些成分药理作用的研究。植物源性生物药物因其天然来源、独特的生物活性和相对较少的副作用而受到重视。

（二）植物源性生物药物的特点

1. 结构多样性 植物体内蕴含着数以万计的化合物，其化学结构丰富多样，涵盖了从简单的小分子到复杂的多聚体，这些化合物结构多样，药理作用广泛。

2. 生物活性复杂　许多植物源性化合物具有显著的生物活性，如抗炎、抗氧化、抗肿瘤等。

3. 相对毒性低　相对于合成药物，植物源性生物药物通常具有较低的毒性和副作用。

4. 来源可持续性　植物资源的可再生性为药物的持续供应提供了保障，契合可持续发展的理念。

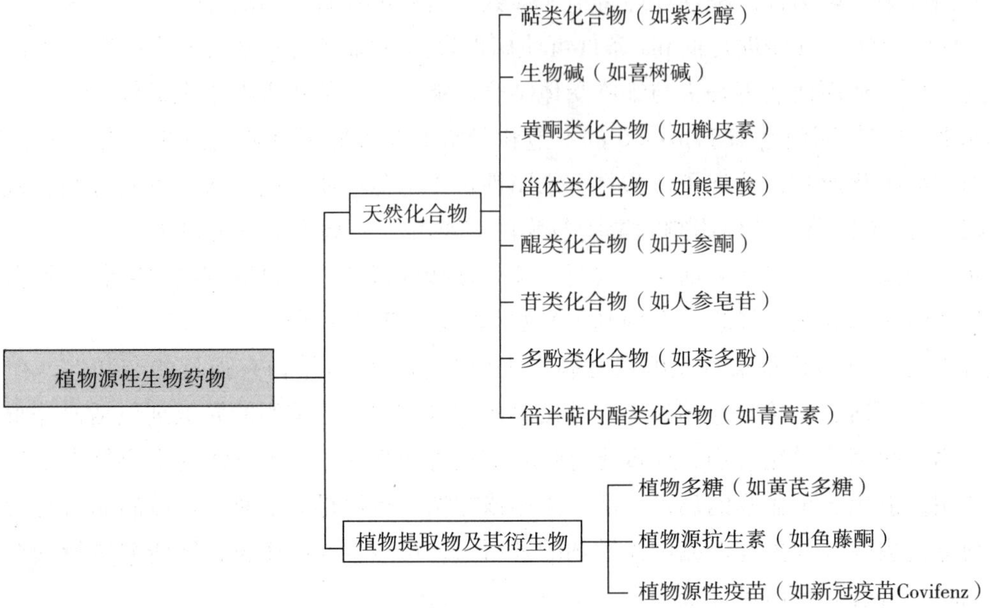

图 8-2　植物源性生物药物的分类

二、提取技术与制备工艺

（一）植物源性生物药物制备的关键步骤

植物源性生物药物的提取与制备是一个多步骤的复杂过程，主要包括以下环节。

1. 原材料选择与预处理　选择优质植物原料，去除杂质，进行清洗、干燥和粉碎，以提高提取效率。

2. 成分提取与纯化　常用的提取方法有溶剂提取（如乙醇、甲醇等）、水提、超声波提取、微波辅助提取和超临界 CO_2 提取等。溶剂提取和水提是最传统的方法，而超声波和微波辅助提取可以提高提取效率、缩短提取时间，超临界 CO_2 提取则适用于热敏性成分的提取。

3. 浓缩与干燥　分离纯化后的提取液需要进行浓缩，常用方法有减压浓缩、薄膜浓缩等。浓缩后的产品可通过喷雾干燥、冷冻干燥等方法进行干燥，得到固体产品。

4. 质量控制　在整个过程中，需进行严格的质量控制，包括成分分析、活性测定、杂质检测等，以确保产品的安全性和有效性。如利用色谱、质谱等技术对药物成分进行鉴定和定量分析。

（二）单一活性成分植物源性生物药物的提取与制备——以青蒿素为例

青蒿素主要从黄花蒿中提取，因其化学合成步骤繁琐且收率低，难以实现工业化生产。其提取工艺主要包括以下几个步骤。

1. 原料预处理　收集新鲜或干燥的黄花蒿，去除杂质后进行粉碎和筛分，以增加溶剂接触面积。

2. 提取方法　常见的提取方法包括溶剂提取法、碱提酸沉法、乙醇法、柱层析溶剂提取法和超临界 CO_2 提取法。其中，超临界 CO_2 提取法具有环保、高效、温和的特点，提取率可达 95% 以上。

3. 浓缩与分离纯化　通过减压浓缩、膜分离等技术去除多余溶剂，再利用柱层析、结晶分离、吸附分离和分子印迹技术等进一步纯化。

4. 结晶与干燥　纯化后的青蒿素溶液经低温结晶析出晶体，再通过喷雾干燥或真空干燥得到干燥粉末。

5. 包装与储存　干燥后的青蒿素需在无菌环境下包装并密封保存，以防止氧化和潮解。

（三）组分复杂的植物源性生物药物的提取与制备——以黄芪多糖为例

黄芪多糖的制备流程如下。

1. 原料处理　将黄芪碾碎成粉末，增加溶剂与固形物的接触面积。

2. 提取方法

（1）温水提醇沉法　操作简单，但提取率低，杂质含量高。

（2）碱溶提取法　利用弱碱溶液提高提取率，但废液处理困难。

（3）碱醇提取法　结合碱和乙醇的作用，提取率较高，但需严格控制酸碱使用。

（4）酶辅助提取法　利用酶预处理，温和且环保，但酶成本高，难以大规模应用。

（5）超声波提取法　通过超声波震碎细胞壁，提高提取率，可与其他方法联合使用。

3. 脱蛋白处理　采用酶 – Sevage 法等高效脱蛋白方法，减少有机试剂用量，保护多糖结构。

4. 分离纯化　利用大孔吸附树脂、离子交换层析和凝胶过滤层析等技术纯化黄芪多糖。

5. 浓缩　通过加热浓缩和离心分离杂质，获得黄芪多糖浸膏。

6. 喷雾干燥　加入气相二氧化硅后进行喷雾干燥，提高产品流动性。

7. 质量控制和分析　通过多种分析方法测定黄芪多糖的总糖、蛋白含量和单糖组成，确保产品质量。

综上所述，植物源性生物药物的提取与制备工艺不仅需要结合传统方法与现代技术，还需注重提取效率、纯度及安全性，以满足临床需求并推动植物药学的发展。

三、代表性药物及临床应用

（一）紫杉醇

1. 紫杉醇的发现　紫杉醇是一种具有重要抗癌活性的天然产物，其发现源于对植物药用价值的探索。1960 年代，美国国家肿瘤研究所（NCI）启动了大规模的植物筛选计划，旨在寻找潜在的抗癌药物。1962 年，植物学家从太平洋紫杉（*Taxus brevifolia*）的树皮中提取出一种未知化合物。经过多年的化学结构解析和药理研究，1971 年，科学家们确认了其独特的化学结构，并命名为"紫杉醇"。1992 年，紫杉醇作为抗肿瘤药物正式获批上市，开启了植物源抗肿瘤药物的新篇章。紫杉醇的发现不仅为肿瘤治疗提供了新的手段，也推动了植物药用资源的深入研究和开发。

2. 紫杉醇的药理作用　紫杉醇主要通过影响细胞内的微管结构和功能来实现其药理作用。微管是细胞骨架的重要组成部分，参与细胞分裂、细胞内物质运输等关键生理过程。

（1）微管稳定化　紫杉醇与微管蛋白结合，促进微管聚合并抑制其解聚，使微管处于高度稳定状态。这种作用破坏了微管的动态平衡，干扰了细胞的有丝分裂过程。

（2）细胞周期停滞　紫杉醇通过稳定微管，阻止细胞周期从 G2 期进入有丝分裂期（M 期），导致细胞周期停滞。这种停滞激活了细胞内的检查点机制，进一步抑制了细胞分裂。

（3）诱导细胞凋亡　长期的细胞周期停滞会激活细胞内的凋亡信号通路，诱导肿瘤细胞凋亡。紫杉醇还可通过调节细胞凋亡相关蛋白（如 Bcl – 2、Bax 等）的活性，促进细胞凋亡。

（4）抗肿瘤血管生成　紫杉醇还具有抑制肿瘤血管生成的作用，通过抑制血管内皮生长因子（VEGF）的活性，阻断肿瘤的营养供应，从而抑制肿瘤的生长和转移。

紫杉醇的这些药理作用使其成为临床上广泛应用的抗肿瘤药物，尤其对乳腺癌、卵巢癌和非小细胞肺癌等恶性肿瘤具有显著疗效。

3. 紫杉醇的临床应用　与传统化疗药物相比，紫杉醇具有广谱、高选择性和低毒性的特点，因此在临床上广泛应用于各类肿瘤的治疗。

（1）紫杉醇在乳腺癌中的应用　紫杉醇常与蒽环类药物（如阿霉素）联合用于早期乳腺癌患者的术后辅助化疗，以降低复发风险，提高长期生存率。对于转移性乳腺癌，紫杉醇单药或与曲妥珠单抗联合使用时，能显著延长患者的无进展生存期。

（2）紫杉醇在卵巢癌中的应用　在晚期卵巢癌的治疗中，紫杉醇通常与顺铂联合使用，被认为是标准一线治疗方案，这种联合方案显著提高了患者的总生存率。对于铂类耐药的卵巢癌患者，紫杉醇单药或与其他药物联合使用，显示出较好的治疗效果。

（3）紫杉醇在非小细胞肺癌中的应用　紫杉醇与顺铂联合用于治疗不可手术切除的局部晚期或转移性非小细胞肺癌，是经典的一线治疗方案。而在获得初步疗效后，将紫杉醇作为维持治疗药物，可延缓疾病进展并改善患者生存质量。

（4）紫杉醇在胃癌中的应用　Murad AM等人通过临床试验评估了紫杉醇与5-氟尿嘧啶联合治疗晚期胃癌的效果，结果表明该组合是一种新型、安全且有效的治疗方案。此外，Kim YH等人也报道了紫杉醇、5-氟尿嘧啶和顺铂联合化疗在晚期胃癌治疗中的应用，进一步证实了这种组合疗法的有效性。目前紫杉醇依然是晚期胃癌二线化疗药物。

（二）青蒿素

1. 青蒿素的发现　青蒿素是从菊科植物黄花蒿中提取的抗疟有效成分，其发现源于对传统中医药的深入研究。1969年，中国科学家屠呦呦及其团队开始研究抗疟药物。在筛选了大量中药后，他们将研究重点聚焦于青蒿。1971年，屠呦呦受到东晋葛洪《肘后备急方》中"青蒿一握，以水二升渍，绞取汁，尽服之"的启发，改用低温乙醚提取法，成功获得了具有100%抗疟效果的青蒿乙醚中性提取物。1972年，团队从该提取物中分离出抗疟有效单体——青蒿素，并确定其化学结构为含有过氧基的新型倍半萜内酯。这一发现不仅为全球疟疾治疗提供了高效、低毒的新药，也展现了传统中医药在现代医学中的巨大潜力。

2. 青蒿素的药理作用　青蒿素是从菊科植物黄花蒿中提取的具有抗疟活性的倍半萜内酯化合物，其独特的化学结构和药理作用使其成为全球疟疾治疗的重要药物。

（1）抗疟疾作用　青蒿素是目前最有效的抗疟药物之一，其抗疟机制主要与其化学结构中的过氧桥有关。疟原虫在感染红细胞后，会释放二价铁离子（Fe^{2+}），这些Fe^{2+}可催化青蒿素中的过氧桥裂解，产生自由基和活性氧。这些自由基与疟原虫的蛋白质结合，破坏其细胞膜结构，阻断疟原虫的营养摄取，最终导致疟原虫死亡。此外，青蒿素还可抑制疟原虫对氨基酸的吸收，阻碍其蛋白质合成。研究表明，青蒿素对疟原虫的红细胞内期具有直接杀灭作用，对疟疾的治疗效果显著。

（2）抗炎与免疫调节作用　青蒿素不仅具有抗疟作用，还表现出显著的抗炎和免疫调节功能。其抗炎作用可能与其抑制炎症介质的释放有关。此外，青蒿素还可调节免疫系统，增强机体对病原体的防御能力。

（3）抗肿瘤作用　近年来研究发现，青蒿素及其衍生物在抗肿瘤方面也具有潜在的应用价值。青蒿素可通过干扰肿瘤细胞的生长和分裂，抑制肿瘤的发展。例如，青蒿琥酯对小鼠肝癌和肉瘤具有明显的抑制作用。此外，青蒿素还可通过诱导肿瘤细胞凋亡，发挥抗肿瘤作用。

（4）其他药理作用　青蒿素还具有抗血吸虫、抗真菌、抗病毒等多种生物活性。例如，青蒿素及其衍生物对血吸虫的幼虫具有显著的杀伤作用。此外，青蒿素还被发现对流感病毒等具有一定的抑制作用。

3. 青蒿素的临床应用

（1）治疗疟疾　青蒿素及其衍生物是治疗疟疾的主要药物，尤其适用于恶性疟、间日疟和脑型疟等危重病例。其常用剂型包括片剂、注射液、栓剂和油混悬注射剂等。临床研究表明，青蒿素联合疗法（如青蒿素与磺胺嘧啶 - 吡喹酮联合使用）在治疗恶性疟中效果显著，能够快速清除疟原虫并降低复发率。

（2）抗肿瘤治疗　青蒿素及其衍生物在肿瘤治疗中的应用逐渐受到关注。例如，青蒿琥酯被用于临床试验中治疗前列腺癌和肝癌患者，显示出良好的耐受性和疗效。此外，青蒿素衍生物通过靶向作用机制，如与纳米材料结合，进一步提高了抗癌效果。

（3）其他疾病的治疗　青蒿素还被用于治疗系统性红斑狼疮、盘状红斑狼疮等自身免疫性疾病。此外，它在治疗血吸虫病、钩虫病等寄生虫感染方面也显示出一定潜力。

（三）黄连素

1. 黄连素的发现　黄连素（Berberine，BBR）是一种异喹啉类生物碱，其发现可以追溯到传统中草药黄连（*Coptis chinensis*）及其他药用植物的研究历史。作为一种重要的中草药，黄连在中医学中被广泛用于治疗消化不良、腹泻、细菌感染和炎症性疾病。在 19 世纪初，科学家开始尝试从药用植物中提取有效化学成分，黄连成为研究的目标之一。1826 年，法国化学家 Pierre Joseph Pelletier 和 Joseph Bienaimé Caventou 从黄柏中首次分离出一种黄色结晶物质，并将其命名为"Berberine"。1911 年，德国化学家 Hofmann 和 Landsberg 通过更精确的化学实验确定了黄连素的分子结构，揭示其属于异喹啉类生物碱。在以往的探索实践中，黄连素的抗菌活性被广泛研究，是重要的天然化合物。而在近些年的研究中，黄连素的作用领域得到了扩展，在代谢调节甚至抗肿瘤领域都有所探索和发现。

2. 黄连素的药理作用　黄连素是一种异喹啉类生物碱，因其广泛的药理活性而受到广泛关注。其主要药理作用包括抗菌、降糖、降脂、抗炎和心血管保护等。

（1）抗菌作用　黄连素具有广谱抗菌活性，对多种革兰阳性菌、革兰阴性菌、真菌和寄生虫具有抑制作用。黄连素通过与细菌 DNA 结合并抑制拓扑异构酶 I 的活性，阻止 DNA 解旋，进而抑制 DNA 的复制和转录。同时，黄连素能够阻断细菌的遗传信息传递，从而抑制其生长和繁殖。黄连素能够通过增加细胞膜的通透性，使细菌胞内离子和代谢产物泄漏，破坏细菌的正常生理功能，从而发挥抗菌作用。

（2）代谢改善作用　黄连素在代谢性疾病中的应用广泛，尤其是 2 型糖尿病的治疗中，其降糖效果显著。黄连素通过激活 AMPK，增强细胞对能量代谢的调控能力。AMPK 的激活能够抑制肝脏糖异生途径中关键酶的表达，减少葡萄糖的产生；促进骨骼肌和脂肪组织对葡萄糖的摄取，改善外周胰岛素敏感性；抑制脂肪酸合成和胆固醇代谢，减少肝脏脂肪堆积，改善胰岛素抵抗状态。同时，黄连素能够增强胰岛素受体和其下游信号分子的敏感性，从而提高细胞对胰岛素的响应能力。

（3）抗心血管疾病　研究表明，黄连素通过调节 ROS/NO 平衡来改善内皮功能障碍，从而对抗动脉粥样硬化。通过上调 E3 泛素连接酶 FBXO32 并下调 mTOR 等蛋白的磷酸化而增强自噬，黄连素能够在抑制心脏肥大和心力衰竭中发挥作用。同时，口服黄连素能够降低急性缺血卒中患者血清中的 IL - 6 和 MIF 水平，可在一定程度上减少神经功能损伤而对抗脑卒中。

3. 黄连素的临床应用

（1）治疗感染　黄连素对多种病原微生物有抑制作用，包括细菌、病毒、原虫等。它对痢疾杆菌、结核杆菌、肺炎球菌、伤寒杆菌、白喉杆菌等细菌均有抑制作用，尤其对痢疾杆菌作用最强。临床上主要用于治疗细菌性胃肠炎、痢疾等消化道疾病。与其他抗菌药物，如左氧氟沙星等抗生素联用，可以增强黄连素对痢疾的治疗效果。

（2）治疗糖尿病　黄连素可作为 2 型糖尿病的辅助治疗药物，尤其适用于胰岛细胞功能尚存的患者。临床研究显示，黄连素与二甲双胍联合使用时，可增强降糖效果。黄连素价格低廉，毒副作用小，长期服用未见明显不良反应。然而，其对 CYP2E1 和 CYP2D6 具有抑制作用，对 CYP3A4 和 CYP1A2 也有诱导作用，因此在与其他药物联合使用时需谨慎。

（3）治疗心血管疾病　治疗心血管疾病时，黄连素的常用剂量为每次 0.3 ~ 0.6g，每日 3 ~ 4 次，疗程一般为 2 ~ 4 周。黄连素与他汀类药物联合使用时，能够增强后者的降脂效果，同时减少他汀类药物的副作用。此外，黄连素可以作为辅助治疗药物，用于控制血压。

第四节　动物源性生物药物

一、动物源性生物药物的定义与特点

动物源性生物药物是指从动物组织、器官、腺体、血液、体液、分泌物等分离提取的，具有治疗、预防疾病作用的生物活性分子，包括动物来源的蛋白质、多糖、酶以及其他生物分子。

动物源性生物药物有以下特点。

1. 药理活性高　动物源性生物药物因其直接来源于动物体内存在的生理活性物质，保持了天然生物分子的活性，通常具有较高的药理活性。

2. 生物相容性　动物源性生物药物与人体的生物机制有较高的相似性，副作用小。进入体内后易被机体吸收、利用和参与人体的正常代谢与调节。

3. 多样的药物作用机制　动物源性生物药物涉及多种作用机制，如疫苗通过激活免疫系统产生免疫记忆，激素类药物通过调节内分泌系统，酶类药物通过催化特定反应等。作用机制具有针对性和多样性，可以覆盖从预防到治疗的不同治疗需求。

4. 生产依赖性　相比合成药物，动物源性生物药物的生产往往依赖于特定的动物来源和生物技术，且提取纯化工艺严格，生产过程较为复杂。

二、提取技术与制备工艺

动物源性生物药物因其复杂的生物活性分子和独特的治疗效果，在现代医药领域占据重要地位。随着多学科交叉和多方法体系的发展，其研究策略已形成一个综合框架，涵盖原料选择、生产、质量控制和监管等多个环节。其中，提取及制备工艺是核心，决定了药物的纯度、效力、安全性和疗效。深入了解这些工艺对提升药物质量和推动产业发展意义重大。

动物组织的获取与处理是提取工艺的首要环节。以胰岛素为例，通常从猪或牛的胰腺中提取。胰腺获取后需迅速冷冻并运输至提取工厂，随后进行精细研磨和清洗，以释放药物成分。这一步骤确保了原料的新鲜度和活性成分的完整性，为后续提取奠定了基础。

药物成分的粗提取是关键步骤之一。胰岛素的粗提取通过添加酸性乙醇和盐酸，将 pH 值调至 3 ~ 3.5，使胰岛素从组织中溶出。提取后的溶液需多次过滤，去除乙醇沉淀。肝素的粗提取则通过酸性水解实现。预处理后的组织在酸性环境中水解，释放多糖类物质（如糖胺聚糖）。此时，肝素仍与其他大分子杂质混合，需进一步纯化。

纯化过程是提升药物纯度的核心环节。常用的纯化方法包括离子交换层析、凝胶过滤层析和亲和层析。离子交换层析利用药物分子的电荷特性，通过离子交换树脂分离杂质。亲和层析则利用药物分子与特定配体的亲和作用，例如，使用抗凝蛋白作为配体可高效纯化肝素。这些方法可显著提高药物纯度，确保产品质量。

浓缩与干燥是提取工艺的后续步骤。纯化后的溶液需浓缩以提高浓度。常用方法包括蒸发和超滤。胰岛素溶液经减压浓缩去除溶剂后，通过冷冻干燥制成干粉，便于储存和运输。肝素溶液则通过超滤浓缩并去除小分子杂质，最后采用喷雾干燥或冷冻干燥转化为干燥粉末。

最后，质量控制与制剂是确保药品安全性和有效性的关键环节。干燥后的药品粉末可根据需求制成注射液、口服制剂等不同剂型。成品药品需经过严格的质量控制检查，包括稳定性测试、无菌测试、效价、吸光度和氮含量等指标的检测，以确保符合药典标准。

综上所述，动物源性生物药物的提取工艺是一个复杂而精细的过程，涉及多个关键步骤。从动物组织的获取与处理到最终的质量控制与制剂，每一步都至关重要。通过优化这些工艺，不仅可以提高药物的纯度和效力，还能确保其安全性和疗效，从而推动动物源性生物药物产业的持续发展。

三、代表性药物及临床应用

（一）胰岛素

1. 胰岛素的发现　1921 年，弗雷德里克·班廷和查尔斯·贝斯特从狗的胰腺中提取了胰岛素，用于治疗糖尿病，这是动物源性药物在现代医学中的一个重要里程碑。随后，以猪胰脏为原料提取、纯化制备的胰岛素，以猪的肠黏膜为原料提取、纯化制备的肝素钠等许多从生物材料中通过提取、纯化制备的结构明确、疗效独特的生物药物大规模进入临床应用。

2. 胰岛素的药理作用　缺失胰岛素会导致 1 型糖尿病，缺失生长激素导致矮小症或骨骼密度减少。通过外源性补充胰岛素可为糖尿病患者增加体内葡萄糖的转运，加速葡萄糖的氧化和酵解，促进糖原的合成和贮存，抑制糖原分解和糖异生，从而降低血糖水平。

（1）调节血糖代谢　胰岛素通过与细胞膜上的胰岛素受体结合，激活信号传导通路（如 PI3K - AKT 通路），促进葡萄糖转运蛋白 4（GLUT4）的转位，从而增加细胞对葡萄糖的摄取和利用。此外，胰岛素能够抑制肝脏中的糖异生（将非糖物质转化为葡萄糖）和糖原分解（将肝糖原分解为葡萄糖），刺激肝脏和肌肉将多余的葡萄糖转化为糖原储存起来，从而进一步降低血糖水平。

（2）调节脂质代谢　胰岛素能够促进葡萄糖进入脂肪细胞，并将其转化为脂肪酸和甘油三酯，从而储存于脂肪组织中。这一过程包括将葡萄糖转化为 α - 磷酸甘油，再与脂肪酸结合形成甘油三酯，储存在脂肪细胞内。胰岛素通过激活脂蛋白脂肪酶（LPL），促进富含甘油三酯的脂蛋白分解，从而降低血浆中的甘油三酯水平，此外，胰岛素通过抑制激素敏感性脂肪酶（如激素敏感性甘油三酯酶）的活性，减少脂肪分解，从而降低游离脂肪酸（FFA）的释放。

（3）调节蛋白质代谢　胰岛素能够增强细胞对氨基酸的摄取，特别是在肌肉细胞和肝脏细胞中。它通过刺激氨基酸转运蛋白（如 LAT1、LAT2 等），促进氨基酸进入细胞，为蛋白质合成提供原料。胰岛素通过激活蛋白质合成相关的信号通路，尤其是通过激活 mTOR（哺乳动物雷帕霉素靶蛋白）通路，促进蛋白质的合成。

3. 胰岛素的临床应用　作为动物源性生物药物的代表，胰岛素自 20 世纪初问世以来，便广泛用于糖尿病的治疗，能够有效调节血糖水平，是糖尿病患者的重要治疗药物。尽管如今已由基因工程胰岛素取代，但动物胰岛素仍然是一些地区的主要治疗手段，尤其是在发展中国家。

1 型糖尿病（type 1 diabetes mellitus，T1DM）是一种慢性代谢性疾病，其主要特征是胰岛 B 细胞被免疫系统攻击并破坏，导致胰岛素绝对缺乏，由于胰岛 B 细胞功能完全丧失，患者体内缺乏胰岛素，因此需要终身使用胰岛素治疗。对于 2 型糖尿病（T2DM）患者，当患者饮食控制、运动以及口服降糖药无法有效控制血糖时，胰岛素成为重要的治疗手段。此外，对于急性并发症（如酮症酸中毒、高渗性非酮症糖尿病昏迷）或严重代谢紊乱的患者，胰岛素也是首选治疗。

（二）肝素

1. 肝素的发现　1916 年，美国科学家豪维尔和他的同事在研究肝脏的功能时，偶然发现了肝脏提取物具有抑制血液凝固的作用。豪维尔与另一位研究者麦克廉共同研究了一种从狗的肝脏提取的物质，发现它可以延迟血液凝固的过程，并将其命名为"肝素（heparin）"。20 世纪 20 年代，研究人员继续对这种物质进行分离和纯化，逐渐确定了肝素具有强效的抗凝作用。它可以通过抑制凝血因子，尤其是凝血酶（Thrombin）和凝血因子 Xa，防止血液在体内形成血栓。随着进一步的研究，肝素被证明是一种高分子量的多糖类物质，能够通过与抗凝血酶Ⅲ结合，增强后者的抗凝作用。

低分子量肝素（low‐molecular‐weight heparin，LMWH）是肝素通过不同的解聚法得到的系列产品。LMWH 具有与肝素相同的母体结构，但在多糖链的还原末端和非还原末端呈现不同的化学结构。与肝素相比，LMWH 具有较低的相对分子质量和良好的临床特性，包括更长的半衰期，更可预测的抗凝血作用和更低的不良反应发生率，如肝素诱导的血小板减少症。

2. 肝素的药理作用

（1）抗凝作用　肝素通过其含有特殊戊糖序列的结构与抗凝血酶 3（AT‐Ⅲ）结合，形成高亲和力复合物。这种结合使 AT‐Ⅲ从慢性凝血酶抑制剂转变为快速抑制剂，显著提升了其灭活凝血酶的能力，使凝血酶的灭活速度提高 1000～2000 倍。肝素与 AT‐Ⅲ所含的赖氨酸结合后引起 AT‐Ⅲ构象改变，使 AT‐Ⅲ所含的精氨酸残基更易与凝血酶的丝氨酸残基结合。此外，肝素能够刺激血管内皮细胞释放 TFPI，该物质与凝血因子 V 和 Xa 结合并将其灭活，从而抑制凝血过程。

（2）抗血栓作用　肝素能够减少血小板的黏附和聚集，抑制血栓形成过程中的重要环节，同时对血管新生过程也有调控作用，有助于维持血管健康，减少血栓的形成。

（3）抗炎作用　在炎症反应部位，纤维素的沉积形成蛋白质的网状机械屏障，使组织损伤局限化，改变毛细血管的通透性。肝素能够抑制白细胞的黏附和活化，抑制炎症反应中的关键步骤。还可通过抑制选择素等黏附分子，减少白细胞的滚动、黏附及迁移，从而对炎症级联反应中的多种炎症介质有抑制作用。

3. 肝素的临床应用　肝素常用于治疗和预防深静脉血栓（DVT）、肺栓塞（PE）、心肌梗死、脑梗死等静脉血栓栓塞症。

（1）防治血栓栓塞性疾病　肝素被广泛用于预防和治疗各种栓塞性疾病，包括深静脉血栓（DVT）、肺栓塞（PE）、心肌梗死、脑梗死等。这些疾病的共同特点是血液呈高凝状态，而肝素通过抗凝作用能够有效降低血栓形成的风险。对于有房颤的患者，肝素可用于防止血栓形成，减少中风和栓塞的风险，尤其是在需要快速控制凝血的情况下，如急性期的房颤治疗。

（2）心血管手术及介入治疗　肝素是心血管手术、冠状动脉介入治疗（PCI）、心脏瓣膜置换术等手术中不可或缺的抗凝药物。术中使用肝素可以维持体外循环系统的血液畅通，防止术中及术后发生血栓形成。

（3）血液透析和外科手术　肝素常用于急性肾损伤患者进行血液透析治疗时，防止在透析过程中血液凝固。肝素被广泛用于各种类型的外科手术中，尤其是心脏外科和肾脏手术，目的是预防术中血栓形成。手术后的短期应用同样能有效防止静脉血栓的发生。

知识拓展

《中华人民共和国献血法》和《血液制品管理条例》

　　血液制品的安全性问题一直是很大的挑战。为了保障血液制品安全，1996 年国务院颁布了《血液制品管理条例》，对单采血浆站进行严格限制和规范。单采血浆站在采集血浆前，必须对供血浆者进行身份识别并核实其《供血浆证》，并按照规定程序进行健康检查和血液化验，按照有关技术操作标准及程序采集血浆。1997 年 12 月 29 日，为保证医疗临床用血需要和安全，保障献血者和用血者身体健康，发扬人道主义精神，促进社会主义物质文明和精神建设，《中华人民共和国献血法》颁布，规定我国实行无偿献血制度，无偿献血的血液必须用于临床，不得买卖，血站、医疗机构不得将无偿献血的血液出售给采血浆站或者血液制品生产单位。

思考题

答案解析

1. 天然来源的生物药物有哪些常见种类？
2. 举例说明 4 种常见的血液制品主要病毒去除灭活方法及其作用原理。
3. 什么是血液制品，狭义血液制品有哪几类？
4. 动物源性生物药物有哪些特点？

书网融合……

本章小结　　习题

第九章 重组蛋白质、多肽药物 📱微课

PPT

📖 学习目标

1. 通过本章的学习，掌握重组蛋白质多肽药物的相关概念和分类，代表性药物重组人促红细胞生成素、重组人甲状旁腺激素、司美格鲁肽的制备过程和药理作用；熟悉常见的蛋白质多肽药物及代表性药物的质量控制和临床应用；了解蛋白质多肽药物及代表性药物的发现历史、前沿进展及发展趋势。

2. 具备开展重组蛋白质多肽药物相关资料的收集及文献综述的能力，能够从事该类药物相关的药学服务工作。

3. 树立科研创新意识，严谨求实态度，能够持续关注和学习最新的科研进展和技术，不断提升自身的专业知识和技能水平。

第一节 概 述

一、重组蛋白质多肽药物的概念

重组蛋白质多肽药物是指通过基因工程技术，将外源基因（通常为编码特定蛋白质或多肽的基因）克隆到宿主细胞中，经过表达、纯化等过程，获得具有生物活性的蛋白质或多肽，用于预防或治疗相关疾病的药物。这些重组多肽和蛋白都由氨基酸链构成，但它们在分子结构和功能上存在显著差异。多肽是由较短的氨基酸链（通常少于 50 个氨基酸）通过肽键连接而成的分子。多肽药物往往表现为相对较小的分子，能够在体内快速发挥生物活性，广泛应用于激素替代、免疫调节等领域。与此不同，蛋白质则是由较长的氨基酸链折叠形成的复杂大分子，通常包含超过 50 个氨基酸残基。蛋白质具有更为复杂的三维结构（图 9-1），这使得其在体内能够执行更为精细和多样的生物功能。

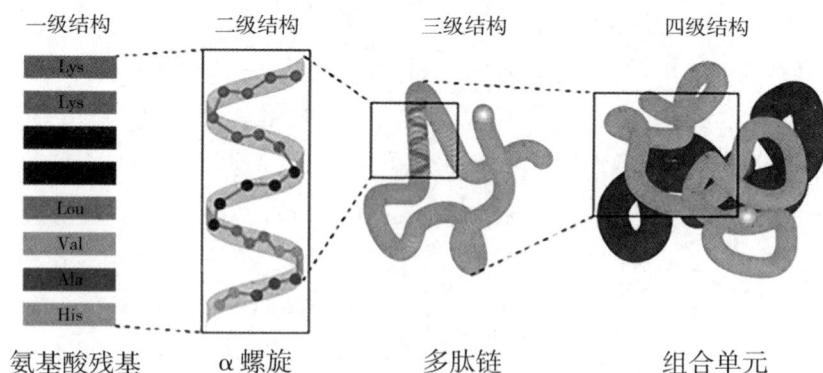

图 9-1 蛋白质结构层级图

与化学药物相比，重组蛋白质多肽药物具有一些独特的优势。化学药物通常是小分子化合物，结构简单，通过化学合成或天然提取获得，而重组蛋白质多肽药物则主要是通过基因工程方法生产的大分子

生物药物，其特点如下。

1. 具有高特异性和良好的生物相容性 重组蛋白质多肽药物通常具有高度的特异性，能够针对特定的受体或靶点发挥作用，因此疗效更为精准，副作用相对较小。此外，重组蛋白质多肽药物由于它们的分子结构和人体内的天然蛋白质非常相似，因此降低了药物的不良反应和免疫反应的风险，通常具有更高的生物相容性。

2. 结构复杂且稳定性差 重组蛋白质多肽药物是典型的生物药物，复杂结构对环境因素如温度、pH、光照等极为敏感，尤其是在高温条件下极易发生变性和降解。此外，蛋白质多肽分子可能由于聚合、氧化或水解等机制失去活性，导致药物在储存、运输和使用过程中稳定性下降，影响其疗效和安全性。

3. 生产过程复杂而成本高 由于蛋白质多肽的生产涉及基因工程、细胞培养、纯化等多重环节，而每个环节都需要精密的技术和高昂的成本。因此，尽管这些药物通常具有显著的临床效果，但其市场价格也相对较高，限制了部分患者群体的使用。这也是重组蛋白质多肽药物研发中的一大挑战，即如何在保证药效的同时降低生产成本，使得药物能够更广泛的普及应用。

二、重组蛋白质多肽药物的分类

根据药物的作用类型可以将重组蛋白质多肽药物分为激素类药物、酶类药物、抗体类药物、细胞因子类药物、融合蛋白类药物等（表9-1）。

表9-1 重组蛋白质多肽药物根据作用类型分类

分类	代表药物	用途
激素类药物	重组人胰岛素	用于治疗糖尿病，通过降低血糖水平发挥作用
酶类药物	重组人 α-葡萄糖苷酶	用于治疗庞贝病（Pompe disease），一种由 α-葡萄糖苷酶缺乏引起的代谢性疾病
抗体类药物	曲妥珠单抗	用于治疗乳腺癌，通过靶向 HER2 受体抑制癌细胞的生长
细胞因子类药物	白介素-2	用于增强免疫系统功能，主要用于肿瘤免疫治疗，特别是在肾癌和黑色素瘤中
融合蛋白类药物	阿必鲁肽	由胰高血糖素样肽-1（GLP-1）与人血清白蛋白（HSA）融合而成，用于治疗 2 型糖尿病

（一）激素类药物

激素是由内分泌腺或器官组织内的内分泌细胞产生的含量极少的一类物质，这些物质可作为一种化学信使或信号分子，参与机体多种生命活动，由于生理或病理原因引起体内激素浓度或作用变化，可引起相应疾病的发生。

重组激素类药物就是通过生物技术生产与人体或动物激素结构相同或相似、作用原理相同能发挥内源性激素生理作用的一类药物，包括胺类（如甲状腺激素类）、多肽或蛋白质类（如胰岛素类、生长激素类）、脂类（如性激素类）。该类药物大多通过基因重组技术在哺乳动物细胞、CHO 细胞、酵母细胞或大肠埃希菌中生产，根据氨基酸残基的数量分为蛋白质类激素和多肽类激素。多肽类激素指的是由50 或 50 个以下氨基酸残基组成的化合物，如甲状旁腺激素活性片段。蛋白质类激素为氨基酸残基数目50 个以上的化合物，包括垂体蛋白质激素如重组人生长激素、重组人促黄体生成激素、重组人促卵泡激素；胰岛素类如重组人胰岛素。

（二）酶类药物

重组酶类药物是指通过生物技术生产的具有催化功能的蛋白质类药物。这些药物通过特定的生化反应，能够在体内或体外催化特定的化学反应，从而调节生物体内的代谢过程。重组酶药物在各方面均有应用，特别是在溶血栓和治疗酶功能不足（或酶缺乏）引起的遗传性疾病方面具有不可替代的重要作用。如最早于 20 世纪 80 年代批准的重组酶药物阿替普酶，以及后来上市的瑞替普酶和替奈普酶，用于解决临床急需的溶栓药物需求。以及采用酶替代疗法进行治疗的罕见病患者所用的重组酶药物，例如治疗戈谢病的伊米苷酶、阿葡糖苷酶 α 和阿法他利苷酶，以及治疗黏多糖增多症的艾杜糖醛酸酶、加硫酶和依洛硫酸酯酶 α 等。

（三）抗体类药物

抗体类药物是通过生物技术手段生产的一类含有抗体基因序列、具有抗体结构和生理功能的蛋白质分子。由于现代抗体药物研发聚焦于基因工程单克隆抗体领域，根据分子结构不同又将单克隆抗体药物分为三类。

1. 抗体或抗体片段　抗体包括鼠源单抗、人鼠嵌合抗体、人源化抗体和全人源抗体。抗体片段包括单价小分子抗体（如 Fab、Fv、scFv）和多价小分子抗体 [F (ab′)$_2$、双链抗体、三链抗体] 等。这类药物在已上市的单抗药物中所占比例最大，其针对的靶点通常为细胞表面的疾病相关抗原或特定受体。如全球第一个上市的抗体药物 muromonab – CD3 就是靶向肿瘤细胞表面 CD3 抗原的鼠源单抗。

2. 抗体偶联物或称免疫偶联物　抗体偶联物或免疫偶联物由抗体或抗体片段与"弹头"物质连接而成，可用作弹头的物质有放射性核素、化疗药物与毒素，这些弹头物质与抗体连接分别形成放射免疫偶联物、化学免疫偶联物与免疫毒素。例如，FDA 批准的第一款抗体偶联物 mylotarg，是抗 CD33 单抗与卡齐霉素的免疫偶联物，用于治疗复发和耐药的急性淋巴细胞白血病，由于上市后风险收益较小，于 2010 年撤市，改进后于 2017 年重新获批上市。随后，2011—2013 年，FDA 相继批准了两个抗体偶联物，分别是抗 CD30 单抗与微管抑制剂甲基澳瑞他汀 E（MMAE）的偶联物 adcertris，以及靶向 Her2 的抗体与微管抑制剂 DM1（一种美坦辛衍生物）的偶联物 kadcyla。

3. 抗体融合蛋白　由抗体片段和活性蛋白两个部分组成。例如，抗体 Fc 融合蛋白，通常是将单个受体分子（或受体分子的胞外区）与抗体 Fc 段进行融合。如 2017 年批准的治疗类风湿关节炎和强直性脊柱炎的生物药物依那西普在中国上市。

（四）细胞因子类药物

细胞因子（cytokine，CK）是由多种细胞（主要为免疫细胞）合成和分泌的小分子多肽或糖蛋白。细胞因子能介导细胞间的相互作用，具有多种生物学功能，如调节细胞生长、分化成熟、功能维持、调节免疫应答、参与炎症反应、创伤愈合和肿瘤消长等。

重组细胞因子（Recombinant cytokine）是利用大肠埃希菌、酵母菌、昆虫细胞、哺乳动物细胞等工程细胞大规模生产重组细胞因子的纯品，其产量、纯度、成本等指标均优于天然来源的细胞因子。

细胞因子根据其功能又可被分为白细胞介素、干扰素、集落刺激因子、肿瘤坏死因子超家族、转化生长因子 – β 家族、生长因子、趋化因子等。细胞因子作为人体自身成分，具有广泛的生理活性，如调节细胞的生长分化、调节免疫功能，参与炎症发生和细胞修复等作用，具有活性高、功能多等特点。正是由于这些特点，细胞因子类药物被广泛应用于临床多种疾病的治疗，如感染性疾病、抗肿瘤免疫治疗、恶性血液病、免疫排斥、自身免疫性疾病、代谢性疾病等，基本上涵盖了所有类型的疾病。

（五）融合蛋白类药物

融合蛋白类药物是指利用基因工程等技术将某种具有生物学活性的功能蛋白分子与其他天然蛋白（融合伴侣）融合而产生的新型蛋白。其中功能蛋白通常是内源性配体（或相应受体），如细胞因子、激素、生长因子、酶等活性物质，融合伴侣则主要包括免疫球蛋白、白蛋白、转铁蛋白等。

这类药物既保留了原功能蛋白的生物活性，又借助融合伴侣实现长效机制［一般依靠 Fc 受体（FcRn）介导的再循环机制］。此外，两个蛋白融合使得其分子量得到扩增，不易在血液中被巨噬细胞吞噬，同时降低了肾消除率，有效延长了药物的半衰期。

而根据融合伴侣的不同，融合蛋白又可分为 Fc 融合蛋白、CTP 融合蛋白、转铁蛋白（Transferrin）融合蛋白、人血清白蛋白（HSA）融合蛋白等。

三、重组蛋白质多肽药物的发展史

重组蛋白质多肽药物的发展历史与分子生物学、基因工程技术以及生物制药工业的进步密切相关。从最早的基础研究到如今成为生物制药的核心组成部分，重组蛋白质药物的演进见证了生物技术的巨大飞跃。本部分将介绍重组蛋白质多肽药物的起源、发展历程、主要技术突破及相关代表性药物。

（一）重组蛋白质多肽药物的起源与基础研究

20 世纪 50 年代末到 60 年代初，分子生物学的基础研究开始为重组蛋白质药物的出现奠定了基础。在这段时间内，科学家们陆续揭示了 DNA 结构、基因表达过程以及蛋白质的合成机制。特别是 DNA 重组技术和基因克隆技术的诞生，为蛋白质的人工合成提供了理论和技术支持。

1. DNA 重组技术的诞生 1972 年，美国科学家保罗·伯格（Paul Berg）等首次成功将外源基因插入到细菌的 DNA 中，完成了基因重组实验，标志着基因工程时代的开始。这一突破为后来的重组蛋白质药物生产提供了技术基础。

2. 基因克隆技术的发展 1973 年，赫伯特·博耶（Herbert Boyer）和斯坦利·科恩（Stanley Cohen）等科学家成功克隆了外源基因，并将其导入大肠埃希菌等宿主细胞中表达，推动了基因工程技术的发展。通过基因克隆技术，科学家能够精准地操作基因，制造出重组蛋白质。

3. 重组 DNA 技术的应用 随着重组 DNA 技术的不断发展，基因克隆、基因表达等技术日趋成熟。1980 年代初，科研人员开始尝试将人类胰岛素基因克隆到大肠埃希菌中进行表达，这为重组蛋白质药物的商业化生产提供了可行性。

（二）重组蛋白质多肽药物的早期突破与应用

1. 重组胰岛素的问世 1982 年，重组胰岛素成为首个通过基因工程技术生产并成功上市的重组蛋白质药物。美国的艾克西诺公司（EliLilly）与基因技术公司（Genentech）合作，成功将人胰岛素基因克隆入大肠埃希菌中，生产出具有生物活性的重组胰岛素。这一创新不仅解决了传统胰岛素短缺的问题，还避免了使用动物胰岛素带来的免疫排斥反应。

2. 重组生长激素的研发 1985 年，美国的基因技术公司（Genentech）又成功开发出了重组生长激素（rhGH），用于治疗儿童生长激素缺乏症。生长激素作为一种重要的内分泌药物，其通过基因工程生产的版本，解决了从人体或动物中提取生长激素的伦理与技术难题。

3. 重组凝血因子Ⅷ的上市 1987 年，重组凝血因子Ⅷ（rFⅧ）获得 FDA 批准用于治疗血友病。这是又一个生物药品的里程碑，它改变了血友病患者的生活质量，并成为制药行业中的经典案例。此药的成功生产也证明了使用基因工程技术生产复杂蛋白质的可行性。

（三）重组蛋白质多肽药物的技术进步与多样化

进入 20 世纪 90 年代，重组蛋白质多肽药物的生产技术逐渐成熟，制药公司在这一领域的投资和研究也不断增加。此时，重组蛋白质多肽药物的种类多样化，涵盖了抗体药物、疫苗、酶替代疗法等多个领域。

1. 单克隆抗体的问世 20 世纪 90 年代初，单克隆抗体（mAbs）技术的突破标志着抗体药物的崛起。1997 年，首个用于治疗肿瘤的单克隆抗体药物利妥昔单抗（Rituxan），获得 FDA 批准上市。该药用于治疗某些类型的淋巴瘤和白血病，开创了抗体药物在肿瘤治疗中的新纪元。随后，更多的重组单克隆抗体药物相继上市，成为治疗肿瘤、免疫性疾病和其他复杂疾病的重要武器。

2. 糖基化与翻译后修饰技术的发展 20 世纪 90 年代，随着对蛋白质翻译后修饰（如糖基化）的认识逐渐深入，制药公司对生产复杂的重组蛋白药物进行了优化。例如，利用哺乳动物细胞系统（如 CHO 细胞）来生产具有复杂糖基化修饰的重组蛋白，以确保药物的生物活性和临床疗效。

3. 基因工程疫苗的崛起 在基因工程的帮助下，许多重组蛋白质疫苗也进入市场。例如，重组人乳头瘤病毒（HPV）疫苗的开发，通过将 HPV 病毒的 L1 蛋白基因克隆并表达，成为预防宫颈癌的有效手段，标志着基因工程疫苗技术的成功应用。

（四）新型重组蛋白质药物形式的探索

进入 21 世纪，重组蛋白质药物的市场逐渐扩大，技术不断进步，生产工艺和应用领域也日趋多样化。特别是在肿瘤治疗、免疫疗法以及罕见病的治疗领域，重组蛋白质药物展现了巨大的潜力（表 9 - 2）。

表 9 - 2　目前上市的代表性重组蛋白质多肽药物

商品名	成分	获批/上市时间	用途
Humulin R	重组人胰岛素	1982	治疗糖尿病
Humatrope	重组生长激素	1986	治疗因内源性脑垂体生长激素分泌不足而引起的生长障碍、躯体矮小的侏儒症、短小病患儿
Activase	阿替普酶	1987	溶解血栓
Alferon	IFN - αn3	1989	治疗生殖器尖锐湿疣
Pulmozyme	重组脱氧核糖核酸酶 I	1993	减少肺分泌物，改善肺囊性纤维化
Humalog	rhINS 类似物（速效）	1996	治疗糖尿病
Regranex	rhPDGF - BB	1997	治疗糖尿病性足溃疡
Herceptin	曲妥珠单抗	1998	治疗乳腺癌、胃食管癌
Wellferon	IFN - αn1	1999	治疗乙型肝炎、丙型肝炎、毛细胞性白血病等
Humira	阿达木单抗	2002	治疗类风湿关节炎、青少年特发性关节炎、银屑病关节炎、强直性脊柱炎
Elitek	重组尿酸氧化酶	2002	治疗高尿酸血症
特比奥	rhTPO	2005	治疗肿瘤化疗导致的血小板减少症、血小板减少性紫癜
Increlex	RhIGF - 1	2005	治疗严重原发性 IGF - 1 缺乏症或对生长激素出现中和抗体的 GH 基因缺陷患儿
Levemir	rhINS 类似物（长效）	2005	治疗糖尿病
Vecthix	尼妥珠单抗	2005	治疗咽癌、头颈部肿瘤、神经胶质瘤
Hylenex Recombinant	重组人透明质酸酶	2005	促进其他药物吸收和扩散
Cimzia	赛妥珠单抗	2008	治疗类风湿关节炎、克罗恩病
Krysetxxa	聚乙二醇化重组尿酸氧化酶	2010	治疗高尿酸血症
Yervoy	伊匹木单抗	2011	治疗黑色素瘤
Voraxaze	重组羧肽酶	2012	甲氨蝶呤解毒药
Keytruda	帕博利珠单抗	2014	治疗黑色素瘤、NSCLC、NHL、尿路上皮癌等
Portrazza	耐昔妥珠单抗	2015	治疗肺癌

续表

商品名	成分	获批/上市时间	用途
派格宾	PEG – rhIFN – α2b	2016	治疗成人慢性丙型肝炎
Brineura	重组人三肽基肽酶1	2017	治疗婴儿型神经元蜡样脂褐质沉积症
Palynziq	聚乙二醇化重组苯丙氨酸解氨酶	2018	治疗苯丙酮尿症
Revcovi	聚乙二醇化重组腺苷脱氨酶	2018	治疗因腺苷脱氨酶缺乏所致的重症联合免疫缺陷
Terlivaz	特利加压素	2022	改善肾功能快速下降的成人肝肾综合征患者的肾功能
Daybue	曲非奈肽	2023	治疗 Rett 综合征的
Zepbound	替尔泊肽	2023	治疗成人 2 型糖尿病
Kisunla	多纳单抗	2024	治疗阿尔茨海默病

1. 靶向治疗与免疫治疗的兴起　靶向治疗药物（如单克隆抗体、重组融合蛋白等）和免疫检查点抑制剂（如 PD – 1 抗体）在肿瘤治疗中的应用取得了革命性进展。以帕博利珠单抗（Pembrolizumab）为代表的 PD – 1 抑制剂，在非小细胞肺癌、黑色素瘤等多种肿瘤的治疗中取得了显著疗效，成为现代肿瘤免疫治疗的核心药物。

2. 双特异性抗体和新型生物制品　双特异性抗体（bispecific antibodies）作为一种创新的重组蛋白质药物，能够同时靶向两个不同的抗原，具有更强的治疗潜力。例如，Blincyto（比林妥）是一种双特异性抗体药物，用于治疗急性淋巴细胞白血病（ALL），该药的成功开发标志着重组蛋白药物进入了更加多样化的应用领域。

3. 基因治疗与蛋白质药物的融合　随着基因治疗技术的突破，重组蛋白质药物的研发逐渐向基因治疗结合的方向发展。例如，利用病毒载体将基因直接导入患者体内，以产生所需的治疗蛋白，这类治疗方法成为罕见遗传性疾病的潜在治疗方案。

4. 生产成本与生产技术的优化　尽管重组蛋白质药物的生产成本较高，但随着生产技术的不断优化和新型表达系统的开发（如植物细胞、昆虫细胞等），生产成本正在逐渐降低。此外，新的生产平台（如细胞工厂）和自动化技术也在不断推动药物生产的规模化和商业化。

四、重组蛋白质多肽药物的发展趋势

重组蛋白质多肽药物自 20 世纪 80 年代初首次应用于临床治疗以来，已经取得了显著的进展，并且随着生物技术的不断创新，未来发展趋势愈加清晰。重组蛋白质多肽药物的发展趋势主要体现在以下几个方面。

（一）精准治疗与个性化医疗的应用

随着基因组学、蛋白质组学和分子生物学的进展，个性化医疗逐渐成为现代医学的趋势。针对特定疾病的重组蛋白质和多肽药物，将能够更加精确地靶向病变部位和细胞，减少副作用，并提高治疗效果。例如，通过基因编辑技术和单细胞分析，研究人员可以根据患者的遗传背景、疾病特征等信息，定制更加个性化的治疗方案。未来，重组蛋白质和多肽药物将能够更好地满足个体化治疗的需求，尤其是在肿瘤、免疫系统疾病及遗传性疾病等领域。

（二）生物制药工艺的革新

随着制药工艺的不断改进，重组蛋白质和多肽药物的生产将变得更加高效、低成本和可持续。例如，采用更为先进的细胞表达系统（如 CHO 细胞、酵母细胞及植物细胞等）及新的发酵培养技术，可以大幅提高蛋白质的产量和质量。与此同时，单克隆抗体、融合蛋白、糖基化工程等技术的应用也将进一步推动重组蛋白质药物的多样性和功能性。此外，自动化生产系统和实时监控技术的引入，将使得生产过程中的质量控制更加精准，确保药物批次的一致性和安全性。这将有助于降低生产成本，提高市场供应的稳定性。

（三）长效制剂与靶向递送技术

当前，许多重组蛋白质和多肽药物需要频繁注射，给患者带来了一定的困扰。为了改善这一问题，长效制剂的研发成为一个重要趋势。通过对药物分子进行结构修饰（如 PEG 化、脂质体包封、可降解聚合物载体等），可以显著延长药物的半衰期，减少给药频率，提高患者的依从性。此外，靶向递送技术的突破，将使得重组蛋白质和多肽药物能够更精确地作用于病变部位。例如，通过抗体 – 药物偶联物（ADC）、纳米药物传递系统等手段，药物可以精确地定位到肿瘤细胞或免疫系统受损区域，从而提高治疗效果，并减少对正常组织的损害。

（四）新型治疗靶点的开发

随着基础研究的深入，越来越多新的疾病相关靶点被发现，为重组蛋白质和多肽药物的研发提供了丰富的方向。新型生物标志物和靶点，如免疫检查点、细胞因子、蛋白酶、转录因子等，为重组蛋白质药物的靶向治疗提供了新的可能。例如，在肿瘤免疫治疗领域，重组蛋白质药物（抗 PD – 1、PD – L1 抗体等）已经取得了显著的疗效，未来此类药物有望通过优化结构和结合其他治疗手段，进一步提高其治疗效果。

（五）全球市场的扩展与监管政策的完善

随着全球生物制药市场的快速增长，尤其是在新兴市场国家（中国、印度、巴西等），重组蛋白质和多肽药物的需求也将不断增加。未来，药品监管政策将逐渐趋向国际化和标准化，全球药品审批的流程和规范将更加统一。这将为重组蛋白质药物的上市与国际推广提供更为有利的环境，同时也推动了药品定价、质量管理和知识产权等方面的全球协调。

（六）技术的融合与创新

随着技术的融合与创新，未来的重组蛋白质和多肽药物研发不仅局限于传统的生物制药技术，还将结合多学科的前沿科技。例如，人工智能和机器学习将在药物筛选、临床试验设计、药效预测等方面发挥重要作用。通过智能化的算法和大数据分析，能够加速药物的发现和优化过程，从而缩短研发周期和降低成本。

（七）生物仿制药的发展

随着许多创新重组蛋白质药物的专利到期，生物仿制药市场正在迅速崛起。生物仿制药的出现不仅降低了药物的价格，使得更多患者能够受益，同时也推动了整个生物制药行业的发展。未来，随着仿制技术的进步，生物仿制药的质量和疗效将不断接近创新药物，并为全球患者提供更多的治疗选择。

重组蛋白质多肽药物的诞生和发展代表了现代生物制药技术的巨大进步。从重组胰岛素的问世到如今的单克隆抗体和免疫治疗药物，重组蛋白质药物已经成为治疗多种疾病的重要武器，并且正在不断推动精准医学和个性化治疗的发展。随着技术的不断进步，未来重组蛋白质药物有望在更多领域取得突破，改善更多患者的生活质量。

第二节　重组人促红细胞生成素

人类促红细胞生成素（Erythropoietin，EPO）是一种酸性糖蛋白，肾脏皮质间质细胞负责其 90% 以上的合成，而肝脏等其他组织亦参与其微量合成。EPO 在调节红细胞生成过程中扮演着核心角色，通过与其受体结合，促进红系定向干细胞的分化与成熟。EPO 的分泌不足或功能减退是引发肾性贫血的主要病理基础。1989 年 6 月，美国 FDA 正式批准由 Amgen 公司研制的 rhEPO（重组人促红细胞生成素）上市，为全球首个重组人 EPO 产品，主要用于治疗慢性肾功能衰竭引起的贫血和 HIV 感染治疗的贫血。Epogen 上市后因其良好的抗贫血效果，销售额迅速增长。到 2006 年，全球 rhEPO 药品销售额达到峰值 126 亿美元，成为当时最成功的基因工程生物制品。

一、发现历史

（一）早期发现

众所周知，任何药物的研发都不可能一帆风顺，EPO 也不例外，其从概念的提出到最终获得并确定分子结构历经 80 多年之久，其间还不断伴随着质疑的声音。

1890 年，法国研究者 Viault 观察到，当从秘鲁的海平面地区（利马）前往海拔 4200m 的莫罗科查山区旅行 2 周后，他及同行的 5 名旅行者体内的红细胞计数均显著增加，从 500 万/mm³ 上升至 710 万 ~ 800 万/mm³。这一初步观察结果表明，在高海拔缺氧环境下，人体红细胞的生成活动增强。

继此发现之后，1893 年，瑞士生物学家 Miescher 提出了骨髓内氧张力降低直接刺激红细胞生成的理论，该理论一度广受关注。但经过半个世纪的深入研究，通过对原发性和继发性红细胞增多症患者骨髓标本中的氧饱和度进行精确测量，该理论被推翻。

到了 1906 年，法国科学家 Carnot 和 Deflandre 提出了另一种机制，他们发现正常家兔在输注贫血动物血清后红细胞计数增加，并推测红细胞生成可能受到血浆中某种体液因子的调节。尽管这一发现在当时引起了广泛关注，但随后的几十年中，尝试重现该实验的研究结果却模棱两可或呈负面，使得这一假设受到质疑。

1950 年，Reissmann 和 Ruhenstroth - Bauer 通过联体大鼠实验证实，红细胞生成的缺氧刺激涉及间接的体液机制。1957 年和 1964 年，大鼠和人体的器官消融实验进一步表明，肾脏是 EPO 产生的主要部位，但并非唯一部位。

这些研究成果激励了美国生物化学家 Eugene Goldwasser 及其团队对 EPO 进行长期而艰巨的分离工作。由于在组织均质化过程中蛋白水解酶的释放，最初从肾脏中提取 EPO 的尝试均告失败。Goldwasser 团队随后尝试从贫血羊的血浆、因钩虫感染而严重缺铁的阿根廷人的尿液中提取 EPO，最终在日本再生障碍性贫血患者的尿液中成功提取，并在 1977 年从 2.5 吨尿液中获得了约 8mg 的 EPO。这一进展开辟了 EPO 的生理学和分子生物学研究的新时代，并为重组人 EPO 作为各种类型贫血患者的治疗药物的开发提供了前提条件。

1985 年，Lin 和 Jacobs 等人分离了人 EPO 基因的 cDNA 和基因组 DNA，并将 EPO 基因成功转入中国仓鼠卵巢细胞得到高效表达。这一突破为重组人促红细胞生成素（rhEPO）的临床应用提供了可能。1989 年，美国 FDA 批准 rhEPO 上市，主要用于肾功能衰竭贫血患者的治疗。

（二）EPO 上市药物发展历史

从 1989 年首个 EPO 批准上市，EPO 经历了三代发展，给药频率从 1 ~ 3 次/周延长到 4 周/次。

1. 第一代药物 1989 年，Amgen 公司利用基因工程技术成功研制并上市了全球首个 rhEPO 产品——Epogen（阿法依泊汀），主要用于治疗肾性贫血和恶性肿瘤放化疗导致的贫血等症状。Epogen 的上市为贫血患者提供了一种新的治疗方法，减少了输血治疗及其带来的医源性问题，成为肾性贫血治疗的里程碑。在 Epogen 上市后，Amgen 公司的收入和股价大幅上涨，从一个濒临破产的小公司转变为全球生物医药的领军者。Epogen 作为第一代产品，成功的同时也存在一些缺点。Epogen 需要较为频繁地给药，通常为每周 1~3 次，这增加了患者的治疗负担。而且 Epogen 容易引发机体的免疫反应，导致中和抗体的产生，这可能引起纯红细胞再生障碍（PRCA）。

2. 第二代药物　2001 年，同样由 Amgen 公司开发的达依泊汀 α（darbepoetin alfa）获得 FDA 批准上市。达依泊汀 α 是一种"高糖基化"的长效 rhEPO - α 产品，其给药频率可以降低到每周一次或每两周一次。达依泊汀 α 的长效原理是将人促红细胞生成素氨基酸序列经部分修饰并在其分子中加附了新的糖链，由此使之呈现更长的血清半衰期和持续的促红细胞生成活性，因此其促进红细胞生成的能力大大优于第一代 rhEPO。达依泊汀 α 的上市，因其更长的半衰期和更持久的治疗效果，受到了医院和患者的欢迎，其销售额在上市后迅速增长，成为 EPO 市场中的一个重要产品。达依泊汀 α 的出现，标志着 EPO 治疗进入了长效化时代，为慢性肾功能衰竭和其他贫血患者提供了更为便捷的治疗选择。

3. 第三代药物　2007 年 7 月，FDA 批准罗氏制药公司（Roche）研发的第三代 EPO 药物 CERA（Mircera）上市，用于治疗慢性肾脏病（CKD）引起的贫血的药物，属于红细胞生成刺激剂（ESAs）。CERA 是一种持续性 EPO 受体激活剂（continuous erythropoietin receptor activator，C. E. R. A.），通过模拟更接近生理条件下的 EPO 反应来发挥作用。它通过增加药物相对分子质量（约 60000）降低肾脏清除率，并通过产生空间位阻效应，使修饰物免受蛋白酶水解，可反复多次结合并激活 EPO 受体，因此作用效应持久。CERA 的半衰期比前两代 EPO 更长，这使得它可以每 2~4 周给药一次，而不是每周或每两周给药。CERA 的上市为慢性肾脏病患者提供了一种新的治疗选择，尤其是对于那些需要长期管理贫血症状的患者，提供了更为便捷的治疗方案。

值得一提的是，1998 年，我国第一个国产短效 rhEPO 的上市，标志着国产 EPO 药物的起步。2005—2013 年，国内样本医院 rhEPO 的销售额由 1.2 亿元增加到 3.3 亿元，年复合增长率为 14%。国产 rhEPO 以明显的价格优势迅速占领了国内市场 90% 的市场份额，其中沈阳三生的 rhEPO 产品在国内市场中占据了领先地位。2023 年 6 月首个国产的长效 EPO 药物培莫沙肽获批上市，用于治疗未接受红细胞生成刺激剂（ESA）治疗的成人非透析患者，以及正在接受短效促红细胞生成素治疗的成人透析患者。培莫沙肽是一种长效促红细胞生成素，属于第二代 EPO 药物，填补了国内在细胞因子模拟肽治疗贫血类药物领域的空白。2024 年 9 月 3 日步长制药研发的第三代 EPO 药物艾帕依泊汀 α（rhEPO - Fc）申请上市，其通过将全人源的 IgG 的 Fc 片段与全人源的 EPO 片段连接，利用 CHO 细胞表达生产 rhEPO - Fc 融合蛋白。这种设计可将药物注射频率从原来的 2~3 天注射一次延长到 15~30 天注射一次。艾帕依泊汀 α 若能顺利获批，有望打破当前进口第三代 EPO 药物的垄断局面，并为国内患者带来更多长效药物。

二、制备过程

EPO 药物的制备过程是一个复杂的生物技术过程，涉及基因克隆、表达、纯化等多个步骤。图 9 - 2 为 EPO 药物制备的一般流程。

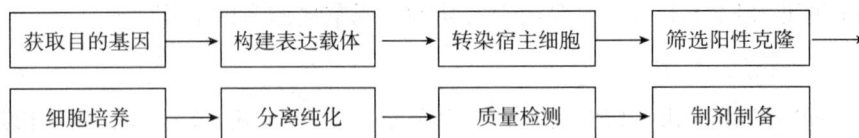

图 9 - 2　EPO 药物制备的一般流程

（一）获取目的基因

可以通过提取胎肝染色体 DNA，以特异性寡核苷酸为引物，经聚合酶链式反应（PCR）扩增出人红细胞生成素的基因片段；也可以提取人胎肝 mRNA，反转录合成 cDNA 文库，进行文库筛选，得到人红细胞生成素基因。

（二）构建表达载体

将人红细胞生成素基因与表达质粒重组，常用的表达载体有带有二氢叶酸还原酶（dhfr）基因的质粒，也可以用不含 *dhfr* 基因的表达载体。构建好的载体必须通过测序，确证红细胞生成素的 DNA 序列及其推导的氨基酸序列是正确的。

（三）转染宿主细胞

以二氢叶酸还原酶缺陷型的中国仓鼠卵巢细胞系（CHO dhfr⁻）为宿主细胞，将细胞培养至一定密度后，用无血清细胞培养基淋洗细胞，加入由无血清培养基、表达载体、共转化载体以及 lipofectin 组成的共转染混合液，37℃培养 4 小时。吸出培养基，加入含 10% 胎牛血清的 F12 培养基，37℃培养过夜。

（四）筛选抗性克隆

在含青霉素、链霉素及 10% 胎牛血清的 DEME 中培养，逐步提高 MTX 终浓度，筛选抗性克隆。利用酶联免疫分析法确认所得到的细胞表达人红细胞生成素。

（五）细胞培养

1. 种子细胞制备　冻存的细胞株 37℃水浴复苏，无菌离心，弃去冻存液。加入适量 DMEM 培养基（含 10% 小牛血清），在 37℃二氧化碳培养箱中培养，连续传三代。细胞消化后接种，接种的细胞浓度约为 10^6 个/ml。

2. 反应器连续培养　在生物反应器中加入纤维素载体片及 PBS 缓冲液，高压灭菌。将反应器接入主机，连接气体，校正电极，排出 PBS 缓冲液。加入含有小牛血清的 DMEM 培养基，接种细胞，控制条件进行培养，如搅拌转速、温度、pH、溶氧等，使细胞大量增殖并表达重组人红细胞生成素。

（六）分离纯化

培养一定时间后，收集细胞培养液，培养液中含有分泌表达的重组人红细胞生成素。采用膜分离技术，如超滤、微滤等，去除培养液中的细胞碎片、大分子杂质等，初步富集重组人红细胞生成素。层析纯化：通常采用多步层析法，如蓝胶亲和层析 – 反相层析 – 离子交换层析；反相层析 – 离子交换层析 – 分子筛；蓝胶亲和层析 – 反相层析 – 分子筛等组合方式，进一步去除杂质，得到高纯度的重组人红细胞生成素。

（七）质量检测

对纯化后的重组人红细胞生成素进行全面的质量检测，包括蛋白质含量测定、活性检测、纯度分析、分子量测定、等电点测定、糖基化分析、内毒素检测、无菌检测等，确保产品符合药用标准。CHO 细胞蛋白质对人体来说是一种异种蛋白质，反复注射一定量的异种蛋白质会产生不良反应，如发生过敏反应。CHO 细胞蛋白质残留量采用酶联免疫法测定，但是该方法只能进行限量分析，而且灵敏度较低，通常达不到指控水平。现多按照《中国药典》中的 CHO 细胞蛋白质残留量的测定方法。此外，细菌内毒素含量与产品纯度测定也均按《中国药典》的方法进行。

（八）制剂制备

将检测合格的重组人红细胞生成素按照一定的配方和工艺制成制剂，如冻干制剂等。制剂过程中需严格控制环境条件和操作流程，保证制剂的稳定性、安全性和有效性。

三、质量标准

（一）纯度标准

1. 电泳法　SDS－聚丙烯酰胺凝胶电泳法是一种变性的聚丙烯酰胺凝胶电泳方法。SDS－聚丙烯酰胺凝胶电泳法分离蛋白质的原理是根据大多数蛋白质都能与阴离子表面活性剂十二烷基硫酸钠（SDS）按重量比结合成复合物，使蛋白质分子所带的负电荷远远超过天然蛋白质分子的净电荷，消除了不同蛋白质分子的电荷效应，使蛋白质按分子大小分离。

《中国药典》采用非还原型SDS－聚丙烯酰胺凝胶电泳法，考马斯亮蓝染色，分离胶胶的浓度为12.5%，加样量应不低于$10\mu g$，经凝胶扫描仪扫描，纯度应不低于98.0%。

2. 高效液相色谱法　高效液相色谱法基于混合物中各组分在固定相和流动相之间的不同相互作用（如吸附、分配、排阻、亲和等）。这些组分在通过色谱柱时，由于与固定相的相互作用强度不同，从而在固定相中滞留时间不同，实现分离。

《中国药典》采用亲水改性硅胶为填充剂的分子排阻色谱柱，流动相为3.2mmol/L磷酸氢二钠－1.5mmol/L磷酸二氢钾－400.4mmol/L氯化钠的溶液（pH 7.3）；流速为每分钟0.5ml；检测波长为280nm；进样体积$100\mu l$，按人促红素色谱峰计算的理论板数应不低于1500。按面积归一化法计算人促红素的含量，应不低于98.0%。

（二）生物活性标准

EPO体内比活性可用网织红细胞法测定。EPO可刺激网织红细胞生成的作用，给小鼠皮下注射EPO后，其网织红细胞数量随EPO注射剂量的增加而升高。利用网织红细胞数对红细胞数的比值变化，通过剂量反应平行线法检测EPO体内生物学活性。《中国药典》规定每1mg蛋白质体内比活性应不低于$1.0 \times 10^5 IU$。

（三）理化性质标准

1. 等电聚焦　等电聚焦电泳法是两性电解质在电泳场中形成一个pH梯度，由于蛋白质为两性化合物，其所带的电荷与介质的pH有关，带电的蛋白质在电泳中向极性相反的方向迁移，当到达其等电点（此处的pH使相应的蛋白质不再带电荷）时，电流达到最小，不再移动，从而达到检测蛋白质类和肽类供试品等电点的电泳方法。《中国药典》规定等电聚焦电泳图谱应与对照品一致。

2. 肽图　肽图是单一蛋白质或不太复杂的蛋白质混合物经降解（通常利用专一性较强的蛋白酶）得到的产物，通过层析和电泳，以及质谱等手段分离鉴定后，得到的表征蛋白质和混合物特征性的图谱或模式。《中国药典》规定肽图应与人促红素对照品一致。

四、药理作用

（一）作用机制

1. 促进红细胞生成　EPO是一种主要由肾脏（间质性肾小管周围成纤维细胞）和肝脏（肝细胞和Ito细胞）中的细胞产生的分泌糖蛋白，EPO与特异性受体EPOR（促红细胞生成素受体）结合后，通过JAK－STAT（Janus激酶－信号转导及转录激活因子）信号通路，促进骨髓中红系祖细胞向红细胞的转变和成熟，促进有核红细胞的有丝分裂，促其加速成熟，促进血红蛋白的合成，以及促进骨髓内网织红细胞和成熟红细胞的释放，从而增加红细胞数量和血红蛋白含量。

2. 组织保护作用　EPO可通过抗凋亡、抑制炎症反应、抗氧化应激、调节免疫等多种机制对机体多脏器发挥保护作用。与促红细胞产生的通路不同，EPO的组织保护作用主要是经自分泌G旁分泌模式产生，组织损伤、局部炎症、低氧以及代谢应激等刺激低氧诱导因子（HIF）生成而使局部产生EPO，EPO 通过结合另一种不同的受体复合物，即 EPOR/BCR（β 共同受体）复合物发挥组织保护作用。

（二）药代动力学

EPO 通过静脉或皮下注射给药，皮下注射给药吸收缓慢，两小时后可见血清中红细胞生成素浓度提高，少数 EPO 产品皮下注射的生物利用度仅为静脉给药的 20%。静脉给药后，即可达峰值。骨髓为特异性摄取器官，药物主要为肝脏和肾脏摄取。短效 EPO 的半衰期为 19.4 小时，一周需给药 2~3 次；长效 EPO，如达依泊汀 α 和培莫沙肽，具有更长的半衰期，减少了给药频率，可提高患者的依从性。长效 EPO 在非透析 CKD 患者中的半衰期为 58.3~69.7 小时，在接受透析治疗的 CKD 患者中为 61.6~74.9 小时。

EPO 给药后在体内代谢，EPO 的代谢主要通过葡萄糖醛酸化和肽酶水解两种途径进行。EPO 分子与葡萄糖醛酸结合，形成葡萄糖醛酸化 EPO，后被肽酶分解成小分子肽段和氨基酸。EPO 给药后大部分在肝脏降解，仅少量从肾脏排泄。

五、临床应用

（一）治疗肾性贫血

长期的慢性肾病会导致机体内 EPO 的含量下降，导致贫血现象的产生，透析患者尤为严重。肾脏分泌 EPO 绝对或相对不足造成未能有效地刺激骨髓造血而导致的慢性肾衰竭疾病。因此，EPO 是治疗肾性贫血等疾病的重要手段之一。

（二）治疗肿瘤相关性贫血

肿瘤相关性贫血（cancer-related anemia，CRA）是肿瘤在发生、发展和临床治疗的过程中伴随的常见并发症之一。如果不及时治疗，可引发重要脏器功能受损甚至衰竭，降低患者生活质量，影响治疗效果和预后，加剧患者疾病进展。临床研究表明，EPO 联合蔗糖铁治疗 CRA 疗效确切，能显著提高患者 Hb 水平，提高患者生活质量，并且治疗过程中不良反应的发生率无明显增加。

（三）在心血管手术中使用

心血管手术通常需要在全系统抗凝的心肺转流（cardiopulmonary bypass，CPB）下进行。手术创伤和 CPB 会导致术中患者凝血功能紊乱和大量失血，因此心血管手术存在较高的异体输血率，异体输血可增加患者术后并发症发生。临床表明，在心血管手术围术期应用 EPO，不仅可以有效提高患者血红蛋白浓度，降低同种异体输血不良反应的发生率，而且具有血液保护、心脏保护、脑保护、肾保护、肺保护等器官保护作用，可改善患者术后远期转归。

（四）药学监护

1. **监测红细胞压积** 用药期间应定期检查红细胞压积，用药初期每周 1 次，维持期每两周 1 次，注意避免过度的红细胞生成，确认红细胞压积在 36vol% 以下。

2. **铁状态监测** 在治疗期间因出现有效造血，铁需求量增加，通常会出现血清铁浓度下降，如果患者血清铁蛋白低于 100ng/ml，或转铁蛋白饱和度低于 20%，应每日补充铁剂。

3. **监测血压** 密切监测患者的血压，因为 EPO 药物可能会引起血压升高。

4. **药物相互作用** 关注药物的相互作用，避免与有肾毒性药如两性霉素 B、氨基糖苷类抗生素以及复方磺胺甲噁唑等合用。

（五）注意事项

1. 过敏反应 对本品及其他哺乳动物细胞衍生物过敏者，对人血清白蛋白过敏者禁用。

2. 高危人群 对心肌梗死、脑梗死、肺梗死、有过敏倾向的患者，应慎重给药。

3. 妊娠期及哺乳期妇女 对妊娠期及哺乳期妇女的用药安全性尚未确立，处方医师应充分权衡利弊后决定是否使用。

4. 贮藏条件 EPO 药物在室温下不稳定，必须在 2～8℃下避光保存，勿冻，勿热，勿振摇。

5. 血栓风险 EPO 类药物均能增加患者血栓形成风险，在使用 EPO 的同时，建议根据情况对患者进行补铁治疗，并注意高血红蛋白出现，对于有高血栓形成的高危人群，应采用低分子肝素治疗。

第三节　重组人甲状旁腺激素

重组人甲状旁腺激素（rhPTH）是治疗骨质疏松症领域的关键药物。在人口老龄化加剧背景下，骨质疏松症发病率攀升，由于传统治疗手段存在局限，重组人甲状旁腺激素的出现意义重大。它能直接作用于骨骼，精准调节骨代谢，不仅刺激成骨细胞活性，促进骨形成，还可减少骨折风险，提升患者生活质量。上市后，为众多绝经后骨质疏松、男性骨质疏松患者带来曙光。临床应用中，与钙剂、维生素 D 协同，依个体差异精准给药，助力患者重塑骨骼健康，已然成为骨骼疾病治疗的有力武器。

一、发现历史

19 世纪中叶，科学界开启了对甲状旁腺的初步探索。1852 年，英国学者理查德·欧文爵士在解剖印度犀牛时，首次留意到甲状旁腺这一结构，但当时并未赋予其正式名称。直至 1880 年，瑞典解剖学家伊瓦尔·桑德斯托姆对多种动物及人体深入研究后，正式将该腺体命名为"甲状旁腺"，自此，甲状旁腺逐渐进入医学研究的视野。随着研究推进，科学家们开始关注甲状旁腺的生理功能。1891 年，法国生理学家 gley 在家兔实验中发现，甲状旁腺切除会引发抽搐现象，提示甲状旁腺与机体正常生理功能维持密切相关。1898 年，moussu 通过向甲状旁腺切除术后的狗注射马甲状旁腺提取物，成功缓解抽搐症状，初步证实甲状旁腺能够分泌具有调节机体功能的物质。到 1909 年，maccallum 和 voeghin 经大量研究提出，甲状旁腺激素的关键作用在于影响血浆中的钙水平，这为后续深入探究甲状旁腺激素的功能指明了方向。

20 世纪初，科学家们进一步探究甲状旁腺激素与疾病的联系。1915 年，维也纳医生 schlagenhaufer 敏锐地察觉到囊性纤维性骨炎与甲状旁腺增生存在关联，大胆推测甲状旁腺切除术可能改善骨病状况。1925 年，维也纳外科医生 felix mandl 付诸实践，为一位患有纤维性囊性骨炎的患者切除甲状旁腺瘤，患者骨病显著缓解，尽管术后复发，但为后续研究积累了宝贵经验。1934 年，美国内分泌学者 fuller albright 发现慢性肾病所致的继发性甲状旁腺功能亢进，拓宽了甲状旁腺激素研究的疾病范畴。此后，在 1960 年，wlliam nakatani 成功完成世界首例甲状旁腺次全切除术，用于治疗相关疾病；1963 年，solomon berson 和 rosalyn yalow 应用免疫测量法检测甲状旁腺激素，凭借此项成果荣获诺贝尔奖，极大推动了甲状旁腺激素检测技术的发展。

面对天然甲状旁腺激素获取困难及临床需求日益增长的矛盾，科学家们开启了重组人甲状旁腺激素的研发之旅。20 世纪 80 年代，研发工作起步艰难，1983 年，两个研究小组采用化学合成方法尝试获取 PTH（1-84），但受限于当时技术，得率极低。之后，各国科学家持续攻关，1988 年，加拿大研究小组聚焦细胞内非分泌表达 PTH 研究；1990 年，挪威学者 Hogset 等将 *hPTH* 基因融合到金黄色葡萄球菌蛋白 A 信号肽的下游，并借助蛋白 A 启动子控制表达，可惜产量不尽人意。直至 2003 年，在科研人员不懈努力下，实现了在大肠埃希菌中高效表达人甲状旁腺激素，使得大规模生产成为可能，为后续临床广泛应用奠定了坚实基础。2002 年，礼来公司研发的重组人甲状旁腺激素（1 – 34）片段的药物特立帕肽率先在美国获批，成为对抗绝经后及糖皮质激素诱发的高骨折风险骨质疏松症的先锋药物，开启了促进骨形成治疗骨质疏松症的新纪元；2011 年登陆中国，后续国内药企也不断跟进，持续拓宽其应用范围。此外，重组人甲状旁腺激素（1 – 84）在欧美也先后突破，2015 年美国批准其用于甲状旁腺功能减退症，2017 年欧盟有条件许可上市。2023—2024 年，TransCon PTH 更是在欧美相继获批，进一步丰富了治疗选择。上述每一步都为全球无数受骨骼疾病困扰的患者带来新希望。

二、制备过程

1. 获取目的基因　首先需要采用分子生物学技术从人体细胞中分离出编码甲状旁腺激素的基因，如反转录 PCR（reverse transcription – PCR），从能产生甲状旁腺激素的细胞（如甲状旁腺细胞）中提取总 RNA，并以其为模板，利用反转录酶合成 cDNA。再通过设计特异性引物，经 PCR 扩增得到目的基因片段，即人甲状旁腺激素基因。这一步骤是整个制备流程的基石，为后续的基因操作提供了关键的原始材料。

2. 构建表达载体　常见的有质粒载体，如 pET 系列等，它们具有在特定宿主细胞中自主复制、携带外源基因并稳定表达的能力。将获取的人甲状旁腺激素基因和选定的载体分别用相同的限制性内切酶进行切割，使它们产生互补的黏性末端或平末端。然后，在 DNA 连接酶的作用下，将目的基因片段与载体连接起来，形成重组表达载体。这一步就像是给基因"搭上车"，让它能在后续的细胞环境中有机会被大量生产。

3. 宿主细胞转化　大肠埃希菌是常用的原核宿主细胞，因其生长迅速、易于培养、遗传背景清晰；哺乳动物细胞如中国仓鼠卵巢细胞（CHO 细胞）也有应用，它能对蛋白质进行更接近人体的糖基化等修饰，但培养成本高、操作复杂。对于大肠埃希菌，常采用热激转化法：将重组表达载体与感受态大肠埃希菌混合，置于冰上一段时间，然后进行 42℃ 短时间热激，使载体 DNA 进入细菌细胞内。而对于哺乳动物细胞，多使用脂质体转染法：利用脂质体包裹重组载体，与细胞共孵育，促使载体进入细胞。通过转化，让构建好的重组基因载体进入宿主细胞，为后续蛋白表达做准备。

4. 筛选抗性克隆　重组表达载体上一般携带筛选标记基因，如抗生素抗性基因（如氨苄青霉素抗性基因）。将转化后的细胞涂布在含有相应抗生素的培养基上，只有成功转入重组载体的细胞才能存活，从而筛选出阳性克隆。筛选出阳性克隆后，可采用 PCR 扩增、酶切鉴定等初步确认重组载体是否正确整合到宿主细胞基因组中。还可通过 DNA 测序，精确比对插入序列与目的基因序列是否一致，确保获得正确的重组细胞。

5. 重组人甲状旁腺激素的表达与发酵培养

（1）原核表达　在大肠埃希菌中，将筛选鉴定后的重组菌接种到合适的液体培养基中，在适宜的温度（如 37℃）、振荡条件下进行培养。随着细菌的生长繁殖，重组人甲状旁腺激素基因在细菌内转录、翻译，合成蛋白质。但原核表达系统可能产生包涵体，后续需进行复性等处理。

（2）真核表达　以 CHO 细胞为例，将阳性克隆细胞扩大培养，在特定的培养条件（如 37℃、5% CO_2）下，使用含有各种营养成分的培养基进行悬浮或贴壁培养。细胞不断分泌表达重组人甲状旁腺激素，培养液中的蛋白含量逐渐增加。

6. 分离纯化

（1）细胞破碎　对于大肠埃希菌表达的包涵体，需先通过超声破碎、高压匀浆等方法破碎细胞，释放包涵体。对于分泌型表达的细胞培养液，可直接进行后续处理。

（2）初步纯化　采用离心、过滤等方法去除细胞碎片等杂质，得到较纯的蛋白溶液。然后利用亲和层析，根据重组人甲状旁腺激素的特性，选择合适的亲和配体（如针对特定标签的抗体或金属离子亲和介质），特异性吸附目标蛋白，与其他杂质蛋白分离。

（3）精细纯化　再结合离子交换层析、凝胶过滤层析等技术，进一步去除残留杂质，按蛋白质分子量、电荷等性质进行精细分离，最终得到高纯度的重组人甲状旁腺激素产品。

三、质量标准

（一）纯度标准

1. 高效液相色谱（HPLC）纯度检测　HPLC 是评估 rhPTH 纯度的关键方法。通常要求主峰纯度达到一定的百分比，例如 95% 以上。这是因为高纯度的 rhPTH 可以减少杂质带来的潜在免疫原性和其他不良反应。在 HPLC 检测中，通过与标准品的保留时间和峰面积对比，确定 rhPTH 样品中主成分的含量和纯度。

2. 其他杂质限度控制　除了主峰纯度，还需要对其他杂质进行严格控制。包括蛋白类杂质（如宿主细胞蛋白）和非蛋白类杂质（如化学试剂残留）。宿主细胞蛋白可能会引起免疫反应，其残留量一般要求控制在极低水平，如每剂量中不超过纳克级。化学试剂残留主要来自生产过程中的纯化步骤，像有机溶剂（如乙腈）、洗涤剂（如 Triton X - 100）等残留量都有严格规定，以确保产品的安全性和质量稳定性。

（二）生物活性标准

1. 细胞活性测定　可以采用细胞模型来评估 rhPTH 的生物活性。例如，使用成骨细胞或肾细胞系，通过检测 rhPTH 刺激后细胞内特定信号通路的激活（如 cAMP 的产生）来衡量其活性。一般要求 rhPTH 在一定浓度范围内能够有效地刺激细胞产生与标准品相当的生物反应，活性偏差通常不超过一定范围，如 ±20%。

2. 动物模型验证　在动物体内验证其活性也是质量标准的一部分。通过给动物（如大鼠或小鼠）注射 rhPTH，观察其对血钙、血磷水平的调节以及对骨骼的影响等。例如，在正常动物中，rhPTH 应能引起血钙升高、血磷降低，并且促进骨代谢相关指标的变化，这些变化应与已知的甲状旁腺激素的生理功能相符，从而证明其具有正常的生物活性。

（三）理化性质标准

1. 分子量测定　rhPTH 的分子量应符合理论值，一般通过质谱等技术精确测定。误差范围通常要求在一定限度内，例如 ±10Da，这有助于确保产品的一致性和正确性。

2. 等电点（pI）测定　等电点是蛋白质的一个重要理化性质。rhPTH 的等电点应在一个特定的范围内，通过等电聚焦电泳等方法测定。这对于其在不同 pH 环境下的稳定性和分离纯化等过程都有重要意义。

3. 二级结构和高级结构分析　利用圆二色谱等技术分析 rhPTH 的二级结构（如 α - 螺旋、β - 折叠等的比例）和高级结构的完整性。确保其结构与天然甲状旁腺激素相似，因为结构的完整性是保证其生物活性和功能的关键因素之一。

（四）安全性标准

1. 内毒素检测　内毒素是革兰阴性菌细胞壁的成分，即使微量也可能引起发热、休克等严重不良反应。rhPTH 产品的内毒素含量必须严格控制，一般要求每剂量中的内毒素含量低于规定的阈值，如低于 0.5EU/ml。

2. 无菌检查 由于 rhPTH 是注射用药物，必须保证无菌。采用无菌检测方法，如薄膜过滤法或直接接种法，确保产品中不存在细菌、真菌等微生物，以防止感染等医疗事故的发生。

3. 免疫原性评估 评估 rhPTH 是否会引发免疫反应非常重要。通过动物实验和临床试验观察患者体内的抗体产生情况等。低免疫原性是高质量 rhPTH 的重要特征，因为免疫反应可能导致药物疗效降低、过敏反应甚至更严重的不良反应。

四、药理作用

（一）作用机制

1. 对钙和磷代谢的影响 重组人甲状旁腺激素（rhPTH）由甲状旁腺主细胞分泌，是调节血液中钙、磷代谢的主要激素，能促进骨钙释放入血。它通过作用于骨细胞和破骨细胞，激活骨细胞膜上的钙通道，使骨钙快速进入细胞外液，随后进入血液，从而升高血钙水平。例如，在甲状旁腺功能减退患者中，使用 rhPTH 后，血钙水平可逐渐恢复正常范围。rhPTH 还能促进肾小管对钙的重吸收，减少尿钙排泄。在肾脏的近曲小管和远曲小管，rhPTH 与肾小管上皮细胞的受体结合，通过一系列信号转导机制，增强钙转运蛋白的活性，使得钙被重新吸收回血液。此外，rhPTH 可减少肾小管对磷的重吸收，增加尿磷排泄。这主要是因为 rhPTH 抑制了肾小管近曲小管对磷的转运，使血磷降低。这种调节钙磷平衡的作用是维持正常生理功能所必需的，如保证神经 - 肌肉的兴奋性正常等。

2. 对骨骼的作用

（1）促进骨形成 rhPTH 能刺激成骨细胞的增殖和分化。成骨细胞是骨形成的关键细胞，rhPTH 与其表面受体结合后，激活细胞内的信号通路，促使成骨细胞数量增加。例如，在骨质疏松症治疗的研究中发现，rhPTH 可以增加骨密度，改善骨骼的微观结构，减少骨折的风险。它还能延长成骨细胞的存活时间，并且增强成骨细胞的功能，包括增加骨基质蛋白的合成，如胶原蛋白等。这些骨基质蛋白为钙盐沉积提供支架，促进新骨的形成。

（2）调节骨重建 在骨重建过程中，rhPTH 发挥双向调节作用。它既可以促进骨形成，又可以在一定程度上调节骨吸收。通过刺激成骨细胞分泌一些细胞因子，间接影响破骨细胞的活性，使骨吸收和骨形成达到一种新的平衡，有利于骨骼的健康和修复。

（二）药代动力学

rhPTH 主要是通过皮下注射给药，皮下注射后，吸收相对缓慢且持续。药物的吸收速率受多种因素的影响，如注射部位的血流灌注情况。例如，在血流丰富的腹部皮下注射，药物吸收可能会比在四肢稍快一些。其绝对生物利用度在 65% 左右，这意味着有相当一部分药物能够进入血液循环发挥作用。进入血液循环后，其能广泛分布于全身组织。它与血浆蛋白有较高的结合率，主要结合蛋白是白蛋白。这种结合对药物的分布和代谢有重要影响。由于和白蛋白结合，使得它在血液中能够相对稳定地存在，并被运输到各个组织器官。其分布容积相对较小，这表明药物主要集中在血液和细胞外液等有限的空间内，而不是广泛分布在组织深部。

rhPTH 的代谢主要发生在肝脏和肾脏。在肝脏中，通过肝酶的作用进行代谢，将其分解为肽段和氨基酸。肾脏也参与部分代谢过程，主要是对一些小分子代谢产物的进一步处理。代谢速度较快，药物的血浆半衰期相对较短，一般为 1~2 小时。这就意味着，为了维持有效的血药浓度，可能需要频繁给药。经过代谢后的产物主要通过肾脏排泄。肾脏的滤过和肾小管的分泌等功能在排泄过程中发挥关键作用。少量未被代谢的药物也可能通过胆汁排泄进入肠道，但这不是主要的排泄途径。由于肾脏在排泄过程中的重要地位，肾功能受损时，药物及其代谢产物的排泄会受到影响，可能导致血药浓度升高，增加药物不良反应的发生风险。

五、临床应用

（一）主要适应证

1. 骨质疏松症的治疗

（1）绝经后骨质疏松　绝经后女性由于雌激素水平下降，骨吸收大于骨形成，导致骨量减少和骨质疏松。rhPTH 可以刺激骨形成，增加骨密度。研究表明，使用 rhPTH 治疗绝经后骨质疏松患者，能够显著提高腰椎和髋部的骨密度。它通过促进成骨细胞的增殖和分化，以及增加骨基质的合成，来改善骨骼质量，降低椎体和非椎体骨折的风险。

（2）老年性骨质疏松　在老年人中，由于年龄相关的骨代谢变化，骨骼变得脆弱。rhPTH 可以作为一种有效的治疗药物，其能够刺激骨重建，增加骨小梁的厚度和连接性。例如，在临床实践中，对于那些不能耐受传统抗骨质疏松药物或者对传统药物治疗反应不佳的老年性骨质疏松患者，rhPTH 可以提供额外的治疗益处。

2. 甲状旁腺功能减退症的替代治疗　甲状旁腺功能减退症是由于甲状旁腺激素分泌减少或功能障碍引起的钙磷代谢紊乱疾病。患者表现为低钙血症、高磷血症等症状。rhPTH 的应用可以替代缺失的内源性甲状旁腺激素，纠正血钙和血磷水平。它能促进肾小管对钙的重吸收，减少尿钙排泄，同时增加尿磷排泄，使血钙升高、血磷降低，从而缓解患者的手足抽搐、感觉异常等低钙血症症状，提高患者的生活质量。

3. 骨折愈合促进　在骨折的治疗中，rhPTH 可以发挥促进骨折愈合的作用。它通过刺激成骨细胞活性，加速骨痂形成和骨重建过程。例如，在一些长骨骨折或复杂骨折的治疗中，应用 rhPTH 可以使骨折部位的骨痂更早地出现，并且骨痂的质量更好。其机制包括促进局部骨细胞的增殖和分化，以及增加骨折部位的血液供应，为骨折愈合提供更好的环境。

（二）注意事项

1. 该药不得用于严重肾功能不全患者，有中度肾功能不全患者应慎用本品。
2. 肝功能不全患者应在医生指导下慎用。
3. 不得用于小于 18 岁的青少年和开放性骨骺的青年。
4. 高钙血症、妊娠期与哺乳期妇女、恶性肿瘤或伴骨转移患者均不得使用该药品。
5. 使用该药品后可能出现头晕，高空作业及驾驶职业者应注意。

（三）药学监护

1. 监测药物使用疗程，最长时间为 24 个月。
2. 用药期间及每次注射前后均应当仔细检查患者注射部位局部情况，如是否出现硬结、瘀斑、疼痛等。
3. 给药后应监测血压，防止低血压发生。
4. 使用洋地黄类类患者在给药后应注意监测血钙水平。
5. 有肿瘤病史的患者还应监测肿瘤进展情况。

第四节　司美格鲁肽

司美格鲁肽（Semaglutide）是一种基于胰高血糖素样肽 - 1（GLP - 1）受体激动剂机制的创新药物，自 2017 年获批以来，迅速成为糖尿病和肥胖症治疗领域的重磅药物。其研发灵感部分来源于希拉毒蜥（Gila monster）唾液中的激素 Exendin - 4，这一发现为早期 GLP - 1 受体激动剂如艾塞那肽的开发奠定了基础。司美格鲁肽通过独特的分子修饰，显著延长了半衰期至 165 小时左右，实现了每周一次给药，极大提高了患者的依从性。作为控制体重的一线用药，司美格鲁肽在 2024 年底的全球销售额预计达到 222.5 亿美元，接近销售榜冠军——帕博利珠单抗，成为制药行业的明星产品。

一、发现历史

（一）GLP - 1 受体激动剂的背景

胰高血糖素样肽 - 1（GLP - 1）是一种由肠道 L 细胞分泌的肠促胰岛素激素，其主要生理作用包括促进胰岛素分泌、抑制胰高血糖素释放、延缓胃排空以及增加饱腹感。GLP - 1 通过与胰腺 B 细胞上的 GLP - 1 受体结合，激活腺苷酸环化酶，进而增加细胞内 cAMP 水平，刺激胰岛素分泌。此外，GLP - 1 还具有保护胰岛 B 细胞、促进其增殖和抑制凋亡的作用。然而，天然 GLP - 1 在体内易被二肽基肽酶 - 4（DPP - 4）快速降解，半衰期仅为 1 ~ 2 分钟，限制了其临床应用。

为了克服天然 GLP - 1 的局限性，研究人员开发了多种 GLP - 1 受体激动剂（GLP - 1RA）。早期的 GLP - 1RA 如艾塞那肽（Exenatide）和利拉鲁肽（Liraglutide）通过分子修饰延长了半衰期，但仍存在每日多次注射或每日一次注射的不便。此外，这些药物在疗效、安全性和患者依从性方面仍有改进空间，例如艾塞那肽的免疫原性问题和利拉鲁肽的胃肠道不良反应。

（二）司美格鲁肽的发现

诺和诺德作为糖尿病治疗领域的领先企业，致力于开发长效、高效且患者友好的 GLP - 1RA。其研究目标是通过分子工程优化，设计一种半衰期更长、给药频率更低且疗效更优的 GLP - 1RA，以满足未满足的临床需求。

司美格鲁肽的研发基于对 GLP - 1 分子结构的深入理解。研究人员通过氨基酸替换和脂肪酸链修饰，显著增强了其对 DPP - 4 酶的抗性和与血浆白蛋白的结合能力。具体而言，第 8 位的苏氨酸被替换为 α - 氨基异丁酸（Aib），第 34 位的赖氨酸被替换为精氨酸，同时在 Lys26 位置接枝了二十碳脂肪酸侧链。这些修饰不仅延长了其半衰期，还提高了药物的稳定性和生物活性。

司美格鲁肽的创新性在于其独特的分子修饰策略。通过脂肪酸链的添加，司美格鲁肽能够与血浆白蛋白紧密结合，从而减少肾脏清除和代谢酶降解，使其半衰期延长至约 165 小时（7 天）。此外，其空间结构的优化进一步增强了与 GLP - 1 受体的结合能力，提高了药物的效价和选择性。

（三）临床试验与批准

在早期临床试验中，司美格鲁肽显示出显著的降糖效果和良好的安全性。I 期和 II 期临床试验结果表明，司美格鲁肽能够显著降低 HbA1c 水平，同时减轻体重，且不良反应发生率较低。SUSTAIN 系列 III 期临床试验进一步验证了司美格鲁肽的疗效和安全性。例如，SUSTAIN - 6 试验显示，司美格鲁肽不仅显著降低 HbA1c 和体重，还具有心血管保护作用，显著减少主要心血管事件的发生率。

基于临床试验数据，司美格鲁肽于 2017 年获得美国 FDA 批准，随后在欧盟、日本等多个国家和地区获批上市，成为首个每周一次给药的 GLP - 1RA。2021 年 6 月，美国 FDA 进一步批准司美格鲁肽用于肥胖或超重成年患者的体重管理，使其成为首个同时适用于糖尿病和肥胖治疗的 GLP - 1 受体激动剂，标志着其在代谢疾病治疗领域的重大突破。

二、制备过程

司美格鲁肽的制备过程结合了基因工程、发酵、化学修饰和纯化技术，通过酿酒酵母表达前体分子，经酰化修饰和偶联反应形成完整结构，最终通过多步纯化和制剂工艺确保产品的高纯度与稳定性。以下是制备过程的详细介绍。

（一）基因工程菌的构建

司美格鲁肽的制备始于基因工程菌的构建。诺和诺德选择酿酒酵母（Saccharomyces cerevisiae）作为表达宿主，因其高效的蛋白质分泌能力和翻译后修饰特性。首先，通过基因合成技术获得编码 GLP‑1 类似物前体分子的 DNA 序列，并将其克隆到酵母表达载体中。表达载体通常包含强启动子（如 GAL1 或 PGK1）、选择标记（如抗生素抗性基因）和分泌信号肽序列，以确保前体分子的高效表达和分泌。构建完成后，将重组质粒转化到酿酒酵母中，通过筛选和鉴定获得高表达菌株。这一步骤的关键在于确保前体分子的高表达量和正确折叠，为后续修饰奠定基础。

（二）酿酒酵母发酵与前体分子的制备

获得高表达菌株后，进行大规模发酵以制备 GLP‑1 类似物前体分子。发酵过程在生物反应器中进行，优化培养基成分（如碳源、氮源和微量元素）和培养条件（如 pH、温度和溶解氧）以提高前体分子的表达量。发酵结束后，通过离心和过滤分离细胞，从培养基中提取前体分子。提取的前体分子需经过初步纯化（如离子交换层析）以去除培养基成分和宿主细胞蛋白，确保后续修饰反应的顺利进行。这一阶段的优化对于提高前体分子的纯度和收率至关重要。

（三）前体分子的酰化修饰

提取的 GLP‑1 类似物前体分子需在 26 位赖氨酸（Lys）进行酰化修饰，以增强其稳定性和半衰期。酰化反应通常在温和的缓冲体系中进行，使用特定的酰化试剂（如脂肪酸衍生物）和催化剂。反应过程中，通过高效液相色谱（HPLC）实时监测酰化效率，确保修饰的准确性和一致性。酰化修饰完成后，通过层析技术（如疏水层析）纯化前体分子衍生物，去除未反应的原料和副产物。这一步骤的关键在于控制反应条件，避免多位点反应和杂质生成。

（四）前体分子衍生物的偶联反应

酰化修饰后的前体分子衍生物需与 N 端突出端进行偶联反应，以形成完整的司美格鲁肽结构。偶联反应通常在温和的 pH 和温度条件下进行，使用高效的偶联试剂（如碳二亚胺衍生物）。反应过程中，通过实时监测反应进度，确保偶联效率和产物纯度。偶联反应完成后，通过层析技术（如离子交换层析和疏水层析）初步纯化偶联产物，去除未反应的原料和副产物。这一步骤的优化对于提高偶联效率和产物纯度至关重要。

（五）偶联产物的分离与纯化

偶联反应后的产物需经过多步分离与纯化，以获得高纯度的司美格鲁肽。首先，使用离子交换层析去除带电杂质，然后通过疏水层析进一步纯化目标蛋白。最后，采用凝胶过滤层析去除高分子量聚集体和低分子量杂质。纯化过程中，通过 HPLC 和质谱（MS）检测产物纯度和结构完整性，确保其符合质量标准。纯化后的司美格鲁肽需进行冻干处理，以提高其稳定性和储存期限。

（六）制剂工艺与质量控制

纯化后的司美格鲁肽需经过制剂工艺，最终形成适合临床使用的制剂。制剂工艺包括缓冲液配制、pH 调节和等渗剂添加，以确保制剂的稳定性和生物相容性。制剂完成后，需进行严格的质量控制，包括纯度检测（HPLC）、效价测定（生物活性分析）、无菌性检测和内毒素检测。只有符合预定的质量标准（如纯度≥98%、效价在标称值的 90%～110% 范围内）的制剂才能进入市场。

三、质量标准

司美格鲁肽注射液（Ozempic®）是一种基于生物技术制备的长效 GLP-1 受体激动剂，主要用于 2 型糖尿病患者的血糖控制和心血管风险降低。作为生物技术药物，其质量标准的制定与实施是确保药物安全性、有效性和一致性的关键。质量标准涵盖理化性质、纯度、效价、杂质控制、微生物控制、稳定性及包装与储存等多个方面，通过科学的质量检测方法和严格的控制策略，确保注射液的高质量和临床应用的可靠性。

（一）理化性质

司美格鲁肽注射液的理化性质是质量评价的基础，主要包括外观、pH、渗透压和溶解性等指标。外观应为无色至微黄色的澄明液体，无可见异物，符合《中国药典》（如 USP、EP、ChP）的相关规定，通常通过目视或仪器分析进行检测。pH 通常控制在 7.0~8.5 范围内，采用电位法测定，这一范围的 pH 有助于维持药物的稳定性，同时确保其溶解性和生物活性。渗透压通过冰点降低法测定，确保注射液符合等渗性要求，减少注射时的局部刺激，提高患者的耐受性。此外，司美格鲁肽易溶于水或缓冲溶液，溶液应澄清透明，确保其适合注射使用。

（二）纯度

纯度是司美格鲁肽注射液质量控制的核心指标，通常采用 HPLC 或毛细管电泳（CE）进行测定，纯度要求 $\geq 98\%$。HPLC 使用 C18 反相色谱柱，紫外检测器（UV）检测，通过峰面积归一化法计算纯度，能够有效分离目标蛋白与杂质。MS 技术用于验证目标蛋白的分子量和结构完整性，确保其与理论值一致。此外，CE 技术适用于检测微量杂质，进一步提高纯度的准确性。这些检测方法的综合应用，确保了药物在生产和储存过程中的高质量。

（三）效价

效价是评估司美格鲁肽药理活性的关键指标，通过基于 GLP-1 受体的细胞模型进行测定，效价应在标称值的 90%~110% 范围内。检测方法采用 cAMP 水平检测法，通过评估药物激活 GLP-1 受体后细胞内 cAMP 水平的变化，量化药物的效价。该方法能够准确反映药物的生物活性，确保其临床疗效。效价的测定不仅验证了药物的功能性，还为批次间的一致性提供了科学依据。

（四）杂质控制

杂质控制是确保司美格鲁肽注射液安全性的重要环节，主要包括工艺相关杂质、宿主细胞蛋白（HCP）、DNA 残留和内毒素等。工艺相关杂质通过 HPLC 或 MS 检测，单个杂质 $\leq 0.1\%$，总杂质 $\leq 0.5\%$。HCP 采用酶联免疫吸附试验（ELISA）检测，残留量 $\leq 100ppm$。DNA 残留通过定量聚合酶链反应（qPCR）检测，残留量 $\leq 10ng/$剂量。内毒素采用鲎试剂法（LAL）检测，限值 $\leq 0.25EU/mg$。这些严格的杂质控制标准，确保了药物的安全性和患者的用药安全。

（五）微生物控制

微生物控制是确保注射液无菌性和微生物限度符合要求的关键环节。无菌性通过膜过滤法或直接接种法检测，确保无活微生物存在。对于非无菌原料药，需检测细菌、霉菌和酵母菌，符合《中国药典》（如 USP <61> 和 EP 2.6.12）的相关规定。此外，快速微生物检测技术（如 ATP 生物发光法）被引入以提高检测效率，确保微生物控制的高效性和准确性。这些措施有效降低了微生物污染的风险，保障了药物的安全性。

（六）稳定性

稳定性研究是评估司美格鲁肽注射液在储存和使用过程中质量变化的重要手段。长期稳定性在

25℃/60% RH 条件下进行，定期检测理化性质、纯度和效价，确保在有效期内符合质量标准。加速稳定性在 40℃/75% RH 条件下进行，评估药物的降解趋势和储存条件。通过设计实验（DoE）方法系统研究温度、pH 和光照等因素，确定最佳储存条件，确保药物的长期稳定性。这些研究为药物的储存和运输提供了科学依据，保障了药物的有效性。

（七）包装与储存

包装材料的选择和储存条件的控制对司美格鲁肽注射液的稳定性至关重要。包装材料需采用符合药典要求的无菌容器，如玻璃瓶或一次性塑料袋，并通过相容性研究评估其与药物的相互作用。储存条件通常为 2~8℃，避免光照和高温，确保药物的长期稳定性。此外，包装材料的密封性和耐压性需符合相关标准，防止药物在运输和储存过程中受到污染或损坏。这些措施确保了药物从生产到临床使用的全程质量可控。

四、药理作用

（一）作用机制

1. GLP-1 受体信号通路的激活 司美格鲁肽是一种长效 GLP-1 受体激动剂，通过与胰腺 B 细胞、胃肠道细胞和中枢神经系统中的 GLP-1 受体结合，激活腺苷酸环化酶，增加细胞内 cAMP 水平。这一过程进一步激活蛋白激酶 A（PKA）和交换蛋白直接激活的 cAMP（Epac）信号通路，从而调节胰岛素和胰高血糖素的分泌，并延缓胃排空。此外，司美格鲁肽还能通过中枢神经系统抑制食欲，进一步改善血糖控制和体重管理。

2. 胰岛素分泌的促进作用 司美格鲁肽通过增强葡萄糖依赖性胰岛素分泌，显著改善血糖控制。在高血糖状态下，其能够有效刺激胰岛素释放，而在低血糖状态下则不会过度刺激胰岛素分泌，从而降低低血糖风险。这种葡萄糖依赖性的作用机制使其在临床应用中具有较高的安全性，尤其适用于老年患者和肾功能不全患者。

3. 胰高血糖素分泌的抑制作用 司美格鲁肽通过抑制胰腺 A 细胞中的 GLP-1 受体，减少胰高血糖素的分泌。这一作用在空腹和餐后状态下均显著，有助于进一步降低血糖水平。此外，司美格鲁肽还能通过抑制肝脏葡萄糖输出，增强外周组织对葡萄糖的摄取和利用，从而全面改善血糖代谢。

（二）药代动力学特性

1. 吸收、分布、代谢与排泄 司美格鲁肽通过皮下注射给药，吸收缓慢且稳定，生物利用度约为 89%。其在体内广泛分布，主要与血浆白蛋白结合。代谢主要通过内肽酶和蛋白酶的降解完成，代谢产物经尿液和粪便排泄。由于其代谢途径不依赖于肝脏，司美格鲁肽在肝功能不全患者中无须调整剂量，进一步拓宽了其临床应用范围。

2. 半衰期延长的分子机制 司美格鲁肽的半衰期约为 165 小时（7 天），这主要归因于其分子结构中的脂肪酸链修饰。这些修饰不仅增强了其与血浆白蛋白的结合能力，减少了肾脏清除和代谢酶降解，还保护其不被快速降解，从而维持稳定的血药浓度，实现长效血糖控制。此外，脂肪酸链修饰还提高了司美格鲁肽的溶解度，使其更适合制成缓释制剂。

（三）药效学特性

1. 对血糖控制的短期与长期效果 司美格鲁肽在短期内显著降低空腹和餐后血糖水平，长期使用可显著降低 HbA1c 水平（平均降低 1.0%~1.8%），且效果持久稳定。临床试验表明，其降糖效果优于其他 GLP-1 受体激动剂。此外，司美格鲁肽还能改善胰岛 B 细胞功能，延缓糖尿病进展，为患者提供长期的代谢益处。

2. 对体重的影响及其机制 司美格鲁肽通过延缓胃排空、增加饱腹感和减少食欲，可显著减轻体重。临床试验显示，使用司美格鲁肽的患者平均体重减轻 4~6kg，这一效果在肥胖患者中尤为显著。其减重机制不仅包括对胃肠道的直接作用，还涉及中枢神经系统对食欲和能量平衡的调节。

3. 心血管保护作用的研究进展 SUSTAIN-6 试验显示，司美格鲁肽能显著降低 2 型糖尿病患者的主要心血管事件（如心肌梗死、脑梗死）风险。其心血管保护作用可能与改善血糖控制、减轻体重和降低血压等多重机制有关。此外，司美格鲁肽还能改善血脂谱和炎症标志物，进一步降低心血管疾病的风险。

五、临床应用

（一）适应证与用法用量

司美格鲁肽作为一种长效 GLP-1 受体激动剂，主要用于成人 2 型糖尿病的治疗，作为饮食和运动的辅助手段以改善血糖控制。其推荐起始剂量为 0.25mg 每周一次，4 周后增加至 0.5mg，最大剂量为 1mg 每周一次。其长效特性显著减少了给药频率，提高了患者的依从性。此外，司美格鲁肽在肥胖症治疗中也展现出显著效果，STEP 系列试验表明，使用 2.4mg 司美格鲁肽每周一次的患者平均体重减轻 15%~18%，为肥胖患者提供了新的治疗选择。

（二）联合治疗与个体化用药

司美格鲁肽与 SGLT-2 抑制剂、胰岛素等药物的联合治疗显示出协同效应，进一步增强了血糖控制和心血管保护效果。例如，与 SGLT-2 抑制剂联合使用可显著降低 HbA1c 和体重，同时减少心血管事件风险。此外，通过基因检测和生物标志物分析，未来可实现司美格鲁肽的个体化治疗，优化疗效和安全性，为患者提供更加精准的治疗方案。

（三）临床用药注意事项

1. 胃肠道反应 使用司美格鲁肽时，患者可能出现恶心、呕吐、腹泻等胃肠道反应，这些症状通常在治疗初期出现，并随治疗时间延长逐渐减轻。为减少不适，建议从小剂量（0.25mg）开始，逐步递增至目标剂量。

2. 特殊风险监测 司美格鲁肽可能增加胰腺炎风险，使用前需评估患者是否有胰腺炎病史，并在治疗期间定期监测相关指标。有甲状腺髓样癌或多发性内分泌腺瘤综合征病史的患者禁用。治疗期间需监测甲状腺功能。

3. 肾功能不全患者 对于肾功能不全患者，需谨慎调整剂量，避免药物蓄积。重度肾功能不全或透析患者不推荐使用。

4. 低血糖风险 与胰岛素或磺脲类药物联合使用时，可能增加低血糖风险。应教育患者识别低血糖症状（如头晕、出汗等），并建议随身携带含糖食物以备不时之需。

（四）药学监护

1. 用药依从性 定期随访患者，了解其用药情况，确保按时按量服药。通过患者教育提高其对药物的认知和依从性。

2. 不良反应监测 重点关注胃肠道反应、胰腺炎和甲状腺功能异常等不良反应，定期监测血糖、肾功能和甲状腺功能指标。

3. 疗效评估 定期评估患者的血糖控制情况（如 HbA1c 水平）和体重变化，根据疗效和不良反应调整治疗方案。

4. 患者教育 指导患者正确使用药物，了解可能的副作用及应对措施，强调低血糖的预防和处理，特别是联合用药时。

未来，司美格鲁肽在糖尿病和肥胖症治疗中的应用前景广阔。司美格鲁肽通过剂型创新不断提升患者依从性，如诺和诺德开发的全球首个口服 GLP－1 受体激动剂 Rybelsus（2019 年 FDA 批准）在降糖和减重方面与注射剂型效果相当；2024 年 12 月 31 日，Eden 公司推出全球首款司美格鲁肽咀嚼软糖 Semagum，显著降低 2 型糖尿病患者 HbA1c 水平（1.4%～1.7%），并实现肥胖患者平均体重减轻 10%～13%。

作为司美格鲁肽的强劲对手，替尔泊肽（Tirzepatide）是一种全球首创的 GIP、GLP－1 双靶点药物。通过同时激活这两个受体，替尔泊肽能够以葡萄糖依赖的方式促进胰岛素分泌、降低胰高血糖素水平、延缓胃排空并调节食欲，从而实现降糖和减重的双重效果。在 2 型糖尿病患者中，替尔泊肽 10mg 治疗组的 HbA1c 平均降低 2.37%，89% 的患者达到血糖控制目标（HbA1c＜7%）；相比之下，司美格鲁肽的 HbA1c 平均降低幅度为 1.4%～1.7%。对于肥胖患者，替尔泊肽在 SURMOUNT 试验中表现尤为突出，10mg 剂量组平均减重 19.5%，15mg 剂量组平均减重 20.9%，而司美格鲁肽 2.4mg 剂量组的平均减重为 15%～17%。

总体而言，司美格鲁肽通过剂型创新提升了用药便捷性，而替尔泊肽则通过双靶点机制增强了疗效，两者共同推动了糖尿病和肥胖症治疗的进步，未来将在这一领域发挥更大作用。

思考题

答案解析

1. 重组蛋白质多肽药物主要分为哪几类？
2. 重组人促红细胞生成素制备的一般流程是什么？
3. 简要概括重组人促红细胞生成素的作用机制及临床应用。
4. 请简述重组人甲状旁腺激素的制备流程、药理作用。
5. 请简述司美格鲁肽的制备过程、作用机制。

书网融合……

本章小结　　　　微课　　　　习题

第十章　抗体药物

PPT

1. 通过本章的学习，掌握治疗性抗体药物的概念、种类和特点；熟悉代表性抗体药物药理作用及临床用途；了解抗体药物的发展趋势。

2. 具备对治疗性抗体药物的基本分析能力，能够理解药物说明书中的关键信息；具备基本的抗体药物文献检索和资料整理能力，能够查找和总结治疗性抗体药物的相关信息。

3. 培养对治疗性抗体药物领域的兴趣，增强对生物制药前沿技术的关注和学习热情。

第一节　概　述

治疗性抗体药物是生物制药领域的重要组成部分，近年来发展迅速。目前，美国 FDA 和欧洲 EMA 已批准超过 100 种治疗性抗体药物，广泛应用于肿瘤、自身免疫性疾病、慢性炎症、传染病等多种疾病的治疗。

治疗性抗体药物主要包括单克隆抗体、抗体 – 药物偶联物（ADC）、双特异性抗体（BsAb）和抗体片段（如纳米抗体）等。单克隆抗体是最常见的形式，通常以 IgG 亚型为主，具有高特异性和低免疫原性。ADC 通过抗体将强效细胞毒性药物精准递送至肿瘤细胞，减少对正常细胞的损伤。双特异性抗体则可以同时结合两种靶点，例如将 T 细胞与肿瘤细胞连接，增强免疫细胞对肿瘤的杀伤能力。

一、治疗性抗体的药理作用

治疗性抗体的作用机制多种多样，主要包括以下几个方面。

（一）阻断受体或配体

抗体可以通过结合细胞表面的受体或其配体，阻断它们之间的相互作用，从而抑制信号通路的激活。例如，抗 EGFR 抗体通过阻断表皮生长因子受体（EGFR）与其配体的结合，抑制肿瘤细胞的增殖；抗 HER2 抗体通过阻断人表皮生长因子受体 2（HER2）的信号通路，抑制肿瘤细胞生长。

（二）靶细胞耗竭

抗体可以通过免疫效应功能直接清除靶细胞，例如，通过抗体依赖性细胞介导的细胞毒性（ADCC）作用，抗体的 Fc 段与自然杀伤细胞（NK 细胞）表面的 FcγR III 结合，激活 NK 细胞，使其释放细胞毒性颗粒，直接杀伤靶细胞；抗体也可以激活补体系统，形成膜攻击复合物（MAC），导致靶细胞溶解。此外，抗体还可以激活巨噬细胞或树突状细胞，通过抗体依赖性细胞介导的吞噬作用（ADCP）使其吞噬靶细胞。

（三）受体下调

抗体结合受体后，可以诱导受体的内化和降解，从而减少细胞表面受体的表达水平，进一步抑制信号通路的激活。

（四）双特异性抗体

双特异性抗体可以同时结合两种不同的抗原或靶点，例如，通过将 T 细胞与肿瘤细胞结合，增强 T 细胞对肿瘤细胞的杀伤能力。

（五）抗体–药物偶联物

ADC 药物通过将抗体与细胞毒性药物结合，利用抗体的靶向性将药物精准递送至肿瘤细胞，减少对正常细胞的损伤。

（六）免疫调节

抗体可以通过调节免疫系统中的信号通路，增强或抑制免疫反应。例如，抗 PD-1 抗体或抗 PDL1 抗体，通过阻断程序性死亡蛋白 1（PD-1）与其配体的结合，解除免疫抑制信号，增强抗肿瘤免疫反应；抗 CTLA-4 抗体通过阻断细胞毒性 T 淋巴细胞抗原 4（CTLA-4），增强 T 细胞的激活和增殖；抗 OX40 抗体通过激活 T 细胞上的 OX40 受体，增强 T 细胞的免疫活性。

（七）其他机制

激动性抗体可以通过激活受体信号通路，促进细胞增殖或分化。例如，针对促红细胞生成素受体（EPO-R）的激动性抗体可以模拟 EPO 的作用，促进红细胞生成。

二、治疗性抗体的药代特征

治疗性抗体的药代动力学（Pharmacokinetics，PK）特征是抗体药物开发和临床应用中的关键研究领域，其主要涉及抗体在体内的吸收、分布、代谢和排泄（ADME）过程。这些特征不仅影响抗体的疗效和安全性，还决定了其剂量设计和给药方案。

（一）抗体结构与药代动力学的关系

抗体的结构特征，包括其分子量、电荷、糖基化类型及修饰等，对药代动力学有显著影响。抗体的分子量较大，通常在 150kDa 左右，这使得其在血液中的清除率较低，半衰期较长，从而提高了其在体内的持续时间。抗体的电荷和糖基化模式会影响其与新生儿 Fc 受体（FcRn）的结合能力，进而影响抗体的半衰期和稳定性。例如，通过增加糖基化修饰（如 fucose 去除），可以延长抗体的半衰期。抗体的框架结构也会影响其药代动力学特性，分子电荷差异能够改变抗体的清除速率。

（二）FcRn 的作用

FcRn 是抗体药代动力学中的核心调节因子，它通过与抗体的 Fc 区域结合，促进抗体在血液中的循环和再循环，从而延长其半衰期。研究发现，FcRn 在胎盘等组织中表达较高，对母胎抗体运输和治疗性抗体的体内分布起重要作用。FcRn 与抗体结合的亲和力和表达水平直接影响抗体的清除速率和半衰期，因此通过优化 FcRn 结合能力可以改善抗体的药代动力学特性。

（三）非靶点结合的影响

许多治疗性抗体可能与非靶点组织（如肝窦内皮细胞）发生非特异性结合，从而加速清除并改变药代动力学特性。例如，非靶点结合可能导致抗体在肝脏或其他器官中的快速清除，降低其在目标组织中的浓度。非靶点结合还可能引起免疫原性反应，增加抗体的毒性风险。

（四）剂量依赖性与抗原量的关系

治疗性抗体的药代动力学特性与抗原量密切相关。研究表明，当抗体浓度低于抗原浓度时，药代动力学表现为线性关系；而当抗体浓度高于抗原浓度时，药代动力学可能表现为非线性消除。在临床开发早期阶段，应确保所有患者中的抗体能够充分饱和抗原靶点，以实现最佳疗效。

（五）跨物种差异

治疗性抗体在不同物种间的药代动力学特性存在显著差异。例如，小鼠模型常用于初步评估抗体的药代动力学特性，但其结果需要通过跨物种比例进行调整以预测人体药代动力学。不同物种间 FcRn 的功能差异可能影响抗体的清除速率和稳定性。

（六）给药途径的影响

治疗性抗体的给药途径对其药代动力学特性有重要影响。例如，静脉注射是常用的给药方式，因其能够快速将抗体输送到全身循环中，但需要医院条件支持。皮下注射则更适用于家庭护理，但其吸收速度较慢，可能影响药物的起效时间。

三、治疗性抗体的安全性问题

治疗性抗体的安全性是一个复杂且多方面的问题，涉及其免疫原性、不良反应、长期使用风险以及与其他药物的相互作用等多个方面。

（一）治疗性抗体的总体安全性

治疗性抗体通常被认为具有较高的安全性，这主要得益于其高特异性和靶向性。例如，抗 TNF 单克隆抗体（如英夫利昔单抗和阿达木单抗）在治疗类风湿关节炎等疾病中表现出显著疗效，但其安全性数据表明，这些药物在长期使用中并未显著增加严重不良事件的发生率。然而，治疗性抗体并非完全没有风险。例如，抗 TNF 单克隆抗体可能增加患者发生严重感染和恶性肿瘤的风险，尤其是在高剂量或长期使用的情况下。此外，某些治疗性抗体（如阿伦单抗）在治疗多发性硬化症时，虽然疗效显著，但其不良反应发生率略高于对照组。

（二）免疫原性和过敏反应

治疗性抗体的免疫原性是影响其安全性的关键因素之一。免疫原性指的是抗体可能引发宿主免疫系统产生抗药抗体（ADA）或过敏反应的能力。例如，嵌合型和人源化单克隆抗体由于含有鼠源性氨基酸序列，容易引发免疫原性，导致患者产生抗药抗体。研究表明，通过优化抗体结构（如去除鼠源序列、增加糖基化修饰）可以显著降低免疫原性。而全人源单克隆抗体则因其低免疫原性而成为更优选择。

（三）不良反应和毒性

治疗性抗体可能引发一系列不良反应，包括局部反应（如注射部位疼痛）、全身反应（如头痛、疲劳）以及罕见的严重不良事件（如过敏性休克）。例如，度普利尤单抗在治疗中重度特应性皮炎时，常见的不良反应包括注射部位反应和眼部疾病。然而，这些不良反应通常可控且可逆。某些治疗性抗体还可能与其他药物产生相互作用。例如，曲妥珠单抗与蒽环类药物联合使用时可能引发心脏毒性。因此，在临床实践中需要谨慎选择联合用药方案。

（四）长期使用的潜在风险

长期使用治疗性抗体可能带来一些潜在风险。例如，抗 PD–L1 抗体在治疗晚期非小细胞肺癌时虽然有效，但其长期使用可能增加无进展生存期的风险。此外，某些治疗性抗体（如抗 TNF 单克隆抗体）可能增加恶性肿瘤的发生率。长期监测和定期评估患者的健康状况可以有效管理这些风险。

（五）个体化治疗与生物标志物的应用

个体化治疗策略和生物标志物的应用有助于提高治疗性抗体的安全性和疗效。例如，通过检测患者对治疗性抗体的免疫反应（如 ADA 水平），可以及时调整治疗方案。此外，根据患者的具体基因型或生物标志物选择合适的抗体类型，可以进一步降低不良反应的发生率。

治疗性抗体的安全性总体上较好，但其安全性仍受多种因素影响，包括免疫原性、不良反应、长期使用风险以及与其他药物的相互作用等。通过优化抗体设计、加强个体化治疗以及定期监测患者的健康状况，可以最大限度地提高治疗性抗体的安全性和疗效。

第二节 纳武单抗

一、纳武单抗的概述

纳武单抗（Nivolumab）是一种全人源抗程序性死亡蛋白（PD-1）IgG4 单克隆抗体，属于免疫检查点抑制剂，主要用于治疗多种肿瘤。它通过阻断 PD-1 与其配体的结合，恢复免疫系统对肿瘤细胞的攻击能力，从而发挥抗肿瘤作用。

纳武单抗已获批用于多种肿瘤的治疗，包括晚期非小细胞肺癌、黑色素瘤、肾细胞癌、头颈部鳞状细胞癌、肝细胞癌、霍奇金淋巴瘤、食管癌以及某些类型的结直肠癌等。其给药方式为静脉注射，通常每两周一次，具体剂量需根据患者个体情况调整。

二、纳武单抗的作用机制

（一）肿瘤免疫治疗

肿瘤免疫治疗简单来说就是利用机体自身免疫功能攻击肿瘤细胞消灭肿瘤。正常情况下，免疫系统可以识别并清除肿瘤微环境中的肿瘤细胞，但是为了存活和增殖，肿瘤细胞能够采用不同策略，使人的免疫系统受到抑制，不能识别和杀伤肿瘤细胞，也就是我们所说的肿瘤免疫逃逸。

肿瘤免疫逃逸的相关因素包括：缺乏被 T 细胞识别的肿瘤抗原或表位；不能激活肿瘤特异性 T 细胞；T 细胞不能浸润到肿瘤微环境；肿瘤细胞表面的肽-MHC 水平下调；肿瘤微环境中的免疫抑制因子或免疫抑制细胞等。程序性死亡因子-1（programmed death receptor-1，PD-1）及其配体 PD-L1 信号途径主要通过抑制效应 T 细胞的激活而促使肿瘤免疫逃逸。

（二）PD-1/PD-L1 信号通路

1. PD-1/PD-L1 信号通路 PD-1 又称 CD279，为 CD28 家族成员，主要表达于活化的 $CD4^+$ T 细胞、$CD8^+$ T 细胞、NK 细胞、单核细胞、树突细胞和调节性 T 细胞表面。PD-L1 即程序性死亡因子配体-1，又称 CD274 或 B7H1，是 PD-1 的主要配体，持续性表达于 T 细胞、B 细胞、DC 细胞、巨噬细胞、间充质干细胞和骨髓源性细胞中，在多种恶性肿瘤如非小细胞肺癌、黑色素瘤、肾细胞癌、前列腺癌、膀胱癌、乳腺癌和胶质瘤中高表达。癌细胞可利用 PD-1 等免疫负调节因子以保护其不受细胞毒 T 细胞的影响，从而导致肿瘤的免疫逃逸。在肿瘤组织中，随着 PD-1 和其他免疫抑制受体的表达，肿瘤浸润性 T 细胞的功能也逐渐退化。

（三）纳武单抗的作用机制

纳武单抗是一个全人 IgG4 亚型抗 PD-1 抗体，能结合 PD-1，阻断 PD-1 与其配体 PD-L1 和 PD-L2 的相互作用，从而解除肿瘤细胞对免疫系统的抑制作用，恢复 T 细胞的活性，增强机体的抗肿瘤免疫反应。

1. 阻断 PD-1/PD-L1 信号通路 PD-1 是一种在 T 细胞表面表达的抑制性受体，当它与配体 PD-L1 或 PD-L2 结合时，会抑制 T 细胞的增殖和细胞因子的产生，从而抑制免疫系统对肿瘤的攻击。纳武单抗通过高亲和力结合 PD-1，阻止其与 PD-L1 或 PD-L2 的结合，解除这种抑制作用，使 T 细胞重新获得活性并攻击肿瘤细胞。

2. 激活抗肿瘤免疫反应 通过解除免疫抑制，纳武单抗能够增强肿瘤微环境中 T 细胞的抗肿瘤活性，促进肿瘤细胞的清除。此外，纳武单抗还可能通过调节其他免疫相关通路（如 CD8$^+$T 细胞的干扰素 γ 表达）进一步增强免疫效应。

3. 减少肿瘤耐药性 纳武单抗的作用不仅限于直接抑制 PD-1/PD-L1 通路，还可能通过影响其他信号通路（如 Wnt/β-catenin 通路）来增强抗肿瘤效果。

三、纳武单抗的药理药效学研究

（一）纳武单抗的结合活性的鉴定

纳武单抗的药理学研究，首先要在体外对纳武单抗的结合活性和结合特异性进行测定，体外结合活性和特异性将直接影响到抗体在人体的药效和安全性。

纳武单抗的体外结合实验表明：①纳武单抗可特异性结合 PD-1 蛋白，而对 CD28 家族其他蛋白（如 CD28、CTLA4、ICOS 和 BTLA）没有结合活性；②纳武单抗结合激活的 CD4$^+$T 细胞表面的 PD-1，并且能够阻断 PD-1 与其配体 PD-L1 和 PD-L2 的结合，但是对未活化的 CD4$^+$ 和 CD8$^+$T 细胞没有结合活性。上述实验证明，纳武单抗可以特异性地结合人 PD-1 蛋白。

表面等离子共振（SPR）实验结果显示，纳武单抗与重组人 PD-1 抗体的结合亲和力为 3.06nmol/L，与重组食蟹猴 PD-1 抗体的结合亲和力为 3.92nmol/L。Genbank 数据库显示，人与食蟹猴的 PD-1 胞外区有 96% 的同源性，上述实验数据也显示纳武单抗与食蟹猴 PD-1 具有良好的交叉反应，这为随后的纳武单抗的临床前药代和安全性评价提供了有效的动物模型。

采用 Epitope mapping 方法确定纳武单抗与人 PD-1 结合的结合表位为^{29}SFVLNWYRMSPSNQTD-KLAAFPEDR^{53}和^{85}SGTYLCGAISLAPKAQIKE^{103}，上述表位肽段涵盖了之前文献报道的 PD-1 与 PD-L1 和 PD-L2 结合的关键残基，进一步确证了通过纳武单抗与 PD-1 结合，可有效阻断 PD-1 与其配体 PD-L1 和 PD-L2 的相互作用。

（二）纳武单抗的体外功能活性研究

纳武单抗作用于经 CD3 抗体、SEB（葡萄球菌肠毒素）或 CMV（巨细胞病毒）激活的 T 细胞，通过阻断 PD-1 与其配体的相互作用，可以增强 IFNγ、IL-2 等细胞因子的分泌，同时促进激活 T 细胞的增殖，但是对非活化的 T 细胞没有任何影响。进一步证明纳武单抗不会导致非特异性淋巴细胞激活。

纳武单抗的 Fc 段采用的是 S228P 突变的 IgG4 亚型，经实验确认不具有 ADCC 和 CDC 活性，以避免纳武单抗 Fc 效应导致的 T 细胞凋亡。

（三）纳武单抗的体内动物药效研究

纳武单抗不能识别鼠的 PD-1，而且纳武单抗靶向的是存在于免疫细胞表面的 PD-1 蛋白，通过调节免疫反应发挥作用的，其作用机制跟靶向肿瘤抗原的抗体不同，所以常规的免疫系统缺陷裸鼠移植瘤不能评估纳武单抗的药效。而在当时也没有比较理想的人源化小鼠模型，所以纳武单抗的体内动物药效研究主要采用的鼠替代抗 PD-1 抗体［Surrogate murine anti-PD-1 antibody（4H2）］在小鼠肿瘤模型中验证药效。4H2 在小鼠 J558 骨髓瘤治疗模型、MC38 结肠癌治疗模型和 SA1/N 纤维肉瘤治疗模型中均显示出了较好的抑瘤效果。

随着基因编辑技术的发展和成熟，目前已经可以构建人源化的转基因小鼠模型用于 PD-1 等免疫检查点抗体的体内药效研究，如中美冠科的 HuGEMM 小鼠模型和百奥赛图的 B-hPD-1 小鼠模型等。

（四）纳武单抗在食蟹猴中的药代动力学和毒代动力学

纳武单抗单次、多次给药的药代动力学和毒代动力学研究显示，纳武单抗在猴体内表示出良好的安全性和耐受性。1mg/kg 剂量组雌、雄动物的表观平均终末消除半衰期（$t_{1/2}$）大致相似，分别为 139 小时和 124 小时。10mg/kg 剂量组雄性动物的 $t_{1/2}$ 为 261 小时。在给药后 28 天检测到抗纳武单抗抗体，但似乎对 PK 评估没有显著影响［如，平均滞留时间（MRT）、总清除率（CLT）和稳定状态下的分布容积（Vss）］。一个为期 3 个月的食蟹猴毒性研究中，纳武单抗 10mg/kg 和 50mg/kg 一周两次静脉给药显示所有动物耐受性良好。

　　尽管临床前研究表明纳武单抗在猴体内的安全性很好，但是在 I 期临床试验中还是出现了一些毒性，不良反应与 Ipilimumab 类似，但发生率和严重程度相较 Ipilimumab 更低。同样，在 Ipilimumab 的临床前食蟹猴毒理研究中，也未见明显的毒性，但在临床上 Ipilimumab 的确出现了比较严重的不良反应。这些现象也进一步说明了，在研究如抗 PD-1 或抗 CTLA-4 抗体等介导免疫检查点阻断的抗体时，小鼠和非人灵长类动物中的毒性研究结果很难预测其在人体中的安全性。

四、纳武单抗的安全性问题

　　纳武单抗靶向 PD-1，作为免疫检查点抑制剂，临床研究证实其毒性与其作用机制是一致的，主要是 T 细胞介导的自身免疫疾病。免疫检查点抑制剂的使用可使 CD4$^+$ 辅助 T 细胞释放的细胞因子水平增加，并增强 CD8$^+$T 细胞的迁移能力，从而导致正常组织的损伤。因此，在临床应用中，有经验的医师能够及时识别和治疗上述毒副作用显得尤为重要。

　　免疫检查点抑制剂最常见的不良反应为皮疹、疲劳和瘙痒。其他毒性包括结肠炎、肺炎、药物相关肝炎和自身免疫所介导的内分泌病，如甲状腺炎、垂体炎和肾上腺功能不全。罕见的免疫相关血液学和神经毒性，如脑炎、Guillain-Barré 综合征（简称 GBS，典型的 GBS 为急性炎症性脱髓鞘性多发性神经病）、自身免疫性血小板减少症和白细胞减少症。一般来说，在治疗早期可见皮肤和胃肠道毒性反应，而肝毒性和内分泌病的发生要晚一些。大多数不良反应在治疗后的 24 周内出现。接受免疫检查点抑制剂的受试者应每隔 6~12 个月进行一次全血细胞计数、肝功能检查、代谢功能检验和甲状腺功能检查，一直持续到治疗结束后 6 个月。促肾上腺皮质激素、皮质醇和睾酮可作为疲劳或非特异性症状的指征。对于任何 3、4 级或长期 2 级不良反应，均应使用类固醇药物。

五、纳武单抗的临床应用

　　纳武单抗其临床应用广泛，涉及多种肿瘤类型，包括黑色素瘤、非小细胞肺癌、肾细胞癌、霍奇金淋巴瘤、头颈部鳞状细胞癌、胃癌等。

　　（一）适应证

　　1. 非小细胞肺癌（NSCLC）

　　（1）新辅助治疗　联合含铂双药化疗，适用于新辅助治疗可切除的（肿瘤直径≥4cm 或淋巴结阳性）非小细胞肺癌成人患者。

　　（2）转移性非小细胞肺癌　单药适用于治疗表皮生长因子受体（EGFR）基因突变阴性和间变性淋巴瘤激酶（ALK）阴性、既往接受过含铂方案化疗后疾病进展或不可耐受的局部晚期或转移性非小细胞肺癌成人患者。

　　2. 头颈部鳞状细胞癌（SCCHN）　单药适用于治疗接受含铂类方案治疗期间或之后出现疾病进展且肿瘤 PD-L1 表达阳性（定义为表达 PD-L1 的肿瘤细胞≥1%）的复发性或转移性头颈部鳞状细胞癌患者。

　　3. 胃癌、胃食管连接部癌或食管腺癌（GC，GEJC 或 EAC）

　　（1）一线治疗　联合含氟尿嘧啶和铂类药物化疗，适用于晚期或转移性胃癌、胃食管连接部癌或食管腺癌患者。

（2）二线治疗　适用于既往接受过两种或两种以上全身性治疗方案的晚期或复发性胃或胃食管连接部腺癌患者。

4. 恶性胸膜间皮瘤（MPM）　联合伊匹木单抗（Ipilimumab），用于不可手术切除的、初治的非上皮样恶性胸膜间皮瘤成人患者。

5. 肾细胞癌（RCC）

（1）一线治疗　联合伊匹木单抗或卡博替尼，适用于晚期或转移性肾细胞癌患者。

（2）二线治疗　单药用于接受过抗血管治疗的晚期肾细胞癌患者。

6. 黑色素瘤　单药适用于治疗不可切除或转移性黑色素瘤。

7. 经典霍奇金淋巴瘤（cHL）　单药适用于治疗自体造血干细胞移植后复发或难治性经典霍奇金淋巴瘤患者。

8. 其他实体瘤　纳武利尤单抗还获批用于以下恶性肿瘤的治疗：尿路上皮癌、肝细胞癌、食管癌、结直肠癌。

（二）用法用量

1. 静脉注射用法

（1）单药治疗　剂量：240mg每2周一次（Q2W）或480mg每4周一次（Q4W）。输注时间：静脉输注需在30～60分钟内完成。治疗持续时间：直至疾病进展或出现不可接受的毒性。

（2）联合治疗　①与伊匹木单抗联合。剂量：纳武利尤单抗360mg每3周一次（Q3W）+伊匹木单抗1mg/kg每6周一次（Q6W）。输注顺序：先输注纳武利尤单抗，再输注伊匹木单抗。治疗持续时间：直至疾病进展、不可接受的毒性，或最长2年。②与化疗联合。剂量：纳武利尤单抗360mg每3周一次（Q3W）+历史学基础的含铂双药化疗。输注顺序：纳武利尤单抗应在化疗前输注。治疗持续时间：化疗2个周期后，纳武利尤单抗单药继续使用。

（3）特殊适应证　①肾细胞癌（RCC）。单药：240mg每2周一次（Q2W）或480mg每4周一次（Q4W）。与卡博替尼联合：纳武利尤单抗240mg每2周一次（Q2W）+卡博替尼40mg每天一次。②恶性胸膜间皮瘤（MPM）。剂量：纳武利尤单抗360mg每3周一次（Q3W）+伊匹木单抗1mg/kg每6周一次（Q6W）。③食管癌。一线治疗：纳武利尤单抗240mg每2周一次（Q2W）或360mg每3周一次（Q3W）+含铂双药化疗。二线治疗：240mg每2周一次（Q2W）或480mg每4周一次（Q4W）。

2. 皮下注射用法

（1）单药治疗　剂量：600mg纳武利尤单抗+10000单位透明质酸酶，每2周一次（Q2W）。1200mg纳武利尤单抗+20000单位透明质酸酶，每4周一次（Q4W）。注射时间：3～5分钟内完成。治疗持续时间：直至疾病进展或出现不可接受的毒性。

（2）联合治疗　①与卡博替尼联合。剂量：600mg纳武利尤单抗+10000单位透明质酸酶，每2周一次（Q2W）+卡博替尼40mg每天一次。治疗持续时间：纳武利尤单抗最长2年，卡博替尼直至疾病进展或不可接受的毒性。②与铂类化疗联合。剂量：900mg纳武利尤单抗+15000单位透明质酸酶，每3周一次（Q3W）。治疗持续时间：化疗3个周期后，纳武利尤单抗单药继续使用。

3. 剂量调整

（1）免疫相关不良反应　2级不良反应：暂停治疗，直至不良反应缓解至1级以下。3级或4级不良反应：永久停药。

（2）肝酶升高　ALT或AST升高至3倍以上正常值上限（ULN），暂停或永久停药。

第三节　抗体药物偶联体——恩美曲妥珠单抗

一、恩美曲妥珠单抗的概述

恩美曲妥珠单抗（T‐DM1）是由人表皮生长因子受体2（human epidermal growth factor receptor 2，HER2）抗体——曲妥珠单抗与一个高活性的微管蛋白抑制药物——细胞毒素DM1（一种美登素的衍生物），通过稳定的硫醚键连接子（MCC linker）共价连接而成。T‐DM1已于2013年分别在美国和欧洲获批用于经曲妥珠单抗和紫杉醇单独或联合治疗的HER2阳性、不可切除的、局部晚期或转移性乳腺癌的治疗。

T‐DM1的分子结构如图10‐1所示。

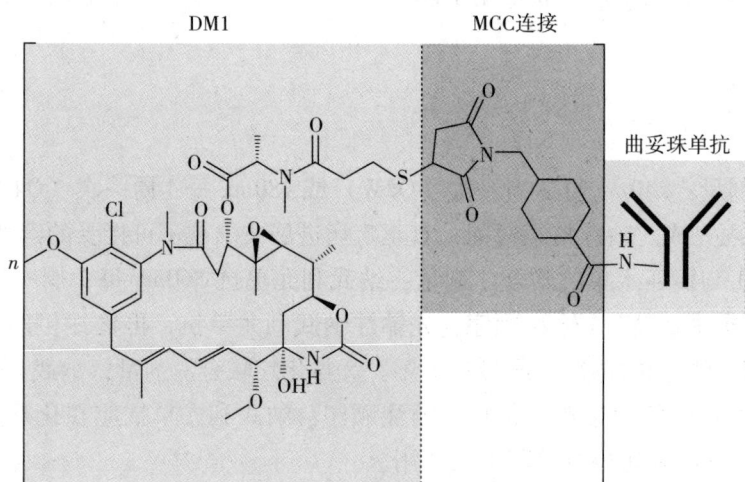

图10‐1　T‐DM1的化学结构

DM1加MCC（4‐［N‐maleimidomethyl］cyclohexane‐1‐carboxylate）连接子代表抗体药物偶联体的细胞毒素部分。n代表DM1的分子数，在T‐DM1分子中平均一个曲妥珠单抗（Trastuzumab）可与3.5个DM1分子共价连接。

二、恩美曲妥珠单抗的作用机制

抗体药物偶联体（ADC）由重组抗体、化学药物和连接子三部分共同组成。其在体内作用机制如图10‐2所示，当ADC注射入人体内后，ADC的抗体部分迅速与肿瘤细胞上的特定受体相结合，然后通过抗体‐受体复合物的内吞作用将ADC运输到细胞内，由于胞内环境的变化或者酶的作用，ADC的连接物可迅速解离或者从抗体分子上脱落，从而将抗体与细胞毒素解离，细胞毒素在细胞内发挥作用，抑制细胞增殖或诱导细胞发生凋亡，从而定向杀伤肿瘤细胞。

ADC的主要特点在于利用了抗体药物的靶向性和化学药物的强效性，通过一定的偶联技术充分发挥了两者的优势。重组抗体对特定肿瘤靶细胞具有很强的专一性和亲和力，但通常药效不强，往往需要和化学药物联合使用，并且用药剂量大；而小分子药物活性强，但专一性差，相应的毒副作用也较强。当二者通过连接物偶联在一起后，偶联体可特异性结合于相应肿瘤细胞，并定向杀伤肿瘤细胞，大大增了强药效及提高药物安全性。

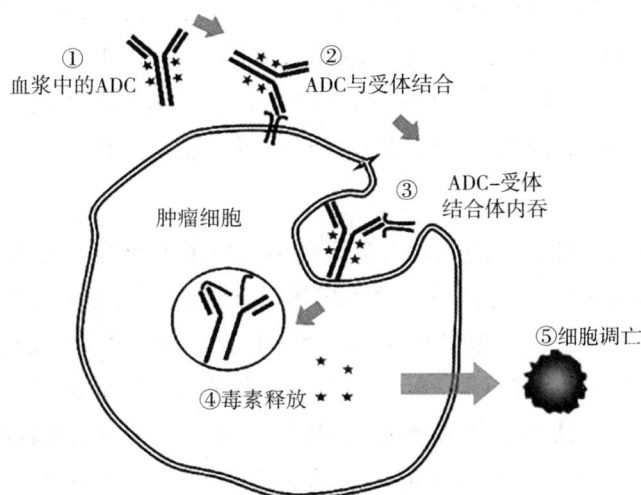

图 10 – 2　ADC 作用机制

T – DM1 由 Trastuzumab、细胞毒素 DM1 和连接子 MCC 三部分组成。其作用机制为：T – DM1 利用 Trastuzumab 的靶向性定向结合到 HER2 受体的第四结构域，然后通过受体 – 抗体复合物介导的内吞作用将 T – DM1 从胞外内吞到胞内，随后在溶酶体中连接子降解将 DM1 细胞毒素释放到胞内，从而导致细胞生长周期停滞和细胞凋亡。另外，体外研究数据也表明，T – DM1 保留了 Trastuzumab 本身的功能，一方面可通过结合 HER2 受体第四结构域抑制 HER2 受体所介导的 PI3K/Akt、Ras/Raf 和 MEK 信号通路，从而抑制 HER2 阳性肿瘤细胞的生长、增殖、存活和转移等；另一方面可以通过其 Fc 发挥抗体依赖的细胞介导的细胞毒性作用。

三、恩美曲妥珠单抗的药理药效学研究

（一）T – DM1 的药效学研究

T – DM1 为亲水性大分子，可通过细胞内吞作用进入体内。当 T – DM1 的 Trastuzumab 部分结合 HER2 受体的第四结构域后，T – DM1 通过 HER2 受体介导的内吞作用进入胞内，并在溶酶体中降解释放出细胞毒素 DM1，释放的 DM1 由于保留了一个共价连接的带正电荷的赖氨酸，使得胞内的 DM1 毒素不至于扩散到周围正常细胞中，这对 ADC 的总体安全性也可能有一定的贡献。胞内游离的 DM1 与微管蛋白抑制微管的组装，从而导致细胞周期的停止和细胞凋亡。尽管在 T – DM1 中的 Trastuzumab 部分的主要作用是将 DM1 毒素靶向输送到 HER2 阳性肿瘤细胞内部，但偶联的 Trastuzumab 仍保留着其自身的抗肿瘤活性。体外研究表明，T – DM1 与 HER2 超表达的肿瘤细胞的亲和力与 Trastuzumab 相当；与 Trastuzumab 类似，T – DM1 也可介导 ADCC 作用，抑制 HER2 阳性乳腺癌细胞 HER2 胞外结构域的脱落，以及抑制 HER2 介导的 PI3K 等信号通路。

关于 T – DM1 的抗肿瘤药效，研究者在 3 个独立的 HER2 阳性肿瘤动物模型（Trastuzumab 耐药的、不依赖雌激素的 HER2 阳性乳腺癌细胞 BT – 474 移植瘤模型；对高剂量 Trastuzumab 敏感的 HER2 阳性非小细胞肺癌细胞移植瘤 CaLu3 模型；以及 Trastuzumab 抗性转基因小鼠 F05 模型）中验证了 T – DM1 的抗肿瘤活性。在上述三种肿瘤动物模型中，T – DM1 均能抑制肿瘤细胞的生长，肿瘤抑制剂量依肿瘤类型而异，范围为 3 ~ 31mg/kg 不等。

一系列的体外乳腺癌细胞生长抑制试验证明，T – DM1 对 HER2 阳性肿瘤细胞生长抑制浓度要显著低于 Trastuzumab（如在 BT – 474 肿瘤细胞中，T – DM1 和 Trastuzumab 的 IC50 值分别为 0.04nM 和 1.68nM）。并且，T – DM1 对所有 HER2 超表达细胞均有杀伤作用，但是 Trastuzumab 不是，这也表明

T-DM1的细胞生长抑制作用所涉及的因素并非简单的HER2超表达。同时，研究者还证实T-DM1通过caspase-3、7的激活诱导细胞凋亡，而Trastuzumab不能发挥该作用。

体外细胞实验还证实，T-DM1或Trastuzumab与HER2的结合均可以在一定程度上减少HER2胞外结构域从细胞表面的脱落，两者对HER2胞外结构域脱落的抑制水平相当，分别为42%和43%。

（二）T-DM1的药代动力学研究

T-DM1作为抗体药物偶联体，其药代动力学研究不仅要考虑单抗，还需要考虑其结合及解离的小分子毒素的分布和代谢情况，所以其药代动力学研究相对于抗体来说更为复杂。T-DM1在小鼠、大鼠血浆中的终末半衰期为0.9~6天，分布容积为40~50ml/kg，血浆清除率随着动物体积的增加而降低[10~40ml/（d·kg）]。在啮齿动物中，T-DM1的血浆清除率与剂量成正比，但在食蟹猴中T-DM1的血浆清除率与剂量不成正比，其血浆清除率的范围为从0.3mg/kg给药剂量的41.6ml/（d·kg）到30mg/kg剂量的10.1ml/（d·kg）。T-DM1的血浆清除率要比Trastuzumab快2~2.5倍，半衰期要比Trastuzumab短约50%。T-DM1的容积分布与Trastuzumab类似。在HER2阳性肿瘤异种移植小鼠模型中，两者PK也未见显著改变。体外研究实验表明，T-DM1的DM1部分可以在肝细胞内被细胞色素P450 3A4或3A5代谢清除。

（三）T-DM1的毒理学研究

T-DM1的毒理学研究不仅需要考虑游离小分子毒素的毒性，而且需要考虑抗体和ADC分子的毒性。其毒理学研究相对于抗体药物更为复杂。不论在DM1的单剂量和多剂量给药毒性，还是在T-DM1的单剂量和多剂量给药毒性中，均出现了肝脏酶活力的升高和血小板的降低，且呈一定的剂量依赖性。动物体内毒理研究的结果一定程度上反应了T-DM1在人体中的毒副作用。

四、恩美曲妥珠单抗的安全性问题

T-DM1作为一个新型抗体药物偶联体，在HER2超表达的转移性乳腺癌患者中发挥着非常重要的抗肿瘤活性，本节前面已经提到其作用机制不仅包括曲妥珠单抗所介导的HER2信号通路阻断和ADCC作用，而且包括DM1毒素的微管蛋白抑制作用。一项针对T-DM1在HER2阳性转移性乳腺癌患者中的安全性和有效性的回顾性临床研究分析表明，T-DM1在显著增强晚期或转移性乳腺癌患者无进展生存期（progression-free survival，PFS）和总生存期（overall survival，OS）的同时，其不良反应率也相应增加。研究者对于T-DM1相关的9个临床研究结果进行了回顾性分析，结果显示，与T-DM1相关的不良反应主要有疲劳、恶心、转氨酶增加和血小板减少，并且仅血小板减少以3级及以上严重不良反应形式出现。该研究结果表明，T-DM1在HER2阳性晚期或转移性乳腺癌治疗中的疗效是显著的，安全性也是可控的。

另有研究报道，T-DM1的毒性作用主要与毒素分子DM1相关，DM1作为一个微管蛋白抑制剂，不仅在T-DM1的抗肿瘤活性中发挥重要作用，也是导致T-DM1不良反应的重要因素。疲劳就是主要由DM1所导致的最常见的不良反应，幸运的是，很少有患者经历严重的疲劳。前人研究表明，微管蛋白抑制化疗制剂往往伴随着神经毒性，DM1也不例外。动物实验已表明，T-DM1可导致神经元轴突的显著退化，并且可能是不可逆的。因此，患有神经性疾病者应谨慎使用T-DM1药物。

T-DM1的推荐给药剂量为3.6mg/kg，每3周一次。该剂量的确定主要是基于严重血小板减少不良反应的发生（≥3级）。研究发现，T-DM1可抑制巨核细胞的分化，血小板的产生也随之减少。Uppal等人报道，T-DM1可不依赖HER2而通过结合FcgRⅡα进入巨核细胞，并不依赖曲妥珠单抗而影响分化中的巨核细胞的细胞骨架。

最后，研究已经证实，转氨酶的增加是由美登素所导致的，而且T-DM1的体内代谢主要依赖于肝-

胆和胃肠代谢途径，因此有肝功能损伤的患者应谨慎使用 T – DM1。

五、恩美曲妥珠单抗的临床应用

（一）适应证

1. 早期乳腺癌　恩美曲妥珠单抗单药适用于接受了紫杉烷类联合曲妥珠单抗为基础的新辅助治疗后，仍残存侵袭性病灶的 HER2 阳性早期乳腺癌患者的辅助治疗。

2. 晚期乳腺癌　恩美曲妥珠单抗单药适用于接受了紫杉烷类和曲妥珠单抗治疗的 HER2 阳性、不可切除局部晚期或转移性乳腺癌患者。患者需满足以下任一情形：既往接受过针对局部晚期或转移性乳腺癌的治疗；在辅助治疗期间或完成辅助治疗后 6 个月内出现疾病复发。

（二）用法用量

1. 给药方式　恩美曲妥珠单抗只能通过静脉输注给药，禁止静脉推注或口服，禁止使用葡萄糖溶液稀释。

2. 推荐剂量　推荐剂量为 3.6mg/kg，每 3 周一次（21 天为一个周期），直至疾病进展或出现不可耐受的毒性。

3. 输注时间　初次给药时，输注时间应为 90 分钟。在输注期间及输注后至少观察患者 90 分钟，以监测可能出现的输液相关反应。如果患者在初次输注时耐受性良好，后续剂量可采用 30 分钟输注，并在输注期间及输注后至少观察 30 分钟。

4. 剂量调整　如果出现不良反应，剂量可降低至 3.0mg/kg，进一步降低至 2.4mg/kg。如果需要进一步降低剂量，则应停止用药。

第四节　双特异性抗体——博纳吐单抗

一、博纳吐单抗的概述

博纳吐单抗是全球首个获批上市的靶向性 T 细胞免疫疗法双特异性抗体药物，可同时结合 CD19 和 CD3，充当了 CD19 和 CD3 之间的连接物（linker），其中，CD19 是一种存在于大多数 B 细胞表面的蛋白质，而 CD3 是一种存在于 T 淋巴细胞表面的蛋白质。因此，博纳吐单抗也是首款双特异性抗体类的 T 细胞衔接器（bi – specific T – cell engager，BiTE）。博纳吐单抗于 2014 年 7 月获得美国 FDA 授予的治疗 B 细胞前体急性淋巴细胞白血病（B – cell precursor ALL）的突破性疗法认定，同年 10 月，Amgen 递交的生物药许可申请（BLA）获得 FDA 的优先评审资格，同年 12 月 3 日在 FDA 的加速评审政策下全球首款双特异性抗体在美国获批上市，用于治疗复发或难治的费城染色体阴性的 B 细胞前体急性淋巴细胞白血病。

目前，博纳吐单抗已被 US FDA 批准的适应证包括两个，一是经首次或第二次治疗后完全缓解的（CR）、并且最小残留病灶（MRD）大于等于 0.1% 的 MDR$^+$Ph$^-$BCP – ALL；二为复发或难治的 Ph$^-$BCP – ALL。本文从生物学靶标、药理学作用机制、药代动力学和临床研究与应用方面介绍该款药物。

二、博纳吐单抗的结构和药理药效学研究

BiTE 抗体代表了一种新的抗体类型，即通过结合靶细胞表面抗原并激活 T 细胞而发挥抗肿瘤效应。博纳吐单抗是一个 CD19 靶向的、CD3 T 细胞连接子。CD19 是一个 95kDa 的跨膜蛋白，几乎存在于 B

细胞发育和分化的整个过程中，只有当 B 细胞进入分化末期形成浆细胞后其表达才下调，即几乎血液和次级淋巴组织中的所有 B 细胞都表达 CD19 膜蛋白。生物学功能方面，作为 B 细胞受体（B cell receptor, BCR）的共刺激分子之一，CD19 与 CD21、CD81 和 CD225 协同调节 BCR 活化的阈值。此外，CD19 也以不依赖 BCR 的方式参与 B 细胞的发育、分化和功能。

因为，绝大多数的 BCP - ALL 肿瘤细胞表面均表达 CD19，而且 CD19 是 B 细胞系独有的抗原，不会危害其他组织，所以 CD19 是 BCP - ALL 治疗的一个非常有潜力的靶点。

博纳吐单抗属于 CD19/CD3 双特异性 T 细胞连接器（bi - specific T - cell engager, BiTE），为 55kDa 的融合蛋白（图 10 -3）。一分子的博纳吐单抗由来源于 CD19 单克隆抗体的轻重链可变区（scFv）和来源于 CD3 单克隆抗体的轻重链可变区组成，中间由一个 5 个氨基酸的无免疫原性的 linker 连接，可同时靶向结合 B 细胞膜上的 CD19 蛋白和 T 淋巴细胞膜上的 CD3 蛋白，将 T 细胞和肿瘤 B 细胞拉近，由于 CD3 蛋白是 T 细胞受体（TCR）的一部分，与抗原结合后可引发 T 细胞的激活和增殖，从而达到动员患者自身的 T 细胞杀伤和清除恶性 B 细胞的免疫治疗效果。

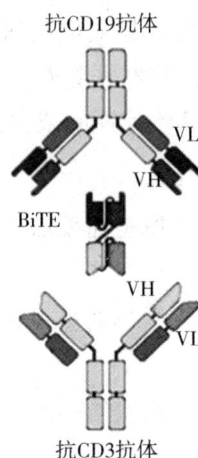

图 10 -3　博纳吐单抗的分子结构和作用机制

博纳吐单抗引起的肿瘤 B 细胞的杀伤不依赖于 MHC 分子对肿瘤抗原的呈递，而是主要源于活化 T 细胞释放的穿孔素和颗粒酶诱导的 B 细胞凋亡。在体外和小鼠模型中极低浓度（10 ~ 100pg/ml）的博纳吐单抗即可有效的杀伤 CD19$^+$ 的恶性 B 细胞。

临床试验中，静脉给予博纳吐单抗后一天内患者 T 细胞数量降到最低点，之后出现迅速扩增，并在 2 ~3 周内达到给药前的两倍以上，且主要为效应记忆 T 细胞；B 细胞数量在给药后 2 天内开始下降。同时，在治疗的第一个周期（4 周），由于 T 细胞的激活和扩增会出现细胞因子的瞬间释放，包括 IL - 2、IL - 6、IL - 10、IFN - γ 和 TNF - α。

三、博纳吐单抗的药动学

临床前和早期临床研究显示，博纳吐单抗的药代动力学参数不受年龄、性别、体重、体表面积、疾病状况和肌酐清除率的影响。血浆半衰期很短，只有 2 ~ 3 小时，因此，临床上每个治疗周期连续静脉给药 28 天以维持药物稳态浓度，之后间歇 14 天。博纳吐单抗在给药后 24 小时可达到稳态浓度，平均分布体积为 4.52（±2.89）L，平均清除速率为 2.92（±2.83）L/h。博纳吐单抗的代谢途径尚不清楚，经肾清除非常有限，且不受肝功能损伤的影响。有案例显示，博纳吐单抗的清除在轻微或中度肾损伤患者体内与肾功能正常患者体内是接近的。

四、博纳吐单抗的安全性问题

博纳吐单抗的毒性来源于其作用机制，即多克隆 T 细胞的激活，大多毒性反应出现在治疗的早期阶段。免疫药理学研究证明注射博纳吐单抗后会导致炎症性细胞因子的瞬时释放，以及 T 细胞的增殖。此外，另一个可以预料的药物不良反应来源于 B 细胞的清除，导致了治疗中和治疗后血液中丙种免疫球蛋白显著减少。

CRS（细胞因子释放综合征）和神经毒性是 T 细胞相关的免疫治疗中频繁出现的毒性反应，例如博纳吐单抗和 CD19 CAR - T 治疗，应受到特殊关注。临床试验和应用中报道的 CRS 事件的严重程度不同，从轻微、低级到威胁生命的。发生严重 CRS 事件可能与疾病负荷，以及博纳吐单抗的起始剂量相关。对于疾病负荷高的患者使用剂量逐步递增的给药方案，以及事前给予类固醇预处理可显著降低 CRS 的发生率。有体外实验表明，同时给予地塞米松和博纳吐单抗可降低炎症性细胞因子的释放，但不会显著影响 T 细胞的激活和恶性 B 细胞的杀伤。在博纳吐单抗最早的 Ⅱ 期临床试验中，2 名 RR - ALL 患者（5.6%，2/36）出现 4 级 CRS，两人均为疾病负荷高的患者（骨髓中存在约 90% 的原始 B 细胞），其中一人伴随发生肿瘤溶解综合征。采用逐步增加给药剂量，同时使用类固醇和/或环磷酰胺预处理的方案，之后未出现 3 级以上 CRS。在之后的大型 Ⅱ 期临床试验中，对于疾病负荷较高的患者（>5% 的骨髓原始细胞，>15000×10⁹/L 的外周血原始细胞，或研究者认为的升高了的 LDH 水平），在第一个治疗周期采用剂量递增、类固醇预处理的治疗方案，结果仅有不到 2% 的受试者（3/189）发生了 3 级 CRS。值得一提的是，上述 5 例发生严重 CRS 的患者中有 4 人的病情最终达到完全缓解，即 CRS 与临床疗效存在可能存在相关性。研究人员在 T 细胞相关免疫治疗中严重 CRS 与嗜血细胞综合征或巨噬细胞激活综合征之间观察到了显著的临床症状和生物学之间的相关性。

与 CRS 不同，神经毒性不良事件的发生与疾病符合、给药剂量似乎不存在相关性。神经毒性倾向于发生在治疗的早期阶段（第一周内），大多数为不严重且可逆的，通常不需要暂停或终止博纳吐单抗给药。神经毒性的临床表现可以有多种，包括颤抖、头晕、精神错乱、脑病、运动失调、失语、惊厥等。目前，调整剂量或类固醇预处理，以及神经毒性的对症治疗对神经毒性不良事件的作用还不明确。在目前为止最大型的临床试验中，189 名 RR - ALL 患者中有 52% 发生了神经毒性事件，其中 76% 为轻微的不良反应，11%（12 人）为 3 级神经毒性，2%（4 人）为 4 级神经毒性。以上神经毒性反应都得到了解决，尽管有 3 人在毒性反应发生后死亡，但认为是与神经毒性不相关的。在该项试验中，按照剂量调整标准，发生 4 级神经毒性的受试者、出现一次以上癫痫发作的受试者，以及因毒性反应中断治疗 2 周以上的受试者都终止了博纳吐单抗治疗。其他发生严重神经毒性的受试者在毒性反应得到有效治疗降为 1 级或基线水平后，经类固醇预处理后继续给予相同或更低剂量的博纳吐单抗。目前还没有有效的临床或生物学标志可用于鉴别易发生严重神经毒性的患者。在一项回顾性分析中认为较低的外周血 B/T 比例（如 <1：10）可用于预测淋巴瘤患者的神经毒性时间的风险。

五、博纳吐单抗的临床应用

（一）适应证

博纳吐单抗（Blinatumomab）被批准的临床适应证包括以下内容。

1. 复发或难治性 CD19⁺B 细胞前体急性淋巴细胞白血病（B - ALL） 博纳吐单抗适用于治疗成人和 1 个月以上儿童患者的复发或难治性 CD19 阳性 B 细胞前体急性淋巴细胞白血病。

2. 微小残留病（MRD）阳性 B 细胞前体急性淋巴细胞白血病 博纳吐单抗适用于治疗成人和 1 个月以上儿童患者的 CD19⁺B 细胞前体急性淋巴细胞白血病，处于第一次或第二次完全缓解期且 MRD≥0.1%。

3. 巩固治疗阶段的 CD19⁺B 细胞前体急性淋巴细胞白血病 2024 年 6 月 14 日，FDA 批准博纳吐单抗用于治疗 1 个月或以上、CD19⁺、费城染色体阴性 B 细胞前体急性淋巴细胞白血病（B - ALL）患者的巩固阶段治疗，无论患者的可测量残留病（MRD）状态如何。

（二）用法用量

1. 剂量

（1）建议第一疗程的前 9 天和第二疗程的前 2 天住院治疗。

（2）每个疗程包括 4 周连续静脉输注和 2 周休息间隔。

（3）≥45kg 患者，在第一个疗程 1~7 天应予以 9μg/d，第 8~28 天予以 28μg/d；后续的疗程则第 1~28 天均为 28μg/d。

2. 用药

（1）每个疗程的第一剂治疗的 1 个小时前，或改变剂量时（如疗程中的第 8 天），或当停药间隔超过 4 小时的时候，应静脉输注 20mg 地塞米松。

（2）使用静脉泵以保证恒定流速予以持续静脉输注治疗。

（3）超过 24 小时或 48 小时，静脉注射袋（IV bag）应注入药物。

思考题

答案解析

1. 治疗性抗体药物的作用机制有哪些？举例说明其在临床中的应用。

2. 治疗性抗体药物的药代动力学特性受多种因素影响，请结合 FcRn 的作用、非靶点结合的影响、剂量依赖性与抗原量的关系，讨论如何优化治疗性抗体的药代动力学特性以提高其临床疗效和安全性。

3. 抗体药物作为免疫检查点抑制剂其作用机制是什么？为什么纳武单抗在治疗多种肿瘤时可能会引发自身免疫性疾病？

4. 抗体药物偶联体（ADC）的核心优势是什么？请以恩美曲妥珠单抗（T－DM1）为例，说明其作用机制、药代动力学特点以及临床应用中的安全性问题。

5. 双特异性抗体（BsAb）与单克隆抗体相比，有哪些独特的优势？

书网融合……

本章小结　　　　习题

第十一章　细胞治疗药物

学习目标

1. 通过本章的学习，掌握细胞治疗药物的概念；熟悉干细胞的概念及基本特征，免疫细胞治疗基本技术原理；了解细胞治疗药物的分类，常见的干细胞治疗药物及常见的免疫细胞治疗药物。

2. 具备查阅和整理细胞治疗药物相关文献资料的能力，能够了解不同类型细胞治疗药物的特点和应用；具备对细胞治疗药物临床应用案例进行简单分析的能力，能够从案例中提取关键信息。

3. 培养对细胞治疗药物领域的兴趣，增强对生物医学前沿技术的关注和学习热情；树立科学的思维方法，注重细胞治疗药物研发和应用中的伦理和安全性问题。

第一节　概　述

一、细胞治疗药物的概念

细胞治疗药物是指以人源的活细胞为基础，将来源于细胞系，以及自体或异体的免疫细胞、干细胞等制成的用来治疗疾病的活细胞药物。作为一种新兴的治疗药物，细胞药物已在肿瘤、遗传疾病、传染病等众多难治性疾病治疗方面展现出良好的效果。

二、细胞治疗药物的分类

细胞治疗药物按照细胞类别不同主要分为干细胞治疗药物和免疫细胞治疗药物。

三、细胞治疗药物的发展史

（一）干细胞治疗药物发展

干细胞（stem cell，SC）是指一类具有高度自我更新能力和高度分化潜能的细胞。干细胞是原始的未分化的细胞，在一定条件下可以分化成各种细胞或组织，如心肌细胞、神经细胞、血细胞等，因此，在医学上被称作"全能或万能（用）细胞"（图11-1）。

根据干细胞分化阶段的不同，大致分为胚胎干细胞、成体干细胞。

胚胎干细胞主要包括受精卵分裂发育成囊胚（受精后5~7天）时内层细胞团，以及从早期胎儿生殖嵴分离得到的胚胎生殖嵴细胞，这两种细胞均具有全能性，可分化为各种类型的体细胞，甚至发育成完整的个体。胚胎干细胞具有体

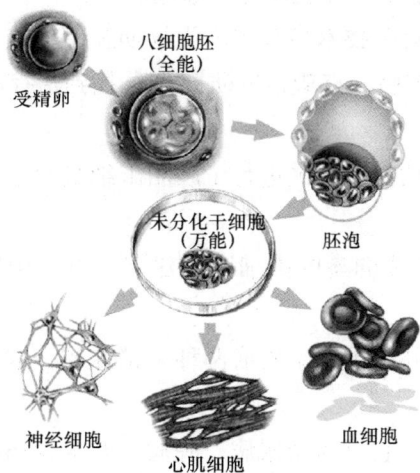

图11-1　胚胎干细胞形成与分化

外培养无限增殖、自我更新和多向分化的特性，在再生医学、药物研究、疾病模型等领域有很大应用前景，但是材料来源、免疫排斥、伦理等方面问题一直限制着其研究发展。

成体干细胞存在于成人的各种组织中，参与组织更新、创伤修复等过程。当组织发生外伤、老化、疾病等病理损伤时，这些细胞就增殖分化，产生新的组织来代替它们，维持机体的稳态平衡。最新研究发现，成体干细胞可以进行"横向分化"（或称为"可塑性"），即由一种组织的成体干细胞分化成其他组织细胞，这种跨系或跨胚层分化现象称为"横向分化"。目前发现的成体干细胞主要包括：神经干细胞（NSC）、造血干细胞（HSC）、间充质干细胞（MSC）、表皮干细胞、肝干细胞、胰腺干细胞、心肌干细胞、视网膜干细胞、角膜干细胞等。其中，间充质干细胞（MSC）是中胚层来源的具有多向分化潜能的一类多能型干细胞。

诱导多潜能干细胞（induced pluripotent stem cells，iPSC）最初于 2006 年由日本东京大学的 Takahashi 和 Yamanaka 首次运用反转录病毒感染技术，从 24 种与维持多能性相关的转录因子中筛选出 4 种关键转录因子（Oct4、Sox2、Klf4 和 C－Myc），并导入成年小鼠导入成年小鼠成纤维细胞，使其重编程为具有类似 ESC 特征的 iPSC。由此证明，成熟体细胞能被重编程为诱导多潜能干细胞，这种干细胞与胚胎干细胞高度相似，具有分化全能性、体外易扩增、易于基因干扰或过表达等特性，且不受细胞来源、免疫排斥、伦理、宗教和法律等多方面因素限制，使其在细胞替代治疗、组织器官再生和移植、基因治疗、发育生物学、药理及毒理等方面具有广阔的应用前景。经典的 iPSC 技术路线主要包括以下步骤：①选择宿主细胞；②选择外源重组因子；③重组因子导入宿主细胞；④重编程产生 iPSC；⑤iPSC 的鉴定及分化。

干细胞研究最早可以追溯到 1981 年，英国剑桥大学的 Evans 等首次从小鼠胚胎内层细胞团中分离出胚胎干细胞（embryonic stem cells，ESCs）。随后，1998 年美国威斯康星大学的 Thomson 等首次从体外受精形成的人胚泡内层细胞团中成功分离得到人胚胎干细胞（hESC）；同年，美国约翰霍普金斯大学的 Gearhart 等从一周龄流产胎儿的生殖嵴中也分离得到了人胚胎干细胞。这些发现极大地鼓舞了人类对干细胞的研究和探索。

1998 年 11 月，美国威斯康星大学的 Thomson 和约翰霍普金斯大学的 Gearhart 研究小组分别采用不同的方法获得了具有无限增殖和全能分化能力的人胚胎干细胞。

1999 年 12 月，美国 Science 杂志将干细胞的研究成果列为当年十大科学进展榜首。之后，以色列、澳大利亚、日本、新加坡等国家也先后从体外受精卵分离得到了人胚胎干细胞系，并成功诱导分化成神经细胞、造血细胞、肌肉细胞、胰岛细胞等，并在世界范围内形成了干细胞研究的热潮。

2001 年 11 月 25 日，美国马萨诸塞州先进细胞技术公司利用克隆技术培育出人类早期胚胎，该公司宣称是为了利用干细胞治疗疾病。这是治疗性克隆研究中的重大突破，有望帮助研究人员找到治疗帕金森病、糖尿病和阿尔茨海默病（老年性痴呆）等疾病的方法。

2002 年 3 月，美国怀特黑德生物医学研究所借助克隆技术成功对实验鼠进行了胚胎干细胞治疗，首次在动物身上证实"治疗性克隆"技术是可行的。

2002 年 10 月，中国中山大学第二附属医院用人工受精卵发育成的囊胚内细胞团建立了首个中国人胚胎干细胞系，使中国在该领域跻身世界前列。

2003 年 4 月，日本物理化学研究所宣布，在世界上首次用猴胚胎干细胞生成两种末梢神经，这一成果拓宽了再生医疗的前景。

2004 年 5 月，世界上首个国家胚胎干细胞库在英国伦敦建立，它可为糖尿病、肿瘤、帕金森病和阿尔茨海默病等疾病的研究和治疗储存、提供干细胞。

2004 年 9 月，美国马萨诸塞州高级细胞技术公司宣布，首次用人类胚胎干细胞成功培育出了视网膜细胞，该技术有望用于治疗视网膜退化造成的失明。

2005 年 1 月，日本京都大学专家首次报告说，他们将猴胚胎干细胞分化成神经干细胞，再植入 6 只患有帕金森病的猴子的脑部，结果其病情均明显好转。

2006 年 8 月，日本京都大学宣布，该大学研究人员利用实验鼠皮肤细胞制成可分化为各种组织和器官的"多能细胞"，这一成果为利用人类皮肤细胞"仿制"胚胎干细胞打下了技术基础。

2007 年 11 月，美国俄勒冈州健康和科学大学报告说，他们用取自不同猕猴的皮肤细胞和卵子培育出胚胎。这是科学家首次成功克隆灵长类动物胚胎。

2007 年 11 月 20 日，美国威斯康星大学和日本京都大学专家在同一天报告说，他们将人体皮肤细胞改造成了几乎能和胚胎干细胞相媲美的干细胞，这一成果有望使胚胎干细胞研究避开一直以来面临的伦理争议，从而大大推动干细胞技术在疾病模型、药物研发及移植医学方面的应用研究。

2008 年 8 月，美国哈佛大学科学家报告将老年侧索硬化症患者的皮肤细胞通过重新编程成功地转化为多能干细胞，再通过诱导转化为运动神经元。这一技术和发现，不仅可以使我们了解细胞生长、衰退、转化、死亡和肌萎缩侧索硬化的发展过程，而且为防治这种顽症提供一种有效新方法。

2009 年 1 月 23 日，美国 FDA 首次批准美国杰龙生物医药公司（Geron Corp.）利用人胚胎干细胞治疗脊髓损伤患者的试验，这是美国药管局首次批准将胚胎干细胞用于人体疾病治疗试验。

2010 年 10 月 11 日，美国杰龙生物医药公司（Geron Corp.）宣布，该公司干细胞疗法药物 GRNOPC1 的首期人体临床试验启动，这是美国政府批准的首例胚胎干细胞人体临床试验。

2012 年 5 月，美国 Osiris 公司治疗血液病的干细胞药物 Prochymal™ 在加拿大获批上市，用于治疗对激素类药物无反应的移植物抗宿主疾病（graft - versus - host disease，GvHD）患儿，它是一种以从健康青年志愿者捐赠骨髓中提取的间充质干细胞为有效成分的静脉注射液，已成为西方国家第一个上市的干细胞新药。

2015 年 7 月 20 日，国家卫生计生委、国家食品药品监督管理总局共同制定了《干细胞临床研究管理办法（试行）》。

2015 年 7 月 31 日，国家卫计委、国家食品药品监督管理总局发布《干细胞制剂质量控制及临床前研究指导原则（试行）》。

2017 年 12 月 22 日，国家食品药品监督管理总局又颁布了《细胞治疗产品研究与评价技术指导原则（试行）》，为我国细胞治疗产品作为药品属性的规范化产业化生产拉开序幕。

2022 年 10 月，clinicaltrials. gov 已登记 9300 多项干细胞产品相关临床试验。

2025 年 1 月，国产第一款干细胞治疗药物——人脐带间充质干细胞（艾米迈托赛注射液，商品名：睿铂生）获得国家药监局批准，用于治疗 14 岁以上消化道受累为主的激素治疗失败的急性移植物抗宿主病。

（二）免疫细胞治疗药物发展

近年来以 CAR - T 细胞（chimeric antigen receptor T cell）为主的免疫细胞治疗发展迅猛，并在肿瘤临床治疗中取得了重要突破，已成为当今肿瘤生物治疗领域新的研究热点和发展方向，同时也成为国际国内生物制药公司竞相追逐的热点。

免疫细胞治疗是肿瘤生物治疗中最重要的治疗手段之一。它是利用现代生物技术方法，从患者体内分离出免疫细胞，在体外进行培养、活化或改造以及扩增后，再回输至患者体内，发挥其高效靶向杀伤肿瘤细胞的能力，从而达到有效治疗肿瘤的目的。

肿瘤免疫细胞治疗一般分为非特异性免疫细胞治疗和特异性免疫细胞治疗。

1. 非特异性免疫细胞治疗 非特异性免疫细胞治疗主要包括淋巴因子激活的杀伤细胞（lymphokine

activated killer cells，LAK 细胞）、细胞因子诱导的杀伤细胞（cytokine induced killer cells，CIK 细胞）、自然杀伤细胞（natural killer cells，NK 细胞）和 γδT 细胞（γδT cells）等。

（1）LAK 细胞治疗技术　该方法最早由 Rosenberg，S. A. 于 1982 年报道，它是收集患者体内外周血单核淋巴细胞（PBMC）后，体外通过淋巴因子 IL-2 等激活诱导成淋巴因子激活的杀伤细胞（lymphokine activated killer cells，LAK），扩增后再回输患者体内，从而可以杀伤多种对细胞毒性 T 淋巴（CTL）细胞、NK 不敏感的肿瘤细胞，达到广谱杀死肿瘤细胞的治疗效果。

（2）CIK 细胞治疗技术　该技术由 Schmidt-Wolf IG 等于 1991 年首次报道，它是将患者体内外周血单核淋巴细胞（PBMC）在体外与多种细胞因子如 γ 干扰素、抗 CD3 抗体、IL-2 共培养 3~4 周后，将其诱导增殖为肿瘤杀伤细胞。CTL 细胞是一异质性细胞群体，多数细胞带有 T 细胞表面标志，主要发挥作用的是 $CD3^+CD56^+$ T 细胞，$CD3^+CD56^+$ T 细胞杀瘤活性与普通 T 细胞无显著差异。CIK 细胞具有增殖速度快、杀瘤活性高、抗凋亡特性及杀瘤效应不受 2S 肿瘤细胞多重耐药的影响等独特优势。因此，CIK 细胞治疗技术成为早期免疫细胞治疗肿瘤的主要技术，且研究发现 CIK 细胞联合树突状细胞或化疗药物可取得更好的肿瘤治疗效果。

（3）NK 细胞治疗技术　将患者体内 NK 细胞分离出来，体外增殖后再回输至患者体内，从而激活免疫反应达到杀伤肿瘤细胞的效果。已有报道显示，NK 细胞免疫疗法在治疗急性髓系白血病、乳腺癌、卵巢癌、结直肠癌、肾细胞癌、非小细胞肺癌等方面均取得了良好治疗效果。

（4）γδT 细胞治疗技术　γδT 细胞是介于特异性免疫与非特异性免疫之间的一种特殊类型的免疫细胞，其大多数为 CD4 和 CD8 双阴性细胞，少数可表达 CD8 分子，兼具 NK 细胞、CTL 细胞、Th 细胞和树突状细胞的功能。该技术通过分离患者体内 γδT 细胞，在体外培养扩增后再回输至患者体内，从而增强其杀伤肿瘤细胞的作用。γδT 细胞是一类特殊类型的免疫细胞，能够对 DC 无法识别的肿瘤细胞进行选择性杀伤。临床试验显示，γδT 细胞疗法对肾细胞瘤和前列腺癌的治疗效果优于二线化疗药物。

2. 特异性免疫细胞治疗　特异性免疫细胞治疗主要包括肿瘤浸润性淋巴细胞（TIL）、树突状细胞（DC）、双特异性抗体 T 细胞技术（Bi-specific T cell engager，BiTE）、肿瘤特异性嵌合抗原受体 T 细胞（CAR-T）、肿瘤特异性嵌合抗原受体 NK 细胞等。

（1）DC 免疫治疗　树突状细胞（dendritic cells，DC）是已知的机体内最强的抗原递呈细胞，具有诱导特异性细胞毒性 T 淋巴细胞生成的特殊功能，因此，以 DC 为基础的肿瘤免疫治疗以具有重要的临床应用价值。

DC 免疫疗法主要通过肿瘤特异性抗原或肿瘤相关抗原致敏 DC，特定的抗原表位与 DC 特定的 MHC 分子结合，从而激发机体抗肿瘤细胞免疫反应。临床研究显示，DC 在识别肿瘤细胞、刺激机体的免疫应答和杀伤肿瘤细胞上具有高效性和安全性，甚至对化疗失败的恶性肿瘤也具有一定疗效。2010 年 4 月 FDA 批准了第一个由美国 Dendreon 公司生产的免疫细胞治疗药物 Sipuleucel-T（又称 APC8015 或 Probenge），用于治疗无症状或轻微症状的转移性去势抵抗性前列腺癌（CRPC）。Sipuleucel-T 通过将自身单核细胞与包含前列腺癌抗原（前列腺酸性磷酸酶）和佐剂蛋白 GM-CSF 的融合蛋白一起孵育而制成，回输至患者体内后激活的抗原递呈细胞就可针对肿瘤细胞表面的抗原诱导产生免疫应答，从而起到杀伤肿瘤细胞的治疗效果。

DC 免疫疗法也可采用肿瘤细胞提取物、肿瘤细胞 RNA 致敏 DC，或直接将 DC 与肿瘤细胞进行融合进行致敏，这样做的最大优点是融合细胞能递呈肿瘤细胞所有的抗原，包括已知的和未知的抗原。由于目前大多数人类肿瘤细胞抗原类型仍未得到明确鉴定，用肿瘤细胞与 DC 进行细胞融合仍不失为一种简单、有效的肿瘤 DC 疫苗的制作方法。

（2）DC-CIK 细胞治疗　该治疗方法是将患者体内分离出来的 DC 和 CIK 细胞在体外共培养，激活后再回输到患者体内，诱导机体产生免疫应答，从而达到增强肿瘤杀伤效果的目的。已有临床结果显示，在乳腺癌、非小细胞肺癌、胃癌和结肠癌中，DC－CIK 细胞疗法与传统治疗方法联合应用，可显著提高患者总生存率和无进展生存率。

（3）TIL 治疗　TIL（tumor－infiltrating Lymphocytes）治疗将患者肿瘤周边浸润组织中 TIL 细胞分离出来，在体外加入 IL－2 等细胞因子培养增殖后回输到患者体内，从而激活体内免疫应答系统，达到治疗肿瘤的目的。相对于 LAK、NK 等非特异性免疫细胞治疗方法，TIL 能更高效识别和杀伤肿瘤。目前，TILs 细胞治疗主要集中于黑素瘤，少有涉及宫颈癌和胆管癌。Rosenberg 实验室使用 TIL 疗法对化疗无效的晚期恶性黑色素瘤患者进行治疗，疗效较为明显。对于转移性黑素瘤，结合化疗或者放疗，TILs 疗法的客观反应率可以达到 50% ~ 70%。但多方面因素阻止了 TIL 疗法的广泛应用：①早期分离步骤需要新鲜肿瘤组织；②TILs 扩增有难度；③扩增后的 TIL 细胞功能受损；④来源于肿瘤微环境的负向调节（如 PDL 的表达及 Treg 的活化等）。

（4）CAR－T 细胞治疗　CAR－T 细胞治疗即嵌合抗原受体 T 细胞（chimeric antigen receptor T cell）治疗，是指通过基因修饰技术，将带有特异性抗原识别结构域及 T 细胞激活信号的遗传物质转入 T 细胞，使 T 细胞通过直接与肿瘤细胞表面的特异性抗原相结合而激活，通过释放穿孔素、颗粒酶素 B 等直接杀伤肿瘤细胞，同时还通过释放细胞因子募集人体内源性免疫细胞杀伤肿瘤细胞，从而达到治疗肿瘤的目的，而且还可形成免疫记忆 T 细胞，从而获得特异性的抗肿瘤长效机制。

CAR－T 疗法的特点在于将抗体的靶向特异性与 T 细胞的归巢、组织穿透和靶向摧毁能力结合起来用于肿瘤治疗，其核心在于 CAR 的结构。CAR 结构根据所处 T 细胞位置的不同，大致分为 3 部分：胞外区、跨膜区和胞内区。而根据各部分结构功能不同，经典 CAR 可分为 5 部分：单链抗体可变区（single－chain variable fragment，scFv）、铰链区、跨膜区、共刺激区和 T 细胞活化区（图 11－2）。其中，单链抗体可变区识别肿瘤表面抗原；铰链区可以促进与肿瘤细胞表面膜近侧抗原结合；跨膜区具有固定 CAR 的作用；共刺激区可以增强 T 细胞活化；T 细胞活化区最常用的为 CD3ζ 链。

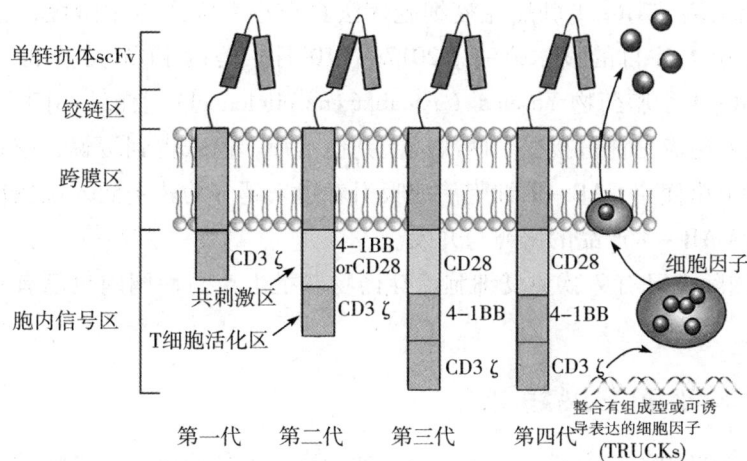

图 11－2　嵌合抗原受体 T 细胞（CAR）结构示意图

CAR 胞外区包括靶向肿瘤相关抗原（TAA）的单链抗体 scFv；铰链区和跨膜区链接胞外识别区和胞内信号分子。

CAR 结构的发展大致分为几个阶段。①第一代：免疫单链抗体 scFv 和 FcεR I 受体（γ 链）或 CD3 复合物（ζ 链）胞内结构域融合形成嵌合受体。②第二代：在第一代基础上添加一个胞内信号区，该信号区提供共刺激信号（如 CD28、CD137），以增强 T 细胞效应功能、CAR－T 细胞在体内的存活时间、

CAR - T 细胞自身扩增。③第三代：在第一代基础上再加共刺激分子，形成两个串联的共刺激信号区号，以实现刺激信号放大。④第四代：又称 TRUCKs，除嵌合抗原受体基因外，增加一个或多个可以编码 CAR 及其启动子的载体，该载体可通过某些细胞因子如 IL - 12 成功激活 CAR 的信号通路（其中携带 CAR 的载体主要为逆转录病毒和慢病毒衍生物）。

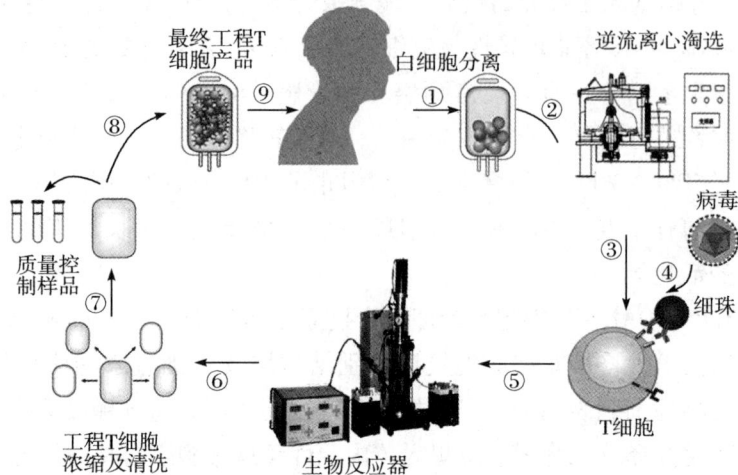

图 11 -3   CAR - T 细胞生产图示

1. 从患者体内分离采集白细胞；2. 逆流离心淘选富集特定白细胞亚型；

3. 培养；4. 并采用病毒和基于磁珠人工抗原递呈细胞进行刺激；5. 生物反应器扩大培养数日；

6. 洗涤并浓缩；7. 采集样品并进行质量控制；8. 成品配制和冻存；

9. 成品冻融并回输病人体内。从细胞采集到回输至患者体内，需要 2 ~ 4 周

由于 CAR - T 细胞治疗在急性白血病和非霍奇金淋巴瘤治疗方面效果显著，其已被认为是目前最有临床应用前景的肿瘤治疗方法之一。2017 年 8 月，诺华公司靶向 CD19 的 CAR - T 细胞药物 Kymrial 被美国 FDA 批准上市，标志着 CAR - T 肿瘤免疫细胞疗法真正进入临床应用阶段，也让 CAR - T 细胞疗法成为肿瘤治疗领域最引人注目的技术之一。2017 年 10 月，美国 FDA 又批准了全球第二个由 Kite Pharma 公司开发的 CAR - T 细胞药物 Yescata（axicabtagene ciloleucel）上市，用于治疗特定类型大 B 细胞淋巴瘤成人患者，这些患者之前曾接受了两次以上其他治疗，但未得到缓解，或是疾病复发。上述免疫细胞治疗产品的成功上市使得 CAR - T 细胞治疗吸引着越来越多的药企涌入该领域，目前仅在中国就有百余家企业正在进行 CAR - T 产品的研究与开发。

截至 2024 年底，国际上已有 7 款免疫细胞治疗药物获批上市，而国内也已有 6 款免疫细胞治疗药物获批上市。

四、细胞治疗药物的发展趋势

细胞治疗作为一种新兴的治疗方式，在众多疾病如肿瘤、遗传疾病、传染病的治疗中已展现出良好的效果，并具有治愈多种难治性疾病的潜力。因此，细胞治疗药物与其他治疗药物相比具有独特的优势。近年来，在技术、政策、市场等驱动下，我国细胞治疗产业已呈现出蓬勃发展的态势，并有望成为生物医药领域极具发展潜力的新赛道。

第二节　干细胞治疗药物

一、国外批准的干细胞治疗药物

(一) 脐带血造血干细胞——Hemacord

Hemacord 是由纽约血液中心（NYBC）开发的脐带血造血干细胞药物，于 2011 年由 FDA 批准上市，成为世界上第一款获批的干细胞药物。

Hemacord 由人脐带血造血祖细胞（HPC）、单核细胞、淋巴细胞和粒细胞组成，经静脉输注。血液从脐带和胎盘中回收后减少体积，并部分去除红细胞和血浆部分。

Hemacord 活性成分是细胞表面表达 CD34 标记物的造血祖细胞。脐带血的效力通过测量总有核细胞（TNC）和 CD34$^+$ 细胞数量以及细胞活力来确定。细胞冷冻保存时，每个单位的 Hemacord 至少包含 5×10^8 个总有核细胞和 1.25×10^6 个活的 CD34$^+$ 细胞。Hemacord 细胞组成取决于从捐赠者脐带和胎盘中回收的血液中的细胞组成。实际的有核细胞数、CD34$^+$ 细胞数、ABO 血型和 HLA 分型标示在容器标签和/或随每份药品分发的记录上。

Hemacord 作用机制：来自脐带血 HPC 的造血干细胞迁移到骨髓，在那里它们分裂并成熟。成熟细胞释放到血液中，其中一部分循环，另一部分迁移到组织部位，部分或完全恢复血细胞数和功能，包括骨髓源性血细胞的免疫功能。在由于某些严重类型的储存障碍而导致的酶异常的患者中，来源于脐带血的成熟白细胞，移植后可合成多种酶，这些酶能够循环并改善某些天然组织的细胞功能，然而，确切作用机制尚不清楚。

(二) 脐带血造血祖细胞——HPC

HPC 是一种异体脐带血造血祖细胞治疗药物，由 MD 安德森脐带血库开发，于 2018 年获 FDA 批准上市。用于非亲缘供体造血祖细胞移植手术，结合适当的准备方案，用于影响遗传、获得性或骨髓抑制治疗导致的造血系统疾病患者的造血和免疫重建。

HPC 由造血祖细胞、单核细胞、淋巴细胞和从人脐带血中提取的粒细胞经静脉输注。血液从脐带和胎盘中回收后减少体积，并部分去除红细胞和血浆部分。活性成分是细胞表面表达 CD34 标记物的造血祖细胞。脐带血的效力是通过测量总有核细胞（TNC）和 CD34$^+$ 细胞的数量和细胞活力来确定。冷冻保存时，每个单位的 HPC 含有至少 9.0×10^8 个有核细胞和 1.25×10^6 个 CD34$^+$ 活细胞。HPC 的细胞组成取决于捐赠者脐带和胎盘血液中的细胞组成。实际的有核细胞计数、CD34$^+$ 细胞计数、ABO 血型和人类白细胞抗原（HLA）分型都列在容器标签上和/或随每个单元发送的附带记录。

HPC 作用机制：造血祖细胞迁移到骨髓，并在那里分裂和成熟。成熟的细胞释放到血液中，一部分进入循环，而其他则迁移至组织部位，从而部分或完全恢复血细胞数和功能，包括骨髓源性血细胞的免疫功能。在由于某些严重类型的储存障碍而导致的酶异常的患者中，来源于 HPC 的成熟白细胞，移植后可合成多种酶，这些酶能够循环并改善某些天然组织的细胞功能。

(三) 间充质干细胞——Ryoncil

Ryoncil 由 Mesoblast, Inc. 开发，于 2024 年在美国获批上市，成为 FDA 批准上市的第一款间充质干细胞药物。

Ryoncil 是一种同种异体骨髓间充质基质细胞（MSC）药物，用于治疗 2 个月及以上的儿科患者的类固醇难治性急性移植物抗宿主病（SR - aGvHD）。Ryoncil 的有效成分是由从健康的成人捐献者骨髓中分离并经培养扩增而获得。

Ryoncil 的作用机制可能与免疫调节有关，通过抑制 T 细胞活化，减少促炎细胞因子分泌，以此调节 T 细胞介导的炎症反应。当供体组织（移植物）中同种异体反应来源的 T 细胞引发免疫反应时，急性 GvHD 发生。同种异体反应性供体来源的 T 细胞在介导与 aGvHD 相关的系统性炎症、细胞毒性和潜在的终末器官损伤中发挥作用。

Ryoncil 每支冷冻瓶 3.8ml 药液中含有 25×10^6 个 MSC 细胞（6.68×10^6 个细胞/ml）。

据统计，美国每年约有 10000 名患者接受异体骨髓移植，其中约 1500 名是儿童患者。这意味着，Ryoncil 的出现将为这部分年轻患者带来希望。

二、国内批准的干细胞治疗药物

（一）艾米迈托赛注射液

艾米迈托赛注射液系人脐带间充质干细胞药物，由铂生卓越生物科技（北京）有限公司开发，于 2025 年 1 月获得国家药品监督管理局通过优先审评审批程序附条件批准，成为国产首款干细胞治疗药物。适应证为：用于治疗 14 岁以上消化道受累为主的激素治疗失败的急性移植物抗宿主病。

移植物抗宿主病是异基因造血干细胞移植后，来源于供者的淋巴细胞攻击受者组织发生的一类多器官综合征，表现为主要累及皮肤、胃肠道、肝、肺和黏膜表面的组织炎症、纤维化等。该品种的上市为相关患者提供了新的治疗选择。

第三节　免疫细胞治疗药物

一、国外批准的免疫细胞治疗药物

（一）Kymriah

Kymriah 由诺华制药（Novartis）开发，是第一个获批上市的免疫细胞治疗药物。2017 年美国 FDA 正式批准 Kymriah 上市，用于治疗 25 岁以下化疗无效或复发性儿童和青少年急性淋巴细胞白血病（ALL）患者。2018 年美国 FDA 又批准了 Kymriah 用于治疗在经过两次或更多全身治疗方案后无响应的成人复发或难治性大 B 细胞淋巴瘤，包括未另作说明的弥漫性大 B 细胞淋巴瘤（DLBCL）、高级别 B 细胞淋巴瘤和滤泡性淋巴瘤引起的 DLBCL。2018 年 Kymriah 分别在欧盟和加拿大获批，2019 年在日本获批用于 ALL 的治疗。

Kymriah 是一种针对 CD19 的基因修饰自体 T 细胞免疫疗法，其过程是通过将编码嵌合抗原受体（CAR）的转基因导入患者自身的 T 细胞，从而使其能够识别并清除表达 CD19 的恶性细胞和正常细胞。该 CAR 由识别 CD19 的鼠源单链抗体片段组成，并与来自 4-1BB（CD137）和 CD3ξ 的细胞内信号域融合。CD3ξ 部分对于启动 T 细胞活化和抗肿瘤活性至关重要，而 4-1BB 则增强了 Kymriah 的扩增和持久性。当与表达 CD19 的细胞结合时，CAR 会传递信号以促进 T 细胞扩增、活化、靶细胞清除以及 Kymriah 细胞持久性。

Kymriah 是通过标准 leukapheresis 的方法从患者外周血单核细胞制备获得。单核细胞富集为 T 细胞，然后用慢病毒载体导入抗 CD19 CAR 转基因，并采用抗 CD3/CD28 抗体包被的小珠进行活化。转导的 T 细胞在细胞培养液中扩增，洗涤，配制成悬浮液，然后冷冻保存。该产品在作为冷冻悬浮液放入患者专用输液袋中运输前必须通过无菌测试。产品在给药前解冻，解冻后的产品是一种无色至微黄色的细胞悬浮液。

随着其疗效和安全性得到认可，肿瘤领域迎来了全新的"活细胞治疗药物时代"。

（二）Yescarta

Yescarta 是由凯特制药（Kite Pharma）开发，于 2017 年 10 月 18 日获美国 FDA 批准上市的第二款 CAR－T 细胞药物。Yescarta 用于治疗经过两次或更多全身治疗后的成人复发或难治性大 B 细胞淋巴瘤，包括未另行指明的弥漫性大 B 细胞淋巴瘤（DLBCL）、原发性纵隔大 B 细胞淋巴瘤、高级别 B 细胞淋巴瘤和滤泡性淋巴瘤引起的 DLBCL。

Yescarta 是一种靶向 CD19 的转基因自体 T 细胞药物，与表达 CD19 的肿瘤细胞和正常 B 细胞结合。研究表明，随着抗 CD19 CAR－T 细胞与表达 CD19 的靶细胞接触，CD28 和 CD3ξ 共刺激域激活下游信号级联反应，导致 T 细胞活化、增殖、获得效应功能和炎性细胞因子的分泌和趋化因子。这一系列事件导致表达 CD19 的细胞被杀死。Yescarta 治疗儿童 ALL 的 12 个月生存率高达 79%，其中不少患者达到完全缓解和治愈，而全球首例接受治疗的白血病成人患者已实现 9 年无癌生存。

（三）Tecartus

Tecartus 由凯特制药（Kite Pharma）开发，于 2020 年获美国 FDA 批准上市，用于治疗复发或难治的泡状细胞淋巴瘤、复发或难治的急性 B 淋巴细胞白血病（ALL）的成年患者。

Tecartus 是一种靶向 CD19 的基因修饰的自体 T 细胞免疫治疗药物。为了制备 Tecartus，收集患者自身的 T 细胞并对其进行基因改造，通过逆转录病毒转导使其表达包含连接 CD28 和 CD3ξ 共刺激结构域的小鼠抗 CD19 单链抗体（scFv）的嵌合抗原受体（CAR）。抗 CD19－T 细胞被扩增后注入患者体内，识别并清除表达 CD19 的靶细胞。

（四）Breyanzi

Breyanzi 由 Juno Therapeutics, Inc. 开发，于 2021 年获美国 FDA 批准上市，用于成年患者大 B 细胞淋巴瘤（LBCL）、慢性淋巴细胞白血病（CLL）或小淋巴细胞白血病淋巴瘤（SLL）、滤泡性淋巴瘤（FL）、套细胞淋巴瘤（MCL）的治疗。

Breyanzi 是一种靶向 CD19 的转基因自体 T 细胞免疫治疗药物，作为 CAR 阳性活 T 细胞（包括 CD8 和 CD4 成分）。该 CAR 由 FMC63 单克隆抗体衍生的单链可变片段（scFv）、IgG4 铰链区、CD28 跨膜结构域、4－1BB（CD137）共刺激结构域和 CD3ξ 激活结构域。此外，BREYANZI 含有一种非功能性截断型表皮生长因子受体（EGFRt）与 CD19 特异性 CAR 在细胞表面共表达。CD3ξ 信号对于启动激活和抗肿瘤活性至关重要，而 4－1BB（CD137）信号可增强 Breyanzi 的扩展和持久性。CAR 与肿瘤细胞和正常 B 细胞表面表达的 CD19 结合，诱导 CAR－T 细胞活化和增殖，释放促炎细胞因子，杀伤靶细胞。

Breyanzi 从患者的 T 细胞分离后制备获得。纯化的 CD8$^+$ 和 CD4$^+$ T 细胞被分别激活并用含抗 CD19 CAR 转基因的无复制能力的慢病毒载体进行转导，转导的 T 细胞在细胞培养液中扩增，洗净，配制成悬浮液，冷冻，保存为单独的 CD8$^+$ 和 CD4$^+$ 细胞冻存管，这些小瓶一起构成一剂 Breyanzi。产品以冰冻悬液形式运输前需进行无菌检查，并在使用前解冻。

（五）Abecma

Abecma 由 Celgene Corporation 开发，2021 年由 FDA 批准上市。Abecma 是一种靶向 B 细胞成熟抗原（BCMA）的转基因自体 T 细胞免疫治疗药物，用于治疗复发或难治性多发性骨髓瘤（R/R MM）的成人患者，这些患者先前接受了两种或多种治疗，包括免疫调节剂、蛋白酶体抑制剂和抗 CD38 单克隆抗体。

Abecma 表达嵌合抗原受体（CAR），靶向正常和恶性浆细胞表面的 BCMA。CAR 包括抗 BCMA scFv

靶向结构域、跨膜结构域、CD3ξ T 细胞激活结构域、4 - 1BB 共刺激结构域。Abecma 的抗原特异性激活导致 CAR 阳性 T 细胞增殖,细胞因子分泌,随后溶解性杀死表达 BCMA 的细胞。经 Abecma 治疗后,在 100 例可评估疗效的患者中,客观缓解率(ORR)达 72%,其中完全缓解率达 28%,中位缓解持续时间为 10.7 个月。

(六) Carvykti

Carvykti(西达基奥仑赛,cilta - cel)由传奇生物自主研发,2022 年成为首款获得 FDA 批准的国产 CAR - T 细胞治疗药物,并于 2022 年分别在欧盟和日本上市,主要用于治疗难治或复发性多发性骨髓瘤(R/R MM)。

Carvykti 是一种靶向 BCMA 的转基因自体 T 细胞免疫疗法。Carvykti 是由患者外周血单核细胞制备的通过标准的白细胞分离程序获得的细胞。单核细胞富集为 T 细胞,通过转导无复制能力的慢病毒载体在体外对其进行基因修饰,使其表达含有抗 BCMA 靶向结构域的 CAR,它包含两个连接到 4 - 1BB 共刺激结构域和 CD3ξ 信号域的单域抗体组成。转导后的抗 BCMA CAR - T 细胞在细胞培养中扩增,清洗,配制成悬浮液和冷冻保存。该产品以冷冻悬液形式储存在患者专用的输注袋中,在放行前必须通过无菌测试。产品被解冻后,回输注入患者体内,患者体内抗 BCMA CAR - T 细胞可以识别和消除表达 BCMA 的靶细胞。

(七) Tecelra

Tecelra 是全球第一款用于实体瘤的 TCR - T 细胞治疗药物,由英国 Adaptimmune LLC 开发,2024 年 8 月获 FDA 批准上市,用于先前接受过化疗的无法手术切除或转移性滑膜肉瘤成人患者。TCR - T 细胞疗法,全称为 "T 细胞受体工程化 T 细胞疗法"。

Tecelra 是一款针对黑色素瘤相关抗原 A4(MAGE - A4)由 CD4$^+$ 和 CD8$^+$ T 细胞组成的转基因自体 T 细胞免疫疗药物。用表达亲和力增强 T 细胞的自我灭活慢病毒载体(LV)转导细胞人类 MAGE - A4 的特异性 TCR,使自体 T 细胞表面表达亲和力增强的 TCR。TCR 识别 HLA - A * 02 限制的 MAGE - A4 肽(一种细胞内癌 - 睾丸抗原,在正常组织中表达受限,而表达于滑膜肉瘤)。当 TCR - T 细胞遇到带有相应抗原的肿瘤细胞时,嵌合抗原受体会被激活,引发一系列信号传递,使 T 细胞进入活化状态,并大量增殖,从而对肿瘤细胞发起攻击。

Tecelra 由患者外周血单核细胞(PBMCs)通过标准白细胞分离程序分离制备得到。PBMCs 富集获取 T 细胞,然后用含有 MAGE - A4 TCR 转基因的无复制功能 LV 进行转导。转导的 T 细胞扩增,清洗,配制成悬浮液,并冷冻保存。产品放行前必须通过无菌测试,并以冷冻悬浮液输液袋的形式进行运输,并在输注回患者体内之前进行解冻。

TCR - T 细胞疗法的基本原理是:通过基因工程技术,将一种针对特定肿瘤细胞抗原的嵌合抗原受体(TCR)引入患者自身的 T 细胞中。

二、国内批准的免疫细胞治疗药物

我国已有多款国产 CAR - T 细胞药物获批上市,它们分别是复星凯特的阿基仑赛、驯鹿生物的伊基奥仑赛、合源生物科技的纳基奥仑赛、药明巨诺的瑞基奥仑赛、科济药业的泽沃基奥仑赛、传奇生物的西达基奥仑赛等,主要用于治疗大 B 细胞淋巴瘤、多发性骨髓瘤、B 细胞急性淋巴细胞白血病等。

(一) 阿基仑赛

阿基仑赛注射液由复星凯特生物技术有限公司开发,于 2021 年获得国家药品监督管理局批准上市。该药品是我国首个批准上市的细胞治疗类产品,用于治疗既往接受二线或以上系统性治疗后复发或难治性大 B 细胞淋巴瘤成人患者（包括弥漫性大 B 细胞淋巴瘤非特指型、原发纵隔大 B 细胞淋巴瘤、高级别 B 细胞淋巴瘤和滤泡淋巴瘤转化的弥漫性大 B 细胞淋巴瘤）。

阿基仑赛注射液是一种自体免疫细胞注射剂，由携带 CD19 CAR 基因的反转录病毒载体进行基因修饰的自体靶向人 CD19 嵌合抗原受体 T 细胞（CAR－T）制备。

该品种的上市为既往接受二线或以上系统性治疗后复发或难治性大 B 细胞淋巴瘤成人患者提供了新的治疗选择。

（二）伊基奥仑赛

伊基奥仑赛注射液由南京驯鹿生物医药有限公司开发，于 2023 年获得国家药品监督管理局批准上市。该药品用于治疗复发或难治性多发性骨髓瘤成人患者，既往经过至少 3 线治疗后进展（至少使用过一种蛋白酶体抑制剂及免疫调节剂）。

伊基奥仑赛注射液是一种自体免疫细胞注射剂，系采用慢病毒载体将靶向 B 细胞成熟抗原（BCMA）的嵌合抗原受体（CAR）基因整合入患者自体外周血 CD3⁺ T 细胞后制备。回输患者体内后，通过识别多发性骨髓瘤细胞表面的 BCMA 靶点杀伤肿瘤细胞。该品种的上市为复发或难治性多发性骨髓瘤成人患者提供了新的治疗选择。

（三）纳基奥仑赛

纳基奥仑赛注射液由合源生物科技（天津）有限公司开发，于 2023 年获国家药品监督管理局批准上市。该药品用于治疗成人复发或难治性 B 细胞急性淋巴细胞白血病。

纳基奥仑赛注射液是通过基因修饰技术，将靶向 CD19 的嵌合抗原受体（CAR）表达于 T 细胞表面而制备成的自体 T 细胞免疫治疗产品。输注至体内后会与表达 CD19 的靶细胞结合，激活下游信号通路，诱导 CAR－T 细胞的活化和增殖并产生对靶细胞的杀伤作用。该品种的上市为复发或难治性 B 细胞急性淋巴细胞白血病成人患者提供了新的治疗选择。

（四）瑞基奥仑赛

瑞基奥仑赛注射液由上海药明巨诺生物科技有限公司开发，于 2024 年获国家药品监督管理局批准上市。该药品用于治疗：①经过二线或以上系统性治疗后成人患者的复发或难治性大 B 细胞淋巴瘤（r/rLBCL）；②经过二线或以上系统性治疗的成人难治性或 24 个月内复发滤泡性淋巴瘤（r/rFL）。

本品嵌合抗原受体（CAR）结构中均包含 4－1BB 共刺激域和含 CD28 的铰链/跨膜区，合适的铰链区长度。4－1BB 使 CAR－T 细胞体内存活时间更长，可持续发挥免疫监视作用；铰链区的长度适宜可增加 CD19 靶抗原敏感度，同时增加稳定性，捕获肿瘤抗原，增强杀伤力。

（五）泽沃基奥仑赛

泽沃基奥仑赛注射液由科济药业开发，于 2024 年获得国家药品监督管理局批准上市。该药品用于治疗治疗既往经过至少三线治疗（至少使用过 1 种蛋白酶体抑制剂及免疫调节剂）后，病情进展的复发或难治性多发性骨髓瘤成年患者。

泽沃基奥仑赛注射液是一种自体 BCMA 靶向的 CAR－T 细胞产品，它是通过慢病毒转导 T 细胞产生的。慢病毒编码的 CAR 包括全人源 BCMA 特异性单链可变片段（scFv）、CD8α 跨膜结构域、人 CD8α 铰链结构域、CD3ζ 激活结构域、4－1BB 协同刺激结构域，具有较高的结合亲和力和稳定性。

泽沃基奥仑赛注射液是国内上市的第五款 CAR－T 细胞产品，同时也是第二款靶向 BCMA 的 CAR－T 细胞产品。

（六）西达基奥仑赛

西达基奥仑赛注射液由南京传奇生物科技有限公司开发，于 2024 年获国家药品监督管理局批准上市。该药品用于治疗既往接受过至少三线治疗后进展（至少使用过一种蛋白酶体抑制剂及免疫调节剂）的复发或难治性多发性骨髓瘤成人患者。

西达基奥仑赛注射液是一种自体免疫细胞注射剂，系采用慢病毒载体将靶向 BCMA 的 CAR 基因整合入患者自体外周血 T 细胞后制备，通过识别多发性骨髓瘤细胞表面的 BCMA 靶点杀伤肿瘤细胞，起到治疗多发性骨髓瘤的作用。该品种的上市为多发性骨髓瘤成人患者提供了新的治疗选择。

思考题

答案解析

1. 什么是细胞治疗药物？临床上有哪些用途？
2. 什么是干细胞？其基本特征是什么？
3. 什么是 CAR－T 细胞治疗？其基本技术原理是什么？
4. 举例说明已获批上市的干细胞和免疫细胞治疗药物有哪些临床用途？

书网融合……

本章小结　　　习题

第十二章 核酸药物

📖 **学习目标**

1. 通过本章学习，掌握核酸类药物的概念、分类与作用机制，熟悉常见核酸药物，了解常见核酸药物的临床应用。

2. 具备核酸药物生产、质量控制及药学服务的基本技能。

3. 树立科学的思维方法和严谨的工作作风，注重核酸药物研发和应用中的安全性和有效性，树立创新精神，投身祖国创新药的开发。

第一节 核酸类药物概述

自 1998 年 FDA 批准第一个核酸类药物福米韦生上市用于治疗巨细胞病毒性视网膜炎以来，核酸类药物技术不断发展，治疗疾病涵盖了多种罕见病、遗传性疾病、肿瘤、心血管系统疾病及代谢性疾病等领域，与小分子药物、蛋白药物等传统药物疗法相比，核酸类药物具有设计简单、研发周期短、成功率高、特异性强等优势，已成为当前生物制药领域研究和开发的热点。

一、核酸药物的概念、分类与作用机制

（一）概念

核酸类药物是指具有特定碱基序列的 DNA、RNA 或合成寡核苷酸类似物，在基因水平调控或通过体内表达蛋白质发挥治疗作用的一类药物。小分子核苷酸类药物已归到传统小分子化学药范畴，不在本章中阐述。

（二）分类和作用机制

目前核酸类药物可根据其结构、靶点和作用机制的不同，包括反义寡核苷酸、干扰小 RNA、微小 RNA、自复制 RNA、核酸适体、诱饵核酸、表达蛋白质的核酸药物、核酶和脱氧核酶等（表 12 - 1）。核酸类药物中的活性成分是寡核苷酸，与传统的小分子一样，主要通过化学合成产生。

表 12 - 1 核酸类药物的分类与作用机制

类别	结构	目标	机制
反义寡核苷酸 ASOs	单链 DNA/RNA	mRNA	RNase - H 介导剪切
		Pre - mRNA	外显子包含
			外显子跳跃
		miRNA	剪切 miRNA
siRNA	双链 RNA（发夹型为单链）	mRNA	剪切 mRNA（RNAi）
miRNA	双链 RNA（pre - miRNA 为单链）	mRNA	miRNA 置换（RNAi）
SaRNA	双链 RNA	mRNA	RNA - 诱导转录激活复合物形成
核酸适体	单链 DNA/RNA	蛋白质	抑制生理作用

类别	结构	目标	机制
诱饵核酸	双链 DNA	转录因子	抑制转录
表达蛋白质核酸药物	单链 mRNA	—	体内表达缺陷蛋白/mRNA 疫苗
核酶和脱氧核酶	单链 RNA/DNA	RNA	核酸酶的催化活性

1. 反义寡核苷酸（antisense oligonucleotide，ASO） 是指能与特定 mRNA、pre‐mRNA 或 miRNA 精确互补，进行特异性降解、抑制剪接、阻断翻译的一种单链 DNA 或 RNA 类似物。通常是 15～25 个核苷酸。ASO 发挥作用主要依靠以下三方面机制（图 12‐1）。

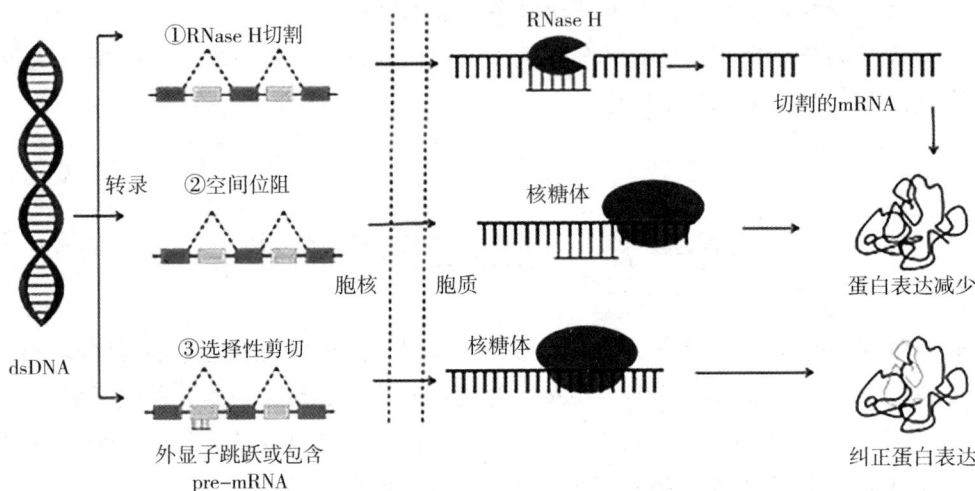

图 12‐1 反义寡核苷酸的作用机制

（1）RNase H 介导的降解　ASO 靶向 RNA 后形成 ASO‐RNA 异源双链结构，作为细胞质中 RNase 的底物，从而降解异源双链结构中的 RNA。比如米泊美生（mipomersen）通过激活 RNase H 来降解靶向结合的 ApoB‐100 mRNA，引起 ApoB 蛋白数量的减少，导致 LDL 和总胆固醇水平的降低，用于治疗纯合子型家族性高胆固醇血症。

（2）空间位阻导致翻译停滞　当 ASO 与目标 RNA 结合后，可抑制其与核糖体 40S 亚基的相互作用或阻止其在 40S 或 60S 亚基上的组装而导致翻译停滞。空间位阻与 ASO 的亲和力直接相关。亲和力越高，更易与目标 RNA 发生杂交，进而导致翻译停滞。此外，长度为 20～25 个核苷酸的 ASO 能够与 miRNA 结合，通过空间位阻效应阻止 miRNA 与 mRNA 的相互作用，进而调控基因的表达；有些 ASO 还可在细胞核内与 pre‐miRNA 结合发挥空间位阻作用。

（3）选择性剪接　有些移码突变改变了 pre‐mRNA 剪接模式，导致异常蛋白质产生或蛋白质的翻译停滞。ASO 可以通过 2 种方式发挥选择性剪接的作用，即外显子包含和外显子跳跃。

1）在外显子包含中，ASO 与 pre‐mRNA 结合，阻止了剪接体和剪接因子进入该剪接位点，使该部分外显子得以保留。如诺西那生（nusinersen）通过靶向和阻断运动神经元生存蛋白 2（survival of motor neuron 2，SMN2）基因内含子 7 内部剪接位点，诱导 SMN2 mRNA 中包含外显子 7，从而翻译出有功能的完整 SMN，用于治疗脊髓性肌萎缩（spinal muscular atrophy，SMA）。

2）在外显子跳跃中，ASO 与 pre‐mRNA 结合，使其中的剪接位点被遮盖，导致一个或多个外显子被切除，以纠正被破坏的阅读框，最终产生一个截短而具有一定功能的蛋白质。如依特立生（eteplirsen）通过靶向进行性假肥大性肌营养不良（duchenne muscular dystrophy，DMD）基因的外显子 51，使之在 mRNA 剪接加工过程中排除该外显子，即发生外显子跳跃，从而恢复翻译阅读框，最终产生截短的但保留部分功能的肌营养不良蛋白，用于治疗 DMD。

2. 干扰小 RNA（small interfering RNA，siRNA） 又称短干扰 RNA（short interfering RNA）或沉默 RNA（silencing RNA），是一种由 20~25 个核苷酸组成的双链 RNA 类似物。

siRNA 是主要参与 RNA 干扰过程的重要中间效应分子，可特异性调节靶基因的表达，在生理和病理过程中发挥着重要作用。其中，短发夹 RNA（short hairpin RNA，shRNA）是由 50~70 个核苷酸转录后形成茎环结构的单链 RNA。通常在 RNA 聚合酶Ⅲ（Pol Ⅲ）结合的启动子（如 U6、H1 等）的控制下转录成单链 RNA 并形成发夹结构，然后被 Dicer 酶切割成 siRNA。siRNA 在细胞内与 Ago2（argonaute 2）结合形成 RNA 诱导的沉默复合物（RNA-induced silencing complex，RISC），其中过客链（正义链）被降解，另一条是引导链（反义链）将 RISC 引导至互补的 mRNA 区域，然后 Ago2 酶切割 mRNA 并发挥其基因沉默作用。如 FDA 批准的第一个 RNAi 药物帕替司兰（patisiran），是通过靶向抑制甲状腺素转运蛋白（hereditary TTR-mediated，hATTR）的淀粉样变性引起的多发性神经病。

3. 微小 RNA（microRNA，miRNA） 是真核生物中一类内源性的、大小为 19~24 个核苷酸、具有转录后调控作用的非编码单链小分子 RNA。miRNA 药物主要可以分为两大类。

（1）miRNA 模拟物（miRNA mimic） 能模拟细胞中内源性成熟 miRNA 的高水平表达，以增强内源性 miRNA 的调控作用。如目前正处于临床试验阶段的 remlarsen，是 miR-29 的模拟物，以 2'-O-甲氧基乙基（2'-O-MOE）修饰，通过皮内注射来治疗瘢痕；miravirsen 是 miR-122 的模拟物，以 LNA 修饰，通过皮下注射来治疗丙型肝炎。目前 2 个药物均已进入Ⅱ期临床试验。

（2）miRNA 抑制剂（miRNA inhibitor） 主要是以序列互补的经过特殊修饰的核苷酸寡聚物，如 miRNA 的反义寡核苷酸（anti-miRNA oligonucleotide，AMO）等，可与内源性 miRNA 结合，阻碍 miRNA 对靶基因的抑制作用。如 cobomarsen 是一种靶向抑制 miR-155 的 LNA 修饰的 AMO，通过瘤内注射治疗皮肤 T 细胞淋巴瘤，目前处于Ⅱ期临床试验；lademirsen（研发代号 RG-012）是一种靶向抑制 miR-21 的 AMO，通过皮下注射来治疗 Alport 综合征，目前处于Ⅰ期临床试验。

4. 自复制 RNA（self-amplifying RNA，saRNA） RNA 活化是一种名为 saRNA 的小 dsRNA 介导的基因调控现象，saRNA 通过内吞作用进入细胞后，靶向基因启动子序列，增强靶基因的转录。随着 Ago2 和反义链被运输到细胞核中，它们与启动子区域结合，义链被释放并降解。随后，Ago2 招募 RNA 聚合酶相关蛋白 CTR9 同源物（聚合酶相关因子 1 复合体的一部分）和 RNA 解旋酶Ⅱ（RHA）形成 RNA 诱导转录激活（RITA）复合物。该复合物与 RNA 聚合酶Ⅱ（RNAPⅡ）相互作用，刺激转录的起始和延伸。由 MiNA Therapeutics 开发的主要 saRNA 药物 MTL-CEBPA 靶向 CCAAT/增强子结合蛋白 α（CEBPA）。Ⅰ期试验结果（NCT05097911）表明，MTL-CEBPA 治疗肝细胞癌具有良好的安全性，并可能通过调节免疫抑制来增强酪氨酸激酶抑制剂的治疗效果。

5. 核酸适配体（aptamer） 是能够与蛋白质或其他小分子物质发生特异性结合的短单链 DNA 或 RNA 分子，大小为 26~45 个核苷酸。核酸适配体自身折叠形成三维结构，通过各种分子间作用力实现与靶分子（包括蛋白、小分子、离子和细胞等）的诱导契合，以类似抗体的作用方式发挥抑制或激活作用，且具有严格的识别能力和高度的亲和力。2004 年 FDA 批准的哌加他尼（pegaptanib），是一种靶向血管内皮生长因子（VEGF）-165 的 28 聚体 RNA 适配体，通过阻断其与受体的结合，抑制血管生成和降低血管通透性，用于治疗老年性黄斑变性（senile macular degeneration，AMD）。

6. 诱饵核酸（decoy） 是一种人工合成的双链 DNA 分子，约 20 个核苷酸。它能够模仿靶基因的启动子区域中特定转录因子的共有 DNA 结合位点，竞争结合该转录因子，从而调控靶基因的表达。利用诱饵核酸药物可以治疗由该靶基因表达异常引起的疾病。如靶向转录因子 STAT3 的诱饵核酸药物最早进入临床试验，用于治疗头颈部鳞状细胞癌（head and neck squamous cell carcinoma，HNSCC）。

7. 表达蛋白质的核酸药物　mRNA 是一种携带遗传信息的单链多核苷酸，是细胞内表达编码蛋白所必需的，基于 mRNA 编码蛋白质功能的药物有两种策略。第一种策略是蛋白质替代疗法，包括将外源性 mRNA 引入细胞以表达功能蛋白或补充缺陷蛋白。例如，编码丙酰辅酶 a 羧化酶 α 和 β 亚基的 mRNA – 3927 被设计用于治疗丙酸血症。第二种策略涉及 mRNA 疫苗，通过直接翻译含有 mRNA 的抗原蛋白来激活人体的免疫反应，以对抗传染病和肿瘤。在新型冠状病毒感染大流行期间，FDA 批准紧急使用由辉瑞 – biontech 公司开发的 BNT162b2 和 Moderna 公司开发的 mRNA – 1273。

8. 核酶（ribozyme）　是一类天然存在的具有酶的催化活性的 RNA 分子，可特异性地催化切割靶 RNA（如病毒 RNA 或靶 mRNA）达到阻断 RNA 功能，发挥诊断和治疗疾病的作用。脱氧核酶（DNAzyme）是一类人工合成的具有催化活性的单链 DNA 分子，可通过招募辅助因子（如金属离子 Mg^{2+} 或有机分子）折叠成致密的结构，以激活其在特定位点切割单链 RNA 功能。目前，已有靶向 GA-TA – 3 的核酸 SB010 和 SB012，分别用于治疗哮喘和溃疡性结肠炎，正在开展临床试验。

二、核酸药物的药代特征

核酸药物的药代动力学性质很大程度上取决于核酸磷酸主链及核糖的化学修饰类型，因此化学修饰策略直接影响核酸药物生物稳定性及与血浆蛋白的结合能力，如硫代磷酸化修饰可促使核酸与血浆蛋白的非特异性结合，从而对血液清除、生物分布和细胞摄取产生有益影响。另外，核糖 2′端修饰可以增强核酸对核酸外切酶的抗降解能力，延长药物的体内半衰期。核酸药物的胃肠道吸收效率低，大部分核酸药物通过非胃肠道给药，如静脉滴注、皮下注射或局部给药。未包被的硫代磷酸化 siRNA 在给药数分钟后即很难检测到相应的 siRNA，所以给药系统对核酸药物非常重要，如固体脂质纳米粒（LNPs）、阳离子聚合物纳米粒等，不同给药系统会显著影响核酸药物的代谢特征。核酸药物的大多数代谢物最终通过尿液排出，少量通过胆道清除。

三、核酸药物的临床应用及安全性问题

通过数十年的努力，核酸类药物的研究开发取得了巨大的进步，已累计近 20 种核酸类药物上市，它们在遗传性疾病、肿瘤和病毒性疾病等的治疗中发挥着传统药物不可替代的重要作用。这些药物主要以反义寡核苷酸药物为主，如诺西那生、米泊美生等，另外 siRNA 药物也有多个获批上市，比如帕替司兰等。哌加他尼（Pegaptanib）则是 FDA 批准上市的第一款也是目前唯一的核酸适体药物。而其他类型的核酸类药物尚多处于临床试验和临床前研究阶段。目前，核酸类药物的使用还存在一定的安全问题，不管是已经上市的药物还是处于临床试验阶段的药物，均被发现会诱发不同形式的不良反应，包括肾小球肾炎、血管炎和血小板减少症等。

（一）遗传性疾病治疗

遗传性疾病的发病基础是遗传物质发生改变，而作为核酸类药物，作用的靶点即是核酸，因此核酸类药物在遗传性疾病的治疗中具有独特的优势，同时也取得了巨大的成功。比如家族性高胆固醇血症、进行性假肥大性肌营养不良症、遗传性甲状腺素转运蛋白淀粉样变性、急性肝卟啉病等均有多个核酸类药物被批准上市用于临床治疗。

（二）抗肿瘤治疗

小分子抗肿瘤药物主要是抑制可能导致肿瘤生长的蛋白质的功能，而核酸类药物可以更加特异性地阻断癌基因的表达、阻止致病蛋白质的产生，从而抑制肿瘤细胞生长，达到治疗肿瘤的目的。Cotsiranib 含有两种靶向 TGF-β1 和细胞色素 C 氧化酶亚基 2 mRNA 的活性，在原位治疗基底细胞癌的 II 期临床试验显示出积极的治疗效果，实现了 100% 的完全清除。此外，携带核酸药物的肿瘤疫苗被认为是大多数实体瘤的可行治疗方法。个性化的 mRNA 新抗原疫苗，如 mRNA-4157，可编码多种抗原来刺激患者特异性免疫反应，其治疗黑色素瘤、非小细胞肺癌和其他实体瘤的临床试验正在进行中。

（三）抗病毒治疗

核酸类药物在抗病毒治疗中具有非常重要的作用。它可直接抑制与人类疾病相关的 RNA 病毒的复制，发挥抗病毒的作用。目前，核酸类药物抗病毒的研究主要是针对艾滋病毒（HIV）、丙型肝炎病毒（HCV）和乙型肝炎病毒（HBV），另外还包括呼吸道合胞病毒（RSV）、脊髓灰质炎病毒（poliovirus）、流感病毒（influenza virus）、疱疹病毒（herpes virus）等。福米韦生（fomivirsen）是 FDA 批准上市的第 1 个反义药物，用于艾滋病（AIDS）患者并发的巨细胞病毒（CMV）性视网膜炎的治疗。

（四）其他疾病治疗

除了以上三方面，核酸类药物还在心血管系统疾病、代谢性疾病、纤维化病变及一些罕见病的治疗中发挥重要作用。第一个进入临床试验的 RNAi 药物 bevasiranib，是针对 VEGF 的 siRNA 类药物，主要用于治疗 AMD。该病主要是由于视网膜后血管大量生长，导致患者出现严重的不可逆性视力损伤。直接眼部注射 bevasiranib 可下调 *VEGF* 基因的表达，有效减少新生血管数量。但因 III 期临床试验效果不佳，2009 年 3 月终止研发。另一个用于治疗 AMD 即前面介绍过的核酸适体药物哌加他尼（Pegaptanib）。

第二节　诺西那生

一、概述

诺西那生（Nusinersen）是 FDA 批准的第一个用于治疗脊髓性肌萎缩（spinal muscular atrophy，SMA）的药物，也是第一个通过剪接校正进行遗传性疾病治疗的反义药物。SMA 是一种常染色体隐性遗传疾病，其特征是运动神经元变性和肌肉力量丧失，大约 96% 的 SMA 病例是由染色体 5q13 上运动神经元生存蛋白基因 1（SMN1）纯合突变或缺失使体内缺乏 SMN 蛋白，从而导致脊髓中运动神经元的退化。诺西那生是一种由 18 个核苷酸组成的 ASO，序列为 5'-TCACTTTCATAATGCTGG-3'，其中所有呋喃核糖环的 2'-羟基被 2'-O-MOE 取代，磷酸酯键被硫代磷酸酯键取代，所有胞苷在 5 位都经甲基修饰，属于第二代反义寡核苷酸药物。分子式为 $C_{234}H_{340}N_{61}O_{128}P_{17}S_{17}$，分子量为 7127Da；其钠盐形式的分子式为 $C_{234}H_{323}N_{61}Na_{17}O_{128}P_{17}S_{17}$，分子量为 7500.89Da（图 12-2）。

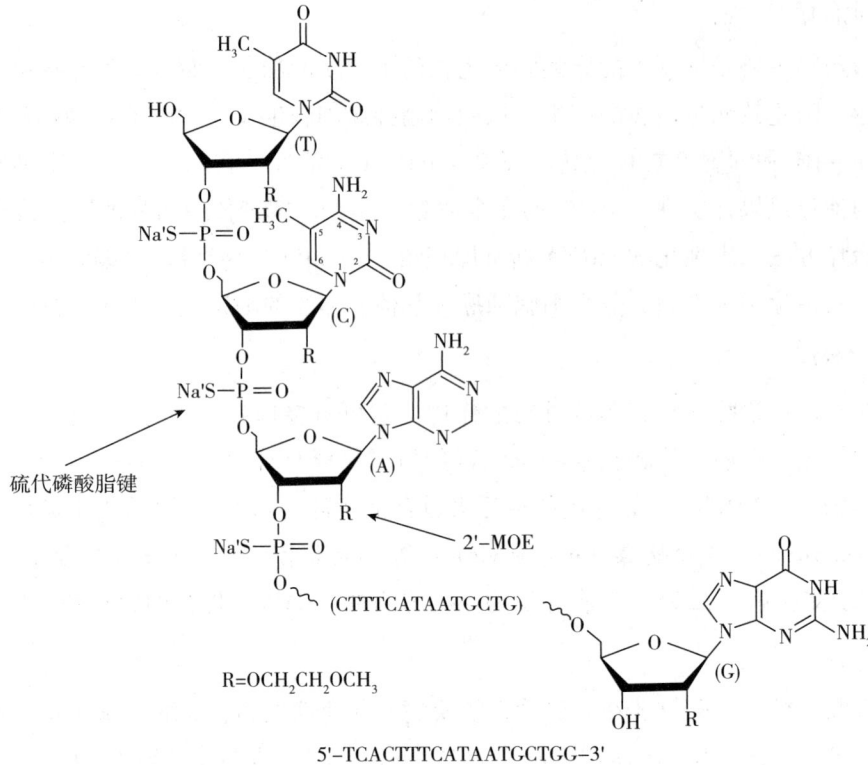

图 12 - 2　诺西那生的分子结构示意图

二、药效学及药代动力学

（一）药效学

*SMN*1 的基因突变是导致 SMA 发病的主要原因。而 *SMN*2 与 *SMN*1 基因序列几乎相同，但其在转录后剪切过程中发生第 7 外显子跳跃，导致产生截短的 mRNA 并翻译出不稳定、易快速降解的 SMN 蛋白。因此研究人员通过设计反义寡核苷酸，靶向和阻断内含子 7 内部剪接位点，诱导 SMN2 mRNA 中包含外显子 7，从而翻译出有功能的完整 SMN 蛋白。*SMN*2 基因的内含子 7 中存在一个包含 15 个核苷酸的内含子剪接沉默子 ISS - N1（CCAGCATTATGAAAG，+10 ~ +24），其中有 2 个 hnRNP A1 的结合基序元件。第 1 个是 CAGCAT（+11 ~ +16），第 2 个是 TGAAAG（+19 ~ +24）。这两个并列的 hnRNP A1 弱基序组成的 ISS 能够形成较强的剪接沉默子。当两个 hnRNP A1/A2 分子中的任何一个与内含子 7 的 ISS 和其他位点的结合后，导致 hnRNP A1/A2 沿着 SMN2 外显子 7 及其侧翼内含子序列的扩散和累积，从而拮抗对外显子 7 的识别和剪接激活至关重要的 SR 蛋白、SF2/ASF、Tra2 - b1 和其他剪接因子的结合。

诺西那生是长度为 18bp 的寡核苷酸，通过与内含子 7 中 ISS - N1 的互补位点特异性结合（+10 ~ +27），取代 hnRNP A1/A2 在该位点上的结合，使外显子 7 在经过剪接体处理后，保留于成熟 mRNA 中，从而促进了全长 SMN 蛋白的产生（图 12 - 3）。

诺西那生通过与 SMN2 的 pre - mRNA 外显子 7 下游的内含子中的特定序列结合，从而调节 SMN2 的 mRNA 转录物的剪接，使成熟 mRNA 中包含外显子 7，促进全长 SMN 蛋白的表达。从临床试验的患者尸检结果分析，与未经治疗的 SMA 患儿相比，诺西那生治疗后患儿的胸段脊髓组织中 50% ~ 69% SMN2 的 mRNA 包含外显子 7；治疗组患儿的多个大脑区域中也观察到了大致相似水平的包含外显子 7 的 SMN2 mRNA 转录本。同时，诺西那生治疗组胸段脊髓组织中的 SMN 蛋白水平也显著增加。

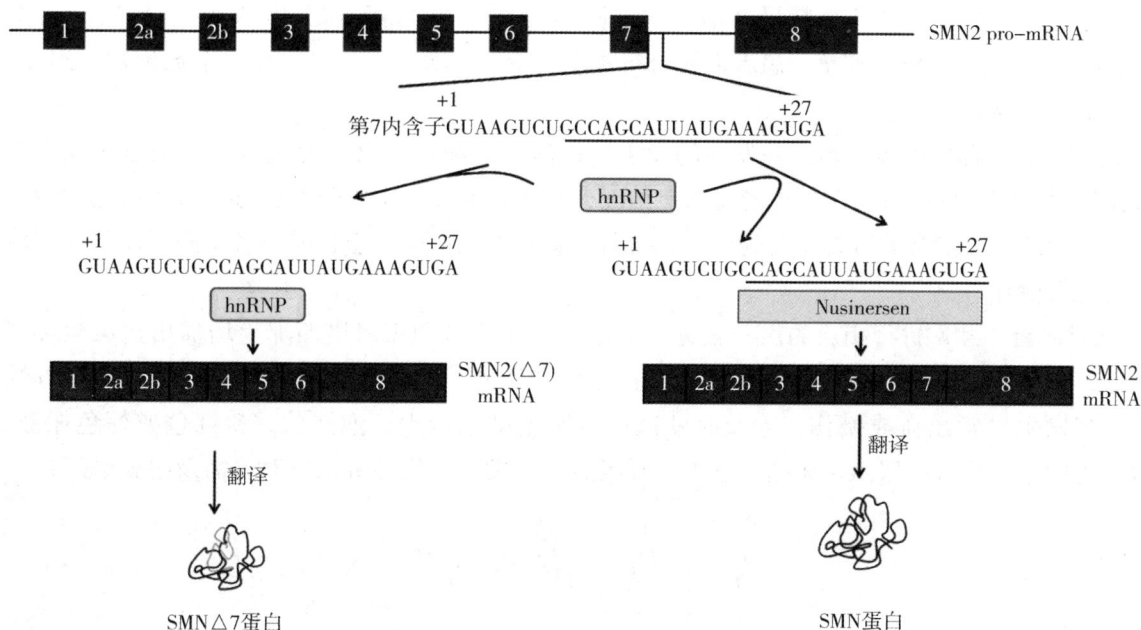

图 12 – 3　诺西那生的作用机制

（二）药代动力学

由于 ASO 不能穿透血 – 脑屏障，诺西那生需通过鞘内注射到脑脊液（CSF），然后分布到整个中枢神经系统（CNS）的运动神经元中。它从 CSF 清除进入体循环的速率与正常 CSF 周转一致；给药后15 ~ 168 天的 CSF 中诺西那生浓度仍可量化，表明药物在 CSF 和 CNS 组织暴露时间长。与 CSF 谷浓度相比，鞘内注射时诺西那生的血浆谷浓度相对较低，达到最大血浆浓度（$C_{\max}$）的中位时间范围为 1.7 ~ 6.0 小时。通过免疫组织化学染色显示，诺西那生分布在整个 CNS 的运动神经元、血管内皮细胞和神经胶质细胞中。此外，诺西那生在颈段、胸段和腰段脊髓中的浓度均大于 $10\mu g/g$ 脊髓组织，高于预期达到药理活性所需的 CNS 组织中 $5 ~ 10\mu g/g$ 的靶向治疗浓度。诺西那生通过核酸外切酶介导的水解作用进行代谢。CSF 和血浆中估计的平均终末消除半衰期分别为 135 ~ 177 天和 63 ~ 87 天。诺西那生及其短链代谢物最后主要通过尿液进行排泄，而肾脏在 24 小时内仅能从尿液中回收给药剂量的 0.5%。

另外，临床试验中发现，年龄或体重均与 CSF 浓度之间没有明显的相关性，表明患儿可用固定剂量的诺西那生进行治疗。诺西那生不是细胞色素 P450 酶的底物，也不是其诱导剂或抑制剂，表明它与其他药物相互作用有限。

三、临床应用

（一）主要适应证

诺西那生的主要适应证是携带 SMN1 突变基因的脊髓性肌萎缩。

（二）注意事项

诺西那生最常见的不良反应包括下呼吸道感染、发热、便秘、头痛、呕吐、背痛和腰椎穿刺后综合征等。在老年患者中最常见的不良事件是头痛、背痛和脊髓注射引起的其他不良反应，如硬膜穿刺后头痛等。

（三）药学监护

1. 诺西那生的给药方式是通过腰椎穿刺进行鞘内给药，需要有腰椎穿刺经验的医务人员进行操作。

推荐剂量是患者先接受 4 次负荷剂量（前 3 次间隔 14 天，第 3 次给药后 30 天再次给药），每次给予 12mg（5ml）。一旦完成负荷剂量，患者需终身每 4 个月给予一次维持剂量。如一个剂量被延迟或缺失，尽可能马上给予药物注射。

2. 治疗过程中需密切监护出血并发症的发生。在治疗前和每次给药前进行一次抽血化验观察血小板和凝血酶原时间；同时密切监护患者肾功能情况，在治疗前和每次给药前进行一次尿液化验观察肾功能情况。诺西那生可能会减缓婴幼儿的生长，需监护患儿生长情况。患者需终身用药，监护并提醒患者按时就医进行治疗。

3. 应对患者和家属进行相应的用药教育　治疗前告知患者和家属诺西那生增加出血风险和肾毒性的可能性，强调在治疗前和每次给药前进行抽血化验和尿液化验的重要性，以监测出血和肾毒性的迹象。比如当发生异常出血或瘀伤，需及时就医；当发生排尿减少，泡沫状、粉红色或棕色尿液，手、脸、脚或胃肿胀，尿频、尿急、尿痛，咳嗽、呼吸急促、发热、发冷等症状时，需及时就医。

第三节　依特立生

一、概述

依特立生（Eteplirsen）是 FDA 批准的第一个用于治疗进行性假肥大性肌营养不良（Duchenne muscular dystrophy，DMD）的药物。DMD 是一种以进行性肌肉退化和虚弱为特征的 X 连锁隐性遗传性疾病，由染色体 Xp21 上的 *DMD* 基因突变引起，后者编码一种称为肌营养不良蛋白（dystrophin，Dys）的蛋白质，主要存在于骨骼肌和心肌中，可与其他蛋白质组成复合物来增强肌肉纤维并在肌肉收缩和放松时保护其免于损伤。进行性假肥大性肌营养不良主要发生于男性，女性多为携带者。男孩中的发病率约为 1/3600，通常在 3~5 岁发病，7~12 岁彻底丧失行走能力，20 岁左右会因心肌、肺肌无力死亡。

依特立生由 30 个核苷酸组成，序列为 5′ – CTCCAACATCAAGGAAGATGGCATTTCTAG – 3′。分子式为 $C_{364}H_{569}N_{177}O_{122}P_{30}$，分子量为 10305.7Da（图 12 – 4）。利用外显子跳跃技术修复 mRNA 的阅读框来部分纠正遗传缺陷。

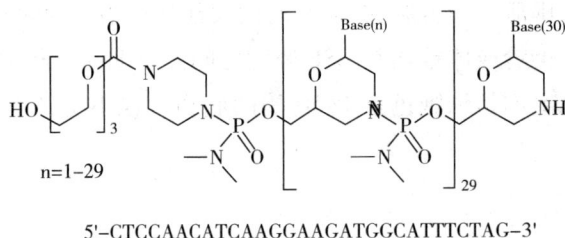

5'-CTCCAACATCAAGGAAGATGGCATTTCTAG–3'

图 12 – 4　依特立生的分子结构示意图

二、药效学与药代动力学

（一）药效学

DMD 主要是由于 *DMD* 基因发生突变，尤其是缺失 1 个以上的外显子，导致 *DMD* 基因阅读框的破坏或提前引入一个终止密码子，使肌营养不良蛋白无法表达或功能丧失所致。肌营养不良蛋白位于肌膜下方，通过其 N 端和 C 端分别与 F – 肌动蛋白和 β – 肌营养不良蛋白聚糖（β – dystroglycan）的结合，从而将细胞骨架连接到肌膜。在组织学上，肌营养不良蛋白的丧失会导致炎症、肌肉退化，并被纤维化组织和脂肪取代。但是并非所有 *DMD* 基因的突变都会导致阅读框的破坏，如在贝克肌营养不良（Becker muscular dystrophy，BMD）患者中，*DMD* 基因部分外显子的缺少，导致阅读框的框内突变，产生了具有部分功能的截短的 Dys，患者的症状也相对较轻。DMD 和 BMD 遗传差异和症状之间的关系，提示可以通过将框架外突变转变为框架内突变来减少基因缺失带来的危害，应该可以把严重的 DMD 表型转变为不太严重的 BMD 表型。基于这一发现，研究者开发了外显子跳跃技术用于 DMD 的治疗。ASO 通常靶向结合关键剪接序列之一（GT 和 AG 二核苷酸分别在剪接供体和受体位点中严格保守），当外显子与内含子交界处被掩盖后，剪接复合物就会移至下游搜寻下一个合适的位点，从而跳过有问题的外显子。当设计的反义寡核苷酸依特立生与肌营养不良蛋白的 pre-mRNA 第 51 外显子结合后，可使 DMD 基因在 mRNA 剪接加工过程中排除该外显子，恢复阅读框，最终翻译出具有部分功能的截短的肌营养不良蛋白（图 12-5）。

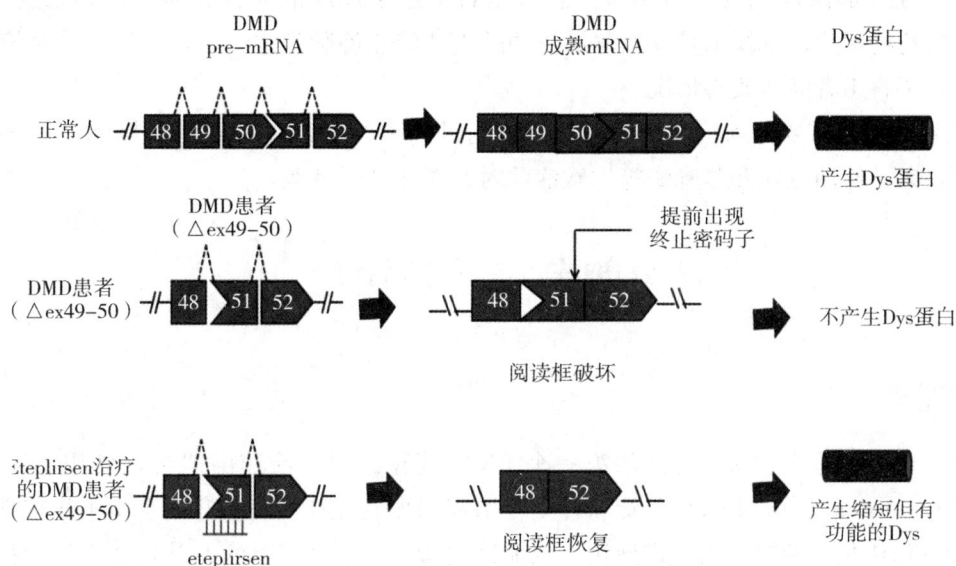

图 12-5 依特立生的作用机制

DMD 的特征是缺乏肌营养不良蛋白，其在维持肌肉细胞膜完整性方面起着至关重要的作用。DMD 主要由 *DMD* 基因突变引起翻译阅读框破坏，最终导致无功能蛋白质产生。依特立生主要通过靶向外显子 51，使之发生外显子跳跃并恢复翻译阅读框，最终产生截短的但保留部分功能的肌营养不良蛋白。在几项临床研究中发现，在接受依特立生治疗的患者中，都发生了外显子跳跃，产生了截短的 DMD mRNA。

（二）药代动力学

研究表明，依特立生与人体内的血浆蛋白结合率在 6% ~ 17%。每周静脉滴注依特立生（30mg/kg）后，依特立生的平均表观分布容积（V_{ss}）为 600ml/kg。依特立生的 C_{max} 出现在静脉注射结束时附近。静脉滴注结束后 24 小时，依特立生的平均浓度为 C_{max} 的 0.07%。尚未观察到每周一次给药期间依特立生的积累。依特立生似乎不会在人肝脏微粒体中代谢。依特立生的消除半衰期（$t_{1/2}$）为 3 ~ 4 小时。在静脉给药后 24 小时内，依特立生的肾脏清除率约占给药剂量的 2/3。在 30mg/（kg·d）的治疗 12 周后，依特立生的总清除率为 339ml/（kg·h）。根据依特立生与血浆蛋白结合、CYP 或药物转运蛋白相互作用以及微粒体代谢的体外数据，预计依特立生在人体中的药物相互作用的可能性较低。

三、临床应用

（一）主要适应证

用于治疗携带 *DMD* 基因突变，适合进行第 51 号外显子跳跃的 DMD 患者。

(二）注意事项

最常见的不良反应有平衡障碍和呕吐。另外有过敏反应，包括皮疹和荨麻疹、发热、潮红、咳嗽、呼吸困难、支气管痉挛和低血压等症状。

(三）药学监护

1. 依特立生注射液是一种无菌、水性、不含防腐剂的浓缩溶液，通常提供二种剂量（100mg 或 500mg，50mg/ml）依特立生的小瓶包装，在给药前需要稀释。依特立生的推荐剂量为 30mg/kg，每周一次，静脉滴注，给药时间需超过 35～60 分钟。如果错过时间注射依特立生，需在预定时间后尽快给药。

2. 在依特立生静脉滴注期间，密切监护患者是否有过敏反应的症状和体征，如果发生过敏反应，及时使用适当的药物治疗，减慢依特立生静脉滴注速度或停止静脉滴注。需要提醒患者和家属定期复诊进行相关检查，了解患者症状改善情况。

3. 告知患者和家属需要每周一次到医疗机构进行药物的静脉滴注；在用药期间，如果出现支气管痉挛、胸痛、咳嗽、心动过速和荨麻疹等过敏症状时，需要及时就医。

第四节　帕替司兰

一、概述

帕替司兰（Patisiran）是 FDA 批准的第一个 RNAi 药物，用于治疗由遗传性转甲状腺素蛋白介导（hereditary TTR - mediated，hATTR）的淀粉样变性引起的多发性神经病，开创了小干扰核糖核酸治疗疾病的新时代。hATTR 是一种罕见的、进展快、致命性的遗传性多系统疾病，其特征为外周神经、心脏和其他器官中异常淀粉样蛋白的积聚，干扰正常功能。淀粉样蛋白最常沉积于周围神经系统中，从而导致手臂、腿、手和脚的感觉丧失、疼痛或无法活动。淀粉样蛋白沉积物也会影响心、肾、眼和胃肠道的功能。全球约有 50000 人罹患此病。

hATTR 主要是由编码转甲状腺素蛋白（transthyretin，TTR）基因突变引起。TTR 主要在肝脏中产生，通过形成四聚体，可与血浆和脑脊液中的视黄醇结合蛋白（retinol - binding protein，RBP）一起运输维生素 A（视黄醇）。目前已鉴定出存在超过 140 种 TTR 基因突变，这些突变往往导致蛋白质折叠发生错误，从而在人体多个部位以淀粉样沉积物的形式积累（包括外周神经、心、肾和胃肠道等），引发不同的临床表现，包括感觉、运动、自主神经病、心肌病以及其他疾病等。通过设计 siRNA 序列，特异性靶向 TTR 基因的 3′端非翻译区，从而抑制野生型和突变型的 TTR 基因 mRNA 的产生，减少 TTR 的表达，最终达到减轻 hATTR 症状的目的。帕替司兰是由 2 条各 19 个核糖核苷酸组成的双链 siRNA，每条链 3′端均携带 2 个游离的 dT，其中正义链中的 9 个嘧啶（包括尿嘧啶和胞嘧啶）以及反义链中的 2 个尿嘧啶进行了 2′-OMe 修饰；而其他核糖核苷酸均未经修饰。所有核苷酸之间的连接都是未经修饰的磷酸二酯键。Patisiran 由脂质纳米颗粒包裹后递送至肝细胞。其钠盐分子式为 $C_{412}H_{480}N_{148}Na_{40}O_{290}P_{40}$，分子量为 14304Da（图 12 - 6）。

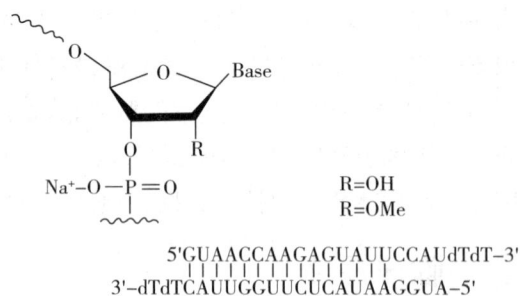

图 12 - 6　帕替司兰的分子结构示意图

二、药效学与药代动力学

(一)药效学效应

由于 hATTR 主要是由 TTR 基因突变引起异常蛋白的积聚,通过设计双链 siRNA,靶向 TTR 基因 3′ 非翻译区(3′ – UTR)中的保守序列,以减少 TTR 的表达。帕替司兰进入细胞由 Dicer 酶处理后,siRNA 与 RISC 结合。RISC 将 siRNA 双链解开,其中一条链释放,另一条与 RISC 保持结合;结合链与 TTR mRNA 发生互补结合,在 RISC 中切割 TTR mRNA 使之降解。一个 siRNA 可以靶向多个拷贝的 TTR mRNA。当 TTR mRNA 减少后,突变型和野生型 TTR 的产生也由此减少。因而帕替司兰可以帮助减少淀粉样蛋白沉积物在周围神经中的积累,改善症状并帮助患者更好地控制病情。同时,由于肝脏是 TTR 表达、合成和分泌的场所,如何将 siRNA 有效运送至肝脏,对于 siRNA 的靶向治疗具有极大的挑战性。帕替司兰采用脂质纳米颗粒(LNP)技术将 siRNA 包裹其中。LNP 能够有效保护 siRNA 免受核酸酶的影响,大大提高了 siRNA 的稳定性,也可保证 siRNA 不被肾脏过滤清除,在血液循环的过程中逐渐被肝脏组织靶细胞所摄取。

帕替司兰以 0.3mg/kg 单次静脉输注给药后 10 ~ 14 天,平均血清 TTR 降低了约 80%。每 3 周重复给药一次,治疗 9 个月和 18 个月后血清 TTR 的平均降低分别为 83% 和 84%。18 个月内血清 TTR 的平均最大降低幅度为 88%。无论何种 TTR 突变、性别、年龄或种族,都观察到类似的 TTR 降低情况。在一项剂量范围研究中,与每 4 周 0.3mg/kg 相比,推荐的给药方案每 3 周 0.3mg/kg,能够在给药间隔内保持更大的 TTR 降低幅度。经过帕替司兰治疗,不同年龄、性别或基因型患者血清 TTR 水平均迅速降低且持续了 18 个月,期间中位降低为 81%。另外,血清 TTR 是视黄醇结合蛋白的载体,参与血液中维生素 A 的转运。在 18 个月内观察到帕替司兰组血清视黄醇结合蛋白和血清维生素 A 分别平均减少 45% 和 62%。

(二)药代动力学

帕替司兰以 0.01 ~ 0.5mg/kg 单次静脉给药后,全身暴露量与剂量呈线性比例增加。循环中 95% 以上的帕替司兰与脂质复合物有关。在每 3 周 0.3mg/kg 的推荐给药方案下,治疗 24 周后达到稳态;估算其稳态峰浓度(C_{max})、谷浓度(C_{trough})和曲线下面积($AUC\tau$)分别为(7.15 ± 2.14)μg/ml、(0.021 ± 0.044)μg/ml 和(184 ± 159)μg · h/ml(平均值 ± SD)。在稳态时 $AUC\tau$ 的累积值是第一次给药的 3.2 倍。

帕替司兰与血浆蛋白结合率很低,体外观察发现帕替司兰与人血清白蛋白和人 α1 – 酸性糖蛋白的结合率 ≤ 2.1%。帕替司兰主要分布于肝脏。在每 3 周 0.3mg/kg 的推荐给药方案下,帕替司兰的稳态分布容积(V_{ss})为 0.26 ± 0.20L/kg(平均值 ± SD)。帕替司兰的终末消除半衰期为 3.2 ± 1.8 天(平均值 ± SD)。帕替司兰主要通过代谢清除,稳态时的全身清除率(CL_{ss})为 3.0 ± 2.5ml/(kg · h)(平均值 ± SD)。帕替司兰被核酸酶代谢为不同长度的核苷酸。帕替司兰给药剂量的 1% 以下会以原型排泄到尿液中。

帕替司兰不是细胞色素 P450 酶的底物。在一项药代动力学群体分析中,同时使用强效或中效 CYP3A 诱导剂和抑制剂不会影响帕替司兰的药代动力学参数。因此,预计帕替司兰不会引起药物相互作用或受细胞色素 P450 酶抑制剂或诱导剂的影响。

三、临床应用

(一)主要适应证

帕替司兰适用于治疗成人遗传性转甲状腺素蛋白介导的淀粉样变性的多发性神经病。

（二）注意事项

接受帕替司兰治疗的患者发生不良反应最常见的是上呼吸道感染（占29%）和输液相关反应（infusion related reactions，IRR；占19%），后者常见的症状有潮红、背痛、恶心、腹痛、呼吸困难和头痛等。因此，为降低IRR的风险，在帕替司兰静脉输液前至少60分钟应预先给药：对乙酰氨基酚（500mg 口服）、皮质类固醇（如地塞米松10mg，静脉给药）和抗组胺药（H_1受体拮抗剂，如苯海拉明50mg，静脉给药；H_2受体拮抗剂，如雷尼替丁50mg，静脉给药）。

帕替司兰治疗会导致血中维生素A水平降低，建议按推荐的每日允许剂量（RDA）补充维生素A。但由于血清维生素A水平不能反映体内维生素A的总量，因此不应给予高于推荐的每日维生素A摄入量的剂量，以试图达到正常的血清维生素A水平。

另外，在储存和运输中注意需要在2~8℃条件下，且不能冷冻，如果已被冷冻，则应丢弃。当无法满足冷藏条件，可在室温下储存至多14天。由于帕替司兰不含防腐剂，稀释后溶液应立即给药；如果不立即使用，需在室温下储存于输液袋中至多16小时，且不能冷冻。

（三）药学监护

1. 帕替司兰通过静脉注射给药需在约80分钟内完成。对于体重小于100kg的患者，推荐剂量为每3周0.3mg/kg，对于体重100kg及以上的患者，推荐剂量为每3周30mg。所有患者在接受帕替司兰治疗前均需预先给药（皮质类固醇、对乙酰氨基酚和抗组胺药）以降低输注相关反应的风险。如果未按原定时间给药，需尽快注射帕替司兰。比原定时间晚3天以内给予帕替司兰，可按患者的原定给药时间表继续执行；比原定时间超过3天后给予帕替司兰，则需按这次给药时间起算，每3周继续给药。

2. 在帕替司兰静脉输注期间，密切监护患者是否有IRR的症状和体征。如果发生IRR，应减慢帕替司兰输注速度或停止输注，并根据临床表现给予皮质类固醇或其他对症治疗。如果输液中断，需在症状消失后再以较慢速度进行输液。如果发生严重或危及生命的IRR，应立即停止输注且不得再次给药。监测患者是否存在维生素A缺乏的相关症状，并及时给予相应的治疗。提醒患者和家属定期复诊进行相关检查，了解患者症状改善情况。

3. 告知患者和家属需要每3周一次到医疗机构进行药物的静脉输注。同时告知帕替司兰治疗会导致血中维生素A水平降低，建议按推荐剂量每日补充维生素A；如果在用药期间出现夜盲症、眼睛干涩、视物模糊等维生素A缺乏的眼部症状时，需及时就医，并请眼科医生会诊。

📎 知识拓展

人工智能与核酸药物开发

人工智能（AI）在核酸药物开发中发挥着至关重要的作用，特别是在核酸结构预测和小核酸药物设计方面。人工智能能够精准预测核酸的三维结构，这对于理解核酸的功能、识别潜在的治疗靶点以及设计高效的药物分子至关重要。在核酸结构预测方面，AI工具如SPOT-RNA、MELD-DNA等已经取得了重大突破，能够显著提高结构预测的准确性和效率。

在小核酸药物设计方面，人工智能通过分析大量的生物信息数据和核酸-蛋白质相互作用，能够从头开始设计全新的小核酸药物分子，如百度公司开发的Linear Design等。AI技术还能够模拟实验结果，预测药物分子的药效和毒性，大大缩短了药物研发周期，降低了研发成本。

答案解析

思考题

1. 核酸药物的种类有哪些?
2. 简述什么是外显子包含和外显子跳跃。
3. siRNA 和 saRNA 有哪些异同点?
4. 简述 siRNA 抑制基因表达的机制。

书网融合……

本章小结　　　　　习题

第十三章　疫　苗

PPT

学习目标

1. 通过本章的学习，掌握疫苗的种类、组成，熟悉疫苗在疾病预防中的重要地位及疫苗生产的一般流程，了解疫苗的历史及发展趋势。

2. 具备运用疫苗相关理论知识，分析、解决疫苗研发、生产过程中遇到的问题的能力。

3. 从生物学、免疫学和科学人文精神层面了解疫苗的重要性，树立科学的思维方法和终身学习观念，能深刻理解疫苗工作者的责任，热爱祖国，愿为祖国医药卫生事业和人类健康奋斗终身。

第一节　疫苗概论

一、疫苗的概念

疫苗是以病原微生物或其组成成分、代谢产物为起始材料，采用生物技术制备而成，用于预防、治疗人类相应疾病的生物制品。疫苗接种到人体后可刺激免疫系统产生特异性体液免疫和/或细胞免疫应答，进而使人体获得对相应病原微生物的免疫力。

疫苗是一种特殊的药物，是基于免疫学和生物技术共同发展而制备的生物制品，与一般药物具有明显差异。其主要用于健康人群，通过激发免疫机制预防疾病的发生，从根源上降低了众多传染病对人类生命的威胁，在人类疾病防治领域起到了重要的作用，为人类健康做出了巨大的贡献。

在人类历史的漫长进程中，人们始终在探索摆脱和抵御各类疾病或瘟疫的方法，而疫苗用于疾病防御的历史已达 200 余年。疫苗的出现深刻改变了公共卫生状况，在疫苗接种计划覆盖率高的国家，曾经导致大量儿童死亡的多种传染病如今已近乎绝迹。据世界卫生组织估算，目前的免疫规划每年挽救了 200 万至 300 万人的生命，使得全球 5 岁以下儿童死亡率从 1990 年的 93‰降至 2018 年的 39‰。

关于接种疫苗的年龄，生命的前 5 年是传染病负担和死亡率最高的阶段，婴幼儿受到的影响最为严重。因此，免疫接种方案多聚焦于这一年龄段，因为这一年龄段从疫苗诱导的保护中获益最大。从流行病学的角度看，这种安排具有合理性，但从免疫学的角度而言，却存在一定不便之处，因为在生命的第一年诱导强烈免疫反应颇具挑战性。事实上，年龄较大的儿童和成人接种疫苗会引起更强的免疫反应，然而若本应从接种中受益的人群已因这种疾病死亡，那么只关注免疫反应强弱也就失去了意义。

二、疫苗的分类

疫苗分类与它的发展历程、应用对象、应用领域、组成成分以及制造技术等方面密切相关。根据不同的分类标准，同一种疫苗可能会被列入不同类别，而且在不同分类方式下，也存在着诸多交叉重叠的部分。接下来，对常用的分类方法进行简要阐述。

1. 根据使用对象分类 可分为人用疫苗和动物用疫苗。常见的人用疫苗包括乙型肝炎疫苗、百白破疫苗、脊髓灰质炎疫苗、人用狂犬病疫苗等。动物用疫苗也十分丰富，例如，针对哺乳动物的口蹄疫疫苗、猪瘟疫苗、兔瘟疫苗等；针对禽类的禽流感疫苗、小鹅瘟疫苗等；此外，还有用于鱼、虾等水产品的疫苗以及家蚕和蜜蜂等昆虫的疫苗。

2. 根据研制技术特点分类 可分为传统疫苗和新型疫苗。传统疫苗包括灭活疫苗、减毒疫苗以及用天然微生物的特定成分制成的亚单位疫苗。新型疫苗则以基因工程疫苗为主体，主要包括基因工程亚单位疫苗、基因工程载体疫苗、基因缺失活疫苗及病毒样颗粒疫苗，以及基于核酸的 RNA 和 DNA 疫苗等。

3. 根据疫苗的性质分类 可分为细菌性疫苗、病毒性疫苗以及类毒素三种类型。

4. 根据疫苗的发展与用途分类 疫苗已从经典的病毒疫苗和细菌疫苗发展到寄生虫疫苗、肿瘤疫苗、避孕疫苗，从预防性疫苗发展到治疗性疫苗。

5. 根据预防疾病的种类分类 可以分为单一疫苗和联合疫苗。

6. 根据疫苗的组成成分分类 可分为蛋白质疫苗、核酸疫苗和多糖疫苗等。

7. 根据疫苗生产来源分类 以重组乙型肝炎疫苗为例，可分为重组乙型肝炎疫苗（酿酒酵母）、重组乙型肝炎疫苗（汉逊酵母）、重组乙型肝炎疫苗（CHO）等。

8. 根据疫苗的使用方法或接种途径来分类 包括注射疫苗、口服疫苗、滴鼻疫苗、鼻喷疫苗、润眼疫苗、皮贴疫苗、气雾疫苗、微胶囊疫苗、缓释疫苗等。

此外，还有一些采用新技术或者新途径研究、制备的疫苗，尚未形成明确统一的分类方法，这类疫苗通常被统称为新疫苗，如植物疫苗、T 细胞疫苗、树突状细胞疫苗等。

总体而言，疫苗的各种分类与命名方法，旨在方便对不同疫苗进行区分、利用和研究，从而使人们能够更深入地认识和了解各类疫苗，以便更加便捷地使用它们。

三、疫苗的组成与制备技术

（一）疫苗的组成

1. 抗原 疫苗安全地诱导免疫应答，为人体在后续暴露于病原体时提供针对感染和/或疾病的保护。为了实现这一目标，疫苗必须含有来源于病原体或其他方式制备的病原体组分的抗原。大多数疫苗的基本成分是一种或多种蛋白质抗原，诱导提供免疫保护的免疫应答。然而，多糖抗原也可以诱导保护性免疫应答，而且已经用于开发了几种用于预防细菌感染的疫苗，例如肺炎链球菌多糖疫苗。

抗原是疫苗最主要的有效活性组分，是决定疫苗的特异免疫原性的物质。活疫苗的抗原是相关病原体（通常为减毒的复制株）。非活疫苗的抗原组分可以是灭活的完整生物体（例如全细胞百日咳疫苗和灭活的脊髓灰质炎疫苗）、来自生物体的纯化蛋白（如无细胞百日咳疫苗）、重组蛋白（如乙型肝炎病毒疫苗）、多糖（如肺炎链球菌多糖疫苗）以及类毒素（如破伤风疫苗和白喉疫苗），类毒素是从病原体中纯化的灭活蛋白质毒素。

2. 佐剂 佐剂能增强抗原的特异性免疫应答，提升抗体应答水平，促进疫苗的黏膜传递，增加免疫接触机会并增强抗原的免疫原性等。非活疫苗通常会添加佐剂以提高其诱导免疫应答的能力。目前仅有少数几种佐剂被批准在疫苗中使用。铝盐（明矾）是最早使用的佐剂，尽管已经广泛用作佐剂超过 80 年，但其作用机制仍然不完全明晰。越来越多的证据显示，通过添加能够向先天免疫系统传递危险信号的新佐剂，可以增强免疫反应和保护效果，因此，新型佐剂的研发成为重要的研究领域。佐剂的种类也在稳步增加，脂质体佐剂、水包油乳剂、细菌毒素、CpG 序列已获得使用许可。例如，水包油乳剂 MF59 被用于部分流感疫苗；AS01 用于带状疱疹疫苗和疟疾疫苗；以及 AS04 则用于人乳头瘤病毒

（HPV）疫苗。

3. 防腐剂与稳定剂　疫苗除了含有抗原和佐剂外，还含有其他成分，如制剂中添加的防腐剂、乳化剂（如聚山梨酯80）或稳定剂（如明胶或山梨醇）。

4. 工艺相关杂质　理论上，疫苗生产中使用的各种物质也可能残留在最终产品中，并成为疫苗的潜在微量成分，这些物质包括抗生素、鸡蛋或酵母蛋白、乳胶、灭活剂甲醛和/或戊二醛等。由于这些物质对人体存在一定毒害作用或潜在风险，所以应从疫苗中除去，并经严格检测，以确保疫苗的安全性。

（二）疫苗生产

疫苗的生产制造通常需要经历一系列复杂的生物工艺流程，而且不同种类的疫苗其制备方法也各有差异，但一般来说，疫苗制备过程涵盖大规模细菌/病毒培养物制备、抗原纯化、中间产物检测与存放、半成品配制与检测，成品分装与检验等环节。由于检测、分装等方法在前面章节中已有描述，而疫苗的检测与分装整体原则与其他生物药物类似，因此本章不再赘述。

1. 原液生产

（1）**细菌培养物的制备**　将工作种子接种于规定的培养基进行培养扩增，自菌种开启到菌体收获，必须有明确的扩增次数规定。细菌大规模培养包括固体培养法、瓶装静置培养法和大罐发酵培养法等。根据细菌培养方式在培养过程中可进行细菌纯度、细菌总数、pH及耗氧量等发酵参数监测和控制。

对以细菌本身为抗原的疫苗，直接收获菌体；对以细菌分泌性抗原为有效成分的疫苗，采用离心取上清液等方法提取抗原。培养物收获后应进行纯菌检查、细菌总数、活菌含量或抗原含量等检测。

（2）**病毒培养物的制备**　由于病毒只能侵入活细胞，依赖细胞完成扩增，因此培养病毒首先要培养病毒能感染的细胞。病毒培养可以分为细胞培养和病毒培养两个步骤。常用于培养病毒的细胞类型有原代细胞、传代细胞以及鸡胚。

1）细胞培养

①原代细胞培养：将产于同一种群的适宜日龄、体重的一批动物，获取目标组织或器官并在同一容器内消化制成均一悬液，分装于多个细胞培养器皿培养获得的细胞为一个细胞消化批。源自同一来源的动物，于同一天制备的多个细胞消化批可为一个细胞批，可用于一批病毒原液的制备。

②鸡胚细胞培养：生产病毒疫苗的鸡胚细胞应来自无特定病原体（SPF）鸡群。来源于同一批鸡胚、同一容器内消化制备的鸡胚细胞为一个细胞消化批；源自同一来源的鸡胚、于同一天制备的多个细胞消化批可为一个细胞批，可用于一批病毒原液的制备。

③传代细胞培养：随着动物细胞培养技术的成熟，人们开始运用一些具有特征性并能无限增殖的细胞系（传代细胞）来生产疫苗，如MDCK、Vero等，这些细胞系能稳定地产生较高的病毒滴度。20世纪80年代，欧、美等国家率先建立了基于大规模生物反应器系统和动物细胞大规模培养技术的病毒疫苗工业化生产工艺，口蹄疫疫苗、狂犬疫苗、流感疫苗等人畜疫苗相继实现了高效工业化生产，基因工程疫苗也大多采用昆虫细胞、哺乳动物细胞大规模培养技术进行工业化生产，以提高生产效率、确保产品质量和免疫疗效。由于传代细胞培养高效工业化生产的优势，越来越多的病毒疫苗采用传代细胞进行生产。

将工作细胞库细胞按规定传代，同一种疫苗生产用的细胞扩增应按相同的消化程序、分种扩增比率和培养时间进行传代。采用生物反应器加微载体培养的，应按固定的放大模式扩增。

2）病毒培养增殖和收获　将病毒接种到上述具有适宜活性的细胞/鸡胚中。接种病毒时，应明确病毒感染滴度与细胞的最适比例，同一工作种子批按同一MOI（感染复数）的量进行接种，以确保批间一致性。除另有规定外，接种病毒后维持液不得再添加牛血清、抗生素等成分。同一细胞批接种同一工作种子批病毒后培养，在不同时间收获的多个单次病毒收获液经检验后可合并为一批病毒原液。

多次收获的病毒培养液，如出现单瓶细胞污染，则与该瓶有关的任何一次病毒收获液均不得用于生产。

2. 抗原纯化　不同类型疫苗的纯化工艺技术及要求不尽相同。对于全菌体或全病毒疫苗，主要是去除培养物中的培养基成分或细胞成分；对于亚单位疫苗、多糖疫苗、蛋白质疫苗等，除培养基或细胞成分外，还应去除细菌或病毒本身的其他非目标抗原成分以及在工艺过程中加入的试剂等。

四、疫苗的发展史

在漫漫历史长河中，人们一直试图通过各种办法来摆脱和抵抗种种疾病或瘟疫，而疫苗用于抵御疾病已有 200 多年的历史，到今天，至少有 12 种疾病已经通过疫苗有效地得以控制，包括天花、破伤风、白喉、百日咳、霍乱病、b 型流感嗜血杆菌疾病、脊髓灰质炎、伤寒、狂犬病、麻疹、风疹以及流行性腮腺炎。通过接种疫苗，人类已经成功地使自然感染性天花在世界范围内消失，并且用来预防天花的疫苗"牛痘"的应用，也一直被认作是疫苗产生的标志。

（一）疫苗的发现

人类最早成功使用的疫苗是 1796 年 Edward Jenner 发明的天花疫苗。当时存在一种现象：与普通人相比，奶牛场工人不易得天花，即使得天花，病情也更轻，而且少有永久性瘢痕。有人推测出现这种现象的原因是挤奶工由于接触到奶牛乳房上偶尔出现的脓疱（牛痘）。受此启发，Edward Jenner 给一个 8 岁儿童接种牛痘脓，以证明毒性较小的牛痘可以预防严重的人类传染病天花。受当时微生物学发展的限制，当时还没有病毒的概念，Jenner 不知道的是，其使用的受感染液体含有活牛痘病毒。牛痘病毒与天花病毒抗原成分相似，但对人类的毒性或致病性要小得多。因此，接种牛痘没有导致患上严重疾病的风险，却能使接种者对天花病毒产生长久免疫力。这个实验改变了医学和健康领域的游戏规则，第一次在医学上证明接种疫苗可以预防健康人的感染。随着天花疫苗在全世界推广使用，1980 年，世界卫生组织宣布人类已消灭天花，世界上已经没有自然存在的天花。目前，更多的疫苗已在全球范围内获得许可。疫苗接种是 20 世纪公共卫生领域的最成功案例。目前，大约 240 种候选疫苗正在开发中。

在 19 世纪的经验观察指出，毒力降低甚至死亡的病原体也可以作为疫苗。这一突破促成了由 Louis Pasteur（路易斯·巴斯德）和 Robert Koch 开创的减毒和灭活全病原体疫苗的开发。

受 Edward Jenner 对天花疫苗接种的开创性研究的启发，巴斯德提出，可以找到适用于所有致命传染病的疫苗。1877 年巴斯德开始研究鸡霍乱，次年，他成功地分离、培养了引起鸡霍乱的致病微生物——*Pasteurella multocida*。但直接给鸡注射该野生型致病菌会导致鸡死亡。1879 年，巴斯德偶然发现这种细菌的培养物随着时间的推移逐渐失去了毒力。巴斯德指示一名助手向一批鸡注射新鲜培养的 *P. multocida*，然而这名助手忘了给鸡注射，就去度假了。回来后，巴斯德的助手给鸡接种了假前培养的 *P. multocida* 培养物，此时这些只用棉塞塞住培养管的细菌培养物已经在实验室里放了一个月。接种这些细菌培养物的鸡出现了轻微的症状，但很快完全康复。巴斯德对此现象很感兴趣。他给康复的鸡注射了新鲜培养的鸡霍乱致病菌 *P. multocida*，这些接触致病菌的鸡都没有发病。由此推断，暴露于氧气会导致致病菌毒力丧失。巴斯德发现，密封的细菌培养物可保持其毒力，而那些在接种前暴露于空气不同时间的细菌培养物显示出暴露时间依赖的毒力下降。他将这种渐进式的毒力丧失命名为"减毒"（attenuation）。通过类似的方法开发的毒力降低的疫苗称为减毒活疫苗。

使用类似的改变培养条件的方法，巴斯德开发了一种炭疽减毒活疫苗。与鸡霍乱致病菌不同，暴露于空气中的炭疽杆菌培养物容易形成孢子，无论培养时间长短，其毒性都很高。然而，巴斯德发现炭疽杆菌在 42~43℃的温度下生长速度快，但无法形成孢子。这些非孢子培养物可以在 42~43℃下维持 4~

6 周，但在此期间毒力显著下降，可以用于疫苗接种。除减毒细菌疫苗外，巴斯德还开发成功了减毒病毒疫苗。通过在家兔体内连续传代狂犬病病毒，巴斯德发明了异种传代减弱病毒毒力的方法，并成功开发了狂犬病减毒活疫苗。

针对病毒疫苗，体外扩增病毒是生产疫苗的关键。而病毒必须在活的细胞中才能复制，当时无法体外培养病毒，因此接种方法是人传人或动物传人，如早期从感染牛痘的人或者动物收集牛痘脓液给人接种。然后发展到在动物体内或鸡胚内生产减毒活病毒疫苗。1949 年 Enders 在体外培养的人体细胞中首次培养了脊髓灰质炎病毒，随后于 1955 年在体外培养的原代猴肾细胞中进行了培养和制备灭活脊髓灰质炎疫苗，这标志着现代动物细胞培养产业的开端，也为工业化大规模生产减毒活病毒疫苗和灭活病毒疫苗打下了基础。

19 世纪末，随着生物化学等科学的进步，基于毒素或其灭活衍生物——类毒素疫苗被开发成功。当时认识到并不总是需要整个病原体来诱导免疫，以及随后的"抗原"概念的提出，对于疫苗的研制以及提高预防性疫苗的安全性和有效性至关重要。

（二）佐剂的应用

许多疫苗是使用灭活的病原体（灭活疫苗）或者以病原体的组成成分（组分疫苗）等相对较弱的抗原，一种成功的疫苗需要具备诱导持久免疫和防止后续感染的能力，这种能力很大程度上依赖于佐剂。佐剂加入疫苗中可以增强免疫反应。佐剂一词来源于拉丁语 adjuvare，意思是"帮助"，最广泛使用的佐剂是铝盐。免疫学家 Alexander Glenny 及其同事在 1926 年为了纯化和浓缩白喉类毒素（非活性毒素），使用了硫酸铝钾。令人惊讶的是，他们发现使用铝盐沉淀类毒素开发的疫苗比可溶性类毒素在豚鼠体内产生更好的抗体反应，这是铝盐佐剂效果的首次证明。现在已知，佐剂可以增加抗体反应的幅度，且在减少疫苗所需剂量方面也发挥重要作用。将佐剂与重组蛋白结合可以显著减少诱导产生足够保护性抗体所需的抗原（重组蛋白）量，最终减少给药剂量。此外，佐剂还可以通过提供交叉免疫（针对具有相关起源的不同类别病原体的免疫）来扩大疫苗免疫。由于佐剂的重要作用，目前上市的绝大部分疫苗都含有佐剂。只是随着技术的进步，佐剂不再局限于铝佐剂，越来越多的新佐剂被开发应用。新佐剂研发也是疫苗研发的一个重要发展方向。

（三）重组疫苗的发展现状

随着基因工程技术的出现，一些无法培养的病原体的疫苗也被研发成功。1986 年，重组乙型肝炎疫苗被批准用于人类。这是第一种使用重组 DNA 技术生产的疫苗，也是第三种被批准用于临床的重组蛋白质产品。由于当时无法体外培养乙肝病毒，第一种商业乙型肝炎疫苗是从乙肝病毒感染者的血浆中收集的灭活病毒制备的血源疫苗。然而，使用这种血浆制品有被 HIV–1 和 HCV 等病毒传染的风险。另外，疫苗供应受到慢性 HBV 携带者可用性的限制，因此产量低、价格非常昂贵。而利用基因工程技术，构建产生乙肝病毒表面蛋白（抗原）的重组酵母菌，则可以安全、大规模的生产重组乙型肝炎疫苗。

（四）联合疫苗的发展

随着疫苗理论与技术的进步，接种一针可以同时预防多种疾病的联合疫苗被研发成功，也是目前疫苗研发的一个重要方向。第一种联合疫苗由白喉疫苗和破伤风类毒素组成，并于 1947 年获准供儿科使用。1949 年，百日咳疫苗被添加到混合物中，产生了百白破疫苗，一直沿用至今。联合疫苗包括多联疫苗和多价疫苗。多联疫苗由不同病原的抗原组成，针对多种疾病，如百白破 b 型流感四联苗针对白喉、百日咳、破伤风和 b 型流感；多价疫苗则包含同一种病原的不同亚型或血清型，可以起到更广的风险防范效果，如 9 价人乳头瘤病毒（HPV）疫苗可预防 9 种血清型的 HPV 引起的感染。HPV 感染是宫颈癌发生的主要原因，另外，口腔癌、头颈癌、阴茎癌和肛门癌也与 HPV 感染相关。因此，接种 HPV

疫苗可以预防 HPV 相关的肿瘤。制造预防肿瘤的 HPV 疫苗的主要障碍是 HPV 病毒无法在实验室中培养，因此不可以使用减毒或灭活的病毒制造疫苗。研究人员发现，HPV 衣壳蛋白 L1 和 L2 在基因工程菌中一起（而不是分开）表达时，这些蛋白自发组装形成病毒样颗粒（VLP）。与单独产生的病毒蛋白不同，VLP 具有类似病毒的三维结构，而且 VLP 能诱导与 HPV 病毒感染相似的抗体，因此以基因工程生产的 VLP 为抗原成功开发出 HPV 疫苗。由于 HPV 有不同的血清型，针对高危型 HPV，相继开发成功了二价、四价、九价等不同价的疫苗。

疫苗除了用于预防传染病外，还可以用于治疗疾病。2010 年，Sipuleucel‑T 成为第一个被批准的基于树突状细胞的肿瘤疫苗，用于治疗晚期前列腺癌。Sipuleucel‑T 是一种个性化治疗。从每个患者中提取树突状细胞前体细胞，并用前列腺酸性磷酸酶（PAP；大多数前列腺癌细胞上存在的抗原）和细胞因子 GM‑CSF 的融合蛋白孵育刺激，帮助抗原呈递细胞成熟。然后将成熟的能识别前列腺酸性磷酸酶的树突状细胞在几个周期内重新注入患者体内，激活对肿瘤细胞的免疫应答。

五、疫苗发展趋势

（一）新疫苗的研发趋势

当前，全球范围内多种重大疾病亟待疫苗的研发和使用，以有效降低其发病率和死亡率，其中包括艾滋病病毒、B 型链球菌（新生儿脑膜炎的主要致病因素）、呼吸道合胞病毒（RSV）和巨细胞病毒（CMV）等相关疫苗的研发需求尤为迫切。

就 B 型链球菌疫苗而言，当下正在开展母体接种试验，其核心目标在于诱导母体产生抗体并促使其所产生的抗体能够顺利穿过胎盘，进而为新生儿提供被动免疫保护。

RSV 极易在婴儿期引发下呼吸道感染（细支气管炎），不仅是发达国家婴儿住院治疗的首要病因，也是全球范围内 12 个月以下婴儿死亡的关键因素之一。目前，多达 60 款可作为母体疫苗或婴儿疫苗的新型 RSV 候选疫苗正在研发中。一旦 RSV 疫苗研发成功并得以广泛应用，将显著提升婴儿的健康水平，并大幅降低儿科住院率。

CMV 作为一种广泛存在的疱疹病毒，给婴儿群体带来了沉重的疾病负担。在先天性感染的儿童中，15%~20% 会发展为长期后遗症，其中最为突出的便是神经性听力丧失，这使得 CMV 成为引发先天性疾病最多的单一感染因子。所以，能够有效预防先天性 CMV 感染的疫苗，对于个人健康以及公共卫生事业而言，都将具有重大而深远的意义。过去，由于对 CMV 保护性免疫的本质认识不足，阻碍了疫苗的开发进程，但随着对其研究的不断深入，成功开发 CMV 疫苗已然展现出希望的曙光。

新疫苗开发的另一个主要方向是对抗医院获得性感染，尤其是针对与伤口感染和静脉内导管相关的耐抗生素革兰阳性菌（如金黄色葡萄球菌）以及各种革兰阴性菌（如肺炎克雷伯菌和铜绿假单胞菌）的疫苗研发。随着老年人口的数量大幅增长，预防老年人群体的感染问题已成为公共卫生的优先事项。探究免疫衰老机制以及探索提升老年人疫苗应答效果的方法，成为当今免疫学家所面临的主要挑战之一。

（二）新型疫苗技术的应用

现阶段，某些疫苗的成功研发仍然需要克服诸多挑战：部分病毒具有快速变异的特性以及丰富的基因多样性（诸如艾滋病病毒和流感病毒等），为疫苗研发带来极大困难；对于结核病和疟疾等疾病，需要激发更为广泛的免疫反应，涵盖体液免疫和细胞免疫，才能实现有效预防；此外，还需迅速应对新出现的病原体以及突发疫情。为了突破这些困境，对抗原结构生物学以及免疫机制的深入理解至关重要，将有助于设计并开发出更为优质的抗原和佐剂，从而提升免疫原性，同时改进抗原递送技术和生产的技术平台等。值得庆幸的是，免疫学、系统生物学、基因组学以及生物信息学等学科的最新进展，不仅深化了对疫苗诱导免疫反应机制的理解，而且可以通过日益合理的设计促进疫苗的开发。RSV 疫苗 DS – Cav1的研究，便是一个巧妙运用结构生物学和免疫学知识进行疫苗设计的典范。RSV 表面融合（F）蛋白以融合前（pre – F）构象（该构象能够促进病毒进入细胞）和融合后（post – F）构象形式存在。尽管两种构象中大约50%的表面是相同的，但对抗体中和最敏感的抗原位点仅存在于融合前构象上。传统的 RSV 疫苗开发方法往往致使 F 蛋白呈现第二种构象，因此所激发的抗体反应相对较弱。为有效阻止分子重新排列成融合后构象，研究人员通过结构分析确定了 F 蛋白最有效的中和活性表位，并在 F 蛋白的 C 端引入两个突变（S155C 和 S290C），促使二者之间形成二硫键，从而增加蛋白的稳定性；此外，还对构象中的两个凹槽部位进行了修饰（S190F 和 V207L），使其得到填充。经上述改造后的 F 蛋白通过中国仓鼠卵巢（CHO）细胞进行表达，用于生产稳定 pre – F 三聚物疫苗 DS – Cav1，这些修饰阻止了分子向融合后构象的转变。pre – F 蛋白质极大地增强了免疫应答效果，该实例为基于结构的疫苗设计提供了概念证明。

新型疫苗技术平台不断涌现，其中包病毒载体疫苗平台、核酸疫苗平台已成功投入应用。传统的全细胞疫苗平台需要病原体的培养，而新一代的病毒载体疫苗或核酸疫苗仅需利用病原体的基因序列即可构建疫苗，极大地提高了疫苗开发和制造的速度。病毒载体疫苗以重组病毒（包括复制型和非复制型）为基础，通过基因工程手段对病毒载体的基因组改造，使其能够表达靶病原体的抗原。病原体抗原的呈递与模拟自然感染的病毒载体刺激相互结合，能够诱导强烈的体液免疫和细胞免疫应答，因此制剂中不需要添加佐剂。然而，病毒载体疫苗也存在潜在的缺点，如当使用人腺病毒载体这种人类常见病毒时，如果接种者曾被人腺病毒感染过，则预先存在对腺病毒载体的免疫力，从而导致该载体疫苗不能有效发挥作用。这一问题可以通过使用猩猩腺病毒或者同时使用不同亚型的腺病毒载体来加以解决。至于针对载体的免疫应答是否会限制其在不同抗原重复接种中的应用，还需要进一步深入研究。基于核酸的疫苗由编码目标抗原的 DNA 或 RNA 组成，一旦核酸进入疫苗接受者的细胞后，便会在其细胞内表达编码的抗原，进而诱导体液免疫和细胞免疫应答。这类疫苗的一个巨大优势在于其具有高度的通用性，在出现新病原体时，能够快速且简便地调整和生产。事实上，基于 SARS – CoV – 2 mRNA 的疫苗在 SARS – CoV – 2 的基因序列被发现后仅仅 2 个月便进入了临床试验。不过，这类疫苗也存在一些不足之处，其中之一便是需要将核酸直接递送到接种者细胞内，这就需要使用特定的注射装置、电穿孔或载体分子，并且存在低转染率和有限免疫原性的风险。此外，RNA 疫苗的应用还受到其稳定性欠佳以及需要冷链运输的限制，但通过持续不断改进制剂，有望克服这些障碍。

除上述新型疫苗平台外，目前还在积极探索改良的抗原递送方法，诸如脂质体、聚合物颗粒、无机颗粒、外膜囊泡、免疫刺激复合物以及自组装蛋白纳米颗粒等，这些方法有望增强并优化对病原体的免疫应答效果。与此同时，新型给药方法也在不断开发中，例如微针贴片，其优势在于给药便捷、疼痛感轻微，给药和处置更安全。在一项临床试验中，通过微针贴片递送的灭活流感疫苗显示出良好的耐受性和免疫原性。这种给药方式使得自我给药成为可能，但倘若存在严重副作用（如过敏反应）的风险，那么仍然需要专业的医疗护理。

第二节　减毒活疫苗与灭活疫苗——脊髓灰质炎疫苗实例

脊髓灰质炎（poliomyelitis）简称脊灰，俗称小儿麻痹，是由脊髓灰质炎病毒（poliovirus，PV）引起的常见于儿童（主要累及五岁以下的儿童）的急性肠道传染病。发病时，脊髓前角灰白区神经细胞出现病变，尤其在灰质区，故而得名"脊髓灰质炎"。病毒主要通过粪 – 口途径传播，在肠道繁殖后可侵入神经系统，导致瘫痪甚至死亡。脊髓灰质炎是一种严重的疾病，每200例感染病例中就会有1例出现不可逆转的瘫痪；在瘫痪病例中，5%～10%的患者因呼吸肌麻痹而死亡。20世纪50年代，脊髓灰质炎在我国每年的发病率为2/10万～3/10万，流行年的个别地方，如南宁、上海，发病率甚至高达30/10万。如今，得益于脊髓灰质炎疫苗的广泛应用，脊灰已极为罕见。2000年9月，世界卫生组织证明中国本土脊灰野生病毒传播已被阻断；2016年，全球报告的脊灰病例降至37例，脊灰有望成为继天花后被人类彻底根除的第二种病毒性传染病。

一、脊髓灰质炎疫苗研发历程

（一）脊髓灰质炎灭活疫苗

1951年，索尔克（Jonas Salk）团队成功开发了在猴肾组织中培养脊灰病毒的方法，为大规模生产疫苗用病毒奠定了基础。随后，他们用甲醛杀死病毒，并将这些死病毒注射到猴子体内，结果显示，猴子能够免受麻痹性脊髓灰质炎的侵害。1952年，索尔克首次在身体和智力障碍的儿童中开展了脊髓灰质炎灭活疫苗的小规模临床试验，接种者体内产生了可观的抗体。1953年，索尔克给自己的妻子和三个孩子接种了其研制的疫苗。从1954年4月起，美国开展了一项有130万儿童参与的大规模临床试验，经过一年的数据收集和评估，取得了积极结果。1955年，赶在次年疫情来临之前，索尔克疫苗获批上市，这也是人类首个脊髓灰质炎疫苗——注射用脊髓灰质炎灭活疫苗（IPV）。IPV的生产毒株是野生型脊髓灰质炎病毒毒株（即Salk株），涵盖Mahoney株（Ⅰ型）、MEF-1株（Ⅱ型）和Saukett株（Ⅲ型）。

然而，在索尔克疫苗被认定安全有效且快速获批后不久，便传来了接种儿童瘫痪甚至死亡的噩耗，这就是著名的"卡特事件"（the cutter incident）。对六家制造商的疫苗安全性调查结果发现，有一家名为卡特实验室（Cutter Laboratories）的厂家未能严格遵循索尔克的详细步骤，加之政府部门监管不力，致使部分疫苗中仍残留活病毒。可短短的时间内，已有20万儿童接种了该公司的疫苗，造成4万人感染，200名儿童不同程度瘫痪，11人死亡。"卡特事件"的关键原因在于疫苗生产环节中病毒灭活失败，这警示疫苗生产必须严格遵循规范和标准，从原材料采购、生产流程到质量检测，全流程各个环节都要精准检测和控制，防止类似因病毒灭活不彻底导致的严重事故。另外，还要加强监管力度，监管部门要强化对疫苗生产、流通和使用的全流程监管，确保企业合规生产，对违规行为予以严惩，切实保障公众用药安全。中国为强化疫苗管理，保证疫苗质量和供应，规范预防接种，促进疫苗行业发展，保障公众健康，维护公共卫生安全，于2019年12月1日起施行了《中华人民共和国疫苗管理法》。

（二）脊髓灰质炎减毒活疫苗

沙宾（Albert Sabin）减毒活苗的研发始于1951年，稍晚于索尔克灭活疫苗。从技术层面来讲，减毒疫苗的研发难度更大，因为筛选出既能引发免疫反应又毒性较低的减毒株需要耗费大量时间。通过猴肾组织传代培养和蚀斑筛选法，沙宾最终获得了脊髓灰质炎减毒株。1954年冬到1955年，沙宾在一所监狱的30名成人因犯身上测试了其减毒活疫苗。

1959年，苏联用沙宾的减毒疫苗为1000万儿童进行接种。与美国不同，苏联的临床试验没有设置观察组和安慰剂组，其目的是消灭脊髓灰质炎。随后，苏联卫生部决定给20岁以下的总计7700万人口口服沙宾减毒活疫苗。

1960年，沙宾得到批准，得以在美国开展疫苗的临床试验。从4月24日起，20万儿童在医院、学校和诊所排队领取减毒活疫苗——"糖浆"和"糖丸"。1961年8月底，针对Ⅰ型脊灰病毒的口服活疫苗（OPV）获批，1963年，3价疫苗（trivalent OPV，tOPV）在美国上市。

目前OPV生产用毒株多是SabinⅠ、Ⅱ、Ⅲ型人工减毒株。我国在20世纪60～70年代，由中国医学科学院医学生物学研究所用SabinⅠ和Ⅱ型株进行3次原代猴肾细胞蚀斑纯化，选出毒力更低的Ⅰ型

aca 株和Ⅱ型 bb 株用于生产；1971 年，又从昆明一名 4 岁女孩身上分离出Ⅲ型病毒，将该病毒在原代猴肾细胞低温传代培养并结合蚀斑法筛选出减毒株中Ⅲ－2 株用于生产。该研究所还和北京生物制品研究所用人二倍体细胞蚀斑法，对 Sabin Ⅰ、Ⅱ和中Ⅲ－2 株进行 3 次纯化，进一步改造毒株。

二、脊髓灰质炎疫苗药理作用

1941 年，沙宾和罗伯特·沃德（Robert Ward）发现，脊髓灰质炎病毒不仅存在于神经系统，还存在于消化系统中。在此之前，学界普遍认为脊髓灰质炎病毒是通过鼻腔（吸入）直接进入神经组织的。就疫苗的研发而言，沙宾的发现意义重大——如果脊髓灰质炎病毒存在于消化系统、血液当中，那么疫苗产生的抗体就可以在病毒到达神经系统之前将其清除。

IPV 经皮下或肌内注射接种，保护效果可达 90% 以上，不仅能诱导接种者产生血液中和抗体，还可在鼻咽部产生分泌型免疫球蛋白 A（sIgA），从而阻止咽部感染。

OPV 通过口服接种，与自然感染过程类似，能够引发强烈的体液免疫应答和肠道局部黏膜免疫反应。70% ~ 90% 的易感儿童在接种 OPV 后会排出疫苗病毒，接触接种过 OPV 儿童的家庭成员或家庭外成员，其粪便中同样能检出脊灰疫苗病毒。因此，OPV 可通过接种者感染接触者，间接使这些接触者获得免疫，进而建立起广泛的群体免疫。

在 OPV 的使用过程中，主要存在的安全性问题是：在服苗者或接触者中，可能会发生极少数的疫苗相关麻痹型脊髓灰质炎（vaccine associated paralytic poliomyelitis，VAPP）。尤其是 1 岁以下的初免儿童，每 100 万新生儿接种后，会发生 2 ~ 4 例的 VAPP。由于 OPV 使用的是活病毒，病毒能够在服苗者体内扩增，因此免疫缺陷个体不能使用 OPV。

三、脊髓灰质炎疫苗制备过程

1949 年，恩德斯（John F. Enders）及其同事发现，可以在非神经组织，如人类胚胎皮肤和肌肉组织中培养脊髓灰质炎病毒。这项组织培养病毒的技术，减少了对活猴用于培养和测试病毒的依赖，极大地推进了基础研究和疫苗研发的进程。也正因为这项工作，恩德斯及其同事在 1954 年（索尔克疫苗宣布有效的同一年）获得了脊髓灰质炎相关的唯一一个诺贝尔奖。

以哺乳动物细胞为基质制备疫苗，具有无外源因子污染、易于规模化生产、能较好维持病毒抗原稳定性等优点。被批准作为宿主细胞系生产脊髓灰质炎病毒的细胞系主要有非洲绿猴肾细胞系（Vero）、人二倍体细胞。

Salk 毒株在 Vero 细胞或人二倍体细胞中培养，再经甲醛灭活后制备成 IPV。而减毒的 Sabin 毒株在 Vero 细胞或者原代猴肾细胞培养，收集病毒并纯化后即可制备 OPV 疫苗。

灭活病毒疫苗的生产工艺一般分为细胞扩增、病毒的扩增、灭活、纯化。病毒需要在宿主细胞中进行复制，为获得高滴度的病毒，宿主细胞培养过程至关重要。因此，通常采用适当的细胞培养装置来提高病毒的产量，较为常见的培养装置是搅拌式生物反应器。由于 Vero 细胞需要贴壁生长，为提高生产强度和规模，目前常在培养体系中加入微载体，使细胞贴服在微载体上进行类悬浮培养。微载体培养能够提高细胞的密度，进而提高病毒产量。全病毒灭活疫苗的生产工艺流程基本相似：建立病毒和细胞三级种子库—病毒感染细胞—培养、收获病毒原液—病毒浓缩—病毒纯化—灭活病毒配制半成品—成品。从种子到培养、分离纯化、半成品、成品的整个生产过程，都要进行严格的质量控制。

Vero 细胞生产脊髓灰质炎病毒灭活疫苗的步骤如下（图 13－1）。

1. 细胞库建立 根据"生物制品生产检定用菌毒种管理及质量控制"和"生物制品生产检定用动物细胞基质制备及质量控制"的规定，建立病毒毒种库和生产用 Vero 细胞库。

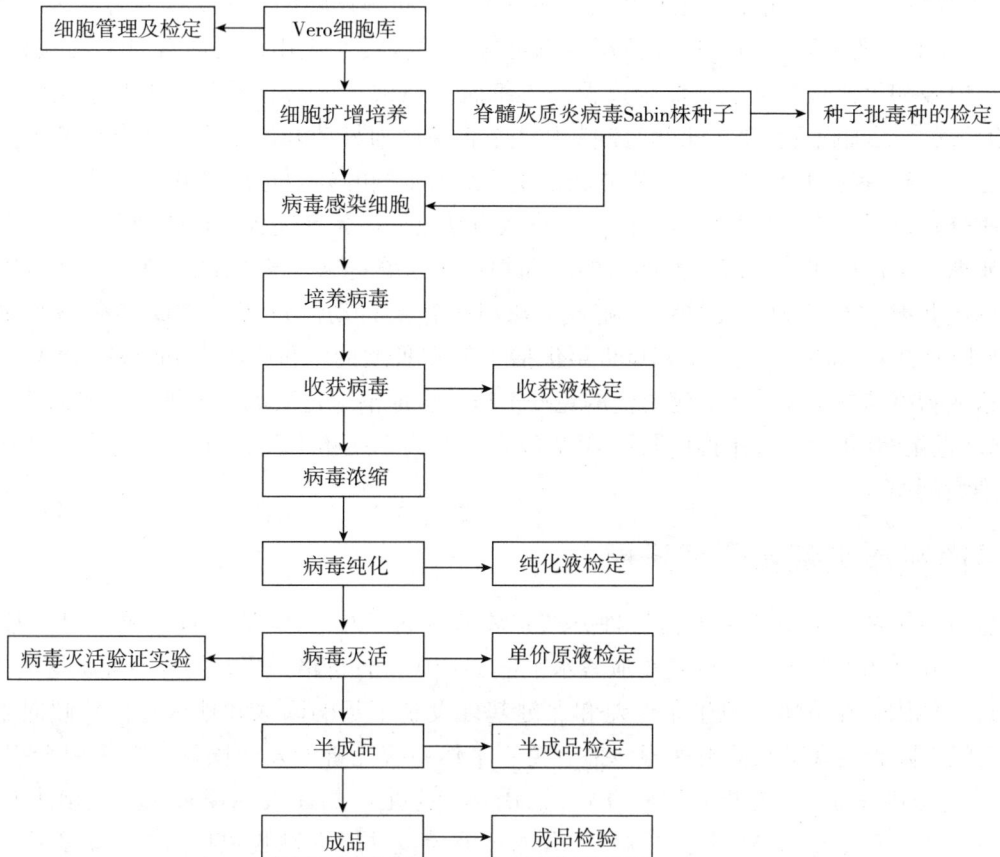

图 13 – 1　脊髓灰质炎灭活疫苗的生产工艺流程

2. 细胞制备　取工作细胞库中的细胞，经复苏、消化、置适宜温度下培养后，逐级放大，制备的一定数量并用于接种病毒的细胞为一个细胞批。在反应器培养过程中，对温度、溶氧浓度、pH 及搅拌速度等培养条件进行实时监控。采用适宜的培养液进行培养，若培养液含新生牛血清，其质量应符合要求，维持液为不含新生牛血清的培养液。

3. 病毒接种、培养和收获　接种毒种后继续培养，根据细胞病变情况进行收获，得到的即为病毒收获物。

4. 病毒纯化　对浓缩后的病毒液采用凝胶过滤色谱处理，收集病毒，再采用离子交换色谱进一步纯化病毒。

5. 病毒灭活　纯化液灭活前应控制病毒液蛋白质浓度或 D 抗原浓度。纯化液经过滤后 72 小时内应加入甲醛溶液进行病毒灭活处理。灭活过程中应适时进行再过滤处理。病毒液灭活至不超过全过程 3/4 时和灭活过程结束时，每个灭活容器分别取样，取样量至少含 1500 剂 D 抗原分别进行病毒灭活验证试验。灭活后的病毒液即为单价原液。

6. 半成品　按照批准的抗原含量进行原液配制，可以加入适宜的抑菌剂，即为半成品。

7. 成品　按每瓶（支）0.5ml 分批分装，每 1 人次用剂量为 0.5ml，各型脊髓灰质炎病毒 D 抗原含量按批准的执行。

四、脊髓灰质炎疫苗临床应用情况

IPV 于 1955 年在美国使用后，脊髓灰质炎的发病率从 1954 年的 13.9/10 万人下降到了 1961 年的 0.8/10 万人。此后，通过改良病毒灭活工艺和添加免疫佐剂，推出了增强型 IPV（enhanced IPV， eIPV），并于 1987 年在美国上市，该疫苗可诱导更强的血清抗体阳转率：单次接种后可达90%，两次接种后达到100%。IPV 既可以作为单疫苗使用，也可作为联合疫苗应用。目前含 IPV 的联合疫苗包括：吸附无细胞百白破和灭活脊髓灰质炎联合疫苗，无细胞百白破、灭活脊髓灰质炎和 b 型流感嗜血杆菌（结合）联合疫苗，无细胞百白破、灭活脊髓灰质炎、流感嗜血杆菌和乙型肝炎联合疫苗等。截至 2015 年，全球已有 75 个国家将 IPV 及含有 IPV 的联合疫苗纳入本国的婴幼儿常规免疫计划。

脊髓灰质炎减毒活疫苗凭借着口服便捷、价格低廉且效果显著等优势，在全球范围内广泛应用，中国、日本、澳洲、中南美洲的大部、大部分的欧洲都使用了脊髓灰质炎减毒活疫苗。许多国家以 OPV 取代 IPV 对本国儿童进行计划免疫接种。随着全球消灭脊灰行动的进展，2005 年 I 型和 III 型的单价 OPV（monovalent OPV，mOPV）上市，2009 年包括 I 型和 III 型的双价 OPV（bivalent OPV，bOPV）也成功上市。这些新疫苗的出现，为制定更优的免疫策略、全面消除脊灰流行提供了更多的选择。

我国自 20 世纪 60 年代初开始推广服用 OPV 以来，发病率逐年下降，自 1994 年起，再未出现脊灰野病毒的感染病例。

五、脊髓灰质炎疫苗研究进展

目前，世界范围内脊髓灰质炎疫苗接种方法主要有 3 种：单一 OPV 接种、单一 IPV 接种和 IPV/OPV 序贯接种。由于 IPV 诱导的黏膜免疫应答水平低于 OPV，且价格昂贵，需要专业训练的卫生工作者进行接种管理等原因，在贫困、卫生条件差和保健基础设施不足的国家和地区，仍然倾向于选择接种 OPV。而在已经消除野生脊髓灰质炎病毒传播、免疫工作系统完善的发达国家，多采用全程 IPV 方案。IPV/OPV 序贯免疫接种方案，是指先接种 IPV，以诱导产生足够的体液免疫来减少或预防 OPV 导致的麻痹型脊灰的风险，后接种 OPV 则可以诱发持久的体液免疫并增强黏膜免疫力，从而更有效地阻断野生脊灰病毒在自然界的传播循环。该方案的优势在于，相较于全程 IPV 免疫程序，其成本更低，且能够获得对 3 个血清型脊灰病毒更高的中和抗体阳转率和抗体滴度水平，同时还能获得细胞免疫和黏膜免疫力。

全球使用的 IPV 多是 Salk 野毒株作为毒种制备的。然而，使用野毒株生产 IPV 需要达到安全 3 级（BSL3）的要求，技术难度高，成本高昂。2020 年，世界卫生组织对一款新型的 Sabin 株灭活脊髓灰质炎疫苗（sIPV，注射用）进行了资格预审。该疫苗生产过程中不使用野生型病毒，从而降低了生产的风险。此外，该疫苗的生产工艺也进行了改进：细胞培养基从含血清培养基更换为无动物成分（ACF）培养基，在病毒灭活前增加了渗滤步骤，并且使用了基因工程重组胰蛋白酶替换动物源胰蛋白酶。无动物源培养基消除了动物源成分引入动物病原体污染的风险，提高了原料质量的可控性，减少批次间质量波动，进而降低生产风险，提高了疫苗质量和安全性。

同样在 2020 年，使用经改良的 Sabin 株（nOPV2 株 S2/cre5/S15domV/rec1/hifi3）的 II 型减毒脊髓灰质炎活病毒疫苗获得 WHO 批准紧急使用。为降低疫苗接种导致的脊髓灰质炎发病率，该疫苗对亲代病毒基因组中影响结构域 V、环化重组元件（cre 元件）以及依赖 RNA 的 RNA 聚合酶共五处进行了改造，从而提高了该疫苗的遗传稳定性并降低了重组率。

第三节　乙型肝炎疫苗

一、乙型肝炎疫苗研发历程

乙型病毒性肝炎简称乙肝，是乙型肝炎病毒（HBV）感染引起的一种传染性疾病。鉴于 HBV 不能在离体的组织或者细胞中培养，因此不能用传统的病毒培养方法制造乙型肝炎疫苗。1971 年，Saul

Krugman 证明乙肝患者血浆中的 22nm 小圆颗粒（即乙型肝炎表面抗原 HBsAg）经加热后接种黑猩猩，可诱导其产生保护性抗体，有效抵抗 HBV 的感染，这一研究成果有力推动了乙型肝炎疫苗的研发进程。乙型肝炎疫苗的发展历经血源性乙肝疫苗与基因工程乙肝疫苗两个阶段。

1981 年获批的首款商业 HBV 疫苗（Heptavax）为血源乙型肝炎疫苗，是通过收集 HBV 感染者血浆中的病毒表面抗原制成。血源乙型肝炎疫苗是利用生物化学方法，从乙肝病毒携带者血浆中沉淀、纯化 HBsAg，再经化学或加热使残留病毒灭活，吸附于铝佐剂制成亚单位疫苗。然而，血浆制品可能携带 HIV（艾滋病病毒）和 HCV（丙型乙肝病毒）等病毒，并且疫苗供应受慢性 HBV 携带者可用性限制。重组 DNA 技术的应用成功解决了这些问题，为大规模生产高质量乙型肝炎疫苗开辟了新途径。

乙肝病毒表面抗原（HBsAg）作为极具潜力的疫苗抗原，由单个基因编码，能诱导接种者产生保护性抗体以对抗 HBV 的攻击。1979 年，曾参与重组胰岛素和生长激素研究的 William Rutter 和 Pablo Valenzuela 及其同事，成功将 HBsAg 克隆到大肠埃希菌表达载体中，证明了将重组 HBsAg 用作 HBV 疫苗的可行性。研究人员使用 Merck Sharpe&Dohme（MSD）从人类血清中分离的乙肝病毒颗粒，制备病毒双链 DNA，经限制性酶切图谱分析与 DNA 测序验证了制备的病毒基因组序列，并鉴定出含 S 基因的 892bp 基因组区域。1982 年，将 HBsAg 基因克隆至酵母表达载体，将 HBsAg 基因编码序列置于组成型酵母启动子的控制下，从而高效产生 HBsAg，并通过免疫学测定进行了证实。沉降和电子显微镜实验表明，酵母细胞分泌的 HBsAg 主要以 22nm 颗粒形式存在。与来自人类细胞的 22nm HBsAg 颗粒一样，酵母产生的颗粒能被当时已知的 HBsAg 特异性抗体识别，免疫原性比未组装的 HBsAg 蛋白约高 1000 倍。此后，通过基因工程技术构建重组载体，采用酵母表达系统或 CHO 细胞表达 HBsAg 蛋白，经纯化和添加佐剂后制成亚单位疫苗。1986 年 7 月，重组乙型肝炎疫苗被美国 FDA 批准上市。重组乙型肝炎疫苗被称为第二代乙型肝炎疫苗。

目前国际上制造乙肝基因工程疫苗主要采用酿酒酵母、汉逊酵母和 CHO 细胞这三种细胞表达系统。基因工程乙型肝炎疫苗酿酒酵母表达系统由美国 Merck Sharp&Dohme（MSD）公司在 1986 年首先研制成功，我国北京生物制品研究所于 1989 年引进相关生产技术，1994 年开始试生产。汉逊酵母表达系统由德国莱茵生物技术公司于 20 世纪 90 年代研制成功，我国大连高新（汉信）生物制药有限公司 1998 年引进该技术，2004 年开始商业化生产。20 世纪 80 年代，中国预防医学科学院病毒学研究所克隆出我国乙肝病毒流行株 adr 亚型的 HBsAg 基因并构建质粒，转染 CHO 细胞，筛选出高效表达 HBsAg 的 CHO 工程细胞，1986 年联合长春生物制品研究所和中国药品生物制品检定所共同开发了我国首个基因工程重组（CHO 细胞）乙型肝炎疫苗，并于 20 世纪 90 年代初获批生产。

重组乙型肝炎疫苗作为首个基因工程技术生产的疫苗，虽为第三个被批准用于临床的重组蛋白产品，但由于其形成纳米颗粒，其结构也是这几种中最复杂的。相较于血源疫苗，重组乙型肝炎疫苗的免疫原性更佳、纯度和安全性更高、价格更亲民，一经推出便迅速取代血源疫苗，广泛应用于临床，显著降低了乙肝流行国家和地区的 HBV 携带率与发病率。

二、乙型肝炎疫苗药理作用

HBV 感染人体后，会产生直径约 42nm 的完整球形病毒粒子，同时大量生成仅由乙型肝炎表面抗原（HBsAg）构成的 22nm 颗粒。HBsAg 由基因 S 编码，该基因包含三个框内起始密码子，可产生小、中、大三种长度的 HBsAg 蛋白，其中大 HBsAg 蛋白在感染性病毒颗粒表面含量最丰富，对 HBV 与肝细胞的结合起着关键作用。

1965 年，Baruch Blumberg 在澳大利亚原住民血液中首次发现 HBsAg，随后他与其他研究人员证实 HBsAg 与 HBV 感染紧密相关，且为病毒的组成部分。因这一重大发现，Blumberg 于 1976 年与 Carleton Gajdusek 共同荣获诺贝尔奖。

1971 年 S. Krugman 的研究表明，乙肝患者血浆中的 22nm HBsAg 颗粒加热后接种黑猩猩能诱导产生保护性抗体，有效抵抗 HBV 攻击，这一发现为乙型肝炎疫苗的研发奠定了基础。无论是血源乙型肝炎疫苗还是重组乙型肝炎疫苗，其抗原成分均为 HBsAg，通过诱导机体产生针对乙肝病毒的特异性免疫应答，从而预防乙肝病毒感染。

三、乙型肝炎疫苗制备过程

利用酵母表达系统生产重组乙型肝炎疫苗时，首先在复合培养基中培养基因工程酵母菌，使其表达 HBsAg，HBsAg 多在细胞内表达。经过固液分离后收集菌体，菌体重悬并破碎，然后用表面活性剂溶解抗原，再通过过滤使其澄清。接着采用硅胶吸附、疏水色谱法、硫氰酸盐处理等步骤以及微滤、超滤等物理方法提取、纯化，得到 HBsAg 纯化产物，之后对纯化原液用甲醛处理。将 HBsAg 与铝佐剂吸附、共沉淀，用 0.85% ~ 0.90% 氯化钠溶液洗涤，去除上清液后恢复至原体积，即得到铝吸附产物。将吸附的抗原用适宜的溶液稀释至规定的蛋白质浓度，制成半成品。半成品分装为成品，成品规格为每瓶/支 0.5ml 或 1.0ml，每 1 次人用剂量 0.5ml 含 HBsAg 10μg；或每 1 次人用剂量 1.0ml 含 HBsAg 20μg 或 60μg。其生产工艺流程见图 13 - 2。

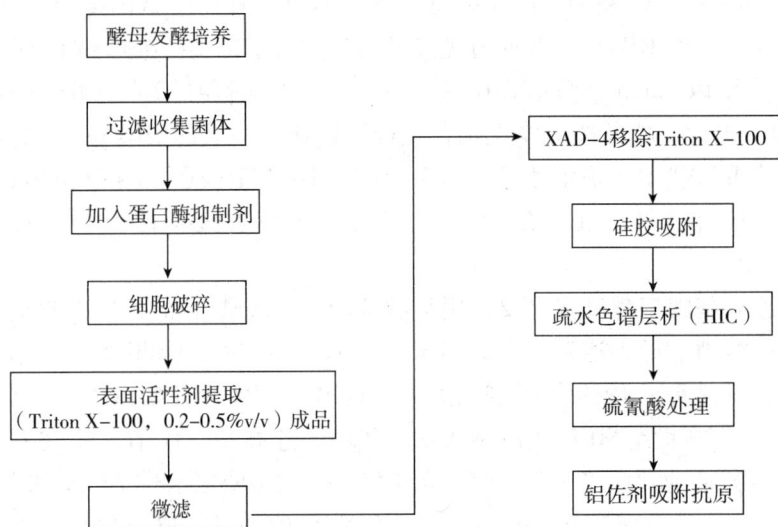

图 13 - 2　酿酒酵母生产重组乙型肝炎疫苗工艺流程图

重组 CHO 细胞乙型肝炎疫苗，是采用基因工程技术，将无传染性的 HBsAg S 基因片段克隆到载体，用重组载体转染真核生物 CHO 细胞，通过细胞培养、增殖、分泌出 HBsAg 到培养液中。收集分泌液，经高速离心、纯化、除菌处理，加入佐剂（氢氧化铝）吸附制成。以 CHO 细胞为代表的哺乳动物细胞系统表达的 HBsAg 更接近天然结构，与酵母表达系统相比，CHO 细胞表达系统能使 HBsAg 正确糖基化，并将形成的颗粒分泌至培养液中，使得其分离纯化过程相对简单。

四、乙型肝炎疫苗临床应用情况

1981 年，美国及多数欧洲国家批准使用乙肝血源疫苗。我国血源疫苗于 1985 年正式获批生产，1992 年纳入新生儿计划免疫管理。1998 年，我国停止生产乙肝血源疫苗，并于 2000 年停止使用该疫苗。

重组乙型肝炎疫苗问世后迅速取代血源疫苗，在全球广泛应用，极大地降低了乙肝流行地区的 HBV 携带率和发病率。截至 2014 年底，全球已有 184 个国家推行婴幼儿乙型肝炎疫苗接种。我国自 2002 年起将乙型肝炎疫苗正式纳入儿童计划免疫，对全国所有新生儿免费接种。接种 3 针后的抗 HBs

阳转率达 85%～100%，抗体应答者的保护效果至少可持续 12 年，且疫苗副反应轻微，一般无全身反应。乙型肝炎疫苗还可与乙肝特异性免疫球蛋白配合使用，阻断母婴传播的效率高达 90% 以上。随着乙型肝炎疫苗的大量应用，我国 HBV 感染与乙肝表面抗原阳性率呈逐年下降趋势：1992 年为 9.7%，2002 年降至 9.09%，2006 年低于 7.2%，2016 年为 6.1%；1999 年后出生人群乙肝带毒率降至 1% 以下。

五、乙型肝炎疫苗研究进展

重组 HepB 不仅可单独使用，还能与其他疫苗联合制成多种联合疫苗，如与甲肝疫苗联合制成二联疫苗，与无细胞百白破疫苗联合制成四联疫苗，与百白破和 b 型流感嗜血杆菌疫苗联合制成五联疫苗，与百白破、b 型流感嗜血杆菌和灭活脊髓灰质炎疫苗联合制成六联疫苗等。

尽管通过普遍接种常规乙型肝炎表面抗原疫苗，乙肝病毒感染在全球大部分地区得到了有效控制，但全球仍有近 3 亿慢性 HBV 感染者。慢性 HBV 感染可能发展为肝硬化、肝衰竭及肝癌，每年导致约 90 万人死亡。开发治疗性疫苗成为"功能性治愈"慢性 HBV 感染的潜在手段。治疗性疫苗包括蛋白质（乙型肝炎治疗性疫苗 sAg/preS 和 HBcAg）、DNA 和基于病毒载体的疫苗，能够诱导并增强针对 HBV 的特异性免疫反应。目前已开展 50 多项临床试验评估其在慢性乙型肝炎治疗中的效果，部分结果显示出免疫治疗慢性 HBV 感染的潜力。例如，滴鼻型候选疫苗 NASVAC 由 HBsAg 和 HBcAg 组成，在 I 期临床试验中，用 NASVAC 鼻腔喷雾免疫 3 次，30 天后可在所有受试者中诱导出抗 HBcAg 抗体，75% 的受试者在接种后 90 天内产生抗 HBsAg 抗体；NASVAC 肌内注射后的耐受性也较好，14 名入组患者均出现针对 HBV 特异性淋巴细胞增殖反应。在一项 III 期随机对照临床试验中，80 名慢性 HBV 患者分别接受 NASVAC 的滴鼻或皮下注射，与 PEG-IFN-α 治疗相比，NASVAC 治疗结束时病毒载量低于检测限的患者比例相似（59.0% vs 62.5%，$P > 0.05$）；在 24 周的随访中，NASVAC 治疗组有更高比例患者（57.7% vs 35.0%）的 HBV 载量持续低于检测限值。不过，乙型肝炎治疗性疫苗治疗效果尚需要进一步临床试验来验证。

答案解析

思考题

1. 灭活疫苗和减毒活疫苗相比，各有什么优缺点？
2. 灭活疫苗和减毒活疫苗生产过程有何异同？
3. 通常什么类型的疫苗需要加入佐剂？病毒载体疫苗为什么不需要加入佐剂？
4. 人乳头瘤病毒大规模培养困难，结合已经学过的知识，设计人乳头瘤病毒疫苗生产的可能方法。

书网融合……

本章小结　　习题

第十四章　溶瘤病毒和活菌制剂

📖 **学习目标**

1. 通过本章的学习，掌握溶瘤病毒和活菌制剂的概念和原理，熟悉溶瘤病毒和活菌制剂的代表药物的药理作用，了解溶瘤病毒和活菌制剂的研究进展。

2. 具备查阅和整理溶瘤病毒和活菌制剂相关文献资料的能力，能够了解其在生物药物中的应用前景。

3. 树立科学的思维方法，注重溶瘤病毒和活菌制剂研发和应用中的伦理和安全性问题。激发创新精神，立志投身于生物医学前沿技术的研究和开发，为祖国创新药的开发贡献力量。

第一节　溶瘤病毒概述

一、溶瘤病毒的概念

免疫疗法是肿瘤治疗领域的一种革命性治疗策略，它利用患者的免疫系统杀死肿瘤并防止其复发，具有高特异性、高杀伤效率和低毒性。

溶瘤病毒（oncolytic virus）是一类天然的或经基因工程改造的，具有选择性感染和杀伤肿瘤细胞特性的病毒。溶瘤病毒疗法本质也是一种免疫疗法。

二、溶瘤病毒的分类

作为一种新型肿瘤免疫治疗方法，溶瘤病毒疗法利用直接和间接双重机制实现溶瘤效果。在直接溶瘤中，溶瘤病毒利用肿瘤表面标志物靶向肿瘤细胞并在细胞内复制，直接介导细胞裂解或细胞凋亡。在间接溶瘤过程中，溶瘤病毒通过肿瘤细胞裂解释放肿瘤相关抗原、后代病毒颗粒和其他细胞因子来激活免疫应答。根据遗传物质的差异，溶瘤病毒可分为 DNA 病毒（如腺病毒、疱疹病毒、痘病毒和细小病毒）和 RNA 病毒（如副黏病毒、正呼肠孤病毒和小 RNA 病毒）。

三、溶瘤病毒的发展史

对溶瘤病毒的探索始于 19 世纪末，有关病毒感染的肿瘤患者病情缓解或痊愈的报道陆续出现，如流感或黄热病后，肿瘤莫名其妙地好转，甚至消失等情况，溶瘤病毒相关概念由此诞生。溶瘤病毒疗法在 1991 年首次得到证明，当时重组的、减毒的胸苷激酶（TK，是嘧啶挽救途径中的关键酶）阴性单纯疱疹病毒（HSV－1）显示出肿瘤细胞杀伤能力。从 1991 年第一个转基因溶瘤病毒被报道以后，群雄并起，上百种溶瘤病毒陆续进入临床实验。但过了 20 多年，2015 年，美国才批准了第一个溶瘤病毒 T－VEC（Talimogene Laherparepvec）上市，用于晚期黑色素瘤的治疗。T－VEC 是一种经过基因修饰的单纯疱疹病毒，也是第一个自带免疫增强功能的溶瘤病毒。它最大的突破就是通过基因改造，让病毒表达能激活免疫系统的 GM－CSF（granulocyte－macrophage colony stimulating factor，粒细胞－巨噬细胞集落刺激因子，一种重要的免疫调节因子，能够募集并激活树突状细胞等抗原呈递细胞，进而促进 T 细胞的活化和增殖）基因，从而加速抗肿瘤的免疫应答。这开启了现代溶瘤病毒的大门。迄今为止，T - VEC 是唯一获得 FDA 批准的用于治疗不可切除黑色素瘤的溶瘤病毒。这项研究很快被许多后续研究所关注，证明了溶瘤病毒疗法在一系列肿瘤模型中的有效性。因此，该疗法的出现作为一种有前途的肿瘤学治疗策略是可以预见的。接下来的几十年间，许多针对不同疾病的溶瘤病毒疗法陆续涌现。

溶瘤病毒可治疗的肿瘤范围以实体瘤为主，包括原发性和转移性卵巢癌、输卵管癌、膀胱癌、胰腺癌、肝细胞癌、肺癌、前列腺癌、脑胶质瘤、黑色素瘤、多发性骨髓瘤、结肠癌、乳腺癌、头颈癌、恶性胸膜间皮瘤、恶性外周神经鞘外肿瘤、腹膜癌等，一般通过超声或 CT 引导下进行瘤内注射治疗。同时有许多溶瘤病毒已经被临床试验证明有效。

值得一提的是，目前已经有多个溶瘤病毒药物获批上市。2003 年，经 $p53$ 基因改造的腺病毒（重组人 5 型腺病毒 $p53$ 注射液）获得中国批准，是世界上首个获批上市的溶瘤病毒。2005 年，改造的腺病毒 H1O1（重组人 5 型腺病毒注射液）在中国获批上市。这两种产品均获批用于头颈癌和鼻咽癌的治疗。2015 年 10 月，美国食品药品管理局（FDA）和欧洲药品管理局（EMA）几乎同时批准了用基因工程改造的单纯疱疹病毒 I 型 T - VEC 治疗晚期黑色素瘤。2019 年 1 月 15 日，上海医药集团股份有限公司旗下广东天普生化医药股份有限公司（上药天普），宣布将启动溶瘤病毒——重组人 5 型腺病毒的再上市计划。此外，还有一种来源于 ECHO - 7 病毒的新型溶瘤病毒 RIGVIR，在拉脱维亚（2004 年）、格鲁吉亚（2015 年）和亚美尼亚（2016 年）被批准用于黑色素瘤治疗，目前正在积极通过欧洲药品管理局的注册，计划进入欧盟市场。除上市产品外，目前还有大量产品正处于研发的不同阶段。自 2014 年以来，多种溶瘤病毒进入临床试验，溶瘤病毒疗法正在被更加广泛和深入地研究和开发（表 14 - 1）。

表 14 - 1　部分进入临床的溶瘤病毒名单

名称	适应证	临床阶段	给药途径
Ad5yCD/mutTKSR39rephIL12	前列腺癌	I 期	前列腺内
CavatakTM	膀胱癌	I 期	膀胱内
	黑色素瘤	I 期	瘤内
CG0070	膀胱癌	II 期	膀胱内
DNX - 2401	脑部肿瘤	I 期	瘤内
G207	脑部肿瘤	I 期	瘤内
GL - ONC1	卵巢癌	I b 期	腹腔内
HF10	黑色素瘤	II 期	瘤内
	多种实体瘤	I 期	瘤内
JX - 594	肝细胞癌	III 期	瘤内
MG1 - MA3	多种实体瘤	I / II 期	静脉内
MV - NIS	妇科肿瘤	II 期	腹腔内
	多发性骨髓瘤	II 期	静脉内
ColoAd1	结肠癌	II 期	静脉内

四、溶瘤病毒的发展趋势

迄今为止，大多数临床研究都集中在 DNA 溶瘤病毒作为实验对象，因为它们具有稳定的双螺旋结构、众多的保守序列和较大的基因组操作空间。虽然 RNA 溶瘤病毒的基因组不稳定且难以修饰，但其溶瘤效率和作用比 DNA 溶瘤病毒强，因此探索 RNA 溶瘤病毒的临床研究正在逐渐增加。

（一）DNA 病毒

溶瘤病毒疗法的发展已经长达 100 多年，其中疱疹病毒（herpesvirus）HSV-1 因具有众多优点，被认为是最有潜力的溶瘤病毒。HSV-1 作为溶瘤病毒具有如下优势：①HSV-1 具有较强的裂解细胞能力，能通过不停的自我复制裂解宿主细胞；②HSV-1 可以感染多种细胞，治疗潜力大；③HSV-1 的基因组很大，并且包含很多生存非必须基因，这给予了人们对其基因组改造的可能性；④HSV-1 感染宿主后可诱导产生长效的 $CD4^+T$ 细胞和 $CD8^+T$ 细胞免疫应答；⑤针对 HSV-1 病毒感染，临床中有有效的治疗药物。作为研究最为广泛的一类溶瘤病毒，至今已经有十余种 HSV-1 类溶瘤病毒处于临床前或临床研究阶段。其中，常用的突变 HSV-1 溶瘤病毒主要是带有神经毒性因子 ICP34.5 突变的病毒。从 1986 年 Moolten FL 教授首次报道 TK 缺失的 HSV-1 溶瘤病毒，HSV-1 溶瘤病毒的改造已历经了四代。目前对 HSV-1 的改造，通常是删除病毒的 ICP34.5、UL24、UL55 和 UL56 等蛋白基因或者添加 GM-CSF 等免疫调节因子。

牛痘病毒（vaccinia virus）属于正痘病毒科，是一种拥有广泛宿主的线状双链 DNA 病毒，直径为 250~350nm，由 200 种以上的病毒多肽组成。其中大多数是各种与病毒在胞浆内复制有关的酶，如甲基化酶、RNA 聚合酶和多聚腺苷酶等。研究发现，牛痘病毒进入细胞的主要方式是膜融合，至今尚未发现其受体。与其他 DNA 病毒不同，牛痘病毒的基因组复制一般在宿主细胞质中完成。并且牛痘病毒有两种形态，无包膜的细胞内成熟病毒（intracellular mature virus，IMV）和有包膜的细胞外包膜病毒（extracellular envelope virus，EEV）。作为溶瘤病毒，牛痘病毒的 IMV 形式复制比较快，可以作为杀肿瘤的主力。EEV 形式有一层保护性的包膜，保护病毒不被抗体攻击，可以在体内移动较远的距离，感染远处的肿瘤。然而牛痘病毒本身并不能作为溶瘤病毒，因为牛痘病毒也会感染正常的细胞。为了消除牛痘病毒对正常细胞的毒性，让牛痘病毒只感染肿瘤细胞，研究人员对牛痘病毒的基因进行了修改，敲除牛痘病毒的 TK 基因，使病毒难以在正常细胞复制。此外，牛痘病毒还编码一种表皮生长因子，在复制的时候会由宿主细胞释放出去，刺激周围的细胞分裂。细胞分裂需要三磷酸核苷，这样就为病毒复制提供了原料。有的肿瘤细胞其表皮生长因子受体已经是激活状态，因此去除表皮生长因子可以进一步提高牛痘病毒的特异性。同时去除激酶和表皮生长因子的牛痘病毒称为 vvDD（vaccinia virus double deleted）。无论是去除一个激酶的还是两个都去除，都是很好的溶瘤病毒，它们不仅有很强的肿瘤杀伤的疗效，还是一个很好的平台，可以搭载各种治疗的基因，比如 GM-CSF 和各种单抗等。

腺病毒（Adenovirus）是一种无囊膜双链 DNA 病毒。颗粒直径为 70~90nm，由 252 个壳粒组成，其中每个壳粒的直径为 7~9nm。腺病毒基因组 DNA 两端各有长 100~600bp 的反向末端重复序列，编码区含有 6 个早期转录单位、2 个延迟转录单位和 1 个晚期转录单位。腺病毒一般通过受体介导的内吞作用进入细胞，然后在宿主的帮助下将基因组转移至细胞核内，稳定存在但不整合入宿主基因组中。

腺病毒因其潜在的细胞溶解活性以及对其结构和复制循环的详细了解、病毒工程改造的高度可行性、病毒颗粒及其基因组较高的稳定性，是非常具有前景的溶瘤病毒类药物。目前，针对溶瘤腺病毒进行的溶瘤病毒改造主要从以下几点出发：①针对 p53 缺陷型肿瘤细胞，删除腺病毒 E1B 55kD 基因，使病毒更具靶向性，如溶瘤腺病毒 ONYX015；②利用 hTERT（人端粒酶反转录酶）等肿瘤特异性启动子控制病毒复制所必需的基因，如腺病毒 E1A 基因启动子，从而提高溶瘤病毒治疗的靶向性；③膀胱癌中 Rb 基因的缺失能激活 E2F-1 的转录活性。将 E1A 基因启动子替换成 Rb 基因调控的 E2F-1 启动子，可以增强病毒在膀胱癌中的特异性，如 CG0070；④对腺病毒衣壳蛋白进行改造，使之能够识别肿瘤特异性表面分子。

（二）RNA 病毒

尽管 DNA 溶瘤病毒具有稳定性、安全性和易修饰性等特性，但其庞大的遗传组成使跨血-脑屏障的中枢神经系统肿瘤的治疗变得复杂。RNA 溶瘤病毒具有较小的结构，更有可能穿过血 – 脑屏障治疗中枢神经系统肿瘤，使其更适合全身给药。此外，RNA 溶瘤病毒具有比 DNA 溶瘤病毒更高的溶瘤效率，并且鉴于其较小的基因组和细胞质复制机制，可以减少病毒剂量而不影响疗效。因此，RNA 溶瘤病毒具有很大的应用价值，作为有前途的抗肿瘤特异性候选药物值得探索。目前关于 RNA 溶瘤病毒的临床研究主要集中在副黏病毒科、正病毒和小核糖核酸病毒 RNA 病毒。

新城疫病毒（Newcastle disease virus）是单分子负链 RNA 病毒目，副黏病毒科，禽腮腺炎病毒属的成员，因首次分离于英国新城而命名。新城疫病毒是禽类的主要致病原之一，鸡、火鸡、珍珠鸡和野鸡为易感宿主，一般引起非致瘤性疾病，严重的可能导致死亡。该病毒基因组全长约 15kb，直径为 100 ~ 500nm，颗粒一般呈球形。在该病毒编码的六个蛋白中，HN 糖蛋白和 F 糖蛋白是主要的功能蛋白。其中，病毒囊膜表面 HN 糖的蛋白主要功能是在病毒侵染过程中介导病毒对细胞受体的识别吸附，而 F 蛋白则是促进病毒囊膜与宿主细胞膜的融合。

新城疫病毒可以杀死多种小鼠和人肿瘤细胞，因此被广泛用来治疗肿瘤。该病毒复制时，单链 RNA 复制形成双链 RNA 主要在细胞浆内完成，因此不会和宿主基因组发生整合。在正常细胞中，新城疫病毒的感染能够激活细胞内的干扰素信号通路，引发抗病毒免疫。而大多数肿瘤细胞中，干扰素信号通路通常是被抑制的，因此新城疫病毒可以逃脱抗病毒免疫的杀伤，从而在肿瘤细胞中大量复制。经过多年的发展，目前已开发出多种新城疫病毒用于临床研究，包括 NDV – LaSota、NDV – 73T、NDV – Ulster、MTH – 68/H、NDV – HUJ 和 NDV – Ulster 等。然而和其他溶瘤病毒相比，新城疫溶瘤病毒的研究多集中在细胞和小鼠水平。

总之，这些天然或修饰的溶瘤病毒选择性地在肿瘤细胞中增殖，并通过其独特的基因产物参与细胞裂解。肿瘤细胞裂解后，病毒颗粒和肿瘤相关抗原被释放，激活免疫系统，以进一步杀死肿瘤。此外，溶瘤病毒不会对正常组织造成严重损伤，并且比临床治疗恶性肿瘤的传统方法具有更好的疗效。随着溶瘤病毒研究的不断深入以及病毒基因改造技术的不断进步，安全性更高、杀伤效率更好、靶向性更精准的新的溶瘤病毒将不断涌现。

第二节　溶瘤病毒典型药物——溶瘤疱疹病毒 T – VEC

一、药物发现

早在 1991 年，Martuza 等人在 *Science* 杂志上发表文章，称转基因单纯疱疹病毒（Herpes simplex virus，HSV）在恶性胶质瘤治疗中有一定的效果。这一发现引起了科学界的广泛关注，并推动了溶瘤疱疹病毒的研究。1999 年，Rabkin 及其同事发现了一种具有溶瘤作用的 HSV，该病毒发挥了原位肿瘤疫苗功能，可以激活抗肿瘤免疫。这一发现为溶瘤疱疹病毒作为治疗型肿瘤疫苗或新型免疫疗法提供了潜在的开发价值。

随着基因工程技术的发展，科学家们开始对 HSV 进行基因改造，以增强其溶瘤效果和免疫激

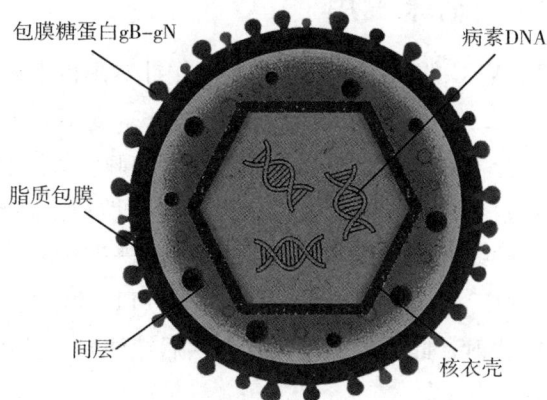

图 14 – 1　疱疹病毒

活活性。例如，通过敲除 HSV 的某些基因（如 *ICP*34.5、*ICP*47 等），使其失去在正常细胞中的复制能

力，而只能在肿瘤细胞中复制。同时，还可以插入外源基因［如粒细胞－巨噬细胞集落刺激因子（GM－CSF）、白细胞介素（IL－12）等］，以增强免疫反应。2015 年，美国 FDA 批准了首款溶瘤疱疹病毒产品 T－VEC 用于治疗转移性黑色素瘤。

二、药理作用

T－VEC 是一种经过基因工程改造的单纯疱疹病毒 1 型（HSV－1），它能够在肿瘤细胞内复制并导致肿瘤细胞裂解。T－VEC 在肿瘤细胞内复制并导致细胞裂解的过程中，会释放多种免疫刺激性分子，这些分子能够激活机体的免疫系统，引发抗肿瘤免疫反应。具体来说，T－VEC 的作用机制包括以下几个方面。

1. 释放 GM－CSF T－VEC 被设计为在肿瘤细胞内表达 GM－CSF，这是一种重要的免疫调节因子。GM－CSF 能够募集并激活树突状细胞等抗原呈递细胞，进而促进 T 细胞的活化和增殖，增强抗肿瘤免疫反应。

2. 促进抗原呈递 肿瘤细胞裂解后释放的肿瘤特异性抗原，可以被树突状细胞等抗原呈递细胞捕获、加工并呈递给 T 细胞，从而激活特异性 T 细胞反应，进一步清除剩余的肿瘤细胞。

3. 引发全身性免疫反应 T－VEC 不仅能够局部作用于注射部位的肿瘤，还能够通过激活免疫系统引发全身性免疫反应。这意味着，即使只有部分肿瘤被注射了 T－VEC，整个机体的免疫系统也可能被激活，从而对远处的肿瘤也产生治疗作用。

三、制备过程

疱疹溶瘤病毒 T－VEC 的制备过程涉及复杂的生物技术和基因工程手段。首先进行基因改造，敲除 HSV－1 的某些基因，如 *ICP*34.5 和 *ICP*47，这些基因在 HSV－1 的复制过程中起关键作用，但在正常细胞中也会引发抗病毒反应。敲除这些基因后，HSV－1 失去了在正常细胞中的复制能力，而只能在肿瘤细胞中复制。插入外源基因，如粒细胞－巨噬细胞集落刺激因子基因。

在完成基因改造工作以后，进行病毒的扩增与纯化，将经过基因改造的 HSV－1 病毒株在特定的细胞培养条件下进行扩增。这些细胞通常是人源细胞系，如 Vero 细胞。通过一系列复杂的纯化步骤，如离心、过滤、层析等，将病毒从细胞培养物中分离出来，并去除其中的杂质和污染物。将纯化后的病毒与适当的辅料混合，制备成适合临床使用的制剂。这些辅料可能包括稳定剂、缓冲剂、防腐剂等。

四、临床应用

T－VEC 的临床应用主要集中在针对黑色素瘤的治疗。包括不可切除的、手术后复发的黑色素瘤和 ⅢB、ⅢC 或Ⅳ期黑色素瘤患者的皮肤、皮下和淋巴结病变。除黑色素瘤外，T－VEC 还在其他肿瘤类型中进行了临床探索，如头颈部癌、胰腺癌等。虽然这些研究仍处于早期阶段，但初步结果显示，T－VEC 在这些肿瘤中也显示出较好的安全性和抗肿瘤活性。T－VEC 通过局部注射的方式直接注射到黑色素瘤的肿瘤部位，推荐起始剂量为每毫升 106 个菌斑形成单位（PFU）的浓度下，不超过 4ml 的 T－VEC，随后的剂量应为每毫升 108 个 PFU 的浓度下，不超过 4ml 的 T－VEC。首次注射后，三周后接受第二次注射，此后每两周接受一次后续注射，持续至少 6 个月，直到没有可注射的肿瘤残留或不需要其他治疗。

五、研究进展

T－VEC 常与其他治疗方法联合使用，以提高疗效。现举例如下。

1. 与免疫检查点抑制剂联合　临床研究表明，T - VEC 联合免疫检查点抑制剂（如 PD - 1 或 CTLA - 4 抑制剂）可以显著提高对肿瘤的杀伤作用。

2. 与化疗联合　在某些情况下，T - VEC 也与化疗药物联合使用，以增强化疗的靶向性和降低副作用。例如，在一项针对三阴性乳腺癌的 Ⅱ 期临床研究中，T - VEC 联合标准化疗显示出良好的疗效和安全性。

T - VEC 作为一种创新的溶瘤病毒疗法，在肿瘤治疗中显示出巨大的潜力。然而，其临床应用仍面临一些挑战。例如，给药途径限制了其应用范围；如何促使 T - VEC 在肿瘤内扩散而提高溶瘤效率仍需进一步探讨；联合治疗的作用机制尚不完全清晰，需要开展广泛的临床试验来确定最佳剂量、用药时间及联合应用方案等。

第三节　活菌制剂概述

一、活菌制剂的概念

活菌制剂也被称为活体生物药（live biotherapeutic products，LBP）。2016 年，美国食品药品监督管理局生物制品评价与研究中心发布了关于活体生物药的指南 "Early Clinical Trials with Live Biotherapeutic Products：Chemistry，Manufacturing，and Control Information"。该指南指出，活体生物药是一类含有具有活性的生物体（如细菌）并可用于预防、治疗或治愈人类疾病或适应证的生物制品，不包括疫苗。同时该指南明确指出了活体生物药特有的研究重点，如株水平的鉴定、菌株的稳定性、菌株的抗生素敏感性和耐药性、菌株移位的可能性、产品的生产控制与稳定性等。

在《中国药典》中，微生态活菌制品总论部分指出，微生态活菌制品系由人体内正常菌群成员或具有促进正常菌群生长和活性作用的无害外籍细菌，经培养、收集菌体、干燥成菌粉后，加入适宜辅料混合制成，用于预防和治疗因菌群失调引起的相关症状和疾病。此外，药典还强调，微生态活菌制品必须由非致病的活细菌组成，在生产过程、制品贮存和使用期间均应保持稳定的活菌状态。同时，药典还明确该制品可由一株、多株或几种细菌制成单价或多价联合制剂，并可以根据其使用途径和方法的不同，制备成片剂、胶囊剂、颗粒剂或散剂等多剂型。

近年来，合成生物学家大大扩展了微生物活体疗法的基因工具箱，增加了传感器、调节器、记忆电路、输送装置和杀伤开关等新元件。这些进步为成功设计出具有传感、生产和生物封闭装置的全功能活体疗法铺平了道路。

二、活菌制剂的分类

我们可以根据使用的活性生物体的数量和性质，将活菌制剂分为单菌药物、复合菌药物、工程菌药物 3 类。

其中，单菌药物利用天然的单一活性生物体制成，其特征药效明确，成分单一；复合菌药物由两种或多种天然活性生物体复配而成，其成分和药效模型更为复杂；近年来大热的工程菌药物使用人工设计和改造的生物体制成，可以使设计的活菌制剂做到正交性强、表达高效、靶向明确和功能多样。

尽管一直以来，医生会以药品的形式开出一些益生菌制剂。但实际上，这些早期以药品形式存在的活菌制剂，在源头并没有严格按照药物进行开发。严格意义上来讲，真正进入临床的活菌制剂主要围绕在三个领域——消化系统疾病、泌尿系统感染，以及皮肤的相关疾病。菌株的构成包括粪菌、复合菌、单菌以及一些工程菌（表 14 - 2）。

表 14 - 2 部分进入临床的活菌制剂名单

名称	适应证	临床阶段	类型
Mutaflor	维持非特异性溃疡性结肠炎缓解期	德国获批	单菌
MIYAIRI 588	改善肠道菌群异常导致的症状	日本获批	单菌
RBX - 2660	复发性艰难梭菌感染	Ⅲ期	复合菌
RER - 109	复发性艰难梭菌感染	Ⅲ期	复合菌
IBP - 9414	新生儿肠道坏死	Ⅲ期	单菌
CBM588	抗生素相关性腹泻	Ⅱ期完成	单菌
VP20621	艰难梭菌感染	Ⅱ期完成	单菌
AG013	口腔黏膜炎	Ⅱ期完成	工程菌
AOB101	痤疮	Ⅱ期完成	单菌
LACTIN - V	细菌性阴道炎	Ⅱa期完成	单菌
AOB103	红斑狼疮	Ⅱ期	单菌
MSB - 01	特应性皮炎	Ⅱ期	单菌
CP101	艰难梭菌感染	Ⅱ期	复合菌
SYNB1020	高血氨症	Ⅱ期	工程菌

进入临床的活菌制剂中，大部分显示的是Ⅲ期和Ⅱ期的。实际上，在临床前阶段关于活菌制剂的相关研究的范围更广，它可能更多地涉及自身免疫疾病、肿瘤和感染类疾病。

三、活菌制剂的发展史

早在 1906 年，俄国科学家 Metchnikoff 就认为酸奶中的乳酸菌对机体健康长寿有益，这可以被视为活菌制剂的早期探索。随后，1915 年 Daviel Newman 首次利用乳酸菌治疗膀胱感染，进一步推动了益生菌制剂的临床应用研究。近年来，随着对人体微生物组的深入研究，人们越来越认识到微生物与人体健康之间的密切关系。因此，活菌药物的研究也越来越受到重视。越来越多的科研机构和企业开始投入活菌药物的研发和创新工作。特别是随着合成生物学和基因工程的发展，改造微生物使其成为治疗因子的合成工厂成为可能，大量关于基因改造的工程活菌制剂成为活菌制剂领域发展的主要方向。

四、活菌制剂的发展趋势

工程化微生物可以选择性地针对某些疾病模型设计出更好疗效的活菌制剂，是活菌制剂研究领域发展的主要方向。由于益生菌的天然优势，益生菌作为活菌治疗的主要生物底盘，是相关研究的重点关注对象。益生菌科学以前仅限于基础微生物学和食品加工，在后基因组时代的医学和生物学中，益生菌已成为功能性保健品、肠胃病学、过敏学、皮肤护理、肿瘤治疗、精神神经内分泌学和兽医应用的主要研究对象。

（一）常见工程活菌底盘

工程活菌制剂的底盘通常分为定植细菌底盘和非定植细菌底盘。

1. 非定植细菌底盘

（1）大肠埃希菌是使用最广泛的底盘，由于其使用频率高，目前有大量生物部件可用于大肠埃希菌工程。作为一种活体输送系统，大肠埃希菌具有在人体肠道中流行率高的优势。

（2）乳酸杆菌作为益生菌的使用历史悠久。它不会在摄入后侵入哺乳动物组织，也不会引起感染，因此，被认为是活体疗法的最佳底盘。与大肠埃希菌一样，乳酸杆菌也是一种非定植细菌，用药后不久就会被清除。

2. 定植细菌底盘　拟杆菌属是人类肠道微生物群中最丰富的菌属，在进化过程中稳定而顽强地定植于人类肠道。因此，在过去 5 年中出现了像多形拟杆菌和脆弱拟杆菌这样的物种，作为活体给药底盘。

是否使用定植细菌作为底盘，可根据要治疗的疾病来决定。非定植细菌可用于治疗急性疾病，在短期内多次用药，然后自然清除是一种可接受的方法。相比之下，定植细菌由于其可长期定植体内的特性，可用于治疗慢性疾病。

（二）针对不同疾病模型设计的工程活菌

由于工程化的活菌制剂可以根据需求改造益生菌地盘，创造高表达治疗因子的活菌制剂，因此针对不同疾病模型的工程化活菌制剂的研究不断增加。

1. 针对传染病设计的工程菌　由于口服抗原在通过消化道时药效会降低，因此益生菌介导的给药可能是在感染部位原位给多种治疗药物（细胞因子、抗体片段、抗原、肽等）的一种有前途的策略，从而避免了全身给药带来的副作用。

在某些研究中，用表达链球菌 M6 蛋白的重组加塞乳杆菌 nm713 给小鼠接种疫苗，可保护它们免受 A 组链球菌感染；表达人 IL-10 的重组乳球菌可缓解克罗恩病的症状；另一项研究报告称，在人类炎症性肠病和人类乳头状瘤病毒 16 型的小鼠模型中，重组乳杆菌可在黏膜表面递送治疗蛋白。

除了细菌和病毒感染外，原生动物感染也是主要的健康威胁。有证据表明，人类肠道微生物群能引起针对疟原虫的保护性免疫反应，这促使人们提出了开发重组益生菌来抑制疟疾、霍乱、利什曼病和锥虫病等病媒传播疾病的概念。然而，目前有关重组益生菌防治寄生原生动物的报道还很少。

2. 针对抗肿瘤疗法设计的活菌制剂　肿瘤学面临的主要挑战是缺乏对健康组织毒性最小的肿瘤疗法。治疗肿瘤的方法包括化疗、原药递送、靶向超声波、光动力疗法、生物疗法以及这些策略的组合。单独使用或与放疗/化疗联合使用的抗肿瘤药物在达到治疗剂量时会产生毒性。虽然减少剂量可以减轻毒性，但疗效也会受到影响。

某些细菌经静脉注射后，可在肿瘤缺氧附近定植。鉴于双歧杆菌属和梭状芽孢杆菌属在实体瘤中优先增殖的能力，以及目前合成生物学和基因组工程的帮助，人们再次对使用它们作为肿瘤靶向载体产生了兴趣。定向酶原药疗法（DEPT）等原药给药方法是利用细菌表达药物转化酶（如胞嘧啶脱氨酶和硝基还原酶）。这种方法可以降低化疗药物的毒性，并最终使肿瘤细胞对放射疗法敏感。此外，量身定制的益生菌可合成肿瘤靶向肽，诱导肿瘤细胞产生细胞毒性，或将化疗药物输送到远处的组织，这可能是一种很有前景的抗肿瘤疗法。

生物工程乳杆菌 NZ9000-401-kiss1 能产生 KiSS1（一种抑制肿瘤的多肽），通过阻碍人类结肠癌细胞的迁移和增殖，被认为是一种可行的抗肿瘤益生菌。在食品级重组乳杆菌 NZ9000 中表达的胰腺炎相关蛋白-I，可预防小鼠模型中实验诱发的肠黏膜炎。一种含有乳杆菌的专有口腔冲洗剂能产生人三叶因子 1（hTFF1），可改善仓鼠模型中口腔黏膜炎的严重程度。这种策略被认为是治疗头部和食道癌患者诱导化疗后出现的口腔溃疡的有效工具。

3. 针对代谢疾病设计的活菌制剂　近年来，阿尔茨海默病、自闭症、注意力缺陷多动障碍、骨关节炎和中风等慢性疾病发病率有所升高。通过表达治疗性生物大分子的重组益生菌、粪便微生物群移植或噬菌体疗法来操纵肠道生态系统，可能成为对抗某些慢性疾病的替代方法。

当作为膳食补充剂或局部使用时，设计益生菌可以支持正常的生理和免疫，保护宿主免受感染、氧化应激、炎症性疾病和自身免疫反应的影响。例如，含有能产生人促胰岛素和抗炎细胞因子的工程益生菌的配方将为战胜糖尿病的威胁提供一种途径。口服产生重组蛋白 HSP65-6IA2P2 的乳酸杆菌可预防高血糖症，减少胰岛炎的发生，提高糖耐量，并增强非肥胖糖尿病小鼠对 1 型糖尿病的调节性免疫反应。同样，口服表达 N - 酰基磷脂酰乙醇胺的大肠埃希菌 Nissle 1917 可通过调节食物摄入量抑制小鼠肥胖。由于小鼠和人类的进食行为相似，这一策略可能会在人类身上取得良好效果。

（三）发展趋势

代谢性疾病和病原体抗生素耐药性的激增是严重的公共卫生问题，需要具有成本效益的创新处方。活菌疗法为预防传统药物无法治愈的疾病提供了令人感兴趣的前景。

尽管人们对重组微生物及其代谢产物的存在争议，但人们仍设想将特制工程益生菌作为新兴的活体疗法应用于人类和兽医学领域，包括抗菌、消炎和免疫调节功能的特制益生菌组合疗法，可以防治传染病和代谢性疾病。因此，可随时与临床处方相结合的益生菌应成为优先研究领域。

由于常住微生物群具有抵御灌输或入侵微生物的固有特性，因此黏膜组织的定植对于用作"药物"的特制益生菌来说可能是一个挑战。利用源自人类的共生细菌来提供治疗可能会解决这个问题。

总之，重组益生菌是未来治疗传染病和慢性病的有效替代疗法。也是新型活菌制剂未来的主要发展方向。目前，针对某些疾病治疗的药物显现出了一些弊端，包括疗效不理想、易出现超敏反应和耐药性、长期服药造成的副作用以及价格昂贵等。面对这样的情况，基于益生菌底盘的设计型活菌制剂为药物的开发提供了一种新的思路，其特异性、靶向性、安全性等优势赋予了它在多种类型疾病中广阔的应用前景。

第四节　活菌制剂典型药物——大肠埃希菌 Nissle 1917

一、药物发现

1917 年，正值第一次世界大战期间，德军在多布罗加地区部署的军队中出现了大面积腹泻感染。经证实，这次疫情由一种志贺杆菌感染引起。然而，在这次严重的疫情中，有一名士兵却一直安然无恙。德国微生物学家 Alfred Nissle 注意到了这名未感染的士兵，并怀疑其体内可能存在某种能够抵抗志贺杆菌的微生物。为了验证这一猜想，Alfred Nissle 从这名士兵的粪便中分离出了一株独特的大肠埃希菌菌株。经过进一步研究，Alfred Nissle 发现这株大肠埃希菌菌株能够有效地预防传染性腹泻，并将其命名为 *E. coli* Nissle 1917（简称 EcN），以纪念其发现年份和发现者的名字。

二、药理作用

（一）肠道定殖与屏障保护

Nissle 1917 具有在人体肠道定殖的能力，它能够在肠道内稳定存在并繁殖，从而发挥持续的益生菌作用。Nissle 1917 通过增强肠道上皮细胞间的紧密连接，形成细菌 - 细胞间的"串扰"，进而增强肠道黏膜屏障的功能。这有助于防止病原菌和有害物质通过肠道黏膜进入体内。此外，Nissle 1917 还能够提高肠上皮细胞的闭锁蛋白和紧密连接蛋白的表达，从而修复和维护肠道上皮的完整性，进一步增强了肠道屏障的保护作用。

（二）抗菌与免疫调节

Nissle 1917 通过其 F1 型菌毛及 H1 型鞭毛对肠上皮细胞的黏附，在局部持续性分泌抗菌素，从而抑制了病原体对肠道上皮细胞的黏附和侵袭，以此来发挥其抗菌作用。Nissle 1917 不仅参与宿主机体的免疫调控，通过 TLR - 2 和 TLR4 依赖途径调节机体免疫因子分泌，还介导细胞因子分泌，参与宿主体内的免疫应答调控，从而维持肠道内稳态平衡。这有助于减轻肠道炎症，并促进肠道健康的恢复。

（三）其他作用机制

1. 调节肠道菌群　Nissle 1917 能够降低拟杆菌门的丰度，增高厚壁菌门的丰度；在属水平上，Nissle 1917 能够增加毛螺菌科的菌属的丰度，降低拟杆菌属的丰度。这有助于维持肠道菌群的平衡，促进肠道健康。

2. 刺激免疫系统　虽然 Nissle 1917 本身无害，但作为外源微生物，它在体内生存时会训练免疫系统。这种长期的"打疫苗"效应有助于增强机体对病原菌的抵抗力。

三、制备过程

（一）菌株筛选

首先，从健康人体的肠道或其他适宜环境中分离得到原始菌株。通过形态学观察、生化试验和分子生物学方法（如 16S rRNA 测序）对菌株进行鉴定，确保其为 *E. coli* Nissle 1917（筛选标准：选择具有益生菌特性，如耐酸、耐胆盐、抗氧化、抗菌等能力的菌株。确保菌株无致病性，对人体安全无害）。

（二）培养与发酵

根据 *E. coli* Nissle 1917 的生长需求，配制适宜的培养基。培养基中通常包含碳源、氮源、无机盐、生长因子等营养成分。通过实验确定最佳的发酵条件，包括温度、pH、溶氧、搅拌速度等。采用高密度发酵技术，提高菌株的生物量。在发酵过程中，定期检测发酵液的 OD 值、pH、溶氧等指标，确保发酵过程稳定可控。

（三）菌体处理与纯化

采用温和工艺，将发酵液中的细菌菌体浓缩 20～30 倍，以减少剪切力和空气混入。通过冷冻干燥获得最终菌体浓缩物，根据每个菌株的要求优化工艺参数，以保证最大程度保留菌数、活力和稳定性。

四、临床应用

自被发现以来，*E. coli* Nissle 1917 已广泛用于预防各类肠道疾病的研究中，如传染性腹泻、溃疡性结肠炎、克罗恩病等，以及用于防止新生儿消化道内病原菌定殖。

Nissle 1917 在溃疡性结肠炎的缓解期维持治疗中表现出良好的疗效。与一线药物美沙拉嗪相比，虽然其疗效未显著优于美沙拉嗪，但作为一种益生菌制剂，Nissle 1917 具有更好的安全性和耐受性，且能够减少患者对传统药物的依赖。在一项临床研究中，Nissle 1917 被证实能够显著改善溃疡性结肠炎患者的临床症状，如减少腹泻次数、降低便血程度等。此外，通过调节肠道免疫系统，能够增强宿主的免疫力，预防和治疗与免疫失调相关的疾病。在一项关于益生菌对免疫系统影响的研究中，Nissle 1917 被证实能够增加肠道内免疫细胞的数量和活性，提高宿主的免疫力。

作为益生菌制剂，Nissle 1917 具有长期的安全使用记录。在临床应用中，患者对其的耐受性良好，无严重不良反应。然而，个别患者可能会出现轻微的不适症状，如腹胀、腹泻等，但通常会在短时间内自行缓解。

五、研究进展

Nissle 1917 在治疗炎症性肠病显示出显著疗效，能够减轻肠道炎症、促进肠道黏膜修复。研究表明，Nissle 1917 可降低肠道组织中促炎因子的表达，上调具有抑制先天免疫作用的 miRNA。肿瘤治疗方面，最新研究发现，Nissle 1917 可以作为肿瘤疫苗载体，递送肿瘤特异性新抗原，激发特异性 T 细胞介导的抗肿瘤免疫反应。通过基因工程改造，Nissle 1917 能够增强新抗原的表达和递送效率，提高疫苗的抗肿瘤效果。在临床前模型中，工程化 Nissle 1917 疫苗显示出控制甚至消除肿瘤生长的潜力，并能显著延长生存期。

另外，通过静电纺丝、多功能涂层、化学键结合和微囊化等策略对 Nissle 1917 表面进行修饰，可以增加靶点黏附性、达到时空释放效果。此外，利用内源基因突变、代谢工程、外源基因表达等基因工程手段对 Nissle 1917 进行改造，使其能够表达具有抗炎、抗肿瘤等活性的外源蛋白，可以进一步扩展其应用场景。

思考题

答案解析

1. 什么是溶瘤病毒？溶瘤病毒用于肿瘤治疗的主要作用机制是什么？
2. 有哪些病毒可以被用作溶瘤病毒的改造底盘？
3. 什么是活菌制剂？活菌制剂与传统生物大分子药物有什么不同？
4. 活菌制剂有哪些类型？代表性药物是什么？

书网融合……

本章小结　　习题

参考文献

［1］夏焕章. 生物制药工艺学［M］.3 版. 北京：人民卫生出版社，2023.

［2］余龙江. 发酵工程原理与技术［M］.2 版. 北京：高等教育出版社，2021.

［3］易静，杨洁. 医学细胞生物学［M］.3 版. 上海：上海科学技术出版社，2023.

［4］李校堃，黄昆. 生物技术制药［M］. 武汉：华中科技大学出版社，2021.

［5］何川，刘霆. 间充质干细胞生物学特性的研究进展［J］. 西部医学，2020，32（01）：148 - 151.

［6］王乐禹，邱小忠，王璞玥，等. 组织工程研究的现状及应关注的重要基础科学问题［J］. 中国科学基金，2020，34（02）：213 - 220.

［7］王全军，王庆利，耿兴超. 细胞和基因治疗产品的非临床评价研究［M］. 北京：清华大学出版社，2021.

［8］武君咏. 细胞工程制药的研究进展及展望［J］. 现代盐化工，2021，48（02）：3 - 4.

［9］顾真. 浅谈生物制药技术的创新与应用［J］. 科技风，2024，（12）：10 - 12.

［10］赵志刚，张晓辉. 中国血液制品发展与临床应用蓝皮书［M］. 北京：中国医药科技出版社，2022.

［11］赵语瞳，林园. 溶瘤病毒的肿瘤治疗进展［J］. 中国细胞生物学学报.2023，45（12）：1818 - 1828.

［12］宁小平，虞淦军，吴艳峰. 溶瘤病毒的肿瘤临床应用研究进展［J］. 中国肿瘤生物治疗杂志，2020，27（06）：705 - 710.

［13］邹丹阳，董雨萌，陈晶瑜. 活体生物药：生物技术推动的创新药研发前沿［J］. 生物工程学报，2023，39（04）：1275 - 1289.

［14］ZHANG S，YE T，LIU Y，et al. Research Advances in Clinical Applications，Anticancer Mechanism，Total Chemical Synthesis，Semi - Synthesis and Biosynthesis of Paclitaxel［J］.Molecules，2023，28（22）：7517.

［15］GAZAL S，GAZAL S，KAUR P，et al. Breaking Barriers：Animal viruses as oncolytic and immunotherapeutic agents for human cancers［J］.Virology，2024，600：110238.

［16］CHEN Y，TAO M，WU X，et al. Current status and research progress of oncolytic virus［J］.Pharmaceutical Science Advances，2024，2：100037.